Das Buch

Warum leuchten Katzenaugen? Was haben Tulpen mit der Finanzkrise zu tun? Wieso kann es im Sommer hageln? Und: Rechnen Inder anders? In seinen beiden Bestsellern »Ach so!« und »Sonst noch Fragen?« löst Ranga Yogeshwar auf unterhaltsame Weise Rätsel des Alltags, beantwortet Fragen aus allen Bereichen des Lebens und zeigt überraschende Zusammenhänge auf. Vor allem macht er Lust aufs Fragenstellen, Erforschen und Weiterdenken. Dieser Doppelband enthält alle Fragen der beiden Bücher – und ein praktisches Register zum Nachschlagen.

Der Autor

Ranga Yogeshwar, geboren 1959, Studium der Physik, arbeitet seit 1987 für den WDR. Er entwickelte zahlreiche Sendungen, in denen Wissenschaft populär vermittelt wird, und moderiert unter anderem »Quarks & Co«, »Die große Show der Naturwunder« und »Wissen vor 8«. Ausgezeichnet mit zahlreichen Preisen, darunter der Georg-von-Holtzbrinck-Preis für Journalistik (1998), der Grimme-Preis (2003) und der Preis als Journalist des Jahres – Kategorie Wissenschaft (2007). 2009 wurde ihm die Ehrendoktorwürde der Universität Wuppertal verliehen. Seine beiden Bücher »Ach so!« und »Sonst noch Fragen?« standen jahrelang auf der Bestsellerliste und wurden in zahlreiche Sprachen übersetzt

KiWi
PAPERBACK
1299

Ranga Yogeshwar

Rangas Welt

Ach so & Sonst noch Fragen

Mit Illustrationen des Autors

Kiepenheuer & Witsch

MIX
Papier aus verantwor-
tungsvollen Quellen
FSC® C083411
www.fsc.org

Verlag Kiepenheuer & Witsch, FSC®-N001512

3. Auflage 2012

© 2009, 2010, 2012, Verlag Kiepenheuer & Witsch, Köln
Alle Rechte vorbehalten. Kein Teil des Werkes darf in irgendeiner Form
(durch Fotografie, Mikrofilm oder ein anderes Verfahren)
ohne schriftliche Genehmigung des Verlages reproduziert oder
unter Verwendung elektronischer Systeme verarbeitet, vervielfältigt
oder verbreitet werden.
Umschlaggestaltung: Barbara Thoben, Köln
Umschlagmotiv: © Nora Yogeshwar
© für die aus der Sendung »Wissen vor 8« entnommenen Buchinhalte:
Das Erste/WDR, Köln 2008, 2010, 2012
Agentur WDR mediagroup Licencing GmbH
Gesetzt aus der Minion und der Syntax
Satz: Felder KölnBerlin
Druck und Bindung: CPI – Clausen & Bosse, Leck
ISBN 978-3-462-04471-3

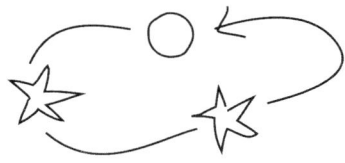

Sonst noch Fragen?

Warum Frauen kalte Füße haben
und andere Rätsel des Alltags

Inhalt

Kann ein Aufzug abstürzen?
Technik für Anfänger

Warum haben Elefanten so große Ohren?
Das geheime Leben der Tiere

Warum fällt der Toast immer auf die Marmeladenseite?
Technik für Anfänger

Gab es Literatur als olympische Disziplin?
Höher, schneller, weiter: Sportliche Herausforderungen

Warum wird einem übel, wenn man als Beifahrer liest?
Zu Lande, zu Wasser und in der Luft: Auto & Verkehr

Wie kommen die Perlen in den Champagner?
Guten Appetit: Interessantes aus Küche, Keller und Speisekammer

Was ist das Geheimnis der tanzenden Wassertropfen?
Home, sweet home: Was Sie über Ihren Haushalt
wissen sollten

Warum sollte man im Lotto nie 1, 2, 3, 4, 5, 6 tippen?
Zahlen, bitte!

Meinem Vater, der mir die Lust am Fragen schenkte

Vorwort

>»I was like a boy playing on the sea-shore, and diverting
>myself now and then finding a smoother pebble or
>a prettier shell than ordinary, whilst the great ocean
>of truth lay all undiscovered before me.«

Isaac Newton

Unsere Welt ist voller Wunder. Magnolienbäume wissen genau, wann sie ihre Blüten ins Frühjahr entlassen, und Stubenfliegen reinigen ihre durchsichtigen Flügel mit ihren Hinterbeinen. Katzen träumen tagsüber mit zuckenden Pfoten, doch niemand weiß, wovon. Winzige Einzeller fächern eifrig in ihrer stillen Mikrowelt und schweben wie Raumschiffe durch den Ozean eines Wassertropfens.

In der Geschäftigkeit unseres Alltags vergessen wir allzu leicht, in welch wunderbarer Welt wir leben, einer Welt voller großer und kleiner Rätsel und Geheimnisse.

Warum wandern die Tautropfen einer sonnigen Herbstwiese immer ans obere Ende des Grashalms? Warum kleben Spinnen nicht an ihrem Netz fest, so wie die Fliegen? Wo man auch hinschaut, überall verstecken sich Fragen, doch viele davon versprechen keine praktische Antwort. Kein Gewinn für den Alltag, keine Geschäftsidee, kein effektiver Nutzen!

Doch gerade diese scheinbar unpraktischen Fragen haben mich seit jeher fasziniert. Schon als Kind konnte ich stundenlang einem Regenwurm beim Essen zuschauen und vergaß dabei schon mal die Hausaufgaben. Es war ein Hochgenuss zu beobachten, wie Wolken in den Himmel wuchsen und dabei ihre Form veränderten. Manche erzählten Geschichten, und ihre Gesichter alterten, bis sie sich im Blau auflösten. Wenn ich meinen Kopf nur tief genug in eine Sommerwiese steckte, eröffnete sich mir ein weiteres Universum winziger Insekten, die sich ihren Weg durch eine Stadt aus Gräsern und Erdwurzeln bahnten. Alle waren ständig in Bewegung, doch woher wussten sie, wohin sie laufen sollten?

Immer wieder begegneten mir Fragen, die nutzlos erscheinen in einer Welt, die dem Wissen um die verschiedenen Gewindedurchmesser von Wasserleitungen oder der Einteilung in Steuerklassen mehr Bedeutung zuspricht als dem Phänomen tanzender Wassertropfen auf einer heißen Herdplatte.

Später begriff ich, dass es wohl keine Aufteilung in »wichtige« und »unwichtige« Fragen gibt, denn jede einzelne Frage ist es wert, ernst genommen zu werden. Meine Lexika und Schulbücher strahlten hingegen eine überhebliche Sicherheit aus, denn sie erzählten nie von den vielen Zweifeln und Fehlversuchen, von den Unsicherheiten und Irrwegen, von falschen Hypothesen und Theorien, von den zahllosen historischen Umwegen, die den Pfad der Erkenntnis säumten. Die Formeln, Gesetze und Phänomene wurden uns in diesen Büchern als unumstößliche Wahrheiten vermittelt, als absolute Fakten, die es niemals zu hinterfragen galt. Der Satz des Pythagoras glich einem Glaubensbekenntnis und Generationen von Schülern unterwarfen sich voller Ehrfurcht einer schulischen Inquisition, die nur zwischen »richtig« und »falsch« unterschied. Für mathematische Rechnungen gab es nur einen einzigen Weg, wählte man einen anderen und erreichte womöglich schneller das Ziel, drohte die Exkommunizierung. Wir lernen nicht, wir büffeln, und selbst nach 20 Jahren Schulbank können die meisten von uns noch nicht einmal einfachste Fragen beantworten: »Wie groß muss ein Spiegel sein, damit man sich ganz darin sieht?« (Ich verrate es Ihnen in diesem Buch!)

Erkenntnis ist nie ein endgültiges Ergebnis, sondern allenfalls eine Zwischenbilanz auf einem langen und überraschenden Weg des Hinterfragens.

Fortschritt ist das Resultat von sehr viel »Spinnerei« und lebt von neugierigen Menschen, die sich trauen, eigene Wege zu gehen. Wahrscheinlich haben viele Mitmenschen Luigi Galvani seinerzeit für verrückt erklärt. Im 18. Jahrhundert studierte er die genaue Ursache zuckender Froschschenkel! Er hatte beobachtet, dass sie beim Berühren des Skalpells reagierten – obwohl die Frösche tot waren! Das Phänomen trat jedoch nur auf, wenn Kupfer und Eisen des Skalpells miteinander in Kontakt standen. Während andere Zeitgenossen sich den »wichtigen« Dingen des täglichen Lebens widmeten, experimentierte der italienische Biologe mit verschiedenen Metallen, Drähten, Skalpellen und Fröschen und bahnte sich einen Weg in den noch unbekannten Kontinent der Elektrizität. Heute wird er als ein Wegbereiter des Fortschritts gefeiert.

Der indische Physiker Sir C.V. Raman fuhr im Sommer 1921 per Schiff nach Europa. Wahrscheinlich hatte er viel Zeit und genoss die intensive Farbe des Ozeans, doch im Gegensatz zu den anderen Passagieren ließ ihm das tiefe Blau des Mittelmeers keine Ruhe. Als er in seine Heimatstadt Kalkutta zurückkehrte, studierte er das Phänomen und stieß eine weitere Tür der Erkenntnis auf im Verhalten von Lichtwellen. 1930 erhielt er den Nobelpreis für seine Arbeit an der Molekularen Streuung des Lichts.[1] Die Raman-Streuung bildet heute die Grundlage vieler moderner Diagnoseverfahren.

Zuckende Froschschenkel, die besondere Farbe des Meeres ... Auf scheinbar »unwichtige« Fragen gibt es manchmal überraschend »wichtige« Antworten, auch wenn es nicht immer die sind, die man suchte, doch das ahnt man zuvor nicht. Wie oft haben abstruse Fragestellungen, Fehlversuche und Zweifel am zementierten Wissen zu spektakulären Fortschritten geführt, wie oft haben Außenseiter unsere Welt verändert! Sie haben ehrlich gefragt und mit derselben Ehrlichkeit nach einer Antwort gesucht und sich dabei nicht vom Offensichtlichen täuschen lassen. Jeder ihrer Wege war geprägt von Unsicherheit und Einsamkeit, doch auch von dem wunderbaren Gefühl, sich der Natur und ihren Geheimnissen zu nähern.

Neugier beginnt mit einer Frage und kennt kein Ende. Die wahre Schönheit unserer Welt offenbart sich demjenigen, der bereit ist, den Weg selbst zu gehen, um selbst zu entdecken und zu staunen. Der Lohn sind dabei nicht Nobelpreise oder technische Geräte, sondern die Erkenntnis an sich. Es ist gar nicht so wichtig, ob man der Erste ist, der ein Phänomen entschlüsselt; entscheidend ist die Hingabe und die Erfüllung, die man dabei empfindet. Jeder von uns entdeckt diese Welt zum ersten Mal! Es gibt den ersten Sternenhimmel, das erste Gewitter, das erste Ballett der Fruchtfliegen und das erste Mal, wo einem die Haut auf der warmen Milch auffällt. Und jedes Phänomen beschenkt uns mit derselben Faszination: Der Glanz des Regenbogens hat sich in Jahrtausenden nicht abgenutzt und der aufgehende Mond verzaubert die Nacht so, als hätte es ihn nie zuvor gegeben. Wenn wir unsere Augen öffnen, werden wir in jeder Sekunde mit einer Einzigartigkeit beschenkt.

Dieses Buch ist bestenfalls ein kleiner Wegweiser in unsere aufregende und überraschende Welt. Wenn Sie links oder rechts davon etwas Spannendes aufspüren, dann verlassen Sie den Pfad und entdecken Sie selbst!

Danke

Dieses Buch war für mich eine besondere Herausforderung. Die einzelnen Kapitel sollten kurz und dennoch verständlich sein. Viele Themenbereiche sind jedoch so reichhaltig, dass die Versuchung für mich groß war, doch noch mehr ins Detail zu gehen, um der Schönheit des jeweiligen Sujets gerecht zu werden. Wo setzt man die Prioritäten, was lässt man bewusst weg, welche Metaphern und Modelle nutzt man zur Erklärung? Ich habe viel gelernt, denn im Rahmen der Fernsehsendungen »Quarks & Co«, der »Show der Naturwunder« und natürlich dem Kurzformat »Wissen vor 8« stand und stehe ich vor demselben Problem. Ich darf mich glücklich schätzen, dass aufmerksame Redakteure und Kollegen, aber auch engagierte Zuschauer mir immer wieder mit guten Ratschlägen und kritischen Einwänden bei der Kunst des »Verdichtens« geholfen haben. Ihnen möchte ich danken, für die intensive Zusammenarbeit und ihre vielen konstruktiven Vorschläge und Einfälle.

Vielen Dank daher an meine WDR-Kollegen von »Quarks & Co«, der WDR-mediagroup, dem SWR, an die Mitarbeiter von First Entertainement und Colonia Media. Besonderer Dank gebührt meiner Regisseurin Birgit Quastenberg, die meine Gedanken in einzigartiger Weise versteht und bereichert, sowie Marcus Anhäuser, der mich bei der Recherche einiger Themen unterstützte, und Tilmann Leopold, der mir in allen vertraglichen Fragen ein kompetenter und freundschaftlicher Ratgeber war.

Frank Schätzing half mir bei der Entscheidungsfindung für diesen herausragenden Verlag. Helge Malchow ermutigte mich in seiner herzlichen und offenen Art zu diesem Projekt. Auf einfühlsame Weise hat Martin Breitfeld vom Lektorat mich bei der Entstehung des Buches begleitet. Seine Anmerkungen und seine Unterstützung bei der Gesamtstruktur waren eine wertvolle Hilfe. Danke!

Viele Autoren fühlen sich einsam, doch ich habe das Glück einer großen und wunderbaren Familie. Von meinen Kindern lerne ich immer wieder, unsere Welt mit offenen und neugierigen Augen zu betrachten und auf unscheinbare und doch wichtige Details zu achten.

Beim Schreiben hat mich meine Frau Uschi auf intensive Weise unterstützt. Ihre Einwände waren von bestechender Klarheit und in unschlüssigen Momenten zeigten mir ihre Anregungen einen beschwingenden Ausweg.

Meiner Katze danke ich für die Momente der Ablenkung, in denen sie sich zwischen Tastatur und Bildschirm setzte, um meinen Blick auf andere Dinge zu lenken ...

Hennef 2009

Warum haben Frauen kalte Füße?

Mit Sinn & Verstand:
Wie unser Körper funktioniert

Warum werden die **Finger runzelig**, wenn man lange badet?

1 »Papa, meine Finger haben ganz viele Wellen, ist das eine Krankheit?«, fragte unsere Tochter besorgt nach dem Baden. »Geht das wieder weg?«

Sicher, Sie lächeln jetzt, natürlich geht das wieder weg. Aber haben Sie schon einmal darüber nachgedacht, warum nur Hände und Füße vom »Schrumpeln« betroffen sind und nicht etwa der Bauch? Was ist da anders? Unsere Haut ist eine perfekte Verpackung, die sich ständig erneuert. Etwa alle 27 Tage werden wir äußerlich runderneuert. Die äußere Schicht, die sogenannte Oberhaut, ist eine Art Schutzschild. Außen befinden sich mehrere Lagen abgestorbener Zellen, die verhornt und miteinander verklebt sind, ein wirksamer Schutz gegen mechanische und chemische Reize. Von unten wachsen ständig neue Zellen nach. Die Oberhaut ist normalerweise nur etwa 0,1 Millimeter dick, doch an stark beanspruchten Körperstellen, an Händen und Füßen, ist sie bis zu 5 Millimeter dick und nennt sich Hornhaut.

Im Vergleich zu den anderen Hautzellen besitzen die Hornzellen eine höhere Salzkonzentration, und diese Salze sind ausschlaggebend für das Schrumpeln der Haut. Sie ziehen Wasser in die Hornschicht hinein, wodurch die einzelnen Zellen aufquellen. Die Zellen brauchen mehr Platz und die Haut wellt auf. Da Hände und Füße mehr Hornhaut besitzen, werden vor allem diese schrumpelig. Außerdem sorgen Talgdrüsen, die es an Händen und Füßen nicht gibt, für einen fetthaltigen Schutzfilm der restlichen Hautpartien. Erst wenn wir längere Zeit im Wasser liegen, wird dieser Schutzmantel aus Fett durchlässig und das Wasser kann eindringen.

Die Ursache für das Schrumpeln der Haut ist also der Konzentrationsausgleich zwischen dem salzarmen Leitungswasser und den salzhaltigen, aber wasserarmen Hornzellen. Man nennt diesen Konzentrationsausgleich auch Osmose. (Das Phänomen begegnet Ihnen auch im Kapitel *Wie konservieren Zucker und Salz?*). Sie können einen einfachen Test machen: Nehmen Sie zwei Schalen, füllen Sie die eine mit normalem Leitungswasser, die andere mit Salzwasser. Und jetzt tauchen Sie etwa 20 Minuten Ihre Hände ein. Das salzarme Leitungswasser dringt in die Hornzellen, lässt sie aufquellen und die Hand wird runzelig. Im Salzwasser hingegen gibt es ein Gleichgewicht der Konzentrationen. Hier kommt es also nicht zur Osmose und die Haut bleibt glatt. Beim Baden im salzigen Meerwasser ist der Runzeleffekt aufgrund des Gleichgewichts des Salzgehaltes also geringer. Sie können stundenlang im Salzwasser des Toten Meers baden, ohne dass die Haut zu schrumpeln beginnt.

Nach dem normalen Baden trocknet die Hornhaut mit der Zeit wieder, das Wasser entweicht, die Haut zieht sich zusammen und die Runzeln verschwinden wieder. Diese Erklärung hat auch meine Tochter beruhigt. Meine Frau wunderte sich allerdings nach dem nächsten Planschvergnügen über den Salzstreuer im Badezimmer.

Was sind
Blutgruppen?

2 Die Vielfalt der Natur ist überwältigend. Kein Lebewesen gleicht dem anderen. Jeder von uns ist einzigartig, besitzt unterschiedliche Hände, eine charakteristische Nase, eine ganz besondere Augenfarbe, und auch das Blut unterscheidet uns. Obwohl unsere roten Blutkörperchen vom Grundaufbau her gleich sind, findet man entscheidende Unterschiede von Mensch zu Mensch: An der Oberfläche der Blutkörperchen gibt es eine charakteristische Vielfalt von Kohlenhydrat- und Eiweißstrukturen. Ihre Kombination macht den Unterschied aus. Blutgruppen sind ein Beispiel dafür, wie die Natur durch eine einfache Kombination von Grundbausteinen Vielfalt erzeugt. Man kann sich die Molekülstrukturen vereinfacht als runde, dreieckige und rechteckige Merkmale vorstellen.

Findet man an der Oberfläche die »runden Moleküle«, heißt die Gruppe A; sind die »dreieckigen« da, nennt man die Blutgruppe B; sind beide Varianten vorhanden, ergibt sich die Kombination AB. Manchmal taucht noch eine zusätzliche Kombinationsmöglichkeit auf, der *Rhesusfaktor*. Ist der Rhesusfaktor vorhanden, spricht man von Rhesus+, ist er nicht vorhanden, spricht man von Rhesus−. Wenn Ihr Blut also alle drei Bestandteile aufweist, zählen Sie zur Blutgruppe AB Rh+ oder AB+. Ist keines der Merkmale vorhanden, dann sind Sie weder A noch B, also 0, und auch der Rhesusfaktor ist nicht vorhanden, also 0−. Natürlich sind noch viele andere

Kombinationen möglich: 0+, A–, A+, B–, B+ und AB–. Aus nur 3 Grundmerkmalen ergeben sich also insgesamt 8 verschiedene Blutgruppen.

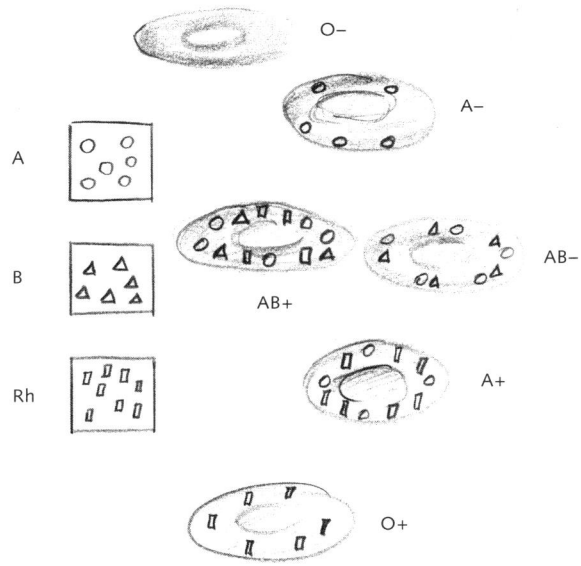

All das ist wichtig, wenn Sie Fremdblut erhalten, denn Ihr Blut ist eigensinnig und akzeptiert nur Bekanntes, das Fremde wird abgestoßen. Wenn Sie zum Beispiel die Blutgruppe A+ besitzen, dann klappt es mit Spenderblut A–, denn Ihr Körper kennt A; der nicht vorhandene Rhesusfaktor kann nicht als fremd wahrgenommen werden. Umgekehrt allerdings würde eine Spende von A+ zu A– nicht funktionieren, da der Rhesusfaktor für A– unbekannt ist und als fremd abgelehnt wird.

Ebenso ist eine Spende von Blutgruppe A zu B oder umgekehrt nicht möglich, denn Ihr eigenes Blut weist diese Molekülkombination nicht auf, und somit wird eine Transfusion gefährlich. Ihr Blut akzeptiert also nur, was es kennt.

So ist es einleuchtend, dass 0– das ideale Spenderblut ist, denn es ist quasi »neutral«. Menschen mit 0– sind sogenannte Universalspender. Das ist gut für die anderen, doch Universalspender können nur eine einzige Blutgruppe empfangen, nämlich 0–. Besitzen Sie hingegen AB+, dann haben Sie Glück, denn Ihr Blut enthält alle drei Bestandteile: Sie können jede Blutkonserve empfangen, allerdings werden Sie als Spender nicht sonderlich gefragt sein, da Sie nur an AB+ spenden können.[2]

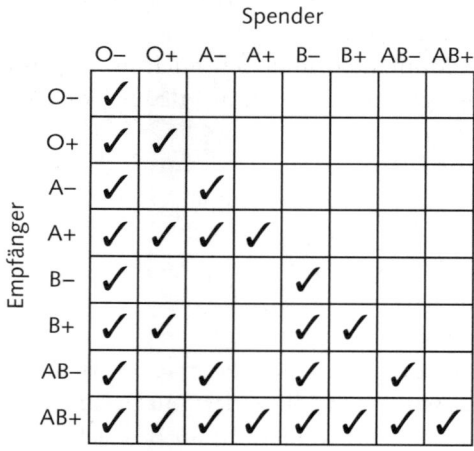

	Spender							
Empfänger	O−	O+	A−	A+	B−	B+	AB−	AB+
O−	✓							
O+	✓	✓						
A−	✓		✓					
A+	✓	✓	✓	✓				
B−	✓				✓			
B+	✓	✓			✓	✓		
AB−	✓		✓		✓		✓	
AB+	✓	✓	✓	✓	✓	✓	✓	✓

Je nach Region kann man sogar eine bevorzugte Häufigkeit von Blutgruppen beobachten: In Europa zum Beispiel zählt A zur häufigsten Blutgruppe, in Peru hingegen besitzt die Mehrzahl aller Menschen die Blutgruppe 0–. Diese Unterschiede haben sich im Laufe der Evolution herauskristallisiert. Blutgruppen gewähren uns auf diese Weise sogar einen Einblick in die Völkerwanderungen der Vergangenheit!

Werden in Vollmondnächten
mehr Kinder geboren?

3 Meine Frau hatte es mir verschwiegen, doch meine Tochter kann keine Geheimnisse für sich behalten: »Wir waren bei der Zauberfrau ...« Bei Vollmond hatte sie ein rohes Stück Fleisch auf die kleine Warze meines Töchterchens gelegt. »Sie ist weg!«

In solchen Momenten fühle ich mich im Zugzwang, denn offen gesagt glaube ich nicht an diesen Hokuspokus! Das Verschwinden einer Warze kann viele Gründe haben und daher ist es schwer, die genaue Ursache dingfest zu machen. Es ist unglaublich, welche Macht der Mond ausüben soll: Bei Vollmond, so heißt es zum Beispiel, sollen die Geister besonders aktiv sein, Äpfel, die bei Vollmond geerntet werden, schmecken angeblich besser, und, so heißt es, bei Vollmond werden mehr Kinder geboren. Was Geister, Äpfel und Warzen betrifft – hier kann wohl allein der Glaube Berge versetzen, doch bei der Geburtenhäufigkeit kann man das Phänomen überprüfen: Hier hat die Wissenschaft eine Chance!

Gemeinsam mit Hebammen und Ärzten habe ich in der Neugeborenenstation unseres Krankenhauses einen Kalender aufgehängt. Immer dann, wenn ein Kind geboren wurde, gab es einen bunten Punkt. Blaue Punkte standen für Jungen, rote Punkte für Mädchen. Nach einem Jahr war es Zeit für eine Bilanz: Sollte der Mond tatsächlich einen Einfluss haben, musste man das an einer besonderen Häufung der Punkte erkennen können. Die Vollmondtage waren auf dem Kalender besonders gekennzeichnet. Den Hebammen, den Ärzten und auch mir wurde beim Nachzählen sehr schnell deutlich: Es gibt keine nennenswerten Auffälligkeiten bei Vollmond. Es werden weder mehr Kinder als sonst geboren, noch gibt es mehr Jungen oder mehr Mädchen, die in diesen Nächten zur Welt kommen.

Dies war übrigens nicht der einzige Versuch. Weltweit gibt es immerhin über 100 Untersuchungen zu diesem Thema! Österreichische Forscher der Universität Wien haben zum Beispiel alle gemeldeten Geburten in Österreich zwischen 1970 und 1999 in einer großen Studie zusammengefasst. Sie schauten sich 371 Mondzyklen an. Und auch ihr klares Ergebnis lautet: Es gibt keinen Hinweis auf einen Zusammenhang zwischen den Mondphasen und der Geburtenhäufigkeit.

Wissenschaftlich gesehen gibt es also eine eindeutige Antwort: Bei Vollmond werden nicht mehr Kinder geboren.

Dennoch hält sich der Aberglaube. Es ist absurd wie viel in unserer angeblich so aufgeklärten Industriegesellschaft gependelt und gedeutet wird. Trotz aller Technik vertrauen viele Menschen auf die Kräfte von magischen Kristallen, legen Karten oder lassen sich von Wunderheilern behandeln. Gerade dann, wenn ein Phänomen oder eine Krankheit von vielen Ursachen beeinflusst wird, lässt sich kein einfacher Zusammenhang zwischen Ursache und Wirkung herstellen.

Und genau hier entfaltet der Hokuspokus seine Angebote. Nur weil es einem nach dem »Besuch« bei ihr besser geht, beweist das noch lange nicht die heilende Kraft der Zauberfrau. Und doch bringen wir gerne unbewusst Dinge in einen Zusammenhang, die oft absolut nichts miteinander zu tun haben. Wenn es klappt, glauben wir prompt daran. »Siehst du, es hilft doch ...!« Leider lässt sich auch selten der klare Gegenbeweis erbringen, denn auch hier erlaubt die Vielzahl der Einflüsse keine einfache Überprüfbarkeit. Das Beispiel der Geburten bei Vollmond ist daher eine willkommene Ausnahme. Es ist einfach und leicht überprüfbar. Es gibt keinen Zusammenhang! Die Warze meiner Tochter hingegen wurde von der Zauberfrau geheilt ... Eines aber weiß ich genau: Meine Tochter wurde nicht bei Vollmond geboren!

Warum sehe ich
unter Wasser unscharf?

4 Wahrscheinlich haben Sie es in der Badewanne oder im Schwimmbad schon ausprobiert: Wenn man ins Wasser abtaucht und die Augen öffnet, dann sieht man alles unscharf. Warum ist das so?

Unser Auge ist ein Linsensystem, das für das Außenmedium Luft optimiert ist. Die Lichtstrahlen werden beim Übergang von der Luft in das Auge gebrochen und das Abbild der Wirklichkeit landet dann genau auf unserer Netzhaut – wir sehen scharf.

Wenn nun Wasser das Auge umspült, verändert sich die Lichtbrechung. Das kann man mit einer Lupe einfach demonstrieren:

In der Luft vergrößert sie die Buchstaben, doch wenn ich die Lupe unter Wasser tauche, verschwindet die Vergrößerungswirkung. Entscheidend für die Lichtbrechung ist nämlich immer der Übergang zwischen zwei Medien: Bei der Lupe ist das der Übergang zwischen Luft und Glas. Dann vergrößert sie. Beim Übergang von Wasser zu Glas nicht.

Bei unseren Augen passiert etwas Ähnliches: Beim normalen Übergang zwischen der Luft und der gekrümmten Hornhaut werden die Lichtstrahlen korrekt gebrochen – wir sehen scharf. Unter Wasser hingegen erfahren die Lichtstrahlen den Übergang von Wasser zur Hornhaut. Doch da der optische Unterschied zwischen Wasser und Hornhaut sehr gering ist, fällt die Lichtbrechung weit schwächer aus. Die Folge: Das scharfe Abbild der Wirklichkeit wird nun nicht mehr *auf* die Netzhaut projiziert, sondern landet *dahinter*. Unter Wasser sind wir daher weitsichtig und sehen unscharf.

Dennoch können auch wir unter Wasser scharf sehen – mit der Taucherbrille. Dann ist nicht mehr Wasser, sondern Luft vor unseren Augen und die Lichtbrechung stimmt wieder.

Fische sehen auch unter Wasser scharf – und bei ihnen funktioniert das ohne Tauchermaske. Ihre Hornhaut ist nämlich nicht wie unsere stark gekrümmt, sondern flacher. Die entscheidende Lichtbrechung geschieht in den Fischaugen durch eine kugelförmige Linse.

Unsere Augen sind optimal auf unseren Lebensraum angepasst: Ein Mensch unter Wasser ist weitsichtig und der Fisch an der Luft ziemlich kurzsichtig!

Mögen Stechmücken
Käsefüße?

5 »Wenn der Abend kam und der Straßenverkehr beklemmend wurde, erhob sich aus den Sümpfen eine Gewitterwolke blutgieriger Mosquitos, und ein zarter Dunst von Menschenscheiße, lau und trist, wühlte im Seelengrund die Todesgewißheit auf ...«

Gabriel García Márquez

Sie können einem den lauen Sommerabend verleiden. Seit 170 Millionen Jahren plagen sie ihre Opfer und übertragen in tropischen Ländern gefährliche Krankheiten: Stechmücken. Doch streng genommen stechen nur die Weibchen. Stechmücken sind nämlich Vegetarier und ernähren sich von Nektar und Fruchtsäften. Doch nach der Befruchtung durch die Männchen benötigen die Weibchen bestimmte Eiweißstoffe, um ihre Eier zu bilden, und die finden sie im Blut ihrer Opfer. Die Blutmahlzeit ist also unverzichtbar für die Fortpflanzung dieser Insekten.

Um an den Leben spendenden Saft zu kommen, treibt die Mücke ihren Stechrüssel in die Haut. Er ist so fein, dass wir oft kaum Notiz davon nehmen würden, wäre da nicht anschließend das Jucken an der Einstichstelle. Um zu verhindern, dass das Blut gerinnt, spritzt die Mücke nämlich bestimmte Eiweißstoffe in die Saugstelle, und diese gerinnungshemmenden Proteine verursachen anschließend den nervigen Juckreiz und können sogar Allergien auslösen.

Seit Jahren untersuchen Wissenschaftler, wie die sechsbeinigen Winzlinge ihre Opfer ausfindig machen. Die Körperwärme spielt eine Rolle, und auch das ausgeatmete Kohlendioxid scheint sie anzuziehen, doch in Sachen Geruchsortung stehen manche Stechmücken auf Unerwartetes: getragene Socken! Unser Fußschweiß enthält nämlich einen Cocktail an Substanzen, zu denen zum Beispiel Buttersäure gehört. Was für uns Menschen stinkt, ist für die Mücke offensichtlich ein anziehender Duftstoff!

Ich hatte Gelegenheit, es selbst am Internationalen Insekten-Forschungsinstitut (ICIPE) in Kenia zu testen. In einem speziellen Zelt wurden zwei Mückenfallen aufgebaut: In eine der beiden Fallen legten wir meine getragene Socke, in die andere zur Kontrolle eine frisch gewaschene, ungetragene Socke. 200 Mücken hatten danach eine Nacht lang die Wahl zwischen meiner getragenen und der ungetragenen Socke. Am nächsten Tag wurde nachgezählt. Das Ergebnis: Bei der sauberen Socke waren nur 2 und bei der getragenen Socke 80 Mücken in die Falle getappt! Ein klarer Beweis: Getragene Socken ziehen Mücken an. Die kenianischen Wissenschaftler arbeiten an neuartigen Mückenfallen und hoffen so, die Übertragung der gefährlichen Malaria-Krankheit einzudämmen. In Ländern wie Kenia könnten auf diese Weise, ohne den Einsatz chemischer Insektengifte, viele Menschenleben gerettet werden.

Vielleicht können auch wir von diesem Wissen profitieren. Locken Sie die Plagegeister doch auf eine falsche Fährte: Socken ausziehen und vor die Schlafzimmertür hängen. Weibliche Stechmücken stehen darauf!

Wie entsteht
Muskelkater?

6 Man bewegt sich, treibt Sport, tut etwas für seine Gesundheit und prompt wird man abgestraft – mit Muskelkater! Wie kommt es dazu? Jahrelang hat man geglaubt, das Phänomen habe mit der Übersäuerung der Muskeln zu tun: Durch übermäßige, ungewohnte Anstrengung entstehe zu viel Milchsäure im Muskel, diese könne nicht so rasch abgebaut werden und führe zu dem bekannten Phänomen: Muskelkater.

Doch in den vergangenen Jahren lieferte uns die Wissenschaft eine ganz andere Erklärung: Muskeln entfalten ihre Kraft dadurch, dass sie sich zusammenziehen. Die Muskelkraft ergibt sich aus der Summe unzähliger mikroskopischer Kontraktionen.

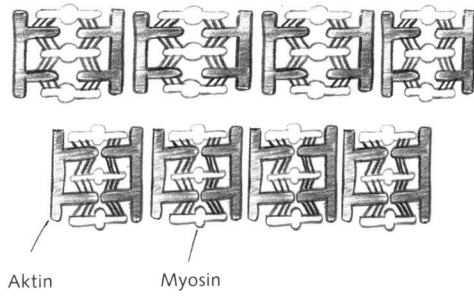

Aktin   Myosin

Die kleinsten Einheiten im Muskel sind die *Sarkomere*. Aus ihnen sind die einzelnen Muskelfasern aufgebaut. Die Sarkomere gleichen einem Federsystem aus zwei Teilen: Die sogenannten Myosinmoleküle greifen wie kleine Widerhaken in die Aktinfäden und ziehen sie aufeinander zu. Dadurch schieben sich die Myosin- und Aktin-Proteine ineinander wie Teile einer Teleskopantenne.

Das einzelne Sarkomer verkürzt sich dabei nur um weniger als ein Tausendstel Millimeter. Obwohl diese Längenänderung minimal ist, summieren sich die Kontraktionen der Abertausenden Sarkomere, aus denen jede einzelne Muskelfaser besteht. In der Summe macht sich das bemerkbar, der Muskel zieht sich zusammen und so können wir unsere Beine bewegen oder ein Gewicht heben.

Beim Muskelkater hat man nun etwas Interessantes beobachtet. Unter extremer Vergrößerung erkennt man Risse in den kleinsten Muskeleinheiten: Die Sarkomere wurden beschädigt. Muskelkater ist demnach eine Mikroverletzung im Muskel. Die Schäden, so vermutet man, entstehen, weil diese kleinsten Einheiten stärker gedehnt werden, als der Trainingszustand des Muskels es zulässt. Die Muskelfasern werden überdehnt und dabei geschädigt. Und das tut weh!

Kann man Muskelkater verhindern, zum Beispiel durch Dehnübungen vor dem Sport? Die Übersichtsstudien sagen zumeist: nein. Man kann ihn nicht verhindern. Und danach? Wegtrainieren oder »Drübertrainieren«? Ganz schlecht, denn dann heilen die kleinen Verletzungen noch langsamer. Massage im Nachhinein? Macht's auch schlimmer.

Es ist frustrierend, doch Muskelkater muss man eben aushalten. Einen Trost gibt es: Am Ende entstehen mehr Fasern und man wird kräftiger! Wie heißt es doch so schön in den Sportstudios: »no pain, no gain« – Kein Schmerz, kein Gewinn!

Warum klingt eine **Stimme** hoch, eine andere tief?

7 Als Kind dachte ich immer, je größer ein Mensch ist, desto tiefer klingt seine Stimme. Doch so ganz konnte das nicht stimmen, denn als ich das erste Mal die Oper besuchte, bemerkte ich: Der Bass klang tief, der Tenor hoch, doch beide Männer waren gleich groß! Warum aber klang eine Stimme hoch und eine andere tief?

Selbst die schönste gesungene Mozart-Arie ist physikalisch betrachtet nichts anderes als schwingende Luft! Diese Schwingungen entstehen an den Stimmlippen, die den Luftstrom aus der Lunge in kleine Luftscheiben mit mehr und weniger Druck zerhacken. Die zerhackte Luft nehmen wir als Schallwelle wahr.

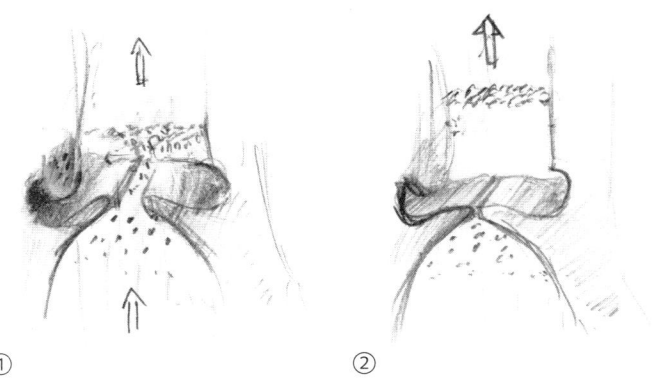

① ②

Zunächst sind die Stimmlippen über der Luftröhre geschlossen. Mithilfe des Zwerchfells wird in unserer Lunge Druck aufgebaut, der irgendwann stark genug ist, dass Luft durch die Stimmlippen strömen kann. Die hinausströmende Luft erzeugt in der entstehenden Lücke jedoch einen Unterdruck, und so verschließen sich die elastischen Stimmlippen wieder von selbst. Wenn sich genug Druck in der Lunge aufgebaut hat, gehen sie erneut auf und die nächste Luftwelle tritt aus. Dieses Hin und Her geschieht mehrere Hundert Mal pro Sekunde und so entstehen regelmäßige Druckschwankungen, die wir als Töne wahrnehmen. Durch das Spannen der Stimmlippen erfolgt das Auf und Zu schneller, der Ton klingt höher. Schwingen die Stimmlippen hingegen langsamer hin und her, klingt unsere Stimme tiefer.

Jeder Mensch besitzt seine natürliche Tonlage: Der Unterschied zwischen Tenor und Bass liegt dabei in der jeweiligen Dicke der Stimmlippen: Je dicker sie sind, desto langsamer können sie hin und her schwingen und desto tiefer klingt die Stimme. Bei Erkältungen schwellen unsere Stimmlippen ebenfalls an, werden dicker und jeder hört dann an der tiefen Stimme, dass wir krank sind. Die Stimmlage hängt also nicht von der Körpergröße ab, sondern ganz direkt von der Dicke unserer Stimmlippen.

Warum setzt der **Verstand**
bei Sonderangeboten aus?

8 Einkaufen ist für mich purer Stress. Überall werden wir zum Kaufen verführt: »Jetzt zugreifen!«, »Sonderangebot«, »Reduziert« oder »Rabatt« – was meinen Sie: Lassen wir uns davon beeinflussen oder behalten wir im Dschungel der Angebote einen kühlen Kopf?

Gemeinsam mit meinen Kollegen von »Quarks & Co« habe ich etwas Interessantes ausprobiert: Inmitten einer Fußgängerzone bauten wir einen Verkaufsstand auf. Auf dem Tisch gab es diverse Putzutensilien zu erwerben. Unterstützt wurden wir von einem professionellen Verkäufer: Zunächst ging er auf die Menschen ein, verwickelte die potenziellen Kunden in ein Gespräch und dann gab es folgende Wahl: Entweder die Produkte einzeln für jeweils 0,59 € oder aber alle zusammen im Dreierpack für 1,99 €. Bei unseren Käufern machten wir eine interessante Beobachtung: Viele entschieden sich für das Angebot im Dreierset – obwohl es tatsächlich teurer war! Die Teile einzeln gekauft ergaben einen Kaufpreis von nur 1,77 €. Das Dreierset war also 22 Cent teurer.

Natürlich haben wir im Nachhinein alle Kunden darauf hingewiesen. Doch warum fallen so viele von uns auf solche »Rabattkäufe« herein? Bonner Wissenschaftler haben sogar mit einem Kernspintomographen untersucht, wie Testpersonen auf Rabattschilder reagieren: Den Probanden wurden per Videobrille unterschiedliche Produkte gezeigt. Neben dem Preis gab es bei einigen Bildern auch den Hinweis »Rabatt«. Und überraschenderweise stellten die Forscher fest, dass beim Betrachten von Produkten mit Rabatthinweis ein Teil des Belohnungssystems, das sogenannte *Striatum*, besonders aktiv ist, wohingegen andere Areale, die Teil des Kontroll- und Verstandzentrums sind, eine reduzierte Aktivität aufweisen.

Das Zauberwort »Rabatt« scheint also unbewusst unsere Gehirnaktivität zu beeinflussen. Die Vorstellung, ein Schnäppchen zu ergattern, ist für unser Belohnungssystem wohl so attraktiv, dass wir sogar vergessen nachzurechnen. Der Effekt wird noch verstärkt, wenn uns eine künstliche Verknappung der Ware durch Schilder wie »Nur heute« oder »So lange Vorrat reicht!« vermittelt wird. Wenn an den Schnäppchenjäger in uns appelliert wird, setzt der Verstand aus!

Was bedeutet
»Blutdruck 120:80«?

9 Kontrolle des Blutdrucks. Mit ernster Miene wird gepumpt und gehorcht, und dann entspannt sich das Gesicht des Arztes: »120 zu 80, alles in Ordnung«. Doch was bedeuten diese beiden Zahlen?

Durch das Messen des Blutdrucks kann sich der Arzt ein Bild vom Zustand unseres Gefäßsystems machen. Unser Körper ist durchzogen von einem verästelten Netzwerk von Arterien und Venen, in denen das Blut transportiert wird. Als Pumpe fungiert das Herz. Der Gefäßdruck im Körper ist wichtig, denn fällt zum Beispiel der Druck in den Arterien ab, kann das Blut unser Gehirn nicht mehr ausreichend mit Sauerstoff versorgen; wir verlieren die Besinnung. Wenn Gefäße altern, werden sie spröde und verlieren an Elastizität. Es ist vergleichbar mit einem neuen und einem alten Wasserschlauch. Wenn man den neuen Schlauch zusammendrückt, gibt der elastische Schlauch nach und kann den Wasserdruck abfangen. Beim alten Schlauch hingegen passiert das nicht und der Wasserdruck im Schlauch steigt deutlich an.

Bei der Messung des Blutdrucks legt der Arzt eine Druckmanschette um den Oberarm und pumpt sie auf. Dabei wird die Arterie so weit zugeschnürt, bis das Blut darin nicht mehr weiterfließen kann. Stellen Sie sich vor, Sie drücken einen Wasserschlauch zu, bis kein Wasser mehr fließt. Beim Blutdruckmessen kann der Arzt das hören: Denn im Stethoskop, welches er etwas weiter unten positioniert, hört das Pochen auf. Dann beginnt der Arzt langsam, den Druck in der Manschette zu senken und wartet, bis das Pochen wieder anfängt. Stellen Sie sich vor, Sie fassen den Schlauch ein bisschen lockerer. Das Wasser beginnt langsam wieder zu fließen. Beim Blut ist das genau der Moment, in dem der Kreislauf mit seinem Druck den Gegendruck der Manschette überwinden kann. Dieser *systolische arterielle Druck*, wie er auch genannt wird, ist der Maximaldruck, den das Herz im Moment der Kontraktion aufbauen kann. An der Anzeige kann man den Druck ablesen: In unserem Beispiel 120. Dann wird weiter Luft abgelassen. Noch immer presst die Manschette gegen die Arterie und stört den Blutfluss. Sie öffnen den Schlauch weiter, das Wasser spritzt ungleichmäßig, und auch beim Blut in unserer Arterie kommt es zu kleinen Verwirbelungen, die sich durch ein typisches Zischgeräusch im Stethoskop verraten. Irgendwann ist jedoch der Ruhedruck in den Arterien ausreichend, um den Manschettendruck völlig zu kompensieren. Das Blut kann dann ungehindert fließen und das Zischgeräusch verschwindet. Erneut wird der Druck notiert, die zweite Zahl, oft *diastolischer Druck* genannt: zum Beispiel 80.

Es handelt sich bei den Zahlen »120 zu 80« also um Druckangaben. Da die Messmethode über 100 Jahre alt ist, verwendet man in der Medizin immer noch die traditionelle Druckeinheit *mm Quecksilbersäule.*

In jungen Jahren sind unsere Gefäße noch elastisch und dehnbar; dadurch kann sich im Adernsystem kein so hoher Druck aufbauen, doch je älter wir werden, desto fester und spröder werden unsere Arterien und desto höher ist der Blutdruck. Das Herz muss dann stärker arbeiten und das ist auf Dauer ungesund. Patienten mit zu hohem Blutdruck bekommen daher blutdrucksenkende Medikamente. Der Blutdruck schwankt jedoch auch im Laufe eines Tages, je nachdem, welche Aktivität gerade ausgeübt wird. Bei körperlicher Anstrengung, Stress und Aufregung steigt er an, in körperlichen und seelischen Ruhephasen sinkt er ab.

Als optimal gilt ein Blutdruck von 120:80, ab einem Wert von 140:90, sollte man seinen Blutdruck regelmäßig prüfen lassen. Dann wird wieder gepumpt und gehorcht, mit ernster Miene verkündet ...

Warum vertragen manche Menschen **keine Milch?**

10 In der Anfangsphase unseres Lebens werden wir gestillt und ernähren uns exklusiv von Muttermilch. Schließlich enthält sie alles, was wir zum Wachsen und Gedeihen benötigen.

Im Laufe der Entwicklung haben wir Menschen es verstanden, Tiere zu domestizieren und ihre Milch zu trinken. Streng genommen betreiben wir Menschen Mundraub an unzähligen Kälbchen, Zicklein und Lämmchen. Die Milch ist ihre Babynahrung! Doch ganz ungestraft kommen wir nicht davon. Bauchschmerzen, Krämpfe, Blähungen und Durchfall sind häufig die Folge.

Bei den meisten Säugetieren geht die Fähigkeit, Milchzucker zu verdauen, nach dem Abstillen verloren. Das ist verständlich, denn Milch gibt es bei Tieren nur im Säuglingsalter

Glukose

Laktose

Laktase

Galaktose

von der Mutter. Auch jeder Mensch verträgt Milchzucker, solange er gestillt wird. In dieser Phase produziert der Körper das Enzym *Laktase*. Es ist eine Art chemische Schere, die den schwer verdaulichen Milchzucker in seine zwei leicht verdaulichen Zuckerteile, *Glukose* (Traubenzucker) und *Galaktose* (Schleimzucker) zerlegt.

Weltweit leidet die Mehrheit der Menschen unter einer Milchunverträglichkeit. In Deutschland geht es nur einer Minderheit so – etwa jedem Sechsten –, an anderen Orten der Welt ist dies jedoch der Normalfall. Wer zum Beispiel in China ein Glas Milch trinkt, ist ein Exot, denn 99 % der Chinesen vertragen keine Milch. Auch in Afrika gibt es Regionen, in denen praktisch niemand Milch verträgt, aber auch vereinzelt Gegenden, in denen davon nur jeder Zehnte betroffen ist.

In Europa gibt es bei diesem Phänomen ein Nord-Süd-Gefälle: In Schweden und Dänemark bekommen weniger als 10 % der Bevölkerung Probleme mit Milch, in Frankreich und Spanien sind es etwa 50 %, in Sizilien sogar 70 %.

Die Fähigkeit, auch im Erwachsenenalter Milchzucker aufzuspalten, hat sich in der Evolution erst vor etwa 7.000 Jahren entwickelt, also sehr spät. In dieser Zeit begannen unsere Vorfahren Rinder, Ziegen und Schafe zu halten. Milch und Milchprodukte wurden allmählich zu einem Nahrungsmittel erwachsener Menschen. Das war neu und unser Körper musste sich umstellen. In genetischen Analysen können Wissenschaftler diese immer noch andauernde Entwicklung und Ausbreitung nachvollziehen.

Wer weiß, vielleicht ist die Milchunverträglichkeit ja auch nur ein weiterer Trick der Natur, um die Säuglinge vor dem Mundraub zu schützen? Theoretisch besteht nämlich die Gefahr, dass erwachsene Tiere den Babys die Milch rauben. Eine abstruse Vorstellung: Väter trinken die Mütter leer und für den Nachwuchs bleibt nichts übrig! Die Natur hat jedoch hier vorgesorgt, mit dem wohl raffiniertesten Schloss, das ich kenne: Aufgrund des kleinen Mundraums und des ohnehin ausgeprägten Saugreflexes schaffen die Kleinen es, einen weit höheren Saugdruck zu erzeugen als die Großen. Obwohl sie viel kleiner und schwächer sind: Saugen können sie besser.

Ist es nicht erstaunlich: An einem Glas Milch erkennt man, dass die Evolution der Menschheit immer noch in vollem Gange ist!

Was ist »gefühlte Temperatur«?

11 Vielleicht ist Ihnen der folgende Unterschied auch schon einmal aufgefallen: Wenn Sie bei einer Temperatur von 30 °C im Schatten in der Sonne liegen oder bei einer Wassertemperatur von 30 °C im Hallenbad schwimmen, kommen Ihnen die 30 °C in der Sonne viel wärmer vor als die im Wasser: Warum ist das so? Sind 30 °C nicht immer gleich?

In der Tat gibt es in dieser Hinsicht große Unterschiede zwischen Luft und Wasser. Wasser leitet die Wärme etwa 20-mal schneller ab als Luft. Wenn wir im Wasser liegen, wird unser Körper ständig umspült. Unsere Körpertemperatur beträgt normalerweise 37 °C, doch das Wasser ist mit 30 °C deutlich kälter. Wir geben zum Ausgleich ständig Wärme an das Wasser ab und beginnen mit der Zeit zu unterkühlen. Kleine Kinder erkälten sich leicht, wenn sie stundenlang im warmen Pool planschen, denn sie verlieren zu viel Wärme.

Taucher ziehen daher selbst in warmen Gewässern einen Neoprenanzug an. Der ist zwar nicht wasserdicht, doch der Anzug hält das vom Körper angewärmte Wasser fest, der Wärmeaustausch ist geringer – man bleibt länger warm.

An der Luft sieht das ganz anders aus. Luft ist ein hervorragender Isolator und leitet die Wärme sehr schlecht. Die Lufttemperatur ist nur *ein* Faktor bei dem, was man »gefühlte Temperatur« nennt. Der Wind und auch die Luftfeuchtigkeit spielen ebenfalls eine wichtige Rolle.

Bei Windstille baut sich unmittelbar über unserer Haut ein Polster aus warmer Luft auf. Wir tragen also ein unsichtbares Luftkleid und fühlen uns wohlig warm. Das ist auch der Grund, warum Vögel sich aufplustern und Daunenjacken besonders warm halten, denn je mehr stehende Luft zwischen uns und der Außenwelt ist, desto geringer ist der Wärmeverlust. Durch das Gefieder oder den Pelz wird die warme Luft auch bei Wind festgehalten. Weht der Wind, dann wird das schützende Luftpolster um uns ständig zerstört. Immer wieder kommt unsere Haut mit neuer, kühler Luft in Berührung, und die führt immer wieder Wärme ab. Das ist der Grund, warum wir uns selbst bei warmem Wetter erkälten, wenn wir im Durchzug sitzen.

Die Luftfeuchtigkeit beeinflusst ebenfalls die gefühlte Temperatur. Minus 10 °C in trockener Luft bei Windstille sind erträglicher als plus 5 °C bei windigem Regen.

Im Gegensatz dazu wird Hitze bei hoher Luftfeuchtigkeit noch unerträglicher. Jeder Saunabesucher weiß, wie brennend heiß die Luft nach einem Aufguss werden kann. Besonders unerträglich empfand ich die feucht-heißen Monsunmonate während meiner Kindheit in Indien. Die Luftfeuchtigkeit ist dann so hoch, dass auch das Kühlsystem unseres Körpers versagt: Der Schweiß verdunstet nicht mehr und erzeugt dadurch keine lindernde Kälte. Selbst nachts fällt das Thermometer nie unter 30 °C. Das gesamte Leben verfällt während dieser Zeit in eine Lethargie, und auch die Stubenfliegen fliegen wie in Zeitlupe. Hitze ist schlimmer zu ertragen als Kälte: Während der Kolonialzeit zog sogar die gesamte Regierung Britisch-Indiens in den Sommermonaten aus dem schwülen Kalkutta und Delhi in das kühle Shimla am Fuße des Himalajas. Gefühlt und gemessen ist eben doch ein Unterschied!

Warum **kribbelt es**
manchmal in Händen und Füßen?

12 Ein komisches Gefühl: Sie sitzen länger, stehen auf und nach einem ersten Taubheitsgefühl kribbelt es fürchterlich in den Füßen. »Meine Füße sind eingeschlafen«, lautet dann die Diagnose.

Etwas Ähnliches geschieht, wenn wir unbequem sitzen und die Beine kaum bewegen können, oder nachts, wenn der Arm unter dem Kissen verschränkt war und man von einem furchtbaren Kribbeln geweckt wird: Arm oder Hand sind dann wie taub. Was ist passiert?

Unser Körper ist von einem langen Netz von Nerven durchzogen und diese geben ständig Informationen aus den verschiedenen Körperregionen an das Gehirn weiter. Unser Körpergefühl ergibt sich aus der Summe dieser Nervenimpulse. Durch eine falsche Körperhaltung kann es geschehen, dass die Nervenbahnen gequetscht und so beeinträchtigt werden, dass sie die Signale nicht mehr weiterleiten können. Den Signalfluss innerhalb der Nerven kann man sich als eine Kaskade aus elektro-chemischen Reaktionen vorstellen. Wenn dieses stetig und koordiniert passiert, erhält das Gehirn einen gleichmäßigen Fluss von Signalen, der unser Gefühl für Arme und Beine entstehen lässt. Wird dieser Signalfluss zum Gehirn unterbrochen, weil die Reizweiterleitung durch die betroffenen Nerven unterdrückt wird, haben wir zunächst Probleme, das betroffene Bein oder den betroffenen Arm zu bewegen. Wir fühlen nichts.

Die Nervenimpulse, die üblicherweise sowohl sensorische Informationen der Nervenenden des Körpers zum Gehirn weitergeben als auch Befehle des Gehirns an die verschiedenen Körperteile übermitteln, sind dann gestört. Die betroffenen Körperteile kommen uns wie Fremdkörper vor. In einigen Fällen wird diese Störung auch noch durch eine abgeklemmte Blutversorgung verstärkt. Auf Dauer kann das sogar zu Schäden führen, doch der Körper reagiert und gibt uns das Signal: »Bitte Position ändern!«

Wenn wir uns dann bewegen, lösen wir den Druck. Das Blut fließt erneut und auch die Signalkette der Nerven kommt wieder in Gang. Doch zu Beginn läuft sie noch ungeordnet ab und es braucht etwas Zeit, bis sich die Nerven erholen und die Signale wieder wie gewohnt weiterleiten. In dieser Regenerierungsphase empfängt unser Gehirn ein nervöses Rauschen, und das spüren wir als Kribbeln und Stechen. Oft folgt auch noch eine Art Brennen.

Es gibt eine Vielzahl von Nervenbahnen in unserem Körper. Dabei werden die Informationen für »Gefühl« oder für »Bewegung« über unterschiedlich dicke Nervenfasern übertragen. Diese wachen auch nacheinander wieder auf. Daher können wir zum Beispiel schon wieder unsere Füße bewegen, obwohl sie sich noch taub anfühlen.

Das Kribbeln in den Beinen und Händen ist also streng genommen ein Kribbeln im Kopf. Und dann gibt es noch das Kribbeln im Bauch, aber das ist eine andere Geschichte ...

Warum bekommt man
Gänsehaut?

13 Kennen Sie das noch: Der Lehrer schreibt etwas an die Tafel, die Kreide rutscht ab und es quietscht entsetzlich. Viele haben von dem Geräusch wahrscheinlich Gänsehaut bekommen. Auch ein Musikstück kann sie bewirken, ebenso wie der Anblick einer Spinne oder das Ende eines spannenden Films: Gänsehaut kann man nicht bewusst steuern. Wovon hängt es ab, wenn sie uns überkommt? Neben Erregung und Angst ruft vor allem auch Kälte dieses Phänomen hervor. Dabei kommt es zu einem leichten Anschwellen der oberen Haut, die unzählige Erhebungen ausbildet. Durch diese Unebenheiten vergrößert sich die Oberfläche unserer Haut, und wenn man bei Aufregung oder Stress schwitzt, läuft es einem »kalt den Rücken herunter«. Wenn man die Haut näher betrachtet, kann man erkennen, dass sich bei der Gänsehaut feine Härchen aufrichten. Das ist die Folge der sogenannten *Haarbalgmuskeln*, die in der Haut sitzen, sich zusammenziehen und dann die Haare aufrichten. Bei den pelzigen Vierbeinern schützt das Aufrichten der Pelzhaare vor Kälte, denn hierdurch wird das eingeschlossene Luftpolster dicker und verbessert die Isolationswirkung. Obwohl der dichte Pelz unserer Vorfahren sich im Laufe der Evolution zu einer dünnen Behaarung veränderte, blieb dieser Reflex offensichtlich erhalten. Statt eines dicken, wärmenden Fells bleibt uns nur noch die nackte Gänsehaut. Dass wir also Gänsehaut bekommen, wenn uns kalt ist, scheint eine nackte Tatsache zu sein.

Warum aber auch Gefühle bei einigen Menschen Gänsehaut bewirken, ist bis heute wissenschaftlich nicht vollständig geklärt. Offensichtlich spielen genetische Faktoren eine Rolle, denn nicht jedem läuft es kalt den Rücken herunter, wenn jemand mit der Kreide an der Tafel abrutscht.

Was passiert beim
Niesen?

14 Es gibt diese besonderen – oft ungünstigen – Momente im Leben, in denen ... Haaatschhhhiii ... man niesen muss. Wie kommt es dazu?

Die plausible Erklärung lautet: Wir reinigen die Nase und befreien sie von Staub oder anderen Fremdkörpern. Beim Niesen führt ein Reiz in der Nasenschleimhaut zu einem reflexartigen Ausstoß von Luft durch Nase und Mund. In der Wissenschaft geht man davon aus, dass es im verlängerten Rückenmark sogar ein Nieszentrum gibt, in dem unter anderem die Signale aus der Nasenschleimhaut, aber auch aus dem Großhirn zusammengeführt und verarbeitet werden. Die verschiedenen Nervensignale beeinflussen sich sogar gegenseitig, und so machen wir dabei automatisch die Augen zu. Doch noch bevor man »Gesundheit« oder »God bless you« hört, heißt es »Hand vor den Mund«, und das hat Gründe:

Im Rahmen einer Sendung haben wir den Prozess des Niesens mit einer Superzeitlupenkamera aufgenommen. Die Produktion war eine Qual, denn mein Kollege musste auf Kommando richtig niesen. Mit Staub und Pfeffer gelang es nach mehreren Anläufen. Von den Bildern waren wir alle überrascht:

Man sieht eine Explosion winziger Tröpfchen, die in den Raum geschleudert werden. Beim Niesen bauen wir zunächst einen Druck auf (das ist die Haaaa-Phase!), der sich dann entlädt (…tschiii): Die ausgestoßene Luft ist dabei bis zu 160 km/h schnell! Die Weitenmessungen ergaben, dass selbst größere Tröpfchen drei Meter weit geschleudert werden. Bei Erkältungen muss man öfter niesen und kann auf diesem Wege dann bequem alle Umstehenden anstecken. »Hand vor den Mund!« – das hilft, doch jetzt kleben die Viren an der Handinnenfläche und werden so fein über all das verteilt, was wir anfassen, von der Türklinke über Telefon und Tastatur bis zu – »Guten Tag, Frau Schulz«.

Die klare Botschaft lautet daher: Wer niest, sollte sich anschließend die Hände waschen.

Man muss übrigens nicht unbedingt krank sein, wenn man niest. Etwa jeder Vierte von uns muss unwillkürlich niesen, wenn er in eine starke Lichtquelle schaut. Hat man sich jedoch ans Licht gewöhnt, erlahmt dieser Reflex. Bei diesem Phänomen sucht die Wissenschaft sogar noch immer nach einer vollständigen Antwort: Nach bisherigem Wissen scheint der Licht-Nies-Reflex sogar vererbt zu werden, doch wenn die Wissenschaft sich unsicher ist, versteckt sie sich hinter komplizierten Begriffen, und so heißt das Phänomen: *ACHOO-Syndrome* (Autosomal Dominant Compelling Helio-Ophthalmic Outbursts of Sneezing) – Gesundheit!

Ist Gähnen ansteckend?

15 Ist Ihnen das vielleicht auch schon mal passiert: Sie sitzen am Tisch, Ihr Gegenüber gähnt und prompt gähnen auch Sie. Ist Gähnen ansteckend? Und wenn ja, warum?

Häufig wird behauptet, Gähnen habe mit Sauerstoffmangel zu tun, doch dem ist nicht so. Denn Tests haben bewiesen: Bei schlechter Luft mit erhöhter Kohlendioxidkonzentration und auch bei erhöhtem Sauerstoffgehalt in der Atemluft ändert sich nichts am Gähnverhalten. Gähnen ist auch nicht immer Ausdruck von Müdigkeit. Olympiasportler gähnen zum Beispiel auffällig häufig vor dem Wettkampf. Es kann also auch ein Hinweis auf eine anstehende Aktivität sein. Die Wissenschaft hat das Rätsel des Gähnens noch nicht völlig gelöst. Was zum Beispiel passiert, wenn es unser Gegenüber erwischt? Ist Gähnen wirklich ansteckend?

In einem Experiment haben wir das Phänomen getestet: Mitten in Bremen wurden Passanten zu einem Versuch eingeladen. Ihnen wurde gesagt, es ginge um einen Aufmerksamkeitstest, doch das war nur ein Vorwand. Unsere Teilnehmer mussten sich Bilder merken. Einer Gruppe zeigten wir zwischendrin immer wieder Einblendungen von gähnenden Menschen. Und prompt reagierten sie: Unbewusst begann jeder Zweite (57 %) daraufhin selbst zu gähnen. Bei der Vergleichsgruppe fehlten die Einblendungen und kaum ein Teilnehmer gähnte. Interessanterweise klappt dieser Versuch auch bei Menschenaffen: Bei Schimpansen ist das Gähnen ebenfalls ansteckend. Gähnen könnte also eine Art Gruppensignal sein.

Die aktuelle Erklärung stammt aus der modernen Gehirnforschung: Man entdeckte vor einigen Jahren ein besonderes Netz von Nervenzellen.[3] Diese sind nicht nur aktiv, wenn wir selber eine Aktion durchführen, sondern auch dann, wenn wir diese nur sehen. In unserem Gehirn spiegeln wir offenbar ständig, was um uns herum passiert. Diese Nervenzellen werden daher auch *Spiegelneuronen* genannt. Wenn wir jemanden gähnen sehen, dann gähnt unser Gehirn also mit, und wenn jemand sich schneidet oder lacht, dann leiden oder lachen wir im Gehirn mit. Wir erleben unsere Außenwelt also weit intensiver, als bislang bekannt war. Vielleicht haben wir es jedoch schon lange vor der Entdeckung der Spiegelneuronen geahnt. Darauf deutet das Wort *Sym-pathie* hin, welches wörtlich übersetzt *Mit-leiden* heißt!

Diese Kopplung der Gehirnzellen ist sehr intensiv, nicht nur beim Gähnen. Mütter öffnen zum Beispiel den Mund, wenn sie ihr Kind füttern. Das Kind sieht die Bewegung, das Gehirn spiegelt unbewusst, und das Mündchen geht auf.

Jetzt wissen Sie es also: Wenn Sie nächstes Mal beim Gähnen erwischt werden, haben Sie die beste Ausrede: Ihr Gehirn fühlt mit!

Frauen kalte Füße?

16 »Kalte Füße sind lästig, besonders die eigenen.«
Wilhelm Busch

Frauen leben länger als Männer, das ist statistisch belegt. Doch vielleicht gibt es ja so etwas wie Gerechtigkeit im Leben. Da wäre nämlich noch dieser Unterschied zwischen Mann und Frau: 80 % aller Frauen klagen über kalte Füße.

Betrachtet man den Wärmehaushalt der Geschlechter, so sind Männer deutlich im Vorteil. Denn gemessen am Gesamtgewicht besteht ein Mann zu 40 % aus Muskeln. Wenn ein Muskel arbeitet, investiert er nur ein Drittel der Energie in die tatsächliche Arbeit, der große Rest wird als Wärme abgegeben. Muskeln sind die Heizung unseres Körpers. Wenn uns kalt ist, zittern wir – und heizen durch die scheinbar überflüssige Muskelarbeit unseren frierenden Körper.

Der Muskelanteil bei Frauen beträgt jedoch nur 23 % und ist damit ungefähr halb so groß wie der der Männer. Die »Körperheizung« der Frauen ist also wesentlich schwächer angelegt.

Hinzu kommt der Wärmeverlust. Entscheidend hierfür ist unsere Körperoberfläche. Sie kennen das: Wenn uns kalt ist, kuscheln wir uns zusammen und minimieren so unsere Oberfläche. Dadurch geben wir weniger Wärme an die Umgebung ab.

Bei der jeweiligen Körperoberfläche findet man einen kleinen

Unterschied zwischen Mann und Frau: Wenn beide gleich groß sind, hat sie, bedingt durch ihre Brüste, eine größere Hautoberfläche und strahlt mehr Wärme ab.

Höherer Wärmeverlust und kleinere Heizung – das ist ungünstig. Wenn uns kalt ist, reagiert unser Körper mit einem unangenehmen Sparmodus: Um die lebenswichtigen Organe und das Gehirn auf 37 °C zu halten, werden andere Körperteile wie Arme, Beine oder unsere Nase weniger durchblutet. Die Wärme konzentriert sich auf den Körperkern. Bei Kälte verengen sich daher die Blutgefäße der Frau in den Füßen schneller. Und wo kein Blut fließt, da ist auch keine Wärme. Bis auf 8 °C kann die Temperatur in den Zehen sinken! Die kalten Frauenfüße sind also eine biologische Überlebensstrategie.

Einer der seltenen Fälle übrigens, so scheint's, bei denen Männer besser helfen können als die Natur ...

Wie sehen wir räumlich?

17

Anfangs dachte ich, die Besucher des berühmten Dalí-Museums in Figueres seien völlig durch den Wind. Sie starrten auf eine Bilderwand, schielten und verfielen sogleich in bewundernde Gefühlsausbrüche. Und dann traf es auch noch meine Tochter: »Unglaublich ... Ohhhh ... das gibt's nicht! ... und alles scharf ...«

Kurz danach verfiel auch ich den stereoskopischen Bildern von Salvador Dalí. Seltsame bunte Muster entpuppten sich plötzlich als räumliche Gebilde. Der Blick tauchte vom flachen zweidimensionalen Bild in eine sonderbare Welt neuer Einsichten – im wahrsten Sinne: Ich sah mich in Bilder hinein – und nach einer Stunde Silberblick litt ich an Kopfschmerzen.

Die Magie hat weniger mit unseren Augen als mit unserem Gehirn zu tun, denn Bilder entstehen im Kopf. Sehen ist ein komplexer Lernprozess, bei dem sich unser Gehirn nach und nach auf die Informationsflut einstellen muss.

Da beide Augen ein etwas anderes Bild wahrnehmen, kann unser Gehirn daraus den Abstand eines Objekts ermitteln. Hierbei spielt aber auch die Bildschärfe eine Rolle. Der Zusammenhang zwischen Schärfe und Blickwinkel hat sich in unserem Gehirn über Jahre hinweg durch Erfahrung gefestigt. Die optische Vortäuschung der dritten Dimension gründet vor allem auf dieser Erfahrung. Wir wollen die Dinge scharf sehen und das klappt nur dann, wenn wir leicht schielen. Durch diesen Trick nehmen beide Augen aber ein leicht unterschiedliches Bild wahr und bei der Suche nach einer plausiblen Antwort interpretiert unser Gehirn das Seherlebnis als dritte Dimension.

Dass vor allem Säugetiere nach der Geburt das Sehen »lernen«, wurde vor einigen Jahren durch ein, wie ich finde, makaberes Experiment untermauert. Neugeborenen Katzen wurden die Augen verbunden, sodass sie in ihren ersten drei Lebensmonaten nichts sehen konnten. Nach dieser Phase nahm man ihnen den Verband ab. Trotz physisch intakter Augen waren die Katzen blind, denn ihr Gehirn hatte das Sehen nicht erlernt.

Ihnen ist in diesem Moment womöglich nicht einmal bewusst, dass auch Sie zuweilen blind sind – sogar auf beiden Augen: Wenn Sie mir nicht glauben, dann machen Sie folgenden Sehtest:

Decken Sie Ihr rechtes Auge ab und fixieren Sie aus ca. 10 cm Abstand die Maus. Aus dem Augenwinkel sehen Sie auch den Käse. Wenn Sie sich dann dem Buch nähern, dann verschwindet der Käse! Der Grund hierfür ist nicht die Maus (die hat sich nicht bewegt), sondern der sogenannte *blinde Fleck*, eine Stelle auf Ihrer Netzhaut ohne Sehzellen.

Unter den 125 Millionen Sensoren auf unserer Netzhaut unterscheidet man zwischen farbempfindlichen *Zapfen* und helligkeitsempfindlichen *Stäbchen.* Die Stäbchen sind rund 10.000-mal lichtempfindlicher als die Zapfen, daher nehmen wir unsere Umgebung bei Dunkelheit nicht mehr in Farbe, sondern nur noch in Grautönen wahr. (Genau deshalb sind auch nachts alle Katzen grau.) Je weniger Licht auf diese Sensoren trifft, desto länger brauchen sie, um zu reagieren. Nach diesem Prinzip möchte ich Ihnen einen ungewöhnlichen Versuch vorschlagen, den Sie leicht zu Hause selbst ausprobieren können:

Stellen Sie eine Lampe vor ein sich bewegendes Objekt, zum Beispiel ein Mobile, und achten Sie auf die Schatten an der Wand.

Halten Sie vor ein Auge das dunkle Glas einer Sonnenbrille. Sie werden bald feststellen, dass die Schatten in die Wand hineinwandern – sie wirken dreidimensional! Das abgedunkelte Auge erkennt den bewegten Schatten etwas später; das Gehirn nimmt diese zeitliche Verzögerung als zwei Bilder wahr. Wie beim normalen dreidimensionalen Sehen entsteht in unserem Gehirn aus der Überlagerung beider unterschiedlicher Bilder der Eindruck von Tiefe. Wenn Sie Ihre »Sichtweise« vertauschen und nun mit dem anderen Auge durch die Brille blicken, passiert noch etwas Verblüffendes: Der Drehsinn der Schatten hat sich schlagartig umgekehrt; was vorher in die Wand hineinzuwandern schien, bewegt sich nun aus der Wand heraus.

Als ich diesen Effekt das erste Mal erlebte, schien ich für einen Moment das Vertrauen in meine eigenen Sinne verloren zu haben. Die Täuschung der Sinne inspirierte auch große Denker wie den griechischen Philosophen Platon. In seinem »Höhlengleichnis« verglich er unser Bewusstsein mit Menschen, die ihren Schatten als Wirklichkeit auffassen. Nur der Philosoph, so der alte Denker, lässt sich nicht vom »Schattendasein« täuschen, sondern sucht nach der wahren Quelle des Lichts. Die alten indischen Philosophen gingen sogar noch einen Schritt weiter: Für sie war unsere Welt nichts anderes als »Maya« – eine große Illusion.

Was hätten sie wohl über unsere Fernsehwelt gesagt?

Warum funkeln Sterne?

Unendliche Weiten: Weltraum, Wind und Wetter

Warum ist der
Himmel blau?

18 »Siehst du, mein Kind, die Engel backen Plätzchen im Himmel!« Das war Großmutters Erklärung für die roten Sonnenuntergänge meiner Kindheit. Obwohl ich Abend für Abend genau hinsah, konnte ich keinen einzigen Backengel ausmachen, und mit der Zeit begann ich, an dieser Erklärung zu zweifeln. Die wechselnde Farbe des Sonnenlichts machte mir ohnehin zu schaffen. Dass sich zum Beispiel das weiße Sonnenlicht aus allen Farben des Regenbogens zusammensetzt, klingt nur in den Ohren eines Erwachsenen plausibel. Als ich das mit meinem Malkasten überprüfen wollte und alle Farben miteinander vermischte, war das Ergebnis nicht weiß, sondern ein enttäuschender Braunton. Mein Vater gab mir den entscheidenden Hinweis: Selbst der bunteste Kreisel wirkt, wenn er sich schnell genug dreht, weiß!

Viel später begriff ich dann, dass rote Sonnenuntergänge, weiße Wolken und das Blau des Himmels mit einem Phänomen zu tun haben, das Physiker *Lichtstreuung* oder *Raleighstrahlung* nennen: Verfolgt man den Weg des Sonnenlichts, dann trifft es nach seiner Reise durch den schwarzen Weltraum auf unsere Erdatmosphäre. Die Lichtwellen stoßen mit winzigen Luftmolekülen zusammen und werden dabei in alle Richtungen abgelenkt. Doch hierbei gibt es ein interessantes Phänomen: Die Farben des Sonnenlichts werden nicht gleich behandelt. Blaues Licht wird wesentlich häufiger gestreut als rötliches Licht. Unsere leuchtende Atmosphäre strahlt in der Farbe des am stärksten gestreuten Lichts: blau. Dieses blaue Licht durchläuft in einem Zickzackkurs die Luftschichten, und selbst wenn wir nicht direkt auf die Sonne blicken, sehen wir diese gestreuten Lichtstrahlen. Das ist auch der Grund, warum der Himmel tagsüber hell ist. Ohne Lichtstreuung wäre unser Himmel pechschwarz, so wie der Himmel, den die Mondastronauten erlebten.

Dass vor allem das blaue Licht gestreut wird, kann man einfach beobachten, indem man einige Tropfen Milch in ein Glas Wasser gibt: Das seitlich einfallende Licht streut an den Milchteilchen und genau wie beim richtigen Himmel leuchtet es auch hier eher bläulich! Bei zu viel Milch werden dann alle Farben gestreut: Weiße Milch – weiße Wolken!

Auch bei der rötlich untergehenden Sonne ist die durch den längeren Abstand bedingte stärkere Lichtstreuung der Schlüssel. Beim Sonnenuntergang legt das schräg einfallende Sonnenlicht einen längeren Weg durch die Erdatmosphäre zurück, bis es auf unsere Augen trifft. (Zum längeren Weg durch die Atmosphäre: siehe *Warum funkeln Sterne?*) Ist der Weg lang genug, wird der gesamte blaue Anteil des Sonnenlichts herausgelenkt. Übrig bleibt also das fantastische Rot der untergehenden Sonne, denn die roten Lichtstrahlen werden kaum gestreut und treffen so direkt auf unsere Augen.

Ich bin immer wieder entzückt, wie ein einziges physikalisches Phänomen, die Raleighstrahlung, so unterschiedliche Färbungen wie das Blau des Himmels, das Weiß der Wolken oder das Rot der Abendsonne hervorzaubern kann. Wer weiß, vielleicht stehen Sie ja eines Tages irgendwo mit Ihren Enkeln und bewundern den roten Abendhimmel. Statt von backenden Engeln erzählen Sie Ihren jungen Zuhörern dann hoffentlich vom Zauber der Physik.

Woher hat der **Regen-bogen** seine Farben?

19 Er ist ein Symbol für Frieden, Toleranz und Hoffnung: der Regenbogen. Doch wie kommt es zu diesem bunten Naturschauspiel?

Man braucht Regen und Sonnenschein. Das Sonnenlicht enthält alle Farben. Trifft es auf einen Regentropfen, so erfahren die Lichtstrahlen den Übergang vom Medium Luft in das Medium Wasser. Dabei wird das Licht gebrochen, das heißt,

das Sonnenlicht wird in seine spektralen Farben zerlegt. Innerhalb des Regentropfens werden die Lichtstrahlen auf der Rückseite reflektiert und treten dann wieder aus. Jeder Tropfen wirkt also wie ein besonderer Spiegel: Weißes Licht rein, buntes Licht raus.

Doch wie kommt es zu der Bogenform?

Damit wir das bunte, gebrochene Sonnenlicht überhaupt sehen können, muss der Winkel zwischen uns, dem Wassertropfen und dem Sonnenlicht exakt 40° betragen. Vielleicht ist Ihnen schon aufgefallen, dass man das Phänomen des Regenbogens nur bei tiefstehender Sonne zu sehen bekommt. Steht die Sonne hoch am Himmel, ist der Winkel zwischen uns, den Tropfen und der Sonne so groß, dass unser Auge das Farbspiel der Lichtbrechung nicht wahrnehmen kann.

Dieser feste optische Winkel von 40° erinnert an einen Zirkel, und in der Tat ergibt sich rein theoretisch ein bunter Kreis. Mit viel Glück kann man in einem Flugzeug einen solchen Regenbogenkreis ausmachen. Doch da wir meistens auf dem Boden stehen, sehen wir einen Bogen, denn der bunte Spiegel fallender Regentropfen füllt nur die obere Bildhälfte.

Als Kind wollte ich den bunten Bogen genauer untersuchen, doch er schien mir ständig auszuweichen. Je mehr ich mich ihm näherte, umso mehr zog er sich zurück. Erst später verstand ich, dass für dieses Phänomen eben nur der optische Winkel entscheidend ist. So scheint der Regenbogen auch im fahrenden Auto stets mitzureisen, und streng genommen sieht sogar jeder von uns seinen ganz persönlichen Regenbogen.

Wie entstehen
Wolken?

20 Verwunschene Schlösser, grimmige Hexengesichter und kämpfende Monster! Manchmal starrten sie mich an, bevor sie sich in eine andere verwunschene Form verwandelten. Auf der Wiese liegend konnte ich ganze Nachmittage damit verbringen, mich in die vorbeiziehenden Wolken hineinzuträumen, statt meine Rechenaufgaben für den kommenden Schultag zu lösen. Als ich später erfuhr, dass die Traumgebilde meiner Kindheit nur aus Wasser bestehen, war ich etwas enttäuscht. Doch die Wissenschaft der Wolken birgt andere, nicht minder spektakuläre Geheimnisse.

Wenn die Sonne den Boden erwärmt, steigt die warme Luft wie ein großer unsichtbarer Ballon nach oben. Dieser dehnt sich aufgrund des geringeren Luftdrucks in größerer Höhe aus und kühlt dabei ab. Da warme Luft erheblich mehr Wasser aufnehmen kann als kalte, kommt es beim stetigen Abkühlen irgendwann zu einem Flüssigkeitsüberschuss. Der bis dahin unsichtbare Heißluftballon wird nun erkennbar, da er seinen Ballast an Wasser in Form mikroskopischer Tröpfchen abgibt: Eine Wolke entsteht.

Greifvögel und Segelflieger suchen den Himmel nach diesen keimenden Wolken ab und schrauben sich mithilfe der zugehörigen Aufwinde nach oben. Die Unterseite der Wolken ist flach, doch vor allem die kräftigen *Cumuluswolken* wachsen schnell nach oben, bis sie dann in größeren Höhen aufgrund der seitlichen Winde ausfransen.

Vor knapp 200 Jahren begannen die Meteorologen damit, die Vielfalt der Wolken in zehn Familien einzuteilen, basierend auf den drei Hauptklassen: *Cumulus* (Haufen), *Cirrus* (Haarlocke) und Stratus (ausgebreitet/mit einer Schicht bedeckt). Die Formationen sind immer noch ein wichtiges Indiz für aufkommendes Wetter.

Besonderen Respekt genießen die *Cumulonimbuswolken*, denn diese Vorboten nahender Gewitter können einen Durchmesser von zehn Kilometern erreichen, wobei ihr ambossförmiges Dach bis zu zehn Kilometer hoch hinaufragt. Diese gigantischen Energiepakete fassen mehr als eine halbe Million Tonnen Wasser und entleeren sich als Platzregen auf die Erde. Danach scheint die Sonne und der klare Himmel empfängt die Schönwetter-*Cumuluswolken*, die sich weiß und unschuldig aufplustern zu neuen Luftschlössern ...

Wie entsteht
Nebel?

21 »Die Ungewissheit ist es, die uns reizt.
Ein Nebel macht die Dinge wunderschön.«

Oscar Wilde

Für die einen ist es der Ausdruck purer Romantik, für die anderen eine lästige Verkehrsbehinderung: Nebel.

Im Herbst, wenn die Nächte kälter werden und der Boden allmählich auskühlt, ist er besonders häufig zu sehen. Tagsüber, wenn die Sonne scheint, erhitzt sich die Luft wieder, während der Boden im Verhältnis dazu relativ kühl bleibt. Die erwärmte Luft kann dann sehr viel mehr Wasser aufnehmen als kalte Luft, und es bildet sich unsichtbarer Wasserdampf. Bei Sonnenuntergang kühlt sich die Luft am kalten Boden schnell ab und das überschüssige Wasser wird als Nebel sichtbar. Besonders in klaren Nächten können sich die bodennahen Luftschichten so stark abkühlen, dass sie einen Teil des Wassers abgeben müssen; der Wasserdampf kondensiert und es bilden sich feinste Wassertröpfchen.

Nebel ist also eine Art Wolke mit Bodenberührung, er entsteht immer dann, wenn warme feuchte Luft auf ein kaltes Umfeld stößt. Das Wort selbst leitet sich aus dem Griechischen *nephele* – Wolke – ab.

An kalten Wintertagen bildet sich sogar Nebel, wenn wir ausatmen, denn die warme Luft aus unseren Lungen kühlt sich ab und kann nicht mehr das ganze Wasser halten. Ein Teil kondensiert und es bildet sich eine kleine Wolke.

Es gibt aber noch weitere Möglichkeiten, wie Nebel entstehen kann: Typisch ist zum Beispiel der Nebel in der Nähe von Flüssen und Seen. Im Herbst ist das Wasser noch vergleichsweise warm, doch die Luft darüber ist nachts schon deutlich kälter. Diese kalte und noch trockene Luft erwärmt sich unmittelbar über dem Wasser, nimmt dabei Feuchtigkeit auf und steigt anschließend nach oben. Dort trifft sie dann wieder auf kältere Luftschichten, die den Wasserdampf kondensieren lassen. Genau das ist der Grund, warum Seen an Herbstabenden dampfen.

Nebel besteht aus unzähligen, winzigen Wassertröpfchen, die so leicht sind, dass sie in der Luft schweben.

Immer dann, wenn es spannend werden soll, kommt auch im Showgeschäft jede Menge Kunstnebel zum Einsatz. Der jedoch wird per Knopfdruck produziert: Nebelmaschinen versprühen heißes Öl über feinste Düsen. Die winzigen Öltröpfchen schweben in der Luft und sehen im Licht der Scheinwerfer so aus wie richtiger Nebel. Bei Dreharbeiten heißt es dann: »Nebel ab, Ton ab, Kamera ab, Action ...«

Mit Romantik hat diese Art von Nebel wohl nichts zu tun ...

Warum funkeln
Sterne?

22 »Twinkle, twinkle, little star,
How I wonder what you are ...«

Englisches Kinderlied

Der Sternenhimmel ist meine große Leidenschaft. Er hat
mich schon immer angezogen. An manchen Sommernächten
legte ich mich auf den noch warmen Boden unserer Wiese
und blickte in das Dunkel der Nacht. Mein Blick war frei,
keine Bäume oder Sträucher, keine störende Straßenlampe.
Mein gesamtes Gesichtsfeld war erfüllt vom magischen Glitzern aus der Ferne. In diesen Momenten schien ich durch
den Weltraum zu schweben und die Erde, auf der ich lag,
wurde zu meinem Rucksack. Ich schwebte als ein Teil unter
vielen anderen in einem Weltraum, der kein Oben und Unten
kennt. Je länger ich regungslos nach oben blickte, umso mehr
Sterne tauchten auf. Ihr Licht war unterschiedlich. Manche funkelten rötlich, andere schienen in bläulichen Dunst
gehüllt. Der Anblick der Milchstraße mit ihren unzähligen
Sternen macht uns klar, dass wir, mit unseren Freuden und
Sorgen, lediglich ein Staubkorn in einer unfassbaren Un-
endlichkeit sind. Das Licht mancher Sterne trat seine Reise
vor vielen Millionen Jahren an, als unsere Erde noch völlig
menschenleer war. Moderne Teleskope erfassen sogar das
Licht von fernen Sonnen, die schon längst verschwunden
sind ...

Wer bei klarem Wetter in den Nachthimmel schaut, sieht viele, viele helle Punkte. Manche funkeln – andere nicht. Wie kommt es dazu?

Die meisten Punkte sind Sterne, die sehr weit weg sind. Der uns nächste Stern ist unsere Sonne, ein hell leuchtender Feuerball. Auch die anderen Sterne würden aus der Nähe betrachtet so aussehen, doch je weiter entfernt ein Objekt von uns ist, desto kleiner erscheint es uns. Unsere Sonne würde daher aus großer Entfernung genauso aussehen wie die vielen anderen Sterne. Bei den gewaltigen Distanzen im Universum erreicht uns nur noch ihr Licht. Ihre Form reduziert sich auf einen hellen Punkt. Viele Sterne sind so weit von uns entfernt, dass sie selbst beim Blick durchs Teleskop immer noch bloß als heller Punkt erscheinen.

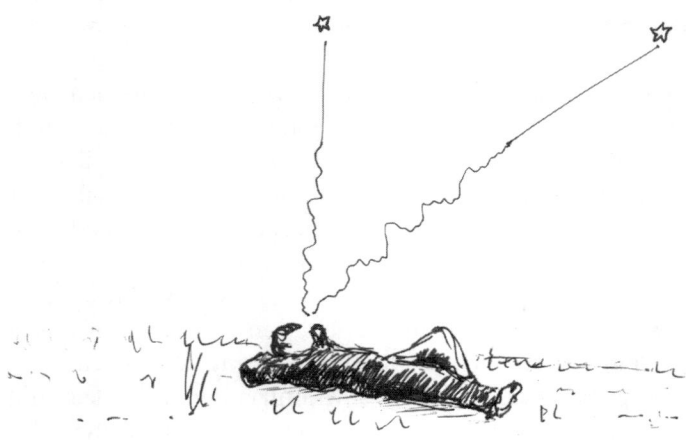

Das Funkeln entsteht, weil das Sternenlicht zunächst unsere Erdatmosphäre passieren muss, bevor es auf unser Auge trifft. In den unruhigen Luftschichten werden die Lichtstrahlen leicht abgelenkt. Der anfängliche Lichtpunkt tanzt also hin und her, und seine Helligkeit schwankt: Der Stern funkelt. Sterne am Horizont funkeln stärker als Sterne direkt über uns, denn ihr schräg einfallendes Licht legt einen längeren Weg durch die unruhige Atmosphäre zurück. Für die Astronauten hingegen gibt es kein Funkeln, sondern nur leuchtende Punkte im Weltraum, weil sie außerhalb der Erdatmosphäre um die Erde kreisen.

Unsere Planeten wie Mars, Saturn oder Venus sind jedoch nicht so weit weg wie die Sterne. Daher erscheinen sie uns nicht punktförmig, sondern als kleine Scheiben. Planeten leuchten nicht von selbst, sondern werden durch die Sonne angestrahlt. Auch ihr Schein wird durch die Erdatmosphäre gestört, doch aufgrund ihrer Ausdehnung sind die Helligkeitsschwankungen geringer. Daher funkeln Planeten kaum.

Am Nachthimmel lässt sich also leicht zwischen Sternen und Planeten unterscheiden: Sterne funkeln, Planeten nicht.

Was ist die
Milchstraße?

23 In klaren Nächten erstreckt sich ein leuchtendes Band am Sternenhimmel: die Milchstraße. Um sie überhaupt sehen zu können, muss man jedoch unsere hell beleuchteten Städte verlassen und braucht zudem möglichst klare Luft. Doch was genau ist die Milchstraße?

Der schmale, leuchtende Streifen am Nachthimmel fiel schon unseren Vorfahren im Altertum auf und so leitet sich der Fachausdruck *Galaxie* ab vom griechischen Wort für Milch, Gala. Nach der antiken griechischen Sage zeugte der oberste Gott Zeus seinen Sohn Herakles mit der sterblichen Alkme-

ne. Um seinen unehelichen Sohn dennoch mit göttlichen Kräften zu beschenken, lässt ihn Zeus heimlich bei seiner schlafenden Frau Hera trinken. Der Säugling trinkt jedoch so stürmisch, dass Hera davon erwacht und ihn beiseite stößt. Ihre göttliche Milch verspritzt dabei im Himmel!

Durch ein Fernrohr betrachtet, entpuppt sich die milchige Struktur als Ansammlung unzähliger Sterne. Sie bilden sich häufig in gigantischen Ansammlungen, die man Galaxien nennt. Genauso verlief auch die Entstehungsgeschichte unserer Sonne. Sie besitzt etwa 200 Milliarden Geschwistersterne und alle zusammen bilden unsere Galaxie – sie ist eine sogenannte *Balkenspiralgalaxie*, die gigantisch groß ist: Ihr Durchmesser beträgt etwa 100.000 Lichtjahre; das heißt, das Licht brauchte 100.000 Jahre, um einmal unsere Galaxie zu durchqueren. Nur zum Vergleich: Für die Strecke von der Erde zum Mond benötigt das Licht gerade mal eine Sekunde! Von der Erde zur Sonne sind es acht Lichtminuten.

Unsere Sonne und somit auch unsere Erde, die ja Teil unseres Sonnensystems ist, befinden sich in einem Seitenarm dieses riesigen Gebildes (siehe Abbildung unten).

Aus der Ferne des Weltraums betrachtet, sähe unsere Galaxie wie ein gigantischer Strudel aus, doch da wir Teil dieses Gebildes sind, ist uns diese Übersichtsperspektive nicht möglich. Blicken wir ins Zentrum unserer Galaxie, so sehen wir

Wir leben hier

lediglich ein Band aus vielen Sternen, wohingegen der Blick »weg« von der Galaxie mit weniger Sternen belohnt wird. Die Milchstraße ist also das Ergebnis unserer eingeschränkten Perspektive im Universum. *Alle* Sterne, die wir am Nachthimmel erblicken, gehören zu unserer Galaxie. Unter extrem guten Sichtbedingungen sind es immerhin etwa 15.000 helle Punkte. Bedenkt man jedoch, dass unsere Galaxie etwa 200 Milliarden Sterne beheimatet, sehen wir also nur einen winzigen Bruchteil.

In größerer Nachbarschaft zu unserer Heimatgalaxie gibt es eine ähnlich aussehende Galaxie, im Sternbild Andromeda. Man kann sie sogar mit bloßem Auge ausmachen. Sie sieht aus wie ein unscharfer, verwaschener Stern.

Die Andromedagalaxie, unter Astronomen auch als *Messier-Objekt 31* oder M31 bekannt, ist derzeit 2,7 Millionen Licht-

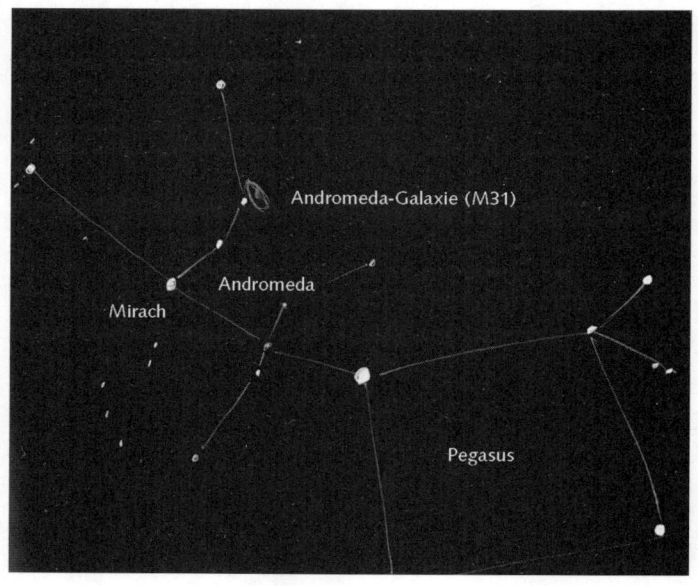

jahre von uns entfernt. Das Licht, welches wir hier und heute sehen, trat seine Reise also vor 2,7 Millionen Jahren an! Aus exakten Messungen des Lichts haben Astronomen herausgefunden, dass diese Galaxie mit 266 km/s auf uns zu rast. In etwa drei Milliarden Jahren wird sie mit unserer Milchstraße kollidieren. Uns bleibt also noch etwas Zeit ...

Warum wird es leise, wenn es schneit?

24 Meinen ersten Schnee habe ich erst spät erlebt. Während meiner Kindheit in Südindien war Schnee kein Thema. Um Weihnachten herum telefonierten wir mit meiner Großmutter im fernen Europa. Die Telefonverbindungen waren lausig und Mutter und Großmutter schrien in den Hörer, um sich gegenseitig zu verstehen. Manchmal hieß es vom anderen Ende: »Wir haben weiße Weihnachten«. In meiner Vorstellung ging ich eine ganze Zeit davon aus, dass Europa wohl ständig mit Schnee bedeckt sei. Die Heimat meiner Mutter war dadurch etwas ganz Besonderes. Als wir dann Jahre später tatsächlich nach Luxemburg reisten, wurde ich prompt enttäuscht: Wo war der Schnee? Es war Sommer! Im darauffolgenden Winter wurde ich entlohnt und machte eine überwältigend neue Erfahrung. Schnee war reine Magie! Allein, weil die Welt plötzlich so leise wird. Was steckt eigentlich dahinter?

Zunächst einmal verändert Schnee das hektische Treiben: Autos sind aufgrund der glatten Straßen gezwungen, langsamer zu fahren, und die Menschen bleiben lieber zu Hause – zumindest die Erwachsenen! Doch die Schneedecke verändert auch die Akustik der Umgebung. Je nach Umfeld breiten sich Schallwellen sehr unterschiedlich aus. Jeder weiß, dass unsere Stimmen in einer Kathedrale völlig anders klingen als in einer Telefonzelle, denn die Schallwellen werden an Mauern und Böden reflektiert. Selbst mit geschlossenen Augen kann man den Raum »erhören« und merkt zum Beispiel, ob im Zimmer Teppichboden oder Fliesen liegen. Je härter und glatter die Oberfläche, desto besser werden die Schallwellen reflektiert. Ein Raum, der vollkommen mit Teppich ausgekleidet ist, schluckt hingegen den Schall, denn die Schallwellen werden von den Wänden absorbiert und nicht zurückgeworfen.

Frischer Schnee besteht zu etwa 90 % aus Luft, denn die Eiskristalle liegen ungeordnet aufeinander und dazwischen bilden sich viele Hohlräume. Schnee verhält sich ähnlich wie dicker, eisiger Schaumstoff. Wenn Schallwellen auf Schnee treffen, werden sie in viele Richtungen abgelenkt, dringen aber auch teilweise in die Schneedecke ein und finden nicht mehr hinaus. Ein Teil der Schallenergie verschwindet also in der Schneedecke. Amerikanische Wissenschaftler haben das mithilfe von Pistolenschüssen genau untersucht:

Mit Spezialmikrofonen wurden Pistolenschüsse im Sommer und im verschneiten Winter vermessen. Der Unterschied ist deutlich: Das Geräusch wird bei Schnee um ein Vielfaches abgedämpft. Hierbei zeigte sich auch, dass die Schneedecke bevorzugt hohe Töne schluckt. Dieses Phänomen erlebt man auch, wenn man den Kopf unter die Decke steckt. Die hohen Frequenzen werden stärker geschluckt und alles klingt dumpf. Frischer Pulverschnee ist übrigens der allerbeste Schalldämpfer. Schmilzt der Schnee und pappt mehr zusammen, verringert sich der Luftanteil und die Dämpfung lässt nach.

Also, liebe Eltern: Wenn Ihre Kinder eine Schneeballschlacht machen und Ihre Rufe nicht hören: Nicht schimpfen! Nicht die Kinder sind schuld, sondern der Schnee!

Warum hat der Mond so viele Krater – die Erde aber nicht?

25 Er sieht ein bisschen so aus, als habe er gerade die Windpocken überstanden: der Mond. Er ist übersät mit Kratern, während unsere Erde im Vergleich dazu eher glatt erscheint. Wie kommt das?

Vor etwa 4,6 Milliarden Jahren bildete sich zunächst die Ur-Erde. Heute geht man davon aus, dass bei einer Kollision mit einem Himmelskörper ein Teil der Erde herausgeschlagen wurde. Aus der Materie beider Körper bildete sich dann der Mond. Während dieser Entstehungsphase war unser Sonnensystem voller kleinerer Himmelskörper, die immer wieder mit der Erde und dem Mond zusammenstießen. Dieses große Bombardement erstreckte sich über einen Zeitraum von etwa 300 Millionen Jahren. Immer wieder prallten kleine und größere Meteoriten mit bis zu 200-facher Schallgeschwindigkeit auf die Oberfläche. Die Aufschlagsenergie war so hoch, dass die Geschosse explodierten und verdampften. Dabei schleuderten sie Material hinaus und hinterließen zum Teil gigantische Krater.

Die Entwicklungsgeschichte unserer Erde und ihres Trabanten verlief jedoch unterschiedlich. Im Gegensatz zum Mond entstand auf der Erde mit der Zeit eine Atmosphäre. Dies war möglich, da die Erde sehr viel schwerer ist als der Mond. Gase aus dem sich abkühlenden Gestein wurden dank der größeren Schwerkraft gehalten und entwichen nicht in den Weltraum.

Die Bedingungen auf unserer Erde waren so gut, dass sich im Wasser der Ozeane Leben entwickeln konnte. Regen, Wind und Wetter und auch die Gezeiten veränderten im Laufe von Jahrmillionen das Gesicht der Erde und glätteten die Kraternarben aus der frühen Entstehungsphase unseres Heimatplaneten. Der Mond hingegen besitzt keine Atmosphäre, kennt kein Wasser und kein Wetter. Beim Mond fehlte also dieser Glättungsprozess und somit zeigt er uns noch immer die Narben seiner Kindheit.

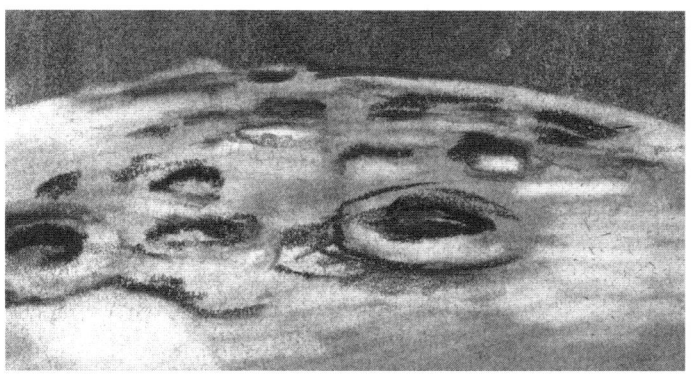

Ganz verschwunden sind die Krater auf der Erde jedoch nicht, denn noch immer kommt es zu Einschlägen aus dem Weltraum. Verhältnismäßig frisch ist zum Beispiel der Barringer Krater in Arizona. Er entstand vor gerade einmal 50.000 Jahren. Da es in der Wüste wenig regnet, ist die Erosion gering und der Krater in einem gut erhaltenen Zustand. Selbst in Deutschland findet man solche Spuren. Das Nördlinger Ries zwischen Schwäbischer und Fränkischer Alb ist der Überrest eines etwa 14,4 Millionen Jahre alten Einschlagkraters, eine Attraktion für viele Geologen.
Der Mond hat viele Krater, die Erde nur noch wenige, und das liegt an unserer guten Atmosphäre!

Sehen wir alle
denselben Mond?

26   »Der Mond ist aufgegangen«, heißt es in dem berühmten Lied von Matthias Claudius über den magischen Moment, wenn wir nachts am Himmel die leuchtende Sichel sehen. Sehen wir eigentlich überall auf der Welt dasselbe, wenn wir in den Himmel schauen?

Der Mond kreist um die Erde und wird dabei von der Sonne angestrahlt. Etwas über 27 Tage braucht er dabei für einen Erdumlauf. Von der Erde aus betrachtet, ändert sich also der Winkel, und je nach Stellung des Mondes sehen wir eine Sichel oder bei Vollmond sogar seine ganze angestrahlte Seite. In Deutschland lernen die Kinder, wie man anhand der Sichel zwischen zunehmendem und abnehmendem Mond unterscheiden kann:

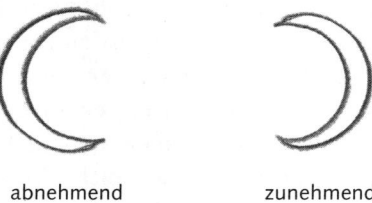

abnehmend   zunehmend

Kann man dieses Wissen auch in anderen Ländern anwenden? Nein – denn wenn man nach Süden wandert, ändert sich die Perspektive auf den Mond: Die Sichel scheint sich zu drehen! In Äquatornähe gleicht der Mond einer Schale und weiter südlich davon dreht sich die Sichel immer weiter, bis sie in Australien schließlich auf dem Kopf steht.

Dass wir überall auf der Welt einen eigenen Blick auf den Mond haben, zeigt sich auch auf einigen Fahnen. Die Nationalflaggen der Türkei, Pakistans und Mauretaniens sind gute Beispiele dafür. Während der Mond auf der türkischen Fahne die Form eines »C« hat, ist die pakistanische Mondsichel leicht nach oben verdreht und Mauretaniens Mond gleicht einem offenen »U«. Andere Länder – andere Monde!

Türkei   Pakistan   Mauretanien

Wir alle sehen ein und denselben Mond, und dennoch erscheint er anders. Es ist – wie so oft im Leben – eine Frage der Perspektive!

Warum dreht sich unsere Erde?

27 Jedes Kind weiß heute, dass sich unsere Erde um ihre eigene Achse dreht. Doch warum dreht sie sich überhaupt?

Wenn wir auf dem Äquator stehen, rasen wir mit einer Geschwindigkeit von 1.667 Kilometer pro Stunde, also der 1,3-fachen Schallgeschwindigkeit, einmal in 24 Stunden um die Erdachse. Natürlich merken wir davon nichts. Unser Heimatplanet dreht sich, vom Nordpol aus betrachtet, gegen den Uhrzeigersinn. Diese Drehung um die eigene Achse gibt es auch bei allen anderen Planeten – und es fällt auf, dass alle, mit Ausnahme von Venus und Uranus, denselben Drehsinn haben – immer gegen den Uhrzeigersinn. Auch umkreisen alle Planeten unseres Systems die Sonne in derselben Richtung. Dieses gleichlaufende kosmische Karussell geht – so die heutige Erklärung – auf die Entstehung des Sonnensystems zurück. Alles begann mit der Verdichtung einer gigantischen Staubwolke. Die Teilchen zogen sich gegenseitig an und näherten sich einander. Da viele Anziehungskräfte auf die einzelnen Teilchen wirkten, begannen sie sich zu drehen, und je mehr sie sich verdichteten, desto schneller drehte sich das Gebilde, aus dem später unsere Sonne und auch unsere Planeten hervorgingen.

Diesen Effekt kann man auch schön bei einer Pirouette im Eiskunstlauf beobachten. Die Eisläuferin beginnt die Pirouette zunächst langsam, mit ausgestreckten Armen und Bei-

nen. Je mehr sie sich zusammenkauert und ihre Ausmaße verdichtet, desto schneller rotiert sie. Dahinter verbirgt sich das Gesetz der Drehimpulserhaltung, und da Naturgesetze universell sind, spielt es keine Rolle, ob es sich um eine Schlittschuhläuferin oder um die Bildung unseres Sonnensystems handelt. Wie eine gigantische Tänzerin begann sich auch die Vorstufe unserer Erde zu drehen. Durch die Gravitationskraft sammelte sich immer mehr Materie, die sich verdichtete, und so drehten sich die Planeten um sich selbst und wurden dabei immer schneller.

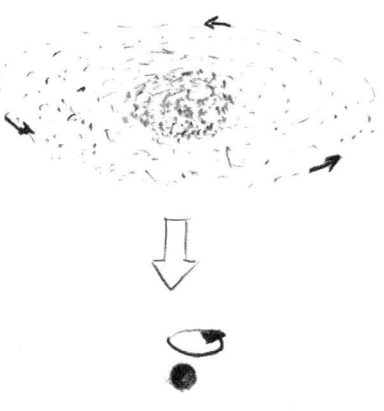

Im Laufe der Zeit wurde unsere Erde jedoch auch wieder abgebremst: Durch die gegenseitige Reibung der inneren Erdschichten geht Energie verloren und auch die Gezeiten wirken wie eine Bremse, denn unentwegt rauben sie der drehenden Erde Energie und verlangsamen unseren Tag. Das hin und her fließende Wasser reibt sich am Meeresboden und an den Stränden, Wind und Wetter zehren ebenfalls, und obwohl diese Effekte klein sind, zeigen sie ihre Wirkung: Vor vier Milliarden Jahren dauerte ein Tag der damals noch jungen Erde gerade mal 14 Stunden. Noch vor 400 Millionen Jahren brauchte unser Heimatplanet nur 22 Stunden für eine Umdrehung. Heute dauert der Tag immerhin schon 24 Stunden. Gute Nachrichten für alle, die unter ständiger Zeitnot leiden: Die Tage werden länger – wir müssen nur ein paar Millionen Jahre warten.

Wie kommt es zu
Ebbe und Flut?

28 Jedes Kind kennt das Phänomen, doch bei der Erklärung geraten die Erwachsenen ins Stocken: Wie kommt es zu Ebbe und Flut?

»Das hat mit dem Mond zu tun«, lautet die klassische Antwort, »der zieht das Wasser an«. Neugierige Kinder haken jedoch nach: »Wieso ist dann nicht immer entweder Flut oder immer Ebbe?«

»Die Erde dreht sich eben unter dem Hochwasser der Flut, dem Flutberg, weiter. Das Wasser wird durch den Mond angezogen und ist auf der mondzugewandten Seite höher. Mitten auf dem Meer merkt man diesen Höhenunterschied nicht, doch an der Küste ist das anders: Das höhere Meer bedeckt einen größeren Teil des Strands. Es herrscht Flut. Da sich die Erde aber weiterdreht, verschwindet diese Wasserbeule am Strand. Das Wasserniveau sinkt und es herrscht wieder Ebbe. Durch die Drehung der Erde wechseln sich Ebbe und Flut also ab.«

Mond

Wellenberg

Erde

Spätestens jetzt kommt die ernste Nachfrage: »Dann müsste es ja nur einmal am Tag Flut geben, doch das Hochwasser kommt zweimal am Tag! Woher kommt der zweite Flutberg?« Aus der simplen Kinderfrage wird nun eine komplizierte Antwort!

Den zweiten Flutberg begreift man erst, wenn man sich Erde und Mond als gemeinsames rotierendes System vorstellt, wie zwei Tänzer im Weltraum. Beide drehen um einen gemeinsamen Schwerpunkt. Wären Erde und Mond gleich schwer, befände sich dieser Schwerpunkt exakt in der Mitte zwischen beiden Himmelskörpern. Da die Erde jedoch etwa 81-mal schwerer ist als der Mond, liegt der gemeinsame Schwerpunkt etwas versetzt vom Erdmittelpunkt. Beide Himmelskörper umkreisen auf ihrer stabilen Bahn um die Sonne diesen gemeinsamen Schwerpunkt.

Machen Sie in diesem Augenblick ein Gedankenexperiment: Vergessen Sie für einen Moment die normale Erddrehung und denken Sie nur an das drehende System Erde-Mond.

Aufgrund des Ungleichgewichts »eiert« die Erde um den gemeinsamen Schwerpunkt. Die mondabgewandte Seite dreht sich dabei schneller, weil sie weiter vom Drehpunkt entfernt ist als die mondzugewandte Seite. Diese Erfahrung kennen Sie vom Karussell: Je weiter außen (also vom Drehpunkt entfernt) Sie sitzen, umso stärker spüren Sie die Fliehkraft. Die bei der gemeinsamen Drehung von Erde und Mond entstehende Fliehkraft erzeugt in der Tat einen Wasserberg, der sich auf der mondabgewandten Seite der Erde befindet. Damit haben wir die Erklärung für den zweiten Flutberg!

Ebbe und Flut ergeben sich also durch die Überlagerung von zwei Drehungen: die Erddrehung und die Drehung des Erde-Mond-Systems. Unser Planet rotiert somit jeden Tag unter zwei Wasserbergen hindurch.

Unbemerkt ist uns übrigens ein wichtiges physikalisches Prinzip begegnet: Jeder noch so komplexe Prozess lässt sich als Überlagerung von einfachen Bewegungen begreifen.

So kann man auch verstehen, wieso es alle 12,4 Stunden Hochwasser gibt: Schuld daran ist die Umlaufzeit des Mondes. Wenn man nämlich zum Himmel schaut, dauert es genau 24,8 Stunden, bis der Mond wieder an der gleichen Stelle erscheint. Da wir zwei Flutberge durchlaufen, dauert es halb so lange, also 12,4 Stunden, von Flutmaximum zu Flutmaximum. Durch diesen Versatz verschiebt sich die Flut täglich ein wenig. An Seebädern hängen daher Tabellen mit den jeweiligen Tidezeiten aus.

Übrigens hätten wir fast noch einen Mitspieler im Schauspiel von Ebbe und Flut vergessen: die Sonne. Sie ist zwar sehr weit entfernt, besitzt jedoch eine gigantische Masse. Ihre Gezeitenwirkung beträgt etwa 40 % von der des Mondes.

Bei Neumond, wenn Mond und Sonne auf einer Seite stehen, ist die Anziehungskraft besonders groß, und das merken wir an der Springflut. Dann ist die Gezeitenwirkung extrem und während der Flut steigt das Wasser sehr hoch.

Wenn das Kind Sie immer noch löchert: »Warum sind Ebbe und Flut in bestimmten Meeren unterschiedlich stark?«, antworten Sie am besten: »Das hängt mit der jeweiligen Küstenform zusammen: An einigen Stellen verengt sich das Meer wie ein Trichter. Wenn das hin und her fließende Wasser auf einen solchen schmal zulaufenden Küstenstreifen trifft, sind die Gezeiten besonders stark ausgeprägt. Der Wind spielt regional ebenfalls eine Rolle, denn er kann das Wasser in eine Bucht hineindrücken und so die Flut verstärken. – Sonst noch Fragen ...?« Wahrscheinlich wird das Kind jetzt einen Moment lang schweigen.

Können 50.000 springende Menschen
ein **Erdbeben auslösen?**

29 Wenn Riesen sich nähern, dann bebt die Erde. Besonders in Spielfilmen wird dieser Effekt gerne genutzt – der hungrige Tyrannosaurus Rex in Spielbergs *Jurrasic Park* verrät sich an feinen Wasserwellen im Glas ... In der Wirklichkeit gibt es weder Riesen noch Lebewesen mit den Ausmaßen eines Tyrannosaurus Rex: Aber stellen Sie sich vor, 50.000 Menschen hüpften gleichzeitig. Könnten die womöglich ein solches Erdbeben auslösen?

Wir haben das Experiment gemacht. Erdbeben werden mit Seismometern erfasst, die auf kleinste Erdbewegungen reagieren. Was heute elektronisch funktioniert, hat man früher noch auf Papier erfasst. Ein Ausschlag von einem Millimeter eines Bebens in 100 Kilometer Entfernung entspricht dabei genau der Stärke 3 auf der Richterskala. Diese Skala gibt einen Hinweis auf die freigesetzte Energie eines Bebens. Dabei muss man beachten, dass die Skala nicht linear, sondern logarithmisch gestaffelt ist. Das bedeutet: Ein Erdbeben der Magnitude 4 setzt 31,6 mal so viel Energie frei wie ein Beben der Stärke 3. Ein Beben der Stärke 5 sogar das Tausendfache der Magnitude 3.

Wie empfindlich solch ein Gerät ist, haben wir mithilfe eines Bodenturners festgestellt: Während er einen Salto schlägt, kann man in einigen Metern Entfernung den Ausschlag im Seismometer verfolgen. Bei jeder Landung drückt sich der Boden etwas zusammen. Dieser Stoß breitet sich nach allen

Seiten, auch nach unten, aus und wird dann vom Seismometer erfasst. Ab einer Entfernung von etwa 70 Metern verschwindet das Signal jedoch im Rauschen, denn unsere Erde
zittert von unzähligen anderen Erschütterungen, die sich
überlagern: fahrende Busse, Bahnen oder Bauarbeiten sorgen
ebenfalls für einen Ausschlag des Geräts.

Bei Rock am Ring machten wir dann das große Experiment:
50.000 Fans sprangen im Takt. Selbst in einem Kilometer Entfernung registrierte unser Seismometer das Auf und Ab der
Menschenmasse. Aber die Stärke betrug gerade mal 0,2. Ein
Mensch würde hiervon nichts spüren, denn die Energie ist,
trotz der vielen Fans, weit schwächer als bei einem richtigen
Erdbeben. Selbst alle 1,3 Milliarden Chinesen kämen gemeinsam hüpfend im besten Fall auf eine Stärke von knapp 3 auf
der Richterskala.

Es brauchte also schon sehr viele Tyrannosaurus Rex, um ein
Beben der Erde auszulösen – doch Hollywood macht's möglich!

Was ist eine
Sternschnuppe?

30   Wenn man sie nachts am Sternenhimmel entdeckt, sollen sie angeblich Glück bringen: Sternschnuppen. Doch so großartig das auch manchmal aussieht, der Grund für dieses himmlische Leuchten ist eher unspektakulär. Es handelt sich hierbei um winzige Gesteinskörner aus dem Weltraum, auch Meteore genannt, die beim Eintritt in die Erdatmosphäre verglühen. Ihre Geschwindigkeit beträgt dabei manchmal über 200.000 Kilometer pro Stunde! Obwohl diese Geschosse gerade mal einen Millimeter groß sind, ist

ihre Energie so enorm, dass sie beim ersten Kontakt mit der irdischen Luftschicht verdampfen. Beim Eintauchen in die Atmosphäre heizen sie die umgebende Luft so stark auf, dass diese zu leuchten beginnt. Was wir also sehen, ist nicht der Meteor selbst, sondern nur die heiße, leuchtende Luft, die er verursacht. Die meisten Sternschnuppen lösen sich in einer Höhe von etwa 80 Kilometern über dem Boden auf. Der Weltraum ist voll von ihnen. Unser Sonnensystem ist ein riesiges Karussell, um das sich Planeten, Kometen, Gesteinsbrocken und jede Menge Staub drehen.

Kometen sind ganz besondere »Dreckschleudern«. Auf ihrer Bahn um die Sonne lösen sich immer wieder Teile ab und so hinterlassen sie eine Spur aus Körnchen und Staub. Während ihres Umlaufs um die Sonne passiert die Erde manchmal solche »verschmutzten« Zonen und dann gibt es ein abendliches Feuerwerk an Sternschnuppen.

Von der Erde aus betrachtet, scheinen diese Sternschnuppen alle aus einer bestimmten Richtung zu kommen. Man benennt diese regelmäßig auftretenden Meteorströme nach den Sternbildern, aus denen sie zu kommen scheinen. Bekannt sind zum Beispiel die *Perseiden-Ströme*: Jedes Jahr um den 12. August passiert unsere Erde die Staubspur des Kometen 109P/*Swift-Tuttle*.

Wie gut, dass im Universum keiner sauber macht! Manchmal bringt Staub nämlich auch Glück!

Wann beginnt der
Frühling?

31 Frühlingserwachen: Jedes Jahr ist das ein großartiges Schauspiel – ein wildes Balzen, Summen und Gurren. Man hat den Eindruck, die Natur ist verliebt!

Dass es überhaupt Frühling und Jahreszeiten gibt, hat nicht etwa mit dem unterschiedlichen Abstand zwischen Erde und Sonne zu tun. Wenn dem so wäre, müsste es ja überall auf der Erde dieselbe Jahreszeit geben. Doch wenn bei uns auf der Nordhalbkugel das Frühjahr erblüht, verlieren die Bäume in Neuseeland und Australien ihre Blätter, denn auf der Südhalbkugel zieht der Herbst ein.

Die Ursache für dieses Wechselspiel der Jahreszeiten hat mit der Neigung der Erdachse zu tun. Wenn bei uns Sommer ist, zeigt der nördliche Teil der Erdoberfläche Richtung Sonne. Die Tage auf der Nordhalbkugel sind lang, die Nächte kurz. Im Winter hingegen trifft weit weniger Sonnenlicht auf die Erdoberfläche. Während der dunklen Jahreszeit sind die Tage daher kurz und die Nächte lang. Auf der Südhalbkugel verhält es sich entsprechend umgekehrt.

Wir leben auf einem kosmischen Karussell: Im Laufe eines Jahres kreist unsere Erde einmal um die Sonne und legt dabei eine beträchtliche Distanz zurück. So rasen wir mit etwa 30 Kilometer pro Sekunde durch den Weltraum. Täglich dreht sich unser Planet überdies um die eigene Achse und gleicht dabei also einem Kreisel auf seiner Umlaufbahn um die Sonne. Betrachtet man beide Drehbewegungen, dann fällt eine Besonderheit auf: Die Drehachse der Erde steht nicht senkrecht auf der Bahnebene um die Sonne, sondern ist mit 23,4° leicht geneigt. Diese Neigung der Erdachse bleibt während des gesamten Umlaufs gleich, denn jeder Kreisel, ob klein oder groß, besitzt die Eigenschaft, dass seine Drehachse sehr stabil ist. Genau hierdurch zeigt die Nordhalbkugel im Sommer Richtung Sonne und im Winter von der Sonne weg. Verlängert man die Achse in Gedanken, dann zielt der Nordpol immer in Richtung Polarstern.

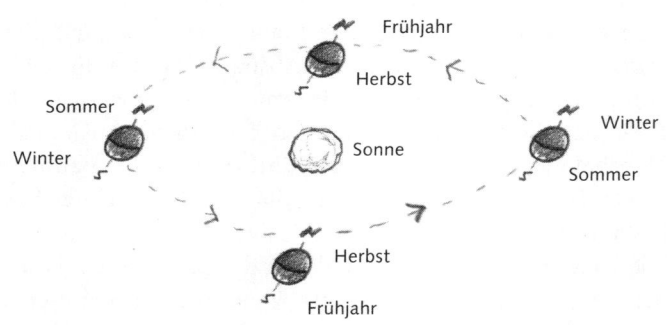

Während des Umlaufs gibt es zwei Momente, an denen Tag und Nacht exakt gleich lang sind. Und genau diese Tag- und Nachtgleiche, das sogenannte *Äquinoktium*, markiert den Beginn des astronomischen Frühlings bzw. des Herbstes. Vom Frühlingspunkt an werden die Tage länger als die Nächte und die Sonne steigt am Horizont weiter. Auf der Südhalbkugel läuft es natürlich genau umgekehrt, in Australien beginnt an diesem Tag der Herbst.

Bäume und Pflanzen verstehen wahrscheinlich nichts von Erdachsen und Astronomie, und dennoch wissen sie ganz genau, wann sie blühen sollen: wenn die Temperaturen zu steigen beginnen. Und das ist regional verschieden: Im Bergland bewegt sich der Frühling langsam die Hänge hinauf, und in den geschützten Lagen unserer Städte beginnen die Bäume sogar oft früher zu blühen als im Umland.

Die Frühlingsfront bewegt sich mit etwa 30–40 Kilometer pro Tag Richtung Norden. Sobald die Apfelbäume blühen und die Fliedersträucher duften, herrscht Vollfrühling – sagen die Biologen. Wann er genau kommt, kann niemand sagen – aber dass er kommt, ist sicher.

Warum ist eine **Sonnenfinsternis**
so selten im Vergleich zu einer
Mondfinsternis?

32 Am 11. August 1999 gab es die erste und letzte totale Sonnenfinsternis, die ich in Deutschland beobachten konnte. Ein Jahrhundertereignis, das ich natürlich nicht verpassen wollte. Nie habe ich lauter über unser Wetter geflucht und die Wolken verdammt als an diesem Tag: In strömendem Regen verdunkelte sich zwar der Himmel, doch ich verpasste ein spektakuläres astronomisches Ereignis. Ich war zur richtigen Zeit am falschen Ort! Mondfinsternisse gibt es ja fast jedes Jahr, und schon öfter bin ich in den Genuss gekommen, dieses Phänomen zu beobachten, doch eine totale Sonnenfinsternis ist äußerst selten. Falls ich in meinem Leben ein solches Ereignis erleben möchte, muss ich weit reisen.

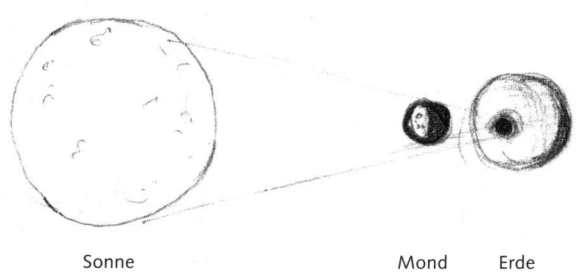

Sonne   Mond   Erde

Bei einer Sonnenfinsternis schiebt sich der Mond genau zwischen uns und die Sonne. Es bildet sich ein Schatten, der sich dann über unseren Planeten bewegt. Da der Mond jedoch kleiner als die Erde ist, wird nie die gesamte Erde abgedunkelt, sondern nur ein kleiner Teil. Diese Kernschattenzone, also der Bereich, in dem das Sonnenlicht völlig abgedeckt wird und man eine totale Sonnenfinsternis beobachten kann, ist daher sehr klein. Ihr Durchmesser beträgt knapp über 100 Kilometer. Man muss also sehr viel Glück haben, um genau an dieser Stelle zu stehen, wenn sich die Sonne verdunkelt. Selbst im Lauf von tausend Jahren gibt es immer noch Orte auf der Erde, die nie eine Sonnenfinsternis erlebt haben!

Es gibt aber nicht nur totale, sondern auch partielle Sonnenfinsternisse. Die sichtbare Größe des Mondes ändert sich, denn der Mond kreist auf einer elliptischen Bahn um die Erde. Manchmal, wenn er unserem Planeten näher steht, wirkt er größer und am erdfernen Ende erscheint er uns kleiner.

Auch unser Heimatplanet umrundet die Sonne auf einer elliptischen Bahn und auch diese Bahn führt dazu, dass die scheinbare Größe unserer Sonne schwankt. Im himmlischen Uhrwerk kommt es immer wieder zu der besonderen Konstellation, in der der Mond sich so zwischen Sonne und Erde schiebt, dass es zu einer Finsternis auf der Erde kommt. Doch je nach Position von Erde, Mond und Sonne kommt es dabei zu unterschiedlichen Abdeckungen:

Wenn die Sonne besonders groß erscheint und der Mond klein, kann der Mond die Sonne nicht vollständig abdecken. Das Ergebnis ist dann eine ringförmige Sonnenfinsternis.

Im umgekehrten Fall, wenn die Sonne klein und der Mond groß erscheinen, kann es zu einer totalen Sonnenfinsternis kommen. Dass es überhaupt diese beiden Formen gibt, liegt also daran, dass Mond und Sonne von der Erde aus betrachtet annähernd gleich groß erscheinen.

Bei einer Mondfinsternis kommt es ebenfalls zu einer Abschattung: Dieses Mal schiebt sich die Erde zwischen Sonne und Mond und schattet so unseren Erdtrabanten vom Sonnenlicht ab. Unsere Erde ist jedoch sehr viel größer als der Mond. Ihr Schatten auf dem Mond ist daher so groß, dass sich der gesamte Mond verdunkeln kann. In solchen Nächten beobachten wir eine totale Mondfinsternis.

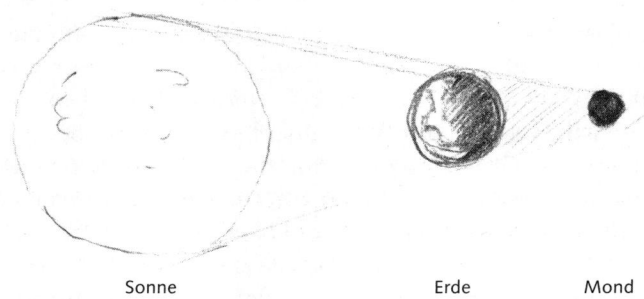

Sonne   Erde   Mond

Der Größenunterschied zwischen Erde und Mond ist also der Grund für die häufigen Mond- und die seltenen Sonnenfinsternisse. Unsere Erde wirft einen größeren Schatten auf den Mond als umgekehrt. Der wahre Genuss setzt eines voraus: klaren Himmel!

Warum zieht es oft in der Nähe von **Hochhäusern?**

33 Der Kölner Dom zählt zu meinen Lieblingsbauwerken. Die imposante Kathedrale fasziniert mich immer wieder von Neuem. Sie symbolisiert Beständigkeit in einer Welt des zu raschen Wandels. Auf dem Platz davor zieht es wie Hechtsuppe (eine Ableitung aus dem Jiddischen: »hech supha«, was so viel bedeutet wie »wie eine Windsbraut«, also »wie ein Orkan«). Dieses Phänomen kann man auch an Hochhäusern beobachten, wo oft ein starker Wind weht, selbst wenn es in der restlichen Stadt fast windstill ist.

Wenn die Sonne scheint, heizt sich der Boden auf. Großstädte sind oft wärmer als das Umland, denn Gebäude aus Beton und Stahl heizen sich schneller auf als umliegende Wiesen, Wälder oder Seen. Die warme Stadtluft steigt nach oben und saugt die kühle Luft des Umlands in die Stadt hinein. Beim Erreichen der Stadtgrenze wird die Luft durch die hohen Bauten zunächst abgebremst. Dort aber, wo sie in Straßenschluchten gelangt, beschleunigt sie plötzlich wieder, denn die Gebäude und Straßen wirken hier wie ein Trichter, der den Raum verengt. Das gesamte Luftvolumen muss durch die engen Straßen und wird dabei schneller. Trifft der beschleunigte Wind nun auf Hindernisse wie Hauskanten, kommt es zu Verwirbelungen. In der Nähe von Kreuzungen oder an den Ecken von großen Gebäuden ist dieser Effekt besonders intensiv und unangenehm: Hier zieht es gewaltig. In Großstädten wie Frankfurt hat man es gemessen: Die Windgeschwindigkeiten können an Ecken entlang einer Straße um das Zehnfache ansteigen.

Große Kathedralen wirken sogar wie ein Segel, fangen die Höhenwinde ein und lenken sie nach unten ab. Besonders zugig sind auch Hochhäuser, unter denen man durchgehen kann. Sie sind ein idealer Trichter; an manchen Tagen presst der gesamte Wind durch die Unterführung. Bei einer leichten Brise in der Stadt hat man in solchen Passagen schon Windgeschwindigkeiten von 150 km/h gemessen!

Der Windverlauf wird in der modernen Städteplanung immer mehr berücksichtigt. In einem speziellen Windkanal bauen Wissenschaftler Straßenzüge realer Großstädte maßstabsgetreu nach und analysieren dann das Windgeschehen im Kleinen. Hierdurch erkennt man schon im Vorfeld, wie ein Neubau den Wind in der Stadt beeinflusst. *Urban breeze* nennt man das Phänomen. Meinem Kölner Dom gefällt wahrscheinlich der Begriff »Hechtsuppe« besser.

Kann man im Moor untergehen?

34 Über kaum eine Landschaft kursieren so viele gespenstische Geschichten wie über das Moor. Kann man im Moor untergehen? Glaubt man den Erzählungen, dann ganz bestimmt. Immer weiter, so heißt es, wird man vom Morast nach unten gezogen, und je mehr man strampelt, umso chancenloser ist man – ein grausamer Tod.

Doch das Schöne an der Wissenschaft ist der Zweifel, und daher habe ich es selbst ausprobiert.

Geschützt durch einen Taucheranzug und in Begleitung eines zuverlässigen Partners, erkundete ich das Teufelsmoor in der Nähe von Bremen. Moore sind ökologische Übergangszonen zwischen Land und Wasser. Sie entstehen durch einen enormen Wasserüberschuss, der zum Beispiel durch ständige Niederschläge hervorgerufen wird. Durch die dichte Moordecke kommt es zu einem Sauerstoffmangel, der zu einem unvollständigen Abbau von Pflanzenresten führt, die sich dann als Torf ablagern. Durch die Anhäufung von Torf wächst die Oberfläche von Mooren im Laufe von Jahrzehnten in die Höhe. Das Moor hat keinen festen Boden, sondern ist eine zugewachsene Wasserfläche, die bei jedem Schritt nachgibt. Doch in der dünnen Schicht, die auf der wässrigen, schlammigen Unterlage liegt, gibt es an lokalen Stellen Löcher. Gerade diese schwer wahrnehmbaren Schlammlöcher gelten als extrem gefährlich.

Bei unserem Experiment gab es interessanterweise zwei Fraktionen: Die eine glaubte den alten Geschichten, die andere, zu der ich gehörte, vertraute den Gesetzen der Physik. Bislang wurde ich noch nie von den Naturgesetzen enttäuscht, doch bei diesem Experiment spürte ich deutlich, wie ich gegen ein breites Vorurteil angehen musste.

Zudem lief bei meinem Experiment anfänglich alles so, wie befürchtet: Ich ließ mich in ein Moorloch fallen und versank prompt. Solche Szenen sind für gierige Kameras ideal: dramatische Musik, Moderator geht unter. Wo blieben die Naturgesetze, denen ich so sehr vertraute? Nach der ersten Schrecksekunde eilten sie mir zu Hilfe: Ich sank, jedoch nicht sehr tief. In den Augen des Regisseurs sah ich Enttäuschung und Überraschung. Selbst beim Strampeln sank ich nicht tiefer. Ich ging nicht im Moor unter, die Physik hatte gewonnen.

Der Grund hierfür liegt im Auftrieb. Objekte, die »leichter« als Wasser sind, schwimmen, wohingegen schwere Dinge untergehen. Betrachtet man es genauer, dann kommt es nicht auf das Gewicht, sondern auf die Verdrängung an: Ein schwimmendes Objekt verdrängt genau die Menge an Wasser, die seinem eigenen Gewicht entspricht. Große Schiffe schwimmen daher, denn durch ihre Form verdrängen sie viel Wasser, obwohl sie aus schwerem Stahl gebaut sind. Der Auftrieb resultiert also direkt aus der entsprechenden Verdrängung. Ändert sich das umgebende Medium, hat dies einen direkten Einfluss auf den Auftrieb. Je höher die Dichte des umgebenden Mediums ist, desto größer ist der Auftrieb. Im stark salzhaltigen Wasser des Toten Meeres zum Beispiel schwimmt man von alleine und kann im Liegen Zeitung lesen. Das Salzwasser besitzt eine höhere Dichte, daher muss unser Körper weniger Salzwasser verdrängen, um zu schwimmen.

Der Schlamm im Moor ist weit dichter als dieses Salzwasser und somit ist der Auftrieb noch wesentlich größer. In diesem schweren Morast kann man also nicht vollständig untergehen.

Als wir später diesen Moorversuch in einer Sendung zeigten, konnten viele Zuschauer es immer noch nicht glauben. Ein kleines Mädchen schrieb mir eine E-Mail und bat um eine Demonstration, denn ihre Lehrerin hatte den Kindern erzählt, dass dieses Experiment lebensgefährlich sei. »Im Moor geht man unter – glaubt mir!!«

Einige Tage später machte die Schülerin folgenden Versuch mit einer gefüllten Wasserflasche aus Kunststoff:

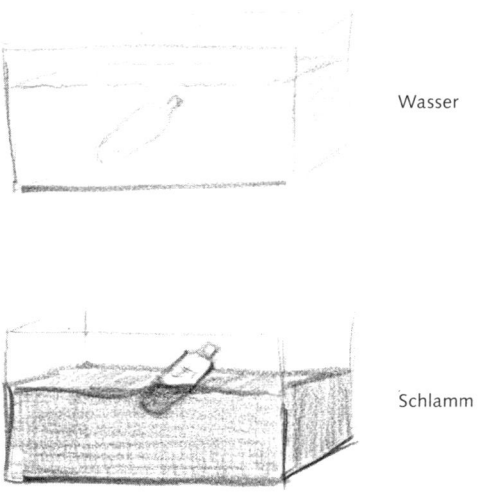

Wasser

Schlamm

In normalem Wasser geht die Flasche leicht unter, doch in einem Schlammbecken schwimmt sie und steigt selbst dann wieder auf, wenn man sie nach unten drückt. Die Dichte des Schlamms ist eben höher und bewirkt so den größeren Auftrieb der Flasche.

Das Experiment überzeugte wohl auch die kritische Lehrerin! »Aber was ist mit den bekannten Moorleichen? Haben die nicht im Moor ihr Leben verloren?«, werden Sie jetzt denken. Tote, die man im Moor gefunden hat, sind meist durch andere Umstände ums Leben gekommen. Viele Leichen wurden mit Steinen beschwert, damit sie untergingen. Das Moor konserviert sehr gut und daher findet man noch nach Jahrzehnten verhältnismäßig gut erhaltene Leichen.

Beim nächsten Krimi, wenn wieder gefährlicher Nebel über dem Moor liegt und schreiende Opfer im Morast versinken, dürfte nun klar sein, dass der Regisseur nichts von der Physik des Auftriebs versteht!

Wie entsteht
Schwerelosigkeit?

35 Ich würde meinen Job sofort an den Nagel hängen, wenn ich die Chance eines Weltraumfluges bekäme! Einmal unseren Planeten aus dieser Perspektive zu sehen, muss eine nachhaltige Erfahrung sein – und dann das Phänomen »Schwerelosigkeit«! Schwebende Astronauten sind etwas Wunderbares. Doch wie erreicht man Schwerelosigkeit?

Die Antwort darauf ist nicht so einfach, denn Schwerelosigkeit kann man nicht künstlich erzeugen. Es gibt kein Labor hier auf der Erde, wo man einen Schalter umlegt und dann schwebt alles. Auch unsere Vorstellung vom Flug in den Weltraum täuscht, denn die winkenden Astronauten in der Weltraumstation schweben nur wenige Hundert Kilometer über der Erde. Streng genommen umkreisen sie unseren Planeten aus nächster Nähe – und dennoch schweben sie.

Die Schwerkraft entsteht dadurch, dass Massen sich gegenseitig anziehen. In diesem Moment, in dem Sie dieses Buch lesen, zieht die Erde mit ihrer großen Masse an Ihrem Körper und sorgt dafür, dass Sie Ihre Bodenhaftung behalten. Jedes Objekt, das Masse besitzt, Sie, das Buch, welches Sie gerade lesen, der Stuhl, auf dem Sie sitzen, auf alles wirkt die Gravitationskraft, alles wird von der Erde angezogen. Isaac Newton erkannte als Erster, dass die Kraft, die den Apfel zu Boden fallen lässt, dieselbe ist wie diejenige, die Erde und Mond miteinander verbindet.

Sind die Massen, die sich gegenseitig anziehen, kleiner, so reduziert sich auch die Kraft.

Da der Mond nur ein Einundachtzigstel der Erdmasse aufbringt, ist die Anziehungskraft auf unserem Erdtrabanten deutlich kleiner. Das konnte man an den hüpfenden Mondastronauten auch gut erkennen.

Je größer der Abstand zwischen zwei Massen, desto geringer ist die gegenseitige Anziehung. Um also wirklich schwerelos zu sein, müssten wir uns weit, weit weg von allen Massen im Universum aufhalten, damit ihre Anziehungskraft fast verschwindend gering würde, doch so weit ist noch nie ein Mensch gereist.

Es gibt jedoch einen Trick: der freie Fall.

Mithilfe einer durchsichtigen Filmdose kann man es leicht beobachten: Im Innern befinden sich Wasser und Luft. Da das Wasser in der Dose mehr Masse besitzt als die Luft, wird das Wasser stärker nach unten gezogen. Durch die irdische Schwerkraft ist also die leichte Luft oben, das Wasser hingegen unten. Doch sobald man die Dose in die Luft wirft, bildet sich im Innern, und zwar in der Mitte, eine Luftblase. Wasser und Luft scheinen im freien Fall also gleich schwer zu sein. Es gibt keinen Kräfteunterschied mehr, daher ist die Luft nicht mehr oben und das Wasser nicht mehr unten. Zwischen Luft und Wasser herrscht also ein Zustand der Schwerelosigkeit, und zwar so lange, bis die Dose wieder landet.

Im freien Fall spürt man eben nicht mehr die unterschiedliche Wirkung der Erdanziehung. Wäre die Dose um ein Vielfaches größer, könnten auch Sie darin mitreisen und während des freien Falls würden Sie schweben, genauso wie Wasser oder Luft. Je weiter oder höher die Dose geworfen würde, desto länger befänden Sie sich im freien Fall und desto länger herrschte in der Dose der Zustand der Schwerelosigkeit.

Hätte die Dose keine Fenster und wüssten Sie somit nicht, dass Sie sich gerade im freien Fall befinden, wären Sie davon überzeugt, vollkommen zu schweben. Der Unterschied der Kräfte, mit der die Gravitation an Ihnen, am Wasser oder an der Luft zerrt, wäre nicht spürbar, denn alles wäre plötzlich gleich schwer, oder besser gleich schwerelos.

Gesetzt den Fall, man würde die Dose Tausende Kilometer weit werfen können, dann würde sie in einem weiten Bogen, man nennt diese Form auch Parabel, von einem Kontinent zum anderen fliegen, und während des gesamten Fluges würden Sie im Innern der Dose schweben wie ein Astronaut. Wenn man dieses Gedankenexperiment weiterspinnt und die Dose noch weiter wirft, würde sie irgendwann so weit fliegen, dass die Krümmung der Erde eine Rolle spielt. Die Dose fällt, doch aufgrund der Erdkrümmung landet sie nicht auf dem Boden, sondern umkreist unseren Planeten. Im Innern

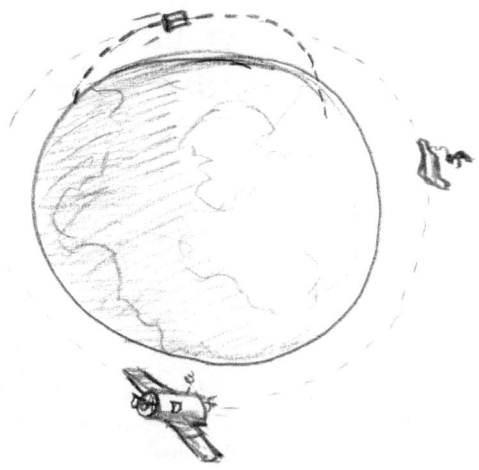

herrscht dann beständig der Zustand der Schwerelosigkeit. Machen Sie die Dose in Gedanken noch größer, dann haben Sie die kreisende Weltraumstation mit ihren schwebenden Insassen. Alle 90 Minuten rast sie um unseren Planeten. Sie muss so schnell sein, denn sonst würde sie wieder auf die Erde sinken. Astronauten schweben also, weil sie ständig fallen!

Kann ein Aufzug abstürzen?

Technik für Anfänger

Hilft es, am **Automaten** die **Münze** zu reiben?

36 Es gibt da ein sonderbares Phänomen, das man an Automaten beobachten kann: Kratzspuren neben dem Einwurfschacht. Viele Menschen glauben, dass es hilft, wenn man die Münze am Automaten reibt, bevor man sie einwirft. Doch haben sie recht?

In der Theorie gibt es keine Erklärung, warum die geriebene Münze vom Automaten eher angenommen werden sollte. Daher bleibt nur wieder der praktische Test: Den haben wir mit hundert gebrauchten Münzen gemacht: Zuerst haben wir die Geldstücke eingeworfen, ohne zu reiben. Ergebnis: Von hundert Stück fielen vier durch. Dann haben wir sie gerieben: Von hundert Münzen fielen sogar fünf durch!

Reiben oder nicht reiben macht also praktisch keinen Unterschied. Ob eine Münze angenommen wird oder nicht, hängt vom Material und vom Durchmesser ab.

Über ein System von Spulen wird im Automaten ein elektromagnetisches Feld erzeugt. Da die Münze aus Metall besteht, verändert sie beim Durchrutschen dieses Feld. Mit dieser kleinen Feldänderung lässt sich das Material ganz genau bestimmen. Falschmünzen haben eine andere Zusammensetzung und beeinflussen das Feld anders. Daher fallen sie durch.

Bei jedem Einwurf übermittelte unser Gerät insgesamt neun Messwerte an einen Computer: die acht Werte der Spulen, welche die Münze elektromagnetisch abtasten, und den

Durchmesser der Münze. Der Münzprüfer unterscheidet nicht zwischen geriebenen und ungeriebenen Münzen – und dennoch glauben viele Menschen, dass das Reiben der Münzen hilft. Das hat mit Psychologie und Einbildung zu tun. Wenn die Münze in Ordnung ist, wird sie in den meisten Fällen akzeptiert, und wir sind zufrieden. Doch jetzt haben wir den Fall: Die Münze fällt durch. Das kann vorkommen, denn der Münzprüfer ist so empfindlich eingestellt, dass er lieber mal eine echte Münze ablehnt, statt eine Falschmünze zu akzeptieren. Die Münze ist gerade durchgefallen und jetzt setzt bei uns ein interessanter Reflex ein: Wir reiben. Beim wiederholten Einwurf wird die Münze prompt akzeptiert. Bitte schön: Wir fühlen uns bestätigt und verbinden so den erfolgreichen Einwurf mit dem Reiben. Wir hätten die Münze auch hochwerfen können, bevor wir sie erneut einwarfen und würden dann glauben: Werfen hilft, obwohl die beiden Vorgänge nichts miteinander zu tun haben.

Ob gerieben oder nicht: In der Mehrzahl aller Fälle akzeptiert der Automat die Münze beim wiederholten Einwurf. Wer vorher gerieben hat, glaubt natürlich an den positiven Effekt. Aus dieser Falle der Selbsttäuschung kommt man nur schwer wieder heraus.

Das Ganze erinnert mich an den Mann, der dauernd schnippte: »Warum tust du das?« – »Das hält die Eisbären ab!« – »Die sind doch Tausende Kilometer entfernt!« – »Siehst du, es hilft!«

Kann ein
Aufzug abstürzen?

37 Aufzug fahren: Das Leben hängt am Stahlfaden, plötzlich ein Ruck – und dann ein Horrortrip. Zumindest im Film ist das manchmal so. Doch kann dieses Szenario Wirklichkeit werden?

Bis zur Mitte des 19. Jahrhunderts wohnten die Reichen noch unten, in der Beletage, dem »schönen« Stockwerk. Das Personal und die ärmeren Mieter mussten Treppen steigen. Doch die Städte wuchsen rasant, die Häuser wurden immer höher und die ersten Aufzüge wurden installiert. Zwar wurden Lasten schon lange mit Winden und Zügen nach oben befördert, doch die Angst vor dem Seilriss und dem möglichen Absturz war groß.

Im Jahr 1854 gab es einen Durchbruch: Der Mechanikermeister Elisha Graves Otis demonstrierte während der Industrieausstellung im New Yorker Kristallpalast einen neuartigen »Sicherheitsaufzug«. Otis ließ sich auf einer Plattform in die Höhe ziehen. Dann wurde das Seil durchtrennt. Doch statt in die Tiefe zu stürzen, blieb die Plattform nach wenigen Zentimetern in den Führungsschienen stecken. Der Aufzug stürzte nicht ab und Otis' System wurde schnell zu einem lukrativen Standard. Die Sicherheitsbremse wurde zwar im Laufe der Jahre abgewandelt, doch das Prinzip der Fangvorrichtung findet sich noch heute in fast allen modernen Aufzügen: Im Maschinenraum über dem Fahrstuhlschacht befindet sich ein spezielles Rad, der sogenannte Geschwindigkeitsbegrenzer. Um dieses Rad herum liegt ein Sicherheitsseil, das mit der Fahrstuhlkabine verbunden ist. Es sorgt dafür, dass sich das Rad dreht, wenn der Aufzug rauf- oder runterfährt.

Und jetzt stellen wir uns vor, das Hauptseil würde reißen: Der Fahrstuhl fällt nach unten, wird schneller. Am Sicherheitsseil entsteht ein Zug, der die Fangvorrichtung in den Führungsschienen aktiviert: Das Rad des Geschwindigkeitsbegrenzers rastet sofort ein. Durch den Zug am Sicherheitsseil wird der Fahrkorb an den Aufzugführungsschienen festgeklemmt und mechanisch bis zum Stillstand gebremst. Das System ist sicher und so gibt es hierzulande keinen Fall, bei dem ein Aufzug im Betrieb jemals abgestürzt ist.

Aufzüge werden zudem immer weiterentwickelt. Ab einer Höhe von etwa 600 Meter werden die Stahlseile so lang, dass sie unter ihrem Gewicht reißen könnten. Daher nutzt man in den überdimensionierten Wolkenkratzern der Neuzeit andere Verfahren, doch auch hier findet sich eine sichere Fangvorrichtung.

Der Horrortrip findet also nur im Film statt: Selbst wenn Sie mal stecken bleiben – keine Sorge, der Aufzug stürzt nicht ab!

Macht es einen Unterschied, ob ich gegen einen Baum oder gegen ein entgegenkommendes Fahrzeug **pralle?**

38 Stellen Sie sich vor, Sie fahren auf einer Landstraße und auf der eigenen Spur kommt Ihnen ein baugleiches Fahrzeug entgegen und Sie haben jetzt die Wahl: Baum oder entgegenkommendes Fahrzeug. Macht es für die Stärke des Aufpralls einen Unterschied, ob Sie mit einer starren Wand oder einem gleich schnell entgegenkommenden Fahrzeug zusammenstoßen?

Wir haben das Experiment gewagt, allerdings ganz ungefährlich und genau dort, wo Zusammenstöße erwünscht sind: Auf der Kirmes im Autoscooter. Zunächst testeten wir den direkten Aufprall gegen die Bande: Beim Rückstoß blieb unser Scooter erst 3,23 Meter von der Bande entfernt wieder stehen. Dieser Abstand ist ein Maß für die Kollisionsenergie. Zum Vergleich simulierten wir beim zweiten Mal einen Frontalcrash: Damit beide Autos exakt gleich schwer waren, setzten wir Zwillinge ans Steuer. Und wiederum maßen wir, nach welchem Abstand beide Fahrzeuge nach dem Zusammenstoß wieder zum Stehen kamen. Das Ergebnis lautete 6,4 Meter, die Autos waren also jeweils 3,2 Meter zurückgeprallt.

Zwar ist die relative Geschwindigkeit beim zweiten Crash doppelt so hoch, doch die Aufprallenergie wird auf beide Fahrzeuge verteilt. In der Theorie macht es also keinen Unterschied, für welche der beiden Optionen – Baum oder Fahrzeug – Sie sich entscheiden, vorausgesetzt, das entgegenkommende Fahrzeug ist gleich schnell und gleich schwer. Bei einem Lkw sähe das Ergebnis natürlich anders aus. In der Praxis gibt es aber einen entscheidenden zusätzlichen Aspekt zu beachten: Im entgegenkommenden Fahrzeug sitzt mindestens eine Person, die beim Aufprall in Mitleidenschaft gezogen würde. Der Baum ist also eigentlich immer die bessere Alternative.

Warum gibt es Hoch-spannungsleitungen?

39 Früher mussten viele Betriebe und Fabriken den Strom mithilfe eigener Generatoren noch selbst herstellen. Doch heute kommt er übers Netz. Der Strom aus der Steckdose hat eine Spannung von 220–240 Volt. Für die Übertragung von Strom nutzt man Hochspannungsleitungen. Warum?

Der Grund ist der sogenannte Spannungsabfall: Nehmen wir zum Beispiel eine Autobatterie mit zwölf Volt, also verhältnismäßig niedriger Spannung, mit deren Hilfe wir eine Reihe von Lämpchen zum Leuchten bringen. Je weiter der Leitungsweg, desto fahler brennt das Licht. Jeder Stromleiter ist nämlich auch ein elektrischer Widerstand, und je länger der Übertragungsweg ist, desto stärker fällt die Spannung ab.

In den Anfängen der Elektrifizierung wollte man diesem Problem zunächst mit besonders dicken Leitungen begegnen, denn je größer der Leitungsquerschnitt, desto geringer der Spannungsabfall.

Eine wesentlich bessere Alternative ist jedoch die höhere Übertragungsspannung. In diesem Fall kann man auf die dicken und teuren Leitungen verzichten, denn das klappt auch mit dünneren Leitungen. Doch hierfür muss der Strom per Transformator von niedriger auf hohe Spannung von mehreren Tausend Volt umgewandelt werden. Dieser Umwandlungsprozess klappt jedoch nur mit sogenanntem Wechselstrom, weshalb Ihre Steckdose zu Hause im Gegensatz zur Batterie keinen festen Plus- und Minuspol hat.

Im 19. Jahrhundert, zu Beginn der Elektrifizierung, brach in den USA ein erbitterter Kampf zwischen Thomas Alva Edison, dem bekannten Erfinder der Glühlampe, und seinem Widersacher George Westinghouse aus. Edison wollte niedrige und Westinghouse mithilfe von Transformatoren hohe Spannungen erzeugen, um den Strom über größere Distanzen zu leiten. Das Wechselstromprinzip von Westinghouse hatte einen bestechenden Vorteil: Dünnere Stromleitungen besaßen weniger Kupfer und waren somit erheblich billiger.

Es kam zu einem regelrechten Stromkrieg: Im März 1886 zeigten Westinghouse und seine Mitarbeiter zum ersten Mal, dass sie mit ihrer Methode Strom aus einem Kraftwerk über eine Meile weit transportieren konnten. Das Experiment erregte Aufsehen, und die Hochspannungsübertragung von Westinghouse war in aller Munde. Schamlos begann nun Edison mit einem Propagandafeldzug gegen seinen Widersacher. Er verklagte ihn wegen angeblicher Patentverletzungen und demonstrierte in aller Öffentlichkeit, wie gefährlich Hochspannung sei. Dabei ließ er Katzen und Hunde per Hochspannung töten und entwickelte sogar den ersten elektrischen Stuhl! Edison, der noch heute als großer Erfinder gefeiert wird, war ein schamloser Opportunist, der über Leichen ging. Er forcierte die Anwendung des elektrischen Stuhls und nach der ersten furchtbaren Hinrichtung eines Menschen, am 6. August 1890, schlug Edison den Begriff »to westinghouse« für die Hinrichtung auf dem elektrischen Stuhl vor! Immerhin war doch auch die Guillotine nach ihrem Erfinder, dem französischen Arzt Joseph-Ignace Guillotin, benannt worden. Trotz dieser infamen Kampagne hatte Edison keinen Erfolg und das Wechselstromprinzip von Westinghouse setzte sich durch.

Der Schuss in die Luft – wie schnell ist die **Kugel beim Fall?**

40 Bei feierlichen Anlässen sind Sie vielleicht schon mal zusammengezuckt, weil munter in die Luft geschossen wurde. Doch haben Sie sich schon einmal gefragt, was passiert, wenn die Kugel wieder zu Boden fällt?

Ein klassisches Beispiel ist der Salut. Er ist eine der letzten militärischen Traditionen, je nach Wichtigkeit wurde früher mal mehr, mal weniger geschossen: 7 Schuss für den Konsul, 17 für den General, 19 für Botschafter und sogar 33 Schuss für den Kaiser! Noch heute wird geschossen, doch – und das hat einen triftigen Grund – ohne Geschoss!

Wenn man mit einer Pistole in die Luft schießt, dann tritt die Kugel mit immerhin 1.500 km/h aus dem Lauf. Per Hightech kann man die Kugel sogar verfolgen, und das, obwohl sie gerade mal neun Millimeter klein ist. Die in einem Versuch verwendete Spezialmunition hinterließ eine Wärmespur, die man zunächst per Infrarotkamera etwa zwei Sekunden lang sehen konnte. Danach erkannte man die Bahn immer noch im Radar. Die Kugel stieg zunächst immer höher und wurde dabei langsamer. Nach etwa 13 Sekunden erreichte sie eine Höhe von 1,1 Kilometer und für den Bruchteil einer Sekunde stand sie am höchsten Punkt. Dann folgte der freie Fall nach unten. Dabei wurde die Kugel natürlich immer schneller. Doch aufgrund der Luftreibung erreichte sie nie ihre Anfangsgeschwindigkeit. Nach 42 Sekunden schlug sie mit 350 km/h am Boden auf.

Bei herabfallenden Geschossen bietet unser Schädel die größte Angriffsfläche. Anhand einer Spezialmunition mit verringerter Treibladung kann man die Wirkung testen. Die Aufschlagsgeschwindigkeit liegt hier, wie bei der fallenden Kugel, bei 350 km/h. Ein Gelatine-Block mit künstlicher Knochenplatte beweist es: Die Kugel würde immer noch die Schädeldecke durchschlagen.

Die zurückkehrende Kugel ist also langsamer als die abgeschossene, doch sie ist immer noch sehr gefährlich. Daher gibt's heute den Salut – ohne Kugel!

Wird der Traum vom **Beamen** irgendwann Wirklichkeit?

41　　»Der Weltraum, unendliche Weiten ...« Mit diesen Worten startete jeden Samstagnachmittag die Kultserie meiner Kindheit. Die Crew des Raumschiffs Enterprise durchquerte das Fernsehuniversum auf der Suche nach Abenteuern und fremder Intelligenz und meistens stieß sie auf beides!

Im Dienste der Dramaturgie strapazierte die Enterprisefamilie dabei schon mal die klassischen Gesetze der Physik. Bei ihrer Reise durch seltsame Wurmlöcher und unerklärte Kausalitätsschleifen wehrte sich die tapfere Crew mit Schutzschilden und Phaserstrahlen gegen feindliche Romulaner oder machte sich mit Warp-Geschwindigkeit aus dem kosmischen Staub. In besonders spannenden Momenten gab der verfolgte Kapitän Kirk das Kommando »Beamen Sie mich an Bord, Scotty!« In wenigen Sekunden »dematerialisierte« sich dann sein Körper, um an sicherer Stelle unter einem glimmenden Zischen aus dem Nichts wieder aufzutauchen. Diese ganz andere Form des Reisens ist der Traum vieler Manager. Keine zeitraubenden Interkontinentalflüge, keine unbequemen Hotelbetten und abends beamt man sich zum Gutenachtkuss an das Kinderbett!

Vor einigen Jahren hatte ich das Glück, auf einer Konferenz in Los Angeles einige Special-Effect-Leute aus Hollywood kennenzulernen, darunter auch Dan Curry, den *visual effects supervisor* von Star Trek. Es ging bei unserem Zusammentreffen um die reizvolle Grenze zwischen Fiktion und Wirklichkeit. Wir diskutierten über viele Effekte, zum Beispiel, dass Explosionen im Weltraum lautlos sein müssten und dass blinkende Positionslichter auf Raumschiffen kein Zeichen besonderer Intelligenz sind. Natürlich nahmen wir die Dinge nicht allzu ernst und lachten viel. Dan verriet uns eine Reihe von Effekten und zeigte, wie man mit Milchpulver und alten Plastikdosen verblüffend realistische Filmszenen zaubern kann. Er nutzte bei seinem Vortrag meinen Laptop und überließ mir sogar einige Zeichnungen der Enterprise! Bei dieser Konferenz bestritt ich mit dem Physiker Lawrence Kraus den »wissenschaftlichen« Teil. Lawrence, der ein begeisterter Science-Fiction-Fan ist, hatte sich detailliert mit der Physik des Beamens auseinandergesetzt.

Sein Ergebnis ist ernüchternd: Stellen Sie sich vor, Sie würden sich an Ihr Reiseziel beamen lassen. Hierbei müsste der exakte Zustand aller Atome Ihres Körpers erfasst, dann übertragen und am Zielort wieder rematerialisiert werden. Da Sie nach Ihrer »Reise« noch die gleiche Person sein sollten, darf es zu keinem Durcheinander der Atome kommen. Die Beamtechnik benötigt daher für jedes einzelne Ihrer Atome neben der exakten Raumposition auch die Bindung zum Nachbaratom, den jeweiligen Energiezustand usw. Pro Einzelatom füllt diese Information etwa eine Schreibmaschinenseite. Atom für Atom summiert sich das auf ein Datenvolumen von etwa 10^{28} Kilobyte! Würde man diese Informationsmenge auf heutigen Festplatten zwischenspeichern, müsste man so viele davon aufeinanderstapeln, dass diese Säule ein Drittel der Strecke bis zum Zentrum der Milchstraße messen würde!

Der Datentransfer zum Zielort ist ein weiteres Problem. Mit der besten heutigen Übertragungstechnik (100 Mbit/s) würde die Übermittlung ihrer Körperdaten etwa das Zweitausendfache des Alters des Universums benötigen. Und dann bleibt eine Begleiterscheinung immer noch problematisch: Ihr Körper löst sich beim Beamen vollständig in Energie auf. Bei dieser Transformation von Masse zu Energie ($E=mc^2$) wird das Äquivalent von tausend Wasserstoffbomben freigesetzt!

Fazit: Das Beamen ist unmöglich! Trotz dieses Befundes gab es keinerlei Traurigkeit – im Gegenteil: Wir verbrachten einen langen Abend und spekulierten über andere Beam-Alternativen durch exotische Wurmlöcher und Paralleluniversen in unendliche Weiten ...

Warum haben Elefanten so große Ohren?

Das geheime Leben der Tiere

Was steckt hinter
dem Vogel-V?

42 »Sie sind da! Schaut raus, Kinder – das Frühjahr beginnt!« Mit einem ansteckenden Gemisch aus Fernweh und Begeisterung zeigte meine Mutter nach oben auf die rückkehrenden Wildgänse. In einem großen »V« flogen sie über uns hinweg und natürlich spekulierten wir alle darüber, warum die Zugvögel diese sonderbare Formation einnahmen. Jedes Frühjahr gab es eine andere Erklärung. »Dadurch haben die Tiere eine bessere Orientierung«, meinte mein Vater, und einmal behauptete meine Schwester: »Das tun die Vögel nur, um Mama zu gefallen ...!«

Was aber war der Grund für dieses seitliche Nebeneinander, bei dem sich die Flügel der Vögel fast berührten? Ich gebe zu, dass ich erst spät an die naheliegende Lösung dachte: Energieersparnis!

Vögel und auch Flugzeuge bilden an ihren Flügelenden große Luftwirbel, durch die ein Teil ihrer Energie ungenutzt verloren geht. Doch die Tiere spüren, dass es in diesen Wirbelschleppen eine Aufwindzone gibt. So nutzen die Zugvögel diesen zusätzlichen Auftrieb während ihrer langen Reise in die entfernten Sommerquartiere. Theoretische Berechnungen offenbaren einen weiteren Effekt: Bei dieser Flugtechnik scheinen die älteren Vögel ihre Jungen im unsichtbaren Schlepptau des Wirbels mit sich zu ziehen.

In einem riskanten Versuch stellten Wissenschaftler den gefiederten Verbandsflug mit richtigen Flugzeugen nach. Die

Testpiloten schafften jedoch nicht, was den schnatternden Gänsen auf Anhieb gelang. Erst mit komplizierten zusätzlichen Steuersystemen konnte der kritisch enge Abstand zwischen den benachbarten Tragflächen eingehalten werden.

Die V-Formation ergab im Test eine spektakuläre Energieersparnis. Der Treibstoffverbrauch wurde um bis zu 15 % reduziert.

Es wäre bestimmt reizvoll, die Vorzüge des V-Fluges auf den Linienverkehr zu übertragen. Interkontinentale Flugzeugverbände überqueren gemeinsam und friedlich Länder und Ozeane ... – aber noch ist man nicht so weit.

Wenn Sie bei Ihrem nächsten Flug aus dem Fenster schauen, dann sehen Sie am Ende der Tragfläche die heutige Alternative zum schnatternden Nachbarn: Ein kosmetischer Knick am Flügelende. Dieser sogenannte *Winglet* verkleinert die ungenutzte Wirbelschleppe. Seine Form ist je nach Flugzeugtyp unterschiedlich und damit spart man im optimalen Fall etwa 2 % Treibstoff – bei einem Langstreckenflug immerhin mehrere Tonnen Kerosin!

Die Aerodynamiker sind stolz auf diesen besonderen Knick, aber beim Blick auf die heimkehrenden Kraniche, Wildgänse oder Schwäne müssen sie doch zugeben: Die Vögel sind noch besser!

Warum fliegen Motten zum Licht?

43 Insekten werden auf magische Weise vom Licht angezogen. Für viele nachtaktive Motten und Falter ist es eine tödliche Anziehung. Doch warum fliegen sie zum Licht?

Von Natur aus orientieren sich viele nachtaktive Insekten am Mond, er dient als Lotse und Navigationshilfe. Weil der Mond sehr weit weg ist, bleibt er für die Insekten praktisch immer an derselben Stelle, jeder, der nachts schon mal aus einem fahrenden Auto geschaut hat, kennt das Phänomen. Um geradeaus zu fliegen, peilt ein Insekt den Mond unter einem bestimmten Winkel an. Sind jedoch hellere Lichtquellen wie Straßenlaternen in der Nähe, orientieren sich die Insekten daran. Und genau das bringt ihre Navigation durcheinander. Auch zur Straßenlaterne will das Insekt den gewohnten »Mondwin-

kel« einhalten, weil die Lampe aber sehr viel näher ist, ändert sich die Laternenposition und damit auch der Winkel während des Fluges sehr schnell. Das Insekt korrigiert den Kurs, bis der Winkel wieder stimmt. Die ständigen Kurskorrekturen enden unweigerlich in einem Spiralflug, der direkt in die Lampe führt.

Doch zum Glück gibt es einen Ausweg: Insektenaugen sehen anders als wir. Sie sind vor allem im bläulichen, kurzwelligen Bereich empfindlich. Es gibt zwei typische Straßenlampen: Die sogenannte *Quecksilberdampfhochdrucklampe* leuchtet kalt bläulich. Die *Natriumdampfhochdrucklampe* hingegen strahlt gelbliches Licht aus. Wir Menschen sehen beides, doch mit den Augen des Insekts gesehen, leuchtet nur die bläuliche. Wenn man unsere bläulichen Straßenlaternen durch gelb leuchtende ersetzen würde, wäre sogar Mensch und Tier geholfen, denn das gelbe Licht ist energiesparender. Worauf warten wir? Unseren Verantwortlichen sollte ein (gelbes) Licht aufgehen!

Warum haben Elefanten so große Ohren?

44 Elefanten zählen zu den größten Landtieren überhaupt. Ein ausgewachsener Afrikanischer Elefant wiegt gleich mehrere Tonnen. Während einer Fernsehshow kam ich in den Genuss, mit einer imposanten Elefantendame die Sendung zu beginnen. Ich hatte während der Proben der Elefantenkuh viel Zeit gewidmet, und da Elefanten ausgesprochen klug sind, hatte die Dame schnell gelernt, dass ich viele kleine Leckereien für sie hatte. Die Show begann, wir hatten unseren gemeinsamen Auftritt. Offensichtlich war die Dame doch etwas nervös, denn sie wurde hinter den Kulissen von Blähungen geplagt. Noch nie in meiner Karriere habe ich Maskenbildnerinnen und Tontechniker so schnell flüchten sehen! Bei Elefanten ist eben alles groß. Aber haben Sie sich schon einmal gefragt, warum gerade die Ohren so groß sind? Müssen Elefanten etwa besonders gut hören? Oder sind die Ohren eine Art Fächer bei der Hitze? Fast!

Bei den meisten Säugetieren erfolgt die Abgabe überschüssiger Wärme, die sich durch die Muskelaktivität bildet, über die Haut. Wenn wir uns körperlich anstrengen, schwitzen wir und kühlen uns hierdurch ab. Der Elefant jedoch besitzt keine Schweißdrüsen, erzeugt aber so viel Körperwärme wie 30 ausgewachsene Menschen! Um sich abzukühlen, muss der Dickhäuter irgendwie die Wärme an die Umgebung abgeben, doch hier gibt es ein Problem: Denn je größer ein Tier, umso kleiner ist im Verhältnis dazu seine entsprechende Oberfläche. Verglichen mit seinem Gewicht besitzt der Elefant nur etwa 5 % der Körperoberfläche einer Maus.

Große Tiere können also über ihre Haut nur wenig Wärme an die Umgebung abgeben. Die Natur setzt hier auf eine besondere Lösung: Kühlung über die Ohren. Beim Afrikanischen Elefanten machen sie rund ein Sechstel seiner Körperoberfläche aus und sind durchzogen von einem feinen Adernsystem. Durch das Fächern der Ohren kann der Elefant seine Körpertemperatur regulieren.

Afrikanische Steppenelefanten und Indische Waldelefanten unterscheiden sich übrigens auch durch die Größe ihrer Ohren. Der Grund: Waldelefanten halten sich in schattigen Zonen auf und sind somit nicht so stark auf Kühlung angewiesen wie die Steppenelefanten. Daher besitzen die Waldelefanten Indiens kleinere Ohren.

Man muss jedoch gar nicht so weit reisen: Das »Ohrenkühlprinzip« findet sich auch bei Kaninchen und Hasen – nur das mit dem Fächern klappt bei ihnen noch nicht so richtig.

Warum leuchten
Katzenaugen?

45 Wenn Sie schon mal nachts einer Katze begegnet sind, haben Sie vielleicht festgestellt, dass ihre Augen leuchten. Man kann dieses Leuchten allerdings nur dann beobachten, wenn die Katze selbst angeleuchtet wird. Ohne zusätzliche Lichtquelle erscheint dem Betrachter ein Katzenauge nicht heller als die Umgebung. Die Augen leuchten also nicht von selbst, sondern wirken wie Spiegel, wie Reflektoren, eben wie »Katzenaugen«, und senden das einfallende Licht zurück.

Katzen sind nachts aktiv und haben sich an das wenige Licht hervorragend angepasst: Ihre Pupillen weiten sich, bis sie einen Durchmesser von 14 Millimeter haben. Nur zum Vergleich: Wir Menschen schaffen höchstens 8 Millimeter. In das Katzenauge kann also sehr viel mehr Licht einfallen und dieses Licht wird wesentlich besser ausgenutzt. Denn Katzenaugen besitzen eine lichtverstärkende Schicht, das sogenannte *Tapetum lucidum*. Dieser »leuchtende Teppich« ist eine feine Spiegelschicht, die sich hinter der Netzhaut befindet. Das einfallende Licht wird an dieser Reflexionsschicht im Auge zurückgeworfen und passiert damit erneut die Netzhaut.

Dieses Hin und Her verbessert die Lichtempfindlichkeit, denn die Sinneszellen auf der Netzhaut haben damit eine zweite Chance, auf jedes einfallende Lichtquantum zu reagieren. Zudem besitzt das Katzenauge besonders viele lichtempfindliche *Stäbchen* (vgl. *Wie sehen wir räumlich?*). Dieser Rezeptorentyp nimmt keine Farben, sondern Helligkeitsunterschiede wahr und ist deutlich lichtempfindlicher als die zweite Art von Rezeptoren, die Zapfen, die für das Farbsehen verantwortlich sind. Katzen sehen also eher schwarz-weiß. Ihre Augen sind ein anatomisches Meisterwerk: Die Vierbeiner mit den sanften Pfoten kommen mit ungefähr sechsmal weniger Licht aus als wir Menschen.

Bei meiner Katze habe ich mir das schon immer gedacht: Katzen sehen Dinge, die uns Menschen verborgen bleiben.

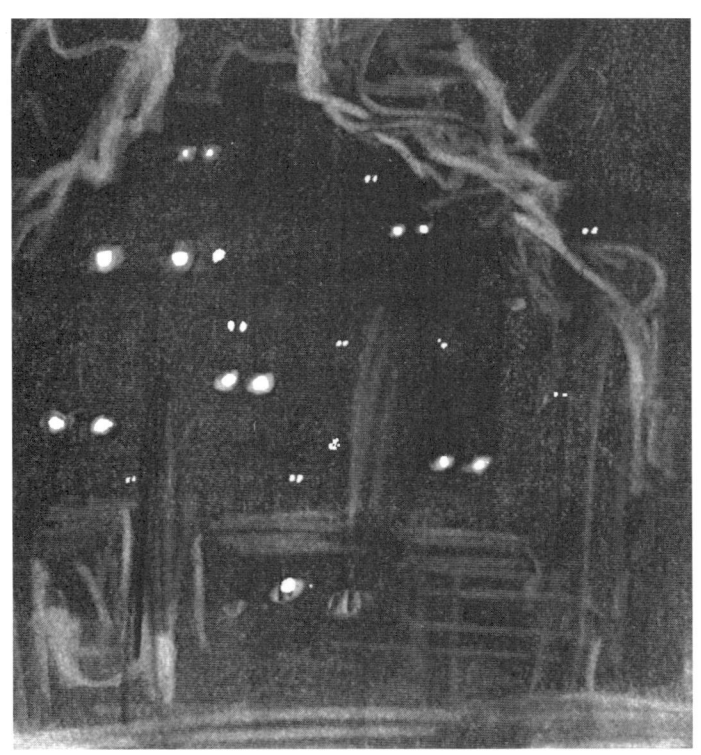

Warum sind **Fliegen**
so schwer zu erwischen?

46 »Da holt er aus mit voller Kraft,
Die Fliege wird dahingerafft.«

Wilhelm Busch

Was Wilhelm Busch hier beschreibt, ist oft gar nicht so leicht. Sie haben bestimmt auch schon die Erfahrung gemacht: Fliegen sind extrem schnell und mit der Hand erwischt man die Insekten so gut wie nie.

Dieses Phänomen wurde von Wissenschaftlern des *California Institute of Technology* eingehend studiert und das Ergebnis ist verblüffend: Mit einer Hochgeschwindigkeitskamera, die 5400 Bilder pro Sekunde macht, filmten sie das Verhalten von Fliegen, wenn sich eine Fliegenklatsche nähert. Statt im Reflex blind wegzufliegen, analysiert die Fliege zunächst, von wo die Gefahr kommt. Erst nach dieser Ortung dreht sie sich und platziert ihre Beine in eine optimale Startposition, um wegzufliegen. Die Flucht läuft innerhalb einer Zehntelsekunde ab und ist dennoch kein Reflex, sondern eine genau geplante Aktion! Reflexe laufen automatisch ab, doch diese Flucht verlangt hervorragende Augen und schnelles Denken.

Unsere Augen sind verhältnismäßig träge. Mit einem *Stroboskop* kann man diese Trägheit genau messen: Bei etwa 40 Blitzen pro Sekunde sieht das menschliche Auge ein Dauerleuchten und nimmt nicht mehr den Wechsel zwischen Hell- und Dunkelphasen wahr. Nur hierdurch empfinden wir

Kinofilme und Fernsehsendungen nicht als Dauerflimmern, sondern als kontinuierlichen Prozess. Fliegenaugen bestehen hingegen aus 3000 Einzelaugen, den *Omnatiden.* Zoologen an der Universität Köln haben winzige Elektroden an Fliegenaugen angebracht und konnten so exakt bestimmen, ob und wie schnell das Fliegenauge auf einen Lichtblitz reagiert. Erst bei etwa 300 Blitzen pro Sekunde kann auch das Fliegenauge nicht mehr zwischen »an« und »aus« unterscheiden! Die Fliege würde beim Fernsehen also nicht nur wegen des schlechten Programms Kopfschmerzen bekommen.

Aber auch mit ihrem 360°-Rundblick erkennen Fliegen schnell eine herannahende Gefahr. Auf den Bildern der Hochgeschwindigkeitskamera kann man einen typischen Bewegungsablauf verfolgen: Kommt die Bedrohung von vorne, so bewegt die Fliege zunächst ihre mittleren Beinpaare leicht zurück. Dann nimmt sie Schwung und hebt nach hinten ab. Kommt die Gefahr hingegen von der Seite, bleiben die Mittelbeine stehen und sie nimmt mit dem ganzen Körper seitlich Schwung, bevor sie abhebt. Je nach Richtung der drohenden Gefahr erfolgt also eine andere Strategie; für die Wissenschaftler ein Beleg, dass dieses kein einfacher Reflex ist, sondern eine koordinierte und »überlegte« Bewegung.

Durch die Fliegenklatsche sind wir Menschen natürlich im Vorteil, denn die künstliche Verlängerung macht unseren Schlag schneller. Der Tipp der Wissenschaftler: Nicht auf die Fliege selbst zielen, sondern dorthin, wo sie abheben wird: Wenn Sie die Fliege von hinten angreifen, dann schlagen Sie nicht auf, sondern vor das Insekt.

Die schnellsten gemessenen Reaktionszeiten beim Menschen liegen etwa bei einer Viertelsekunde. Wir reagieren also noch nicht einmal halb so schnell, wie die Fliege denkt! Vielleicht sollten wir doch gnädiger sein ...

Warum sind manche **Eier**
braun und andere weiß?

47   Stimmt es, dass weiße Hühner weiße Eier legen und braune Hühner braune? Es ist überraschend, wie viele verschiedene Theorien zu diesem Phänomen kursieren! Wenn man den Test macht, stellt man zunächst fest: Stimmt nicht. Es gibt weiße Hühner, die braune Eier legen, und braune Hühner, die weiße Eier legen, und es gibt auch weiße Hühner, die weiße, und braune Hühner, welche braune Eier legen. Allerdings dies dann ausschließlich, denn ein und dasselbe Huhn legt nur weiß oder braun, nicht etwa beide Farben.

Die Farbe der Eierschale hat also absolut nichts mit der Farbe des Gefieders zu tun.

Hängt es vielleicht mit der Ernährung zusammen? Bei der Dotterfarbe ist das zumindest der Fall. Die kann man in der Tat beeinflussen. Früher gab man den Hühnern künstliche Farbstoffe, heute gibt man ihnen Mais oder Paprika. Die Dotterfarbe sagt aber nichts über die Qualität des Eis aus, sondern wird dem jeweiligen Modegeschmack angepasst.

Unsere Welt ist wirklich sonderbar: Andere Kulturen – andere Dotterfarben. In den meisten Ländern bevorzugen Menschen gelb, Deutschland hingegen mag lieber orange als Dotterfarbe.

Doch mit der Eierschale hat auch das nichts zu tun. Der Grund für die Eierfarbe ist genetisch bedingt und hängt von der jeweiligen Geflügelrasse ab. Bei Rassen, die braune Eier legen, geht die Färbung auf Pigmente aus dem roten Blutfarbstoff und dem Gallenfarbstoff zurück, die der Organismus des Huhns ausscheidet und der sich außen auf der Kalkschale des Eis ablagert. Bei Hühnern, die weiße Eier legen, fehlt dieses Ausscheiden des Farbstoffs wohl.

Manche können dem Huhn angeblich sogar am Ohr ansehen, welche Eierfarbe es legt: Hat ein Huhn weiße Ohrscheiben, so legt es weiße, bei roten Ohrscheiben legt es braune Eier. Doch auch der Trick funktioniert wohl nicht immer.

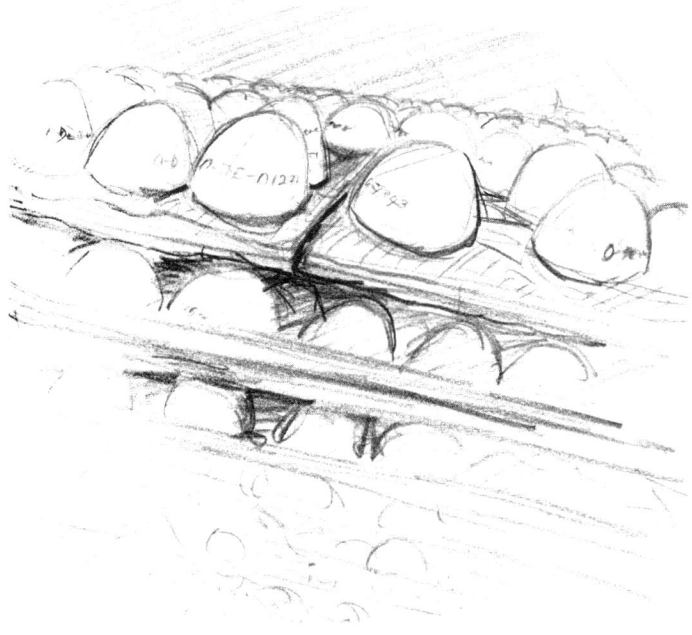

Viele meinen, dass braune Eier gesünder seien, denn viele Bio-Eier sind braun. Doch auch das ist nur Mode. Das klassische Frühstücksei war früher weiß, heutzutage sind braune Eier gefragt. 6 von 10 Eiern, welche in Deutschland gekauft werden, sind braun. Statt auf die Farbe der Eierschale, sollten Sie jedoch lieber genauer auf die Verpackung und aufs Ei schauen, denn am Farbstempel erkennt man, woher das Ei stammt. Seit 2004 ist ein Stempel mit folgenden Informationen Pflicht:

0: steht für Ökologische Erzeugung.

1: bedeutet Freilandhaltung. Dabei ist auch die Fläche pro Huhn vorgeschrieben.

2: heißt Bodenhaltung. Das Huhn läuft frei im Stall herum.

3: ist das traurige Zeugnis, dass dieses Huhn ein Leben lang in einem engen Käfig gehaust hat.

Dahinter steht der Ländercode, also DE für Deutschland, und dann noch die Nummer des Legebetriebs. Die Nummer sagt wohl mehr aus als die Farbe der Schale!

Warum fallen schlafende
Vögel nicht vom Ast?

48 Nachts, wenn wir im Bett liegen, schlafen auch die Vögel – allerdings auf Ästen. Doch warum fallen sie im Tiefschlaf nicht vom Baum?

Wenn wir uns mit den Händen an einem Ast festhalten, sind unsere Muskeln in den Händen und Armen angespannt. Würden wir dabei einschlafen, würden sich unsere Muskeln entspannen und wir könnten uns nicht mehr am Ast festhalten. Vögel hingegen schlafen ohne Probleme im Sitzen auf einem Ast. Manche Vögel können zwar ihren Schlaf kontrollieren und schlafen in gefahrvoller Umgebung nur mit einer Gehirnhälfte, während die andere wacht. In dieser Phase ist nur ein Auge geöffnet. Doch selbst im Tiefschlaf halten sich Vögel am Ast fest.

Vögelfüße besitzen eine Art Verschlussmechanismus: Beugemuskeln und Sehnen, die die gesamte Länge des Beines hinunterlaufen, ziehen die Zehen sofort zusammen, wenn sich der Vogel hinhockt. Je tiefer er hockt, umso fester umschließen die Zehen den Ast. Durch diesen Mechanismus sorgt alleine das Körpergewicht des Vogels für den festen Griff. Erst wenn sich der Vogel wieder aufrichtet, entspannt sich die Sehne und er kann die Krallen öffnen. Man kann dies gut bei startenden Vögeln beobachten. Sie müssen sich zunächst strecken, erst dann entspannen die Sehnen, die Krallen lösen sich und sie können abheben.

Ähnlich wie Vögel haben übrigens auch Fledermäuse einen

Haltemechanismus entwickelt, der ihr gesamtes Körpergewicht an den geschlossenen Fußkrallen hält, ohne dass sie
Muskelkraft aufwenden müssen.

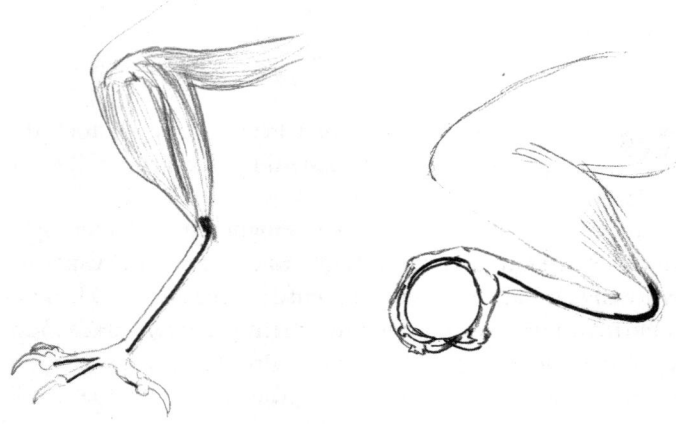

Die gekrümmten Krallen der Raubvögel nutzen dasselbe
Prinzip: Wenn ein Adler Beute schlägt, dann krümmen sich
die Beine unter der Wucht des Aufpralls und dadurch verschließen sich seine Krallen. Die Kraft dieses automatischen
Zupackens ist dabei extrem groß. Die Krallen der Vögel entsprechen übrigens nicht unseren Füßen, denn der Vogel läuft,
würde man ihn mit uns Menschen vergleichen, auf den Zehen, mit der Ferse in der Luft.
Der Mechanismus der Vogelfüße funktioniert offenkundig so
zuverlässig, dass – so wird behauptet – sich manchmal selbst
tote Vögel noch an ihrem Zweig festklammern.

Warum frieren Enten auf dem Eis nicht fest?

49 Inmitten unserer perfektionierten Gesellschaft, die jeden Prozess bis ins Absurde optimiert, stoße ich manchmal auf wohltuende Brüche. Im vergangenen Winter stärkte eine Meldung meine Zuversicht, dass wir Menschen doch noch Idealisten sind und nicht der Diktatur der rationalisierten Verhältnismäßigkeit gehorchen: Zwanzig Brandschützer, ausgerüstet mit Wärmeanzügen und einem Schlauchboot, befreiten eine einzelne Ente vom Eis. Der Erpel, den die edlen Retter »Henry« tauften, wurde anschließend in einem Flensburger Tierheim aufgepäppelt. Doch Henry ist eine Ausnahme!

Wenn es draußen klirrend kalt ist, sieht man häufig aufgeplusterte Enten, die auf einem zugefrorenen See ausharren. Obwohl sie lange an einer Stelle stehen, frieren sie dennoch nicht fest. Warum?

Wenn wir mit unseren warmen Händen Dinge berühren, die extrem kalt sind, können wir daran festkleben. Das kann Ihnen passieren, wenn Sie in der Tiefkühltruhe eine Verpackung anfassen oder an einem kalten Wintermorgen das Schloss Ihrer Autotür anhauchen. Ihre warmen Lippen lassen das Eis an der Oberfläche zunächst schmelzen, doch im nächsten Moment gefriert das Wasser wieder, und Sie kleben fest!

Hätten die Enten also warme Füße, würde das Eis, auf dem sie stehen, schmelzen. Der dadurch entstehende flüssige Wasserfilm würde dann – bedingt durch die niedrige Umgebungstemperatur – nach kürzester Zeit wieder gefrieren und es würde ihnen so ergehen wie Henry.

Doch was haben Enten und Frauen gemeinsam? Kalte Füße! Beim Blick durch eine Wärmebildkamera erkennt man, dass Enten eiskalte Füße besitzen. Die Temperatur ihrer Schwimmhäute liegt bei knapp 0 °C! Bei näherer Betrachtung der Entenfüße zeigt sich, dass Enten wie auch einige andere Tiere, die in kälteren Regionen leben, von Natur aus mit einer Art Frostschutzsystem ausgestattet sind. Der Blutkreislauf läuft bei diesen Tieren nach dem Prinzip eines Wärmetauschers. In den Arterien fließt warmes, sauerstoffreiches Blut vom Herzen weg und in den Venen strömt kaltes, kohlendioxidreiches Blut zurück. Dabei verlaufen Arterien und Venen in den Entenfüßen parallel und sind eng miteinander verflochten. Auf diese Weise wird das kalte Blut, das ins Körperinnere fließt, aufgewärmt. Das ins Bein fließende warme Blut wird wiederum von dem kalten, aus dem Fuß kommenden Blut abgekühlt. Es kühlt sich also herunter, bevor es die Füße erreicht. Somit wird klar: Die Füße der Enten werden nicht durch den Frost kalt, sondern sie sind es bereits vorher. Was für uns Menschen unangenehm kalt wäre, ist für die Ente äußerst praktisch. Die kalten Sohlen können das Eis nicht antauen und somit auch nicht festfrieren. Die Körperwärme wird also nicht nach außen abgegeben, denn sonst würde die Ente im Nu auskühlen. Mit ihren kalten Füßen spart sie eine Menge Energie.

Das »Entenfußprinzip« findet sich übrigens auch in der modernen kontrollierten Wohnraumlüftung mit Wärmerückgewinnung. Über einen Wärmetauscher wird hierbei die verbrauchte und erwärmte Luft in den Wohnräumen abgesaugt, um damit die frische, kühlere Außenluft vorzuwärmen. Das spart viel Energie – Ente sei Dank!

Warum fällt der Toast immer auf die Marmeladenseite?

Nebenbei bemerkt: Unterwegs im Alltag

Warum ist das **Taschentuch** quadratisch?

50 Den Grad der Zivilisation einer Gesellschaft messen wir hierzulande an seltsamen Dingen: am Gebrauch von Messer und Gabel, der Verwendung von Deospray, dem Umbinden von Krawatten oder dem stets griffbereiten Taschentuch. Doch ist es Ihnen schon einmal aufgefallen? Taschentücher sind fast immer quadratisch, egal ob aus Stoff oder aus Papier. Diese Form ist kein Zufall, denn die Geschichte des Taschentuchs steckt voller Regeln und Verbote.

Die ersten Taschentücher waren übrigens gar nicht zum Naseschnäuzen gedacht. Das tat man damals mit Daumen und Zeigefinger, die man dann am Ärmel oder am Tischtuch abwischte! Das einfache Volk schnäuzte mal mit der rechten, mal mit der linken Hand; die feinere Gesellschaft hingegen schnäuzte ausschließlich links.

Taschentücher hingegen waren ein Statussymbol, oft aus teuren Stoffen wie Seide, mit Perlen, Gold und Edelsteinen bestickt. Sie wurden vom 13. Jahrhundert an von einem sehr engen Kreis der vornehmen Gesellschaft gebraucht. Das edle Tuch diente mehr als elegantes Zubehör zur Kleidung. Manche wurden sogar mit kostbarem Parfum getränkt – vergessen wir nicht: Die Städte stanken bestialisch!

In der High Society der Höfe entwickelte sich mit der Zeit eine ausgefeilte Taschentuchsprache. So bedeutete das Schwenken des Taschentuchs beim Abschied: »Ich werde dir treu bleiben«; ein Taschentuch aus dem Fenster gehängt: »Vorsicht, ich werde überwacht«; ein Taschentuch, das wie zufällig aus einer Hosentasche fallen gelassen wurde: »Mein Herz ist vergeben«.

Das Taschentuch wurde zum Liebespfand schlechthin – so auch in William Shakespeares Othello: Desdemona verliert das Taschentuch, das *Othello* ihr geschenkt hat. Als er es bei Cassio findet, der es unwissentlich von Jago zugesteckt bekommen hat, wird es zum Indiz für Desdemonas Untreue – die diesen Irrtum mit dem Leben bezahlt.

Die Formenvielfalt der Tücher war gewaltig: runde, dreieckige, rechteckige. Dies missfiel jedoch der äußerst modebewussten französischen Königin Marie Antoinette. Ihr Gemahl Ludwig XVI. erließ daraufhin eine Verordnung, wonach Taschentücher so lang wie breit zu sein hatten. Kurz darauf begann die Französische Revolution, König und Königin wurden hingerichtet. Das Taschentuch wurde demokratisch, es trat einen weltweiten Siegeszug bei Arm und Reich an. Erst aus Stoff und seit 1929 auch aus Papier. Geblieben ist das quadratische Maß – weil es einst einer Königin gefiel!

Wer hat das **Schmiergeld** erfunden?

51 »Between you, me and the camel;
give me bakshish ...«
Ein Kamelführer am Fuße der Pyramiden von Gizeh

Wenn von Bestechung die Rede ist, spricht man oft von »Schmiergeld«. Woher aber stammt dieses Wort?

Es geht zurück auf die Zeit der Postkutschen. Im 18. und 19. Jahrhundert reiste man damit von Stadt zu Stadt. Doch die Fahrten waren beschwerlich: Oft war man tagelang unterwegs, immer wieder mussten Pferde gewechselt werden, Deichseln brachen auf den unbefestigten Wegen und die Kutschen versanken bei Regen im Morast. Im Winter war es in den geheizten Wagen bitterkalt und es stank fürchterlich.

Wolfgang Amadeus Mozart, der in seinem kurzen Leben rund ein Drittel der Zeit auf Reisen war, schimpfte: »... dieser Wagen stößt einem doch die Seele heraus! ... zur Regel wird es mir seyn, lieber zu fus zu gehen, als in einem Postwagen zu fahren.«

Und zu all der Beschwerlichkeit kam noch etwas hinzu: Das Reisen war teuer, nur Reiche konnten es sich erlauben. Neben dem eigentlichen Fahrpreis musste man noch jede Menge Gebühren zahlen: Straßengeld, ein Extra für den Vorspanner, Tor- und Brückengeld und – Schmiergeld!

Hierbei ging es um das Schmieren der Achsen, damit die Räder der Kutsche nicht allzu laut quietschten und die Fahrt angenehmer wurde. Das Schmiergeld war eine feste Gebühr. Goethe etwa bezahlte auf seiner Reise nach Italien für die Strecke hoch zum Wettersteinmassiv zehn Kreuzer Schmiergeld.

Und so liefen auch andere Geschäfte »wie geschmiert«, wenn man etwas nachhalf. Doch als Schmiermittel etablierten sich nicht etwa Fett oder Öl: sondern Geld ...

Was mache ich, wenn der
Blitz einschlägt?

52 Der alte Mann im weißen Kittel schloss die Käfigtür hinter sich und kurz darauf entluden sich um ihn herum große Blitze. Es knallte über unseren Köpfen und die elektrisierte Luft roch sonderbar verbrannt. Zu unserem großen Erstaunen hatte er überlebt! Noch tagelang träumten wir Kinder vom Meister der Blitze, der in seinem Käfig thronte und dem die funkensprühende Elektrizität nichts anhaben konnte.

Die Vorführung des Faraday-Käfigs im Münchener Deutschen Museum glich einer spektakulären Zaubervorstellung – mit einem Unterschied: die genaue Erklärung des »Zaubertricks« wurde mitgeliefert: Das Eisen der Stäbe und Gitter ist elektrisch leitend. Schlägt der Blitz ein, fließt der Strom durch die Gitterstäbe und nicht durch den Menschen, der sich darin aufhält. Der leitende Käfig schirmt den Innenraum gegen äußere elektrische Felder ab, die Blitze können somit nicht eindringen. Dieses Prinzip, benannt nach dem englischen Physiker Michael Faraday, begegnet uns in vielen Alltagssituationen. Mobiltelefone oder Radios haben zum Beispiel innerhalb von vielen Gebäuden einen gestörten Empfang, denn die Eisenarmierungen und Stahlträger in den Wänden und Decken schirmen das Innere des Gebäudes auch gegen die eindringenden elektromagnetischen Mobilfunk- und Radiosignale ab.

Auch in dieser Sekunde entladen sich weltweit etwa 2.000–

3.000 Gewitter. Es blitzt also kräftig auf unserem Planeten und allein in Deutschland zählt man im Jahr über eine Million Blitze. Die meisten davon finden in den Wolken statt und lassen sie aufleuchten, zum Glück schlägt nur jeder zehnte Blitz auf der Erde ein, denn das ist manchmal sehr gefährlich. Allein hierzulande sterben jedes Jahr etwa fünf Menschen durch Blitzschlag.

Was tun, wenn man plötzlich vom Gewitter überrascht wird? Zunächst sollte man bestimmen, wie weit das Gewitter noch entfernt ist. Dort, wo sich der Blitz entlädt, erwärmt sich die Luft auf bis zu 30.000 °C. Die erhitzte Luft dehnt sich schlagartig aus und es bildet sich eine Druckwelle, die wir als Knall – also Donner – wahrnehmen. Da sich Schallwellen jedoch weit langsamer ausbreiten als Licht, kann man durch einfaches Zählen den Abstand zum Blitz bestimmen: Der Blitz schlägt ein, die Schallwelle breitet sich mit 343 Meter pro Sekunde aus. Der Donner legt etwa alle drei Sekunden einen Kilometer zurück. 21, 22, 23 ... Wenn es nach dem Blitzen also zum Beispiel sechs Sekunden dauert, bis wir das Donnern hören, ist der Blitz etwa zwei Kilometer entfernt eingeschlagen.

Wenn sich ein Gewitter gefährlich nähert, sollten Sie schleunigst in einem Gebäude oder Fahrzeug Schutz suchen. Wenn es dort einschlägt, fließt der Strom aufgrund der gut leitenden Karosserie oder der Leitungen und Stahlteile in der Hauswand um Sie herum und nicht durch Sie hindurch. Doch was, wenn das nicht möglich ist? In diesem Fall sollten sie auf zwei Dinge achten: Zunächst: Machen Sie sich klein, gehen Sie am besten in die Hocke. Je kleiner Sie sind, umso leichter werden Sie vom Blitz »übersehen«, denn Blitze schlagen bevorzugt in höhere Objekte ein. Auf keinen Fall sollten Sie sich jedoch auf dem freien Feld hinlegen. Denn beim Einschlag kann die elektrische Ladung oft nicht an einer Stelle abfließen, sondern breitet sich vom Einschlagpunkt in alle Richtungen im Boden aus. Dort herrscht dann kurzfristig ein großes Spannungsgefälle.

Es ist (lebens!-)wichtig zu verstehen, dass der Strom immer dann fließt, wenn ein Spannungsgefälle vorhanden ist. Vögel, die sich zum Beispiel auf einer Hochspannungsleitung ausruhen, haben nichts zu befürchten, denn sie schließen mit ihrem Körper keinen Stromkreis, da zwischen ihren Füßen keine Spannungsdifferenz herrscht.

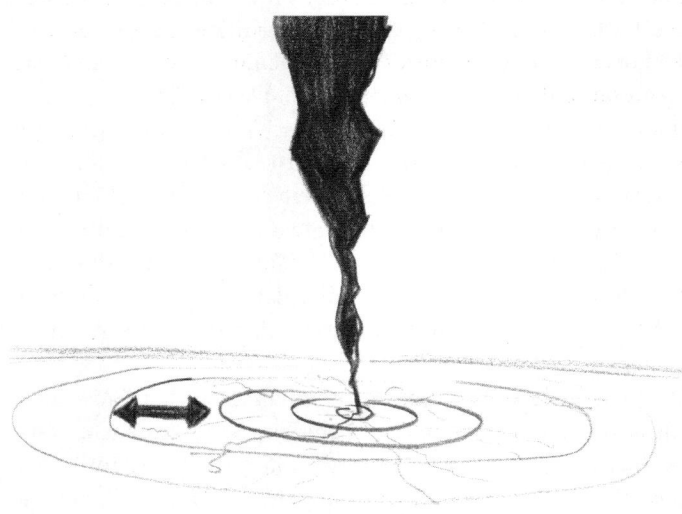

Bei einem Blitzschlag ist das anders. Der Boden in unmittelbarer Nähe weist auf einem Meter Differenzen von mehreren Tausend Volt auf. Die Wissenschaftler sprechen auch von der *Schrittspannung,* denn schon in Schrittbreite reicht die Spannungsdifferenz aus, damit ein gefährlicher Strom durch Ihren Körper fließen kann. Wenn Sie liegen, dann vergrößern Sie sogar die Spannungsdifferenz!

Von Martin Luther wird berichtet, dass er als Student im Sommer 1505 von einem starken Gewitter überrascht wurde. In Todesangst betete er zur Heiligen Anna: »Heilige Anna, hilf! Lässt du mich leben, so will ich Mönch werden.« Der Blitz schlug ein, doch Luther blieb unversehrt – und erfüllte sein Versprechen. Gegen den Willen seines Vaters brach er sein Jurastudium ab und trat ins Kloster der Augustineremiten in Erfurt ein.

Wenn Sie also vom Blitz überrascht werden: In die Hocke gehen, Füße *eng* zusammenhalten und ... beten! Sie müssen ja nicht gleich ins Kloster gehen. Übrigens eine seltsame Vorstellung: Ohne Blitz gäbe es womöglich in Deutschland keine Protestanten!

Woher kommt die
Schultüte?

53 Mein erster Schultag war ein Fiasko. In Indien war die Schuluniform Pflicht und vor Beginn des Unterrichts gab es auf dem staubigen Hof der Cluny Convent School in Jalahalli einen harschen Appell. Ich verstand nicht, warum die Freiheit, die ich im Schoße meiner Familie genossen hatte, plötzlich zu Ende sein sollte. Dem eintönigen Leben mit laut skandiertem »A, B, C« und staubigen Schiefertafeln stand ich skeptisch gegenüber. Mir bleibt jedoch eine positive Erinnerung dieser ersten Tage im Gedächtnis: Der zarte Duft der geflochtenen Zöpfe meiner Mitschülerinnen … Vielleicht wäre alles anders gewesen, hätte es im fernen Indien denselben Brauch gegeben wie hierzulande: die Schultüte! Woher aber stammt diese Tradition, die typisch für Deutschland ist?

Anscheinend geht der Brauch auf das 19. Jahrhundert zurück. Hauptverbreitungsgebiete der Zuckertüten waren zunächst Thüringen und Anhalt, das Vogtland und das Erzgebirge. Im thüringischen Jena zum Beispiel, so geht aus historischen Quellen hervor, erhielten Kinder damals vom Kantor eine »mächtige Tüte Konfekt« und in Dresden schenkten Väter ihren Söhnen zum Schulbeginn eine Tüte mit Süßigkeiten vom Konditor. Offensichtlich gibt es keinen festen Ursprungsort für diese süße Geste, doch die Tradition breitete sich aus. Nach Ansicht von Volkskundlern lag der Hauptgrund des Schultütenbrauchs in der Motivation der jungen Schüler:

Man feierte die Schulanfänger und ihren großen Tag und gleichzeitig versuchte man, diesen Tag an der Schwelle zu einem neuen Lebensabschnitt so angenehm wie möglich zu gestalten. Die Schultüte wurde zum Trostpflaster für den nun streng geregelten und mit Pflicht erfüllten Lebensabschnitt. Und weil die Eltern wussten, dass die Euphorie des Schulanfangs in vielen Fällen bald dem nüchternen Alltag weichen würde, wollten sie mithilfe der Tüte den nun beginnenden »Ernst des Lebens« versüßen.

Der Vorläufer der Tüte war die Schulbrezel: Dem Schulanfänger erzählte man, dass im Keller oder auf dem Dachboden der Schule ein Brezelbaum stünde, auf dem Brezeln wachsen würden. Der Lehrer verteilte in den ersten Schultagen nach dem Unterricht ein oder zwei Brezeln an die Kinder. Spätestens nach zwei Wochen war der Baum dann »leergepflückt«, der Brezel-Segen hörte auf. Anfangs übernahmen noch die Gemeinden die Kosten für die Brezeln, später wurden die Eltern dafür zur Kasse gebeten, die dann irgendwann auch auf die Idee kamen, etwas anderes als Brezeln zu schenken, etwa eine Zuckertüte.

So entstand auch die Geschichte vom »Zuckertütenbaum« von Albert Sixtus – ein Klassiker: Knecht Ruprecht schenkt den Zwergen eine Wunderzwiebel, aus der ein Zuckertütenbaum wächst. Am Ende bringen die Zwerge die Zuckertüten dann in die Schule und erfreuen damit Schulanfänger.

Mein erster Schultag begann in Indien – da gab's keine Schultüte, aber die Mädels waren süß!

Woher stammt der Begriff
08/15?

54 Der Begriff steht für »herkömmlich«, »gewöhnlich«, »durchschnittlich« oder »Standard«: 08/15 eben. Doch wie kam es zu dieser eigenartigen Bezeichnung?

Das Wort geht zurück auf die Zeit des Ersten Weltkriegs. An der Front benötigte man unzählige Gewehre, doch es gab ein Problem: Jede Fabrik verwendete bei der Produktion ihre eigenen Maße und Werkzeuge. Um in Kriegszeiten Waffen schnell und in großen Stückzahlen anfertigen zu können, plante man, die Waffen arbeitsteilig im Deutschen Reich zu produzieren. Dafür war es aber notwendig, mit einheitlichen Plänen, Werkzeugen und Konstruktionsteilen zu arbeiten. Betraut mit der Vereinheitlichung wurden die beiden neu gegründeten staatlichen Behörden »Königliches Fabrikationsbüro für Infanterie« und »Königliches Fabrikationsbüro für Artillerie« (kurz: *Fabo-I* und *Fabo-A*). Die Ingenieure dort richteten einen Normierungsausschuss ein, aus dem dann später das Deutsche Institut für Normung e.V. hervorging. Es war die Geburtsstunde der Standardisierung.

Ein besonders gefragter Waffentyp war damals das Maschinengewehr der Marke *Maxim* aus dem Jahre 1908. Dieses Gewehr erhielt im Kriegsjahr 1915 eine Gabelstütze statt der bis dahin verwendeten Stütze und wurde dadurch deutlich leichter. Die Bezeichnung *MG 08/15* setzt sich daher aus den beiden Jahreszahlen 1908 und 1915 zusammen. MG 08/15 sollte zum Standardprodukt werden: Das erste Teil, das in den festgelegten Normmaßen des Deutschen Instituts für Normung e. V. definiert wurde, ist ein Kegelstift dieses Maschinengewehrs vom Typ 08/15. Der Metallstift war ein Verbindungsteil im Verschluss des 08/15. Das gesamte Maschinengewehr konnte von jedem Soldaten an der Front auseinandergenommen und wieder zusammengesetzt werden. Reparaturen und der Austausch defekter Teile wurden durch die Normung der Einzelteile möglich, da alle Teile passten.

Der kleine Kegelstift trägt die Bezeichnung *DIN1*. Er ist das weltweit erste nach modernen industriellen Normen gefertigte Teil überhaupt.

Mit den neuen Normen und einheitlichen Standards war es von da an kein Problem mehr, das Gewehr in großer Stückzahl zu fertigen. Manche Betriebe spezialisierten sich auf die Fertigung einzelner Komponenten. Schrauben, Stifte, Federn, Verschlüsse und Verbindungsstücke, alles unterlag der einheitlichen Norm und aus der Einzigartigkeit wurde der Standard. Zu den Übungen im militärischen Drill gehörte auch das wiederholte Auseinanderbauen und Wiederzusammensetzen des Maschinengewehrs. Wenn man es einmal konnte, klappte es immer wieder. 08/15 war eben immer gleich!

Wie funktionieren
Sonnencremes?

55 Wir Menschen sind doch irgendwie verrückt. Wenn Sie zum Beispiel nach Indien reisen, werden Sie niemals Menschen sehen, die bewusst in der Sonne liegen, um braun zu werden. Im Gegenteil: In südlichen Ländern versuchen die Modebewussten alles zu tun, um möglichst bleich auszusehen. Es gibt in Asien einen boomenden Markt von Bleichcremes. Hierzulande ist Bräune hingegen chic, doch das war nicht immer so.

Noch im vergangenen Jahrhundert schätzte man die »noble Blässe«, denn nur die Ärmeren mussten in der Sonne schuften. Blass war gleichbedeutend mit reich, und die High Society schützte sich mit Sonnenschirmen, langer Kleidung, Hüten und Strandkörben.

Der Unterschied zwischen dunkler und heller Haut besteht in der unterschiedlichen Konzentration des natürlichen Farbstoffs Melanin. Je höher der Anteil in der Haut, desto dunkler der Teint. Die Melaninbildung wird durch die UVB-Strahlung der Sonne angeregt. Daher werden wir in der Sonne braun. Melanin ist nämlich ein effektiver Lichtschutz vor der schädlichen UV-Strahlung.

Doch bei langen Sonnenbädern muss man sich zusätzlich eincremen. Grob unterteilt gibt es zwei Gruppen von Sonnenschutzmitteln: die chemischen und die physikalischen UV-Filter. Die chemischen Schutzmittel dringen in die Haut ein und versuchen – ähnlich wie das Melanin – durch eine fotochemische Reaktion die Sonnenstrahlung in Wärme umzuwandeln, bevor sie Schaden anrichten kann. Doch neuere Untersuchungen zeigen, dass einige chemische Schutzcremes auf Dauer für uns schädlich sein können. Sie reizen die Haut und bewirken bei manchen Menschen Allergien.

Bei der zweiten Gruppe, den physikalischen Filtern, wird die Haut mit einem weißlichen Schutzfilm aus winzigen *Titandioxidpartikeln* bedeckt. Diese liegen dicht nebeneinander und wirken wie winzige Spiegel; sie reflektieren die UV-Strahlung. Diese modernen Cremes wirken nur an der Oberfläche, medizinisch gut, doch dafür muss man öfter nachcremen und sie sind teurer. Man erkennt sie am weißlichen Glanz auf der Haut. Der stammt von Titandioxidpartikeln. Titandi-

oxid? Das kennen Sie bestimmt noch aus dem Malkasten in der Schule: Deckweiß!

Im Prinzip malen wir uns also weiß an, um am Ende braun zu sein! Wir Menschen sind doch irgendwie verrückt ...

Warum ist die Deutschlandfahne
schwarz-rot-gold?

56 Ich war noch nie ein Freund von Nationalfahnen. Vielleicht liegt es ja an meinen Wurzeln, denn mein Vater ist Inder, meine Mutter Luxemburgerin und bei Nationalfeiertagen herrschte bei uns stets eine beklemmende Stimmung von nationaler Exklusivität. Bist du nun Luxemburger oder bist du Inder? Ich war und bin beides und kann mit jeder Form von Ausschließlichkeit und Abgrenzung schlecht umgehen. In meinem Leben gab es nie *die* Nationalhymne und jedes Mal, wenn Menschen aufstehen und mit fester Stimme das Loblied auf *ihre* Nation singen, fühle ich mich ausgeschlossen. Ich gehöre nicht dazu, zumindest nie ganz. In diesen feierlichen Momenten denke ich stets an den anderen Teil in mir, an die andere Nation. In Gedanken male ich mir dann eigene Fahnen und eigene Hymnen und träume von Nationen, die keine Grenzen kennen. Meine Fahne wäre die Fahne aller Menschen und stünde für Toleranz, Liebe und Offenheit!

Jahrelang war ich skeptisch, wenn in manchen Vorgärten eine Deutschlandfahne hing. Oft genug verbarg sich dahinter ausländerfeindliches Gedankengut, und die drei Farben waren wie ein Verbotsschild für Menschen wie mich. Mit unsichtbarer Schrift stand darauf: »Raus mit dir!«

Im Gegensatz zu anderen Nationen wie Frankreich oder den USA hatte Deutschland lange Zeit ohnehin ein gebrochenes Verhältnis zur eigenen Trikolore. Die tiefen Narben der Nazizeit führten zu einer verständlichen Zurückhaltung. Doch dann kam das Sommermärchen. Die Fußballweltmeisterschaft 2006 wurde zu einem Wendepunkt. Überall wehten Deutschlandfahnen und von einer Ausschließlichkeit war keine Rede mehr. Toleranz und Freude hatten das alte Pathos verdrängt und meine Beklemmung löste sich auf. Diese frische Ausstrahlung hat das gesamte Land verändert.

Doch warum ist unsere Fahne eigentlich schwarz-rot-gold? Der Ursprung dieser Farbkombination lässt sich bis in die Zeit der Befreiungskriege zwischen 1813 und 1815 zurückverfolgen. Damals kämpften viele Freiwilligenheere gegen die napoleonische Armee. Frankreich war zwar der Feind, doch es hatte immerhin eine gemeinsame Fahne. Bei der Aufstellung des Lützower Freikorps im Jahre 1813 fehlte das Geld für Uniformen. Deshalb wurde die Zivilkleidung einheitlich mit einem alles überdeckenden Schwarz gefärbt. Damit die Kleidung mehr nach Uniformen aussah, wurden rote Aufschläge aufgenäht, wie es bei preußischen Uniformen üblich war. Und goldfarbene Messingknöpfe waren damals Massenware. Die Farbwahl hatte also zunächst rein praktische Gründe und nichts mit nationaler Symbolik zu tun, wie später gerne hineininterpretiert wurde.

Einige Studenten, die im Freikorps gedient hatten, wurden zu Mitbegründern der Jenaer Burschenschaft, der ersten Studentenverbindung. Sie war ganz dem nationalen Gedanken gewidmet. Dort trugen die Studenten weiterhin ihre schwarzen Uniformen als Burschenkleidung und wählten die Farben Schwarz und Rot der Uniformen für ihre Flagge. Zusätzlich verzierten sie diese mit einem goldfarbenen Eichenzweig. Bis etwa 1825 wurde aus der schwarz-roten Fahne mit der Zeit der *Dreifarb*, in Anlehnung an die »moderne« Art der französischen Trikolore. Die Reihenfolge der drei Farben variierte allerdings: Beim Hambacher Fest 1832, bei dem bürgerliche Freiheit und nationale Einheit gefordert wurden, waren auch Fahnen zu sehen, auf denen das Gelb oben war. Der Dreifarb wurde zwar zur Staatsflagge des Deutschen Bundes, doch mit der Gründung des Kaiserreichs 1871 änderte er sich wieder: Bis zum Ende des Ersten Weltkriegs wehte nun das Schwarz-Weiß-Rot der preußischen Vorherrschaft. 1919 wählte die Nationalversammlung die schwarz-rot-goldene Trikolore mit 211 zu 90 Stimmen zur Flagge der Weimarer Republik. Dann kamen die Nazis und erneut wechselten die Farben ...

Nach dem Zweiten Weltkrieg wurden alle vorherigen Nationalflaggen durch die Besatzungsmächte verboten. Erst am 3. November 1948 kehrte Schwarz-Rot-Gold wieder zurück. Und obwohl immer noch viele von einer vereinten Nation träumten, wehten zwei unterschiedliche Fahnen im geteilten Deutschland. Erst seit der Wiedervereinigung besitzt unser Land eine gemeinsame Fahne. Nach dem Sommermärchen im Jahre 2006 bekam sie einen neuen Anstrich. Drei besondere Farben – gewählt, weil ursprünglich das Geld für Uniformen fehlte!

Woher stammt der
rote Teppich?

57 Defilee der Eitelkeit, Futter für gierige Fotografen, Stoff der Klatschkolumnisten, Stars und Sternchen präsentieren sich gerne darauf – er ist *das* Symbol von Glanz und Glamour: der rote Teppich. Warum ist dieser Teppich eigentlich rot?

Das bekannteste »Roter-Teppich-Ereignis« ist die Oscar-Verleihung in Hollywood. Der offiziellen Geschichte der Academy Awards zufolge, übernahm man die Tradition vom Luxuszug *20th Century Limited*, einem Expresszug, der Anfang des 20. Jahrhunderts zwischen New York und Chicago verkehrte und seinen zahlungskräftigen Gästen eine »Rote-Teppich-Behandlung« anbot.

Doch der rote Teppich reicht viel weiter in die Geschichte zurück: In der griechischen Mythologie kehrt Agamemnon, König der Argiver, siegreich aus Troja zurück und betritt auf einem purpurroten Teppich seinen Palast. Dort wird er von seiner hinterlistigen Frau Klytaimnestra und deren Liebhaber ermordet. Der rote Teppich wurde hier zum Symbol des Übermuts des Siegers, der bestraft wird. Wahrscheinlich wissen die heutigen Sternchen nichts davon ...

Rot ist nicht nur die Farbe des Blutes, sie zählte auch zu den teuersten Farben überhaupt. Der Textilfarbstoff Purpur stammte ursprünglich aus dem Meer. Gewonnen wurde er aus dem Drüsensekret der Purpurschnecke. Der Legende folgend wurde die rote Farbe in Phönizien entdeckt: An der

Meeresküste wandelte ein tyrischer Gott mit seiner Geliebten, einer Nymphe. Das Paar wurde von einem Hund begleitet. Der Hund zerbiss am Strand eine Purpurschnecke, und alsbald färbte sich sein Maul wunderschön purpurrot. Die Nymphe war von dieser Farbe so begeistert, dass sie sich sogleich von dem göttlichen Geliebten ein Gewand in diesem Purpurton erbat.

Die praktische Herstellung war keinesfalls von Eleganz geprägt: Die Drüsen der Schnecke wurden in Salzwasser gegeben und anschließend mit Urin eingekocht. Die Stoffe, die in diesen Sud eingetaucht wurden, verfärbten sich im Sonnenlicht. Da diese aufwendige Prozedur bestialisch stank, lagen die Färbereien auch ein Stück außerhalb, sodass der Verwesungsgestank hinaus aufs Meer zog und nicht in die Stadt. Zur Herstellung eines einzigen Gramms Purpur benötigte man übrigens über 10.000 Schnecken! Purpurrote Textilien waren daher sündhaft teuer. Kaum eine andere Farbe hatte im Lauf der Geschichte einen so hohen gesellschaftlichen Stellenwert. Dieses Rot gab es in verschiedenen Schattierungen, von Pink bis Violett. Es war die Farbe der Mächtigen: So durften zum Beispiel im alten Rom nur der Imperator und die Senatoren Purpur tragen. Auch später wurden Gesetze verfasst, die Purpur nur den Göttern und Königen vorbehielten. Purpur ist sogar heute noch die Farbe der Kardinäle: Der Kardinalsmantel heißt auf Italienisch *porpora*, der Kardinal selbst porporato.

Mit dem Aufkommen der modernen Textilchemie konnte die Farbe schließlich auch synthetisch hergestellt werden. Das einst kostbare Rot verlor seine königliche Sonderstellung. So laufen wir heute ständig über rote Teppiche: in Hoteleingängen, Flughafenterminals oder Einkaufszentren. Und: auf dem Weg zu Preisverleihungen.

Was bedeutet
DIN-A4?

58 Sie haben es bestimmt schon Hunderte, ja, Tausende Mal benutzt: ein Blatt Papier, ein DIN-A4-Blatt. Doch kennen Sie auch das Geheimnis dahinter?

Die Bezeichnung DIN steht für »Deutsches Institut für Normung e. V.«. (Im Kapitel *Woher stammt der Begriff 08/15?* finden Sie mehr zur Entstehungsgeschichte der Standardisierung.)

Jedes Blatt ist exakt gleich groß: 21 × 29,7 Zentimeter. Dass diese Zahlen so krumm sind, hat einen tieferen Grund: Wenn Sie das Blatt in der Mitte falten, hat das neue Format das exakt gleiche Verhältnis von Länge zu Breite wie das alte. Aus DIN-A4 wird DIN-A5 und das Blatt besitzt die exakt gleichen Proportionen.

Legen Sie hingegen zwei DIN-A4 Blätter aneinander, entsteht DIN-A3 und auch hier besteht immer noch dasselbe Verhältnis von Länge zu Breite. Bei jedem anderen Format würde das nicht klappen. Ein Quadrat gefaltet – ist kein Quadrat mehr.

Das Beibehalten der Proportion ist ungemein praktisch, denn im Fotokopierer können Sie zwei Seiten auf ein Blatt herunterkopieren. Das ist bei keinem anderen Format möglich. Wer jemals in den USA war, weiß, wie beschwerlich der Umgang mit dem dort üblichen Papier ist. Nichts passt wirklich zusammen.

Im DIN-Verhältnis steckt Mathematik. Das Wunder der immer gleichen Proportionen lässt sich ausrechnen. Es klappt nur, weil Länge und Breite in einem klar definierten mathematischen Verhältnis stehen:

$$\text{Länge} = \sqrt{2} \times \text{Breite}$$

Egal ob Ausweis, Kinoplakat, Karteikarte oder Kündigung; immer wieder begegnet uns dieses wunderbare Verhältnis von Länge zu Breite.

Und noch etwas hat man bedacht und festgelegt: Ein DIN-A0-Format hat genau die Fläche von einem Quadratmeter! Überträgt man das auf die einzelnen DIN-Formate, so ergibt sich:

$$1 \text{ m}^2 = 1 \times \text{DIN-A0} = 2 \times \text{DIN-A1} = 4 \times \text{DIN-A2} = 8 \times \text{DIN-A3} = 16 \times \text{DIN-A4}$$

Das ist praktisch: So können Sie mit 16 DIN-A4-Blättern exakt einen Quadratmeter auslegen. Oder Sie können leicht das Gewicht von Papier ermitteln:

Standardpapier wiegt 80 Gramm pro Quadratmeter. Das entspricht 16 Blättern. Ein normales Blatt DIN-A4-Papier wiegt somit genau 5 g. Wozu also eine Briefwaage benutzen? Selbst hinter einem unbeschriebenen Blatt verbirgt sich manchmal mehr, als man ahnt!

Warum hat man manchmal auf Fotos rote Augen?

59 Ein Familienfest, alle lachen und natürlich werden Fotos gemacht – aber warum hat die Lieblingstante auf dem Bild plötzlich rote Augen?

Das Phänomen hat nichts mit Tanten zu tun: Der Effekt tritt immer dann auf, wenn man Menschen direkt anblitzt. Das geschieht häufig bei Kameras mit integriertem Blitz. Unmittelbar vor der Aufnahme ist es dunkler im Raum und daher sind die Pupillen weit geöffnet. Beim Blitzen können sich die Pupillen jedoch nicht schnell genug anpassen, und statt sich zu verkleinern, sind sie auf den Aufnahmen immer noch geöffnet.

Das intensive Licht tritt also in die Augen und hellt den Augenhintergrund auf. Die Folge: Die blutgefüllte Netzhaut wird durch die Pupille hindurch sichtbar und die Augen erscheinen auf dem Foto rot. Wir sehen auf dem Bild also etwas, was in Wirklichkeit kaum zu sehen ist, denn bei hellem Licht schließen sich die Pupillen automatisch und dadurch trifft nicht genug Licht auf die Netzhaut, als dass man sie direkt sehen könnte.

Wenn Augenärzte die Netzhaut untersuchen, werden dem Patienten zuvor Augentropfen verabreicht, welche die Pupille weiten. Der Arzt sieht dann etwas Ähnliches wie auf den Aufnahmen mit Blitz: rötliche Augen, genauer gesagt, die rötliche Netzhaut.

Es gibt mehrere Möglichkeiten, rote Augen auf Fotos zu verhindern:

– Vorblitzen lassen: Hierdurch verschließen sich die Pupillen vor der eigentlichen Aufnahme und der Rot-Effekt wird bei diesem Doppelblitz geringer.

– Erhöhtes Blitzen: Der Blitz sitzt dann oberhalb der Kamera, sodass das Blitzlicht nicht frontal in die Augen fällt, sondern leicht darüber. Das Licht tritt seitlich durch die Pupillen ein und wird nicht mehr direkt in die Kameralinse zurückgeworfen. Die Augen bleiben dann dunkel.

– Im Nachhinein per Computerprogramm die roten Augen entfernen. Doch wenn man da nicht aufpasst, erkennt man die Tante nachher nicht mehr!

Bewerbungsgespräch oder
Warum sind **Kanaldeckel** rund?

60 Die nächste Stunde kann Ihr Leben verändern. Den neuen Anzug haben Sie, wie empfohlen, vorher schon mal getragen und beim Friseur waren Sie auch, denn allzu lange Haare können gerade in alteingesessenen Firmen einen eher schlechten Eindruck hinterlassen.

Bewerbungsgespräche sind aufregend! Im Vorzimmer herrscht eine gefährlich ruhige Atmosphäre. »Es dauert noch einen Moment, nehmen Sie doch bitte Platz.« Unternehmensberater wollen Sie werden. Unter Hunderten von Bewerbern hat man Sie eingeladen, Sie stehen kurz vor dem Ziel. Dann geht die Tür auf.

Sein Büro ist groß und sehr aufgeräumt. Der Personalchef wirkt höflich und übertrieben heiter. Richtig, Sie sollten eine positive und selbstsichere Ausstrahlung vermitteln. Der Händedruck ist fest.

Zunächst wird er über Ihre Vergangenheit sprechen, dann fragen, wo Sie studiert haben, welche Berufsziele Sie haben und ob Sie flexibel sind. Seine Sprache ist präzise, seine Wortwahl professionell und seine Fingernägel sind gepflegt. Sie haben im Internet recherchiert, kennen das Unternehmen und er kennt Sie und spricht Sie auf Ihre Jugendsünden an – denn auch er hat einen Internetzugang. Es folgen wirtschaftliche Themen. Sie sind gut vorbereitet. Wie groß ist der Markt für Babywindeln in Deutschland? Unternehmensberater müssen offen sein und kreativ denken, Sie überschlagen: Wie viele Kleinkinder gibt es? Wie oft wird die Windel täglich gewechselt? Gibt es Mädchen- und Jungenwindeln? ... Er lauscht und nickt zufrieden. Und dann taucht die Frage auf: »Warum sind Kanaldeckel rund?« Ihnen bricht der Schweiß aus. Vielleicht eine Fangfrage? Sie kontern: »Die sind doch eckig, oder?« Nein, Kanaldeckel oder Schachtdeckel darf man nicht mit den Gully-Deckeln verwechseln. Die sind für das abfließende Wasser gedacht und sind in der Tat eckig. Unter dem runden Schachtdeckel hingegen verbirgt sich der Abstieg in die Kanalisation.

»Abstieg? Oh ja ...« Jetzt müssen Sie alles geben: Was spricht für rund? Rund kann man rollen. Ein solcher Deckel wiegt gute 50 Kilo. Beim rechteckigen Deckel hat man keine Chance und verhebt sich. Ihr Gegenüber schweigt durch seine fleckenlose Brille.

Argument zwei: Die Sicherheit. Ein eckiger Deckel kann durch die Öffnung nach unten fallen: Wenn man ihn querstellt, passt er durchs Loch. Den runden Deckel kann man hingegen wenden, wie man will, er ist immer größer als die Öffnung. Das Schweigen des Personalchefs ist eine Aufforderung zum Weiterdenken.

Runde Deckel passen immer, die muss man nicht ausrichten. Und der Schacht nach unten ist auch rund, denn von oben betrachtet ist auch ein Mensch eher rundlich, das passt! Ein rundes Rohr ist ohnehin wesentlich stabiler als ein viereckiger Schacht. Wenn der Deckel fehlt, gibt es keine scharf und spitz zulaufenden Ecken wie bei der rechteckigen Form. Ein Autoreifen wird nicht so schnell zerstört. Und dann gibt es die Argumente der Fertigung: Runde Teile lassen sich einfacher herstellen als eckige ...

»Übrigens, wussten Sie, dass die meisten New Yorker Kanaldeckel in Indien gefertigt werden? – Sie hören von uns ...«, verabschiedet er Sie.

Beim Verlassen des Gebäudes fällt Ihr Blick auf unzählige Kanaldeckel. Alle sind rund. Woher die wohl kommen? Indien, China oder Russland? Wer kam bloß auf die Idee, diese Teile Tausende Kilometer weit weg fertigen zu lassen? – Bestimmt ein schlauer Unternehmensberater!

Warum dreht sich der Uhr-zeiger immer rechts herum?

61 »Oh dear! Oh dear! I shall be late!«

Lewis Carroll

Die zauberhafte Geschichte von Alice im Wunderland beginnt mit einem gehetzten weißen Kaninchen, das auf seine Uhr blickt, bevor es in der Erde verschwindet. Alice erlebt viele aufregende Abenteuer und stellt immer wieder kluge Fragen. Wie wäre es mit dieser:
Uhren mit Zifferblättern haben alle eine Besonderheit: Die Zeiger drehen immer rechts herum. Warum?
Die Ursache hierfür liegt in einer Zeit, in der es noch keine tickenden Uhren gab. Menschen orientierten sich damals am Lauf der Sonne. Niemand war gehetzt, doch es war auch schwer, sich zu einem bestimmten Zeitpunkt zu verabreden. Vor etwa 5.000 Jahren tauchten die ersten Sonnenuhren auf: Ein Stab, auf den Sonnenlicht fiel, warf einen Schatten, an dem man dann die Uhrzeit grob ablesen konnte. Die Sonne bewegt sich immer gleich über dem Horizont: Sie geht im Osten auf und wandert Richtung Süden weiter, bis sie schließlich im Westen untergeht.
Schaut man sich den Schatten einer Sonnenuhr an, erkennt man, dass er genau wie die Sonne »rechts« herum wandert. Er folgt dem Lauf der Sonne. Mit der Zeit wurden die Sonnenuhren immer genauer. Manche waren rundlich, andere waren geneigt, sodass der Stab parallel zur Erdachse zeigte.

Man berücksichtigte den unterschiedlichen Sonnenstand, der je nach Jahreszeit anders ist, doch der Schatten verlief immer rechts herum.

Jahrhundertelang prägte der Sonnenschatten unser Zeitempfinden. Offensichtlich gab es auch Tage, an denen Zeitbestimmung nicht möglich war, nämlich dann, wenn der Himmel wolkenverhangen war. (Welch tolle Ausrede: »Tut mir leid, dass ich zu spät bin, es ist bewölkt!«) Im frühen Mittelalter tauchten die ersten mechanischen Uhren auf. Über ein kompliziertes Räderwerk versuchte man, den Tageslauf der Sonne nachzuahmen, das Ticken begann, den zeitlichen Ablauf in Kirchen und Klöstern zu bestimmen. Diese Zeigeruhren drehten immer rechts herum – genau wie der Schatten der Sonnenuhr. Und so wurde der »Uhrzeigersinn« festgelegt.

Doch da gibt es eine wichtige Tatsache, die wir gerne vergessen: Auf der Südhalbkugel steht alles »auf dem Kopf«. Statt von links nach rechts, wandert die Sonne dort von rechts

nach links und auch der Schatten der Sonnenuhren ist vertauscht. Wäre die mechanische Uhr in Australien oder einem
anderen Land der südlichen Hemisphäre erfunden worden,
dann würden unsere Uhren jetzt anders ticken!

Warum fällt der **Toast** immer auf die Marmeladenseite?

62 »I've never had a piece of toast
particularly long and wide,
but fell upon a sanded floor,
and always on the buttered-side.«

James Payn

Ein Klassiker: Sie frühstücken, eine kleine Unachtsamkeit und der geschmierte Toast landet auf dem Boden – und zwar auf der Marmeladenseite. Zunächst glaubt man an Zufall. Er könnte ja mal auf der einen und mal auf der anderen Seite landen, doch wenn man es wiederholt, merkt man schnell: Der Toast landet einfach immer wieder auf der Marmeladenseite. Und zwar unabhängig davon, ob es sich um Erdbeer- oder Brombeermarmelade handelt.

Nimmt man den Fall in Zeitlupe auf, kann man einen wichtigen Effekt erkennen: Sobald das Toastbrot vom Tisch geschoben wird, neigt es sich. Durch das Wegschieben über die Tischkante beginnt eine Drehbewegung, die sich während des gesamten Falls fortsetzt. Nach etwa einer halben Umdrehung landet das Brot auf dem Fußboden, eben auf der Marmeladenseite. Könnte es länger fallen, würde es sich weiter drehen, doch hier spielt die Norm eine Rolle: Die Höhe eines Esstischs liegt bei 75 cm und ist sogar für die gesamte Europäische Union festgelegt! Selbst das Toastbrot hält sich an vorgegebene Standards und misst genau 9 × 9 cm. Physikalisch führen diese festen Vorgaben zu einer immer wieder ähnlichen Drehgeschwindigkeit und somit zur Landung auf der falschen Seite.

Es gibt nun mehrere Gegenmittel: Sie können ein kleineres Toastbrot verwenden: Die Drehung ist dann schneller. So landet zum Beispiel ein Zwieback nicht ständig auf der Marmeladenseite. Doch wenn Sie auf Ihr – normiertes – Toastbrot bestehen, gibt es noch eine andere Lösung: Die Fallstrecke erhöhen! Denn mit den Gesetzen des Falls ergibt sich eine interessante »Toastbrotformel« (h entspricht der Fallhöhe und l der Länge des Toastbrotes, g der Erdbeschleunigung, t der Fallzeit):

$$t = \sqrt{\frac{2h}{g}}$$

$$u = 0{,}956 \times \sqrt{\frac{g}{l}} \times \frac{l}{2\pi} \times \sqrt{\frac{2h}{g}} + 0{,}083 = 0{,}152 \times \sqrt{\frac{2h}{l}} + 0{,}083$$

Die Zahl der Umdrehungen (u) ist abhängig von der Quadratwurzel der Tischhöhe. Je höher die Fallstrecke, desto länger die Fallzeit und desto weiter dreht sich auch die Toastscheibe. Statt zu rechnen, kann man es auch ausprobieren: Ab etwa 120 cm bleibt genügend Zeit, damit der Toast so weit dreht, dass er auf der Unterseite landet.

Das Problem ist also leicht gelöst: Frühstücken Sie doch einfach im Stehen, an einer hohen Theke oder einem Stehtisch. Auf Brötchen umzusteigen hilft übrigens auch nicht – auch die Brötchenhälfte landet auf der Marmeladenseite!

Gab es Literatur als olympische Disziplin?

Höher, schneller, weiter: Sportliche Herausforderungen

Wieso ist ein **Marathon**
genau 42,195 Kilometer lang?

63 Eine der härtesten olympischen Disziplinen ist der 42,195 Meter lange Marathonlauf. Wie ist es eigentlich zu der krummen Zahl gekommen?

Der Marathonlauf gehört zur Tradition der Olympischen Spiele der Antike. Er soll zurückgehen auf den Krieg der Perser gegen Athen im Jahr 490 v. Chr. Ein Bote lief nach der Schlacht von Marathon nach Athen, um die Nachricht vom Sieg der Athener zu überbringen. Das sind etwa 40 Kilometer. Danach brach er zusammen – so die Legende.

Bei den ersten Olympischen Spielen der Neuzeit 1896 in Athen wurde die Distanz von exakt 40 Kilometern gewählt, doch in den Folgejahren wurde die Entfernung immer wieder den jeweiligen Örtlichkeiten angepasst.

Die Olympischen Spiele von 1908 sollten ursprünglich in Rom ausgetragen werden. Doch 1906 brach der Vesuv aus und verwüstete das nahe gelegene Neapel. Der Wiederaufbau verschlang Millionen. Die römischen Staatsfinanzen waren so angespannt, dass man auf Olympia verzichtete. London sprang kurzfristig ein und wurde zum Austragungsort der Sommerspiele von 1908.

Damit die Prinzessin von Wales den Marathonstart von ihrem Fenster in Windsor Castle miterleben konnte, begann das Rennen von der Ostterrasse des Gebäudes. Nun wollten die königlichen Besucher auch den Einlauf der erschöpften Läufer nicht verpassen. Und so wurde die Ziellinie genau vor die Loge der Königsfamilie im White City Olympiastadion gelegt. Die »Londoner Distanz« betrug 26 Meilen und 385 Yards, also exakt 42,195 Kilometer.

Das Rennen selbst verlief dramatisch: Der Italiener Dorando Pietri stürzte fünfmal, ließ sich wieder auf die Beine helfen und siegte schließlich, wurde aber wegen der fremden Hilfe disqualifiziert. Und so gewann der Amerikaner Johnny Hayes trotz 32 Sekunden Rückstand die Goldmedaille. Dieser kontroverse Sieg prägte noch Jahre danach das Image des Marathonlaufs. Erst 1921 legte der internationale Leichtathletikverband (IAAF) die heute noch übliche Marathondistanz endgültig fest.

Eine krumme Zahl: 42,195 Kilometer. Und schuld daran sind ein Vulkanausbruch und die Neugier der britischen Königsfamilie!

Warum hat ein
Golfball Dellen?

64 Die Küste des im Osten Schottlands gelegenen St. Andrews ist wild und wunderschön. Am Strand verlaufen zahllose Sanddünen zwischen saftigem Gras. Hier erfanden Menschen vor 600 Jahren einen Sport, der inzwischen weltweit zum Symbol des Establishments zählt: Golf! Während Dreharbeiten an der Universität von St. Andrews, die nicht das Geringste mit dieser Sportart zu tun hatten, wohnte ich im Rusacks Hotel unmittelbar am »Old Course«. Vom Frühstücksraum aus hatte man eine direkte Sicht auf das Green. Daneben befindet sich der »Royal and Ancient Golf Club of St. Andrews«, oft auch R&A genannt. Es ist *die* Institution, die über die zahlreichen Golf-Regeln wacht.

Obwohl ich kein Golf spiele, zwang mich meine Neugier, das Mekka des kleinen Balls näher zu erkunden. Beim Betreten des Rasens war ich zunächst zögerlich, denn in Großbritannien herrschen ganz eigene Gesetze: Zwei Jahre zuvor, während eines Vortrags, den ich an der Universität Oxford gehalten hatte, lernte ich vom Institutsleiter, dass einfache Studenten den dortigen Rasen nicht betreten durften. Dies sei Professoren und auch mir als »Lecturer« vorbehalten!

Mit demütiger Höflichkeit betrat ich also das *Green* des R&A, nachdem ich zwei etwa 16-jährige Spieler um Erlaubnis gebeten hatte. Die beiden Jungs wirkten keinesfalls arrogant und erklärten mir, dass Golf in St. Andrews ein Volkssport für Familien, Kinder und Jugendliche sei. »Andere spielen Fußball oder Rugby, wir spielen Golf.« Meine innere Spannung löste sich und ich erkannte rasch, dass dieser historische Platz wohl nicht die Heimat von Hochnäsigkeit und Schickimickis war. Die Bescheidenheit der dortigen Spieler war ein wohltuender Kontrast zu so manchen anderen Plätzen! »Wollen Sie es auch versuchen?«, fragte einer der Jungs und reichte mir seinen Schläger. Mein Ball landete im Nirgendwo, wir lachten und seitdem kann ich mich zumindest rühmen, einen einzigen Ball auf dem heiligsten Golfplatz der Welt geschlagen zu haben.

Golfbälle haben ungewöhnlich kleine Einkerbungen. Früher waren sie glatt, doch irgendwann machten Spieler eine interessante Beobachtung: Ältere Bälle, die ein wenig »zertitscht« waren, flogen deutlich weiter als frische, glatte Bälle. Die Spieler begannen daher absichtlich, mit Messern kleine Mulden und Muster in die Oberfläche zu ritzen.

Erst später verstand man die Ursache dieser Verbesserung: Nach dem Schlag saust der Ball durch die Luft und seine Oberfläche wird vom Fahrtwind umströmt. Hierbei teilt der Ball die Luft, die sich hinter ihm wieder vereint. Je besser ein Körper diese Teilung und anschließende Wiedervereinigung der Luftströmung schafft, desto windschnittiger ist er. Bei niedrigen Geschwindigkeiten klappt das bei einem Ball noch ganz gut, doch bei hohen Geschwindigkeiten entstehen auf der Rückseite Verwirbelungen. Die glatten Luftschichtungen am Ball reißen ab und bringen auch die anschließende Vereinigung der Luftschichten durcheinander. Diesen aerodynamischen Ballast schleppt der fliegende Ball mit sich und wird dadurch stark abgebremst.

Durch die kleinen Dellen im Golfball gibt es viele Unebenheiten. Dadurch entstehen beim Fliegen überall auf der Oberfläche kleine lokale Verwirbelungen. Es ist, als würde der Ball in der Luft durch diese Verwirbelungen verpackt. Nach dem

Abschlag bewegt sich also nicht mehr ein glatter, harter Ball durch die Luft, sondern eine in sich bereits verwirbelte Kugel, und diese besitzt einen weit geringeren Widerstand. Die Strömung reißt nicht so stark ab und die Luft kann sich schneller wieder dahinter vereinen.

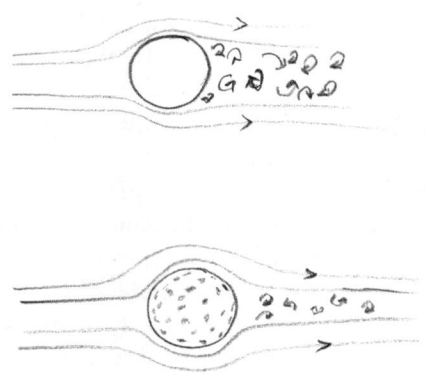

Im Windkanal hat man es genau untersucht: Der Luftwiderstand des glatten Balls ist mehr als doppelt so groß wie beim gedellten Golfball. Weniger Luftwiderstand bedeutet natürlich größere Flugdistanz.

Die Dimples, wie die Dellen noch genannt werden, machen den fliegenden Ball also windschlüpfiger. Die genaue Anzahl und die jeweilige Anordnung der Dellen sind eine Wissenschaft[4] für sich, bei der es genau wie beim Sport gilt, klare Regeln zu befolgen. Doch bei meinem Handicap spielt das keine Rolle!

Wie begann das
Doping?

65 »Schneller, höher, stärker« lautete ursprünglich das Motto der Olympischen Spiele. Später wurde daraus das bekannte »Schneller, höher, weiter«. Und immer wieder staunen wir über neue Bestleistungen und Weltrekorde. Doch bei aller Freude schleicht sich bei mir häufig die Frage ein: Geht da alles mit rechten Dingen zu – oder wird da ein bisschen nachgeholfen?

Vor über hundert Jahren stellten Zuschauer bereits dieselbe Frage: und zwar beim Pferdesport. Auf den großen Pferderennbahnen in Amerika entstand der Begriff des Dopings, ein neues Wort, abgeleitet von *dope*, das damals so viel bedeutete wie »eine gefährliche Medikamentenmischung«. Zwar gab es schon vorher akzeptierte Praktiken, Pferde vor dem Rennen mit Aufputschmitteln wie Alkohol und Kaffee fit zu machen, doch die »Nadel-Doktoren« arbeiteten anders.

Plötzlich siegten Pferde, die als Außenseiter galten, und bescherten den Beteiligten hohe Wettgewinne. Das Dopen brachte das Gefüge der Wettbuden durcheinander, und daraufhin begann man, das Pferdedoping auf den *Turfs* der Rennbahn zu untersagen. Doch im Geheimen wurde weiter gedopt. Obwohl ein Arsenal von Detektiven die Vorbereitungen vor dem Rennen überwachte, kam man den Tätern nicht auf die Schliche. Ihre Dopingmixturen hatten es in sich: »Doc« Ring, berüchtigt auf den Winterrennen in New Jersey, verabreichte seinen Pferden zum Beispiel einen Cocktail aus

Nitroglyzerin, Kokain und Rosenwasser, der die Vierbeiner kurzfristig aufputschte. Als Tierärzte feststellten, dass die behandelten Pferde an sonderbarem Knochenschwund litten und sich schon bei leichten Verletzungen die Knochen brachen, wurden die Mixturen verändert: Das Nitroglyzerin wurde durch Strychnin, Ingwer und Pfeffer ersetzt.

Ganze Rennställe standen im Verdacht zu dopen, stets im Verborgenen, denn nur so konnte man reich werden. Das »Übel des Turfs«[5] breitete sich aus, erreichte England, Europa und selbst das ferne Australien. Das Dopingproblem nahm derartige Ausmaße an, dass der österreichisch-ungarische Jockey Club im Winter 1900 ein generelles Dopingverbot auf den einheimischen Pferderennstrecken erließ.

Verbote gab es, Verbote gibt es, doch das Motiv für Doping ist geblieben, egal ob Wetteinsätze, Preisgelder oder lukrative Werbeverträge. Nur eines hat sich geändert: Die Pferde haben Gesellschaft bekommen!

Gab es Literatur als
olympische Disziplin?

66 »O Sport, Du Göttergabe, du Lebenselixier!
Der fröhlichen Lichtstrahl wirft in die arbeits-
schwere Zeit ...«

So beginnt 1912 die »Ode an den Sport«, ein Gedicht, angeblich von Georges Hohrod und Martin Eschbach. Wir haben es
fast vergessen, doch von 1912 bis 1948 wurden neben den
sportlichen Disziplinen auch olympische Kunstwettbewerbe[6]
ausgetragen, und zwar in den Bereichen Architektur, Musik,
Malerei, Bildhauerei und Literatur. Wie bei den sportlichen
Wettkämpfen kürte man die Gewinner mit Gold-, Silber-
und Bronzemedaillen. Das neunstrophige Werk »Ode an den
Sport« wurde von der Jury ausgezeichnet, erfüllte es doch
alle Kriterien des Wettbewerbs auf hervorragende Weise:
Gold! Doch nach der Entscheidung stellte sich heraus: Die
Autoren gab es gar nicht, ihre Namen waren frei erfunden.
Wem aber sollte man die erste Literatur-Goldmedaille der
Olympischen Spiele verleihen? Das Erstaunen muss groß gewesen sein, als sich herausstellte, dass der wahre Verfasser
kein Geringerer war als Pierre de Frédy, Baron de Coubertin,
höchstpersönlich, der Begründer der Olympischen Spiele der
Neuzeit! Er wollte Körper, Geist und Seele in den Spielen ver-
einigen und wurde selbst zum ersten Olympiasieger für Literatur! An »Befangenheit« hat wohl damals niemand gedacht,
heißt es doch in Strophe V:

»Und mit Verachtung würde der bestraft,
Der nur mit List und Täuschung die Palme sich erringen
wollte.«

Nicht nur der Sport, sondern auch die Kunst war also damals
fest mit Olympia verbunden.

Es gab sogar Sportler wie den ungarischen Schwimmer Al-
fréd Hajós, der zunächst im Schwimmen geehrt wurde und
Jahre später noch die Olympia-Goldmedaille für Architektur
in Paris gewann. Der US-Amerikaner Walter Winans glänzte
1912 nicht nur als Sportschütze, sondern auch als Bildhauer!
Als Luxemburger bin ich natürlich besonders stolz auf meinen Landsmann Jean Jacoby, den mit zweimal Gold in den
Disziplinen »Malerei« und »Zeichnungen, Aquarelle« erfolg-
reichsten Olympia-Künstler aller Zeiten!

Coubertins Vision von der Verbindung zwischen Kunst und
Sport stieß jedoch nicht überall auf Gegenliebe. Die Orga-
nisationskomitees wehrten sich gegen den Gedanken, argu-
mentierten mit finanziellen Problemen. Die Künstler selbst
waren auch nicht sehr engagiert: Bei der Premiere 1912 reich-
ten nur ganze 35 Kunstgladiatoren ihre Werke ein. 1949 löste
ein Bericht, der aufführte, dass viele Teilnehmer des Kunst-
wettbewerbs nicht, wie von Olympia gefordert, dem Ama-
teurstatus entsprachen, eine heftige Debatte aus. Coubertins
Traum platzte, als der IOC-Kongress im Jahre 1954 in Rom
die Kunstwettbewerbe endgültig strich.

Vorbei war seine Hoffnung auf die olympische Einheit von
Körper, Geist und Seele. So bewundern wir heute bei den
olympischen Zeremonien keine ausgezeichneten Aquarellie-
rer aus Australien und keine Gold-Chorsänger aus Kenia
mehr. Auch die Disziplin »Lyrische Literatur« erscheint auf
keinem Programm, und weder in Peking noch anderswo hat
ein Reporter live vom Finale der Bildhauer in der Kategorie

»Statue« berichtet. Wir haben keinen Applaus für die nassge-
schwitzten Kupferstich-Athleten gehört, die von ihren Sieger-
treppchen winkten. Ein bisschen schade, oder?

Was bedeutet
Love:15?

67 Vielleicht ist auch Ihnen diese sonderbare Zählweise im Tennis aufgefallen: Ist es nicht eigenartig, wenn auf dem königlichen Rasen des *All England Lawn Tennis Club* Schiedsrichter *Love:15* rufen? Sie meinen den Zwischenstand 0:15 im Spiel, doch was hat die 0 mit Liebe zu tun?

Eine durchaus plausible Erklärung geht wie folgt: Die geschriebene Ziffer »0« gleicht einem Ei. Auf Französisch heißt »Ei« »L'oeuf«. Daraus entwickelte sich dann »Love«. Historiker bezweifeln jedoch die Richtigkeit dieser einfachen Begründung und verweisen auf eine andere Erklärung. Um die Antwort zu finden, muss man 400 Jahre in die Vergangenheit zurückgehen, zum Vorläufer des Tennis, dem *Jeu de Paume*, einem Ballspiel aus Frankreich, das sich in ganz Europa ausbreitete. In England, Deutschland, Spanien und auch den Niederlanden – überall wurden sogenannte Ballhäuser gebaut. Besonders bekannt ist das Ballhaus in Versailles, welches im Vorfeld der Französischen Revolution zur Versammlungsstätte der Angehörigen der Nationalversammlung wurde. Der bekannte »Ballhausschwur« führte später zum Sturz der Monarchie.

La Paume heißt übersetzt »die Handfläche«, denn ursprünglich schlug der Spieler den Ball mit der Hand. Schläger und Netz tauchten erst später auf, so auch der Schiedsrichter. Nicht nur das Spielfeld sah anders aus als beim Tennis; auch die Regeln des *Jeu de Paume* waren weit komplexer.

Wie bei fast allen Spielen aus dieser Zeit ging es auch hier um Geld. Der Einsatz: Ein *Gros Denier* pro ausgespieltem Ball. Vergab ein Spieler den Punkt, verlor er 15 Deniers, so viel war nämlich der Gros Denier wert. Vergab der Spieler auch den nächsten ausgespielten Ball, waren es weitere 15 Deniers. Das Spiel stand dann 0:30.

Diese seltsame Zählweise wurde später auch beim Tennis übernommen, doch in keiner Quelle aus jener Zeit wird erwähnt, dass die Engländer bei diesem Spiel *Love* statt null sagten. Dazu kam es erst durch die Religionskriege, die viele frei denkende Niederländer aus ihrer Heimat vertrieben. Aus Angst vor den katholischen Spaniern flüchteten einige nach England und bereicherten die Insel mit ihrer eigenen Kultur. So prägte der Einfluss dieser vertriebenen Niederländer auch die Sprache auf den englischen Spielfeldern, und ein niederländischer Spieler konnte zu seinem Gegner nach Spielverlust sagen: »Ik speel niet om Geld, maar omme Lof.« Das Geld war verloren, doch dem Verlierer blieb die Ehre: *Lof!*

Und so übernahmen die Engländer dieses niederländische Wort in ihre Zählweise. Und noch heute hören wir beim Tennis dann: *Love:15*. Es geht also um Ehre, wenn im Tennis von *Love* die Rede ist. Gut so, denn sonst wäre in diesem Spiel die Liebe nichts wert!

Warum wird einem übel, wenn man als Beifahrer liest?

Zu Lande, zu Wasser und in der Luft: Auto & Verkehr

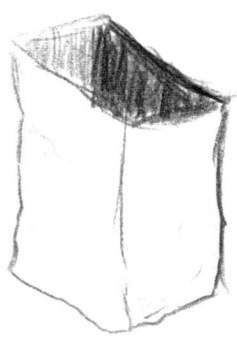

Was ist **Normal?**
Und was **Diesel?**

68 Es gibt im Leben Situationen, da möchte man im Erdboden versinken. Mein Auto war neu, und in Gedanken versunken hatte ich an der Zapfsäule prompt Benzin statt Diesel getankt. Beim Bezahlen fiel es mir zum Glück auf. Mein neues und noch glänzendes Auto wurde auf einen Lkw geladen und in die Werkstatt gebracht. Der falsche Treibstoff musste aus dem Tank abgepumpt werden. Welch eine Schande! Es folgte eine regelrechte Prozession des Personals an mir und meinem Auto vorbei. Azubis schmunzelten, Mechaniker grinsten: »Dass ausgerechnet Ihnen so etwas passiert!« Ja, auch mir passiert so etwas! Als »Dankeschön« stiftete ich Eis für alle. Doch heute noch werde ich von den Meistern angefrotzelt: »Na, richtig getankt ...?«

Da liegt die Frage nah: Was ist eigentlich der Unterschied zwischen Diesel und Benzin? Am Anfang steht immer eine zähflüssige, stinkende Masse: Rohöl. Dabei handelt es sich um einen Mix aus 500 verschiedenen Stoffen. Damit kann man zunächst nicht viel anfangen, doch in den Raffinerien wird diese zähe Masse verfeinert. In einem Trennprozess wird das Gemisch unterschiedlich langer Kohlenwasserstoffketten aufgespalten und sortiert. *Cracking* nennt man das in der Fachsprache.

Der entscheidende Unterschied zwischen Diesel und Benzin besteht darin, dass die Kohlenwasserstoffketten im Benzin kürzer sind als im Diesel. Je kürzer die Kette, desto flüchtiger und entzündlicher ist der Treibstoff: Benzin ist also leichter entflammbar als Diesel. Der Benzinmotor funktioniert anders als der Diesel – das kann man schon als Laie hören! Damit der Motor rund läuft, gibt es in beiden Treibstoffen noch diverse chemische Zusätze. Diese verhindern zum Beispiel Fehlzündungen, wie sie zu den Anfangszeiten des Automobils vorkamen.

Dieselfahrzeuge gelten als besonders sparsam, doch Vorsicht: Ein Liter Diesel ist schwerer als ein Liter Benzin. Und bei der Verbrennung entsteht aufgrund der längeren Kohlenwasserstoffketten deutlich mehr CO_2: 7,6 Liter Diesel erzeugen genauso viel CO_2 wie 10 Liter Benzin!

Bei einem fairen Vergleich des Treibstoffverbrauchs verschiedener Autos sollte man diesen Umstand berücksichtigen. Objektiver erscheint daher die Gegenüberstellung des CO_2-Ausstoßes. Noch ist Diesel günstiger als Benzin, doch in Zukunft wird sich der Spritpreis direkt am CO_2-Ausstoß orientieren. Übrigens gibt es kaum einen Unterschied zwischen Diesel und normalem Heizöl. Natürlich wird Heizöl kaum besteuert und ist daher wesentlich billiger. Während meiner Jugend fuhren besonders pfiffige Freunde mit billigem Heizöl statt mit teurem Diesel. Das war natürlich verboten und die Angst vor Polizeikontrollen war berechtigt: Das Heizöl war eingefärbt und anhand einer Probe leicht zu erkennen. Heute würde ich Ihnen diesen Billigkraftstoff nicht empfehlen, denn inzwischen finden sich im Dieselkraftstoff eine ganze Reihe von Zusätzen. Moderne, hochgezüchtete Motoren vertragen längst nicht mehr das einfache Heizöl. Bleibt also nur die Tankstelle. Diese fehlte zu Zeiten des ersten Automobils. Das Benzin kaufte man damals in der Apotheke. Davon haben sich die Preise bis heute nicht erholt.

Warum wird einem übel, wenn man als **Beifahrer** liest?

69 Als Kind habe ich das Autofahren gehasst und noch heute gibt es diese Momente, in denen mir schlecht wird. Zum Beispiel, wenn ich als Beifahrer die Karte lese. Warum ist das so? Die Reise- oder Bewegungskrankheit wird durch einen Konflikt unserer Sinne hervorgerufen. Neben den Informationen unseres Sehsinns werden auch die Daten unseres Gleichgewichtsorgans im Innenohr sowie Daten über Körperempfindung und Bewegung in unserem Gehirn ausgewertet. Wenn man die äußeren Bewegungen im Verhältnis zu Fixpunkten nicht ständig optisch verfolgt, kann es zu Missverhältnissen der Signale bei der Verarbeitung im Gehirn kommen. Wie in einem Computer werden die eintreffenden Signale mit gewohnten gespeicherten Mustern verglichen. Fehlermeldungen können nicht zugeordnet werden und aktivieren dann eine ganze Kaskade von Symptomen: von Schweißausbrüchen, Gähnen, Müdigkeit, Schläfrigkeit, Abgeschlagenheit, bis hin zu Kopfschmerzen, Zwangsschlucken und dem gefürchteten Brechreiz.

Wenn man zum Beispiel während der Fahrt im Auto liest, kommt es zu einem solchen Konflikt: Das lesende Auge signalisiert »alles ist ruhig«, während der Gleichgewichtssinn die Kurven registriert und meldet »alles bewegt sich«. Und schon geht es los: Der Körper reagiert zunächst mit Schweißausbrüchen, im Blut steigen die Stresshormone und irgendwann meldet sich der Magen ...

Kinder sind zunächst weniger anfällig, doch während der Pubertät reagieren sie dann umso stärker. Frauen und Männer sind im gleichen Maße betroffen.

Auf See erlebt man dasselbe Phänomen, denn an Bord des schaukelnden Schiffs gibt es denselben Konflikt der Sinne. Im Schiffsinneren scheint beim Hinsehen alles ruhig zu sein, doch unser Gleichgewichtsorgan registriert das ständige Auf und Ab der See. Astronauten erleben ein gespiegeltes Phänomen: Das Gleichgewichtsorgan ist aufgrund der Schwerelosigkeit in seiner Funktion gestört und meldet: »Alles ruht«, während das Auge ständig Bewegungen wahrnimmt. Nach Schätzungen sind zwei Drittel aller Astronauten von diesem Syndrom geplagt, doch das wird uns gerne verheimlicht.

Wenn man sich die Bilder der winkenden Astronauten genauer ansieht, kann man ihren Zustand erahnen: Wenn uns übel ist, bewegen wir den Kopf kaum hin und her. Bei winkenden Astronauten sieht man auffällig oft diesen typisch steifen Hals!

Offiziell sind die »harten Kerle« natürlich wohlauf. Allenfalls gibt es ein »leichtes medizinisches Problem«. Lesende Kinder, Seebären und Raumfahrer können also an derselben Reisekrankheit leiden, doch mit der Zeit gewöhnt sich der Körper an die neue Situation, und nach zwei Tagen auf See oder im Weltraum sind die Symptome meist verschwunden. Gegen die Reisekrankheit gibt es mehr oder weniger hilfreiche Mittel: Von Akupressur über Ingwerpräparate bis hin zu Antihistaminika. Letztere unterdrücken zwar den Brechreiz, bewirken jedoch eine starke Ermüdung. Bei mir jedenfalls scheint nichts so richtig zu helfen, egal ob beim Lesen in der Kurve oder in der Schwerelosigkeit. Wahrscheinlich mag ich eben keine (Sinnes-)Konflikte!

Gestatten Sie mir noch eine persönliche Anmerkung: Als Journalist habe ich mich stets bemüht, ehrlich über Dinge zu berichten. Vor einigen Jahren bekam ich im Rahmen einer Sendung die Chance, an einem Parabelflug teilzunehmen. In großen Flugzeugen, deren Flugbahn einer Parabel entspricht, lässt sich für etwa 30 Sekunden der Zustand der Schwerelosigkeit erzeugen. (Siehe Kapitel *Wie entsteht Schwerelosigkeit?*) Weltraumorganisationen nutzen diese Möglichkeit, um angehende Astronauten auf einen Raumflug vorzubereiten. Das Erlebnis der eigenen Schwerelosigkeit ist in der Tat grandios. Man schwebt ohne Halt durch den mit Schaumstoff ausgekleideten Rumpf der Maschine, schlägt mühelos Salti oder gleitet mit einem leichten Schubs durch den Raum. Im Laufe einer solchen Tour werden etwa 30 Parabeln geflogen. Es ist ein Wechselspiel zwischen Schwerelosigkeit und den eher unangenehmen Phasen erhöhter Beschleunigung, während derer die Crew das Flugzeug wieder abfängt. Trotz aller Begeisterung wurde mir nach einiger Zeit schlecht. Ich hatte es zuvor schon geahnt und daher den Kameramann instruiert, *alles* zu filmen. In der Fernsehsendung sah man also auch meine »unschönen Bilder«. Interessant fand ich die Reaktion vieler Zuschauer, denn von keinem Astronauten hatte man solche Bilder gesehen. Ich erschien plötzlich wie eine Ausnahme, nur weil es keine Bilder ebenfalls leidender Raumfahrer gibt.

Während einer Mission auf der Internationalen Weltraumstation war einmal ein mir bekannter Physiker an Bord. Zwei Tage lang muss er furchtbar gelitten haben und war unfähig, den geplanten Weltraumspaziergang zu absolvieren. In den Nachrichten war mal wieder nur von einem »leichten medizinischen Problem« die Rede ...

Woher stammt
der Begriff »Blog«?

70 Manchmal halten wir an längst überholten Symbolen, Begriffen und Ritualen fest: Noch vor Kurzem begegneten einem als Autofahrer »Schulwegschilder«, auf denen ein großer Junge und ein kleineres Mädchen zu sehen waren. Das kleine Mädchen auf dem Schild trug einen Rock, obwohl heute fast alle Kinder Hosen tragen. In amerikanischen Serien klingelt das Telefon immer noch mit einem »Ring ... Ring«, obwohl das klassische Bimmeln längst durch elektronische Töne ersetzt wurde. Kirchen spielen heute zur Messe das Glockengeläut per Lautsprecher ein, und auf den Desktops moderner Computer findet sich ein virtueller Papierkorb, den man mit einem Mausklick leeren kann. (Wie praktisch wäre das beim richtigen!)
Offensichtlich brauchen wir in Zeiten des Fortschritts bekannte Bilder und Metaphern, an denen wir uns festhalten können. Manchmal kommt es sogar zu seltsamen Mixturen, wenn das Neue mit dem Alten verschmilzt. Ein Paradebeispiel für eine solche »Mischehe« ist der Begriff »Blog«. Das Wort setzt sich aus *World Wide Web* und *Log* zusammen (*web-log*) und erinnert an das alte Logbuch der Seefahrer.
Früher war es keinesfalls einfach, auf dem Meer zu navigieren. Zwar gab es schon früh den Kompass, doch ein großes Problem war die Ermittlung der Geschwindigkeit, denn ohne eine Referenz auf offener See und ohne moderne Geschwin-

digkeitsmesser wusste niemand, wie viel Strecke man mit dem Segelschiff zurücklegte.

Der ursprüngliche Geschwindigkeitsmesser der Seeleute war ab Ende des 16. Jahrhunderts ein dreieckiges Holzbrett, auf Englisch auch *Log* genannt. Es war mit Blei beschwert und an einer Leine befestigt. An der Leine, auch Logleine genannt, waren in einem festen Abstand Knoten angebracht. Das Brett, die sogenannte Logscheit, wurde während der Fahrt am Schiffsheck ins Wasser geworfen und trieb dann nahezu an derselben Stelle, während das Schiff sich immer weiter entfernte. Je schneller das Schiff fuhr, umso rascher wurde die verbindende Leine abgerollt.

Während eine Sanduhr, das Logglas, ablief, wurde die Länge der abgerollten Leine ermittelt: Man zählte ganz einfach die Anzahl der Knoten bis zum Ablauf der Uhr. Während einer fest vorgegebenen Zeit wurde also eine Länge bestimmt. Segelte das Schiff schneller, war die Zahl der abgerollten Knoten höher. Auf diese Weise ermittelte man also die Schiffsgeschwindigkeit und notierte diese dann ins sogenannte *Logbuch*. Nach und nach wurden auch andere Dinge in dieses Buch notiert, und so wurde das Logbuch zum Schiffstagebuch. Die Knoten waren und sind noch heute das Geschwindigkeitsmaß in der Seefahrt. Ein Knoten entspricht dabei einer Geschwindigkeit von einer Seemeile pro Stunde, das sind 1,852 km/h. (Was das Besondere an dieser Einheit ist, erfahren Sie in dem Kapitel *Warum rechnet man in der Seefahrt in Seemeilen?*)

Natürlich konnte man mit der Logmethode nur die relative Geschwindigkeit zwischen Boot und Wasser ermitteln. Meeresströmungen wurden nicht erfasst, da sie sich gleichermaßen auf das Schiff und auf die im Wasser treibende Logscheit auswirkten, und so navigierten unerfahrene Seeleute häufig mit größeren Fehlern. Gute Offiziere waren indes in der Lage, die Strömungen an der Meeresoberfläche abzulesen, eine Kunst, die heute weitestgehend verschwunden ist. Heutige Mannschaften blicken auf Computermonitore, denn Kurs und Geschwindigkeit werden bequem per GPS ermittelt.

Trotz aller Technik, eines ist geblieben: Das Logbuch, im Internet unter dem Namen »Weblog« oder »Blog«. Im Ozean der Daten stößt man immer wieder darauf.

Wie viel CO$_2$
produziert ein Auto?

71 Fortschritt treibt auch seltsame Blüten! Mit Vernunft kann ich mir so manche Entwicklung nicht erklären: Warum in aller Welt fahren manche Menschen mit allradgetriebenen Geländewagen in unseren Städten herum? Vielleicht weil es irgendwie stylish wirkt? In welcher Einkaufsstraße ist der Schlamm wohl so tief, dass nur ein solches Fahrzeug durchkäme? Völlig übermotorisierte Protzkarren schleichen da im Schritttempo auf der Suche nach geeigneten Parkplätzen herum. Ihr Benzinverbrauch ist exorbitant und ihr Schadstoffausstoß eine Sünde. Immer wieder ist zwar die Rede vom Klimakiller CO$_2$ (Kohlendioxid), doch viele scheinen dies zu überhören.

Welch ein Pech: Das Gas, welches mitverantwortlich ist für die Erderwärmung, ist unsichtbar. Wäre es dunkel gefärbt und trübe, verhielten wir uns bestimmt anders, denn die dicken Rauchschwaden würden jeden Verursacher in aller Öffentlichkeit entlarven. Doch CO$_2$ kann man eben nicht sehen, und so haben viele von uns kein Gefühl dafür, wie viel CO$_2$ unser Auto eigentlich produziert.

Ein konkretes Beispiel (ich unterstelle Ihnen, dass Sie nicht zu den Geländefahrern zählen): Also, Sie fahren ein Mittelklasseauto, dessen Verbrauch bei 8 Litern Benzin pro 100 Kilometer liegt, das Tankvolumen beträgt 55 Liter. Da Benzin leichter ist als Wasser – sein spezifisches Gewicht liegt bei 0,72 kg/Liter –, ergeben sich etwa 40 Kilogramm Benzin pro

Tankvorgang. Dieses Benzin wird im Motor verbrannt. Dabei verbindet sich der Kohlenstoff im Benzin mit dem Sauerstoff aus der Luft und daraus ergibt sich das CO_2. Ein Baustein aus dem Benzin, zwei Bausteine aus der Luft.

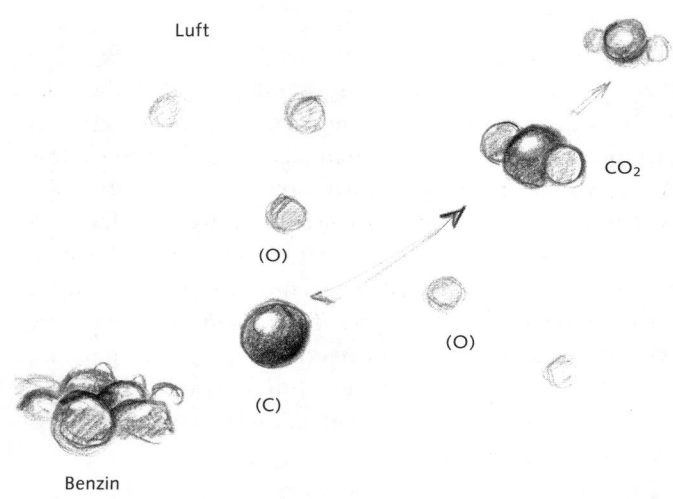

Sauerstoffatome sind jedoch schwerer als Kohlenstoffatome, denn ihr Atomgewicht beträgt 16, das des Kohlenstoffs hingegen nur 12. Das Ergebnis der Verbrennung, das CO_2-Molekül, setzt sich also aus zwei schweren Atomen aus der Luft (Sauerstoff) und einem leichteren Atom (Kohlenstoff) aus dem Benzin zusammen. Für den Laien ist es keinesfalls intuitiv ersichtlich, doch beim Verbrennen von Benzin ist das Ergebnis schwerer als das ursprüngliche Gewicht des reinen Benzins. Ein einzelnes CO_2-Molekül ist 3,6-mal so schwer wie ein einzelnes Kohlenstoffatom. Ein Kilo Benzin, das im

Wesentlichen aus Kohlenstoffatomen besteht, führt also bei der Verbrennung zu über 3 Kilogramm CO_2! Es entsteht somit weit mehr Kohlendioxid, als das Benzin selbst wiegt. Mit jeder Tankfüllung produziert Ihr Auto aus dem obigen Beispiel etwa 150 Kilo CO_2 und schon nach knapp neunmal Volltanken haben Sie beim Fahren so viel CO_2 produziert, wie Ihr gesamtes Auto wiegt! Bei einer Jahresfahrleistung von 12.000 Kilometern pusten Sie also das doppelte Gewicht Ihres Autos an CO_2[7] in die Atmosphäre. Und das jedes Jahr! Geländewagen verbrauchen entsprechend mehr Benzin und so belasten sie unsere Atmosphäre nach jedem dritten gefahrenen Kilometer mit einem Kilo CO_2!

Doch da es unsichtbar ist, wird gestylt statt gedacht ...

Was passiert bei
Aquaplaning?

72 Übers Wasser laufen können wir leider nicht, aber mit dem Auto übers Wasser fahren ist möglich. Sie glauben das nicht?

Meine Fernsehkollegen haben einen extremen Versuch unternommen: Mit einem schnellen Gefährt mit breiten Reifen sind sie mit Vollgas über einen tiefen See gefahren! Dank Aquaplaning überquerten sie dabei eine Distanz von knapp einem Kilometer. Nur dank der hohen Geschwindigkeit klappte das Experiment, denn die großen Räder wurden auf dem Wasser zu Schaufeln, die den Wagen auch weiterhin antrieben. Bei einer leichten Bremsung wäre das Fahrzeug sofort untergegangen. Aber wie funktioniert das?

Entscheidend für unsere Sicherheit im Auto ist der gute Kontakt zwischen den Reifen und der Fahrbahn. Während der Fahrt im Regen muss der Reifen das Wasser auf der Straße verdrängen, damit er den direkten Kontakt mit dem Teerbelag behält, denn nur so lässt sich das Auto lenken. Ein Teil des Wassers spritzt dabei zur Seite, doch das alleine reicht oft nicht aus. Durch das Reifenprofil strömt das Wasser in die Profilkanäle und sorgt dafür, dass die Reifenoberfläche immer noch Kontakt mit dem Straßenbelag hat.

Doch bei höherer Geschwindigkeit beginnt der Reifen eine kleine Bugwelle aufzubauen. Vor dem Reifen entsteht ein Keil aus Wasser, die Haftung nimmt ab. Fährt man noch schneller, schiebt sich dieser Wasserkeil unter den Reifen. Das Auto hebt bei einer kritischen Geschwindigkeit von etwa 90 km/h plötzlich ab und gleitet dann übers Wasser. Die Bremskräfte und Lenkbewegungen werden nicht mehr auf die Fahrbahn übertragen und der Wagen ist nicht mehr kontrollierbar. Ab wann dieses Phänomen auftaucht, hängt von verschiedenen Faktoren ab. Neben der Geschwindigkeit und der Wassertiefe spielen auch Radlast, Luftdruck und vor allem die Profiltiefe eine wichtige Rolle.

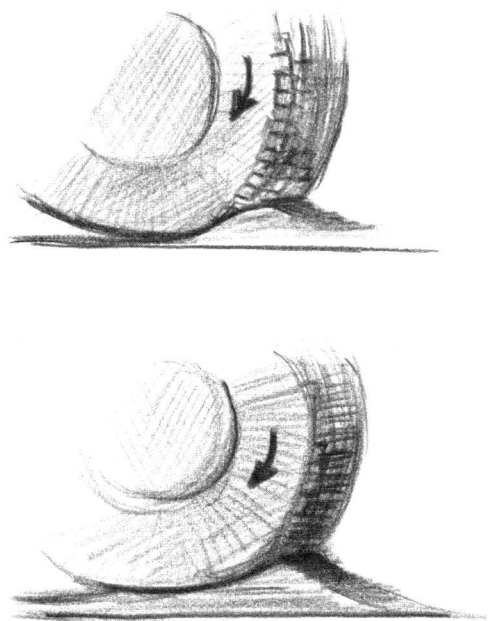

Bei der Formel 1 sind die typischen Rennreifen auf trockener Straße zum Beispiel glatt, damit sie möglichst viel Kontakt zur Fahrbahn haben. Dieser Vorteil wird bei nasser Bahn zum

Nachteil und beim kleinsten bisschen Regen wird auf profilierte Reifen gewechselt. Das Wasser auf der Fahrbahn wird in die Profilrillen gedrängt und so hat zumindest noch ein Teil des Reifens direkten Kontakt zur Straße. Abgenutzte Reifen mit wenig Profil fangen weniger Wasser ab und sind auf nasser Fahrbahn gefährlich! In den Profilrillen gibt es kleine Höcker, an denen man leicht überprüfen kann, ob das vorgeschriebene Profil unterschritten wird.[8]

Wenn man ins Rutschen kommt, gibt es nur eines: runter vom Gas und nicht bremsen! Denn sonst vergrößern Sie die Wasserdecke unter Ihren Reifen und rutschen noch länger. Das beste Rezept gegen Aquaplaning ist ohnehin langsames Fahren, es sei denn, man fährt über einen See ...

Wie funktioniert
ein Airbag?

73 Der Wagen von Gerhard S. glich einer modernen Plastik. Die Motorhaube war ineinandergefaltet, die Frontscheibe zerborsten und das Blech der Beifahrertür war aufgerollt wie eine geöffnete Sardinendose. Gerhard S. hatte den Frontalunfall bei Tempo 80 mit nur leichten Verletzungen überlebt. Er verdankte sein Leben einem schlaffen Stück Stoff, das aus dem Lenkrad heraushing – ein Airbag.

Im Moment des Aufpralls hatte sich dieser Luftsack binnen Bruchteilen von Sekunden entfaltet und den nach vorne fliegenden Oberkörper abgebremst. Entscheidend bei jedem Aufprall ist neben dem Tempo die Bremsstrecke. Je länger diese ist, umso kleiner sind die dabei entstehenden Kräfte, denn die Bewegungsenergie kann sich auf einer längeren Strecke abbauen. Stuntmen nutzen diesen Trick, wenn sie zum Beispiel vor laufender Kamera aus dem vierten Stock springen. Sie landen auf meterhohen Kartonkisten und genau wie beim Airbag kommt es zu einem möglichst langen Abbau der Bewegungsenergie.

Vor einigen Jahren habe ich meine erste Bekanntschaft mit einem Airbag gemacht. Nicht auf der Straße, sondern im Fernsehstudio. Die Sendung mit dem Titel »Die Kunst des Feuerwerks« hatte nichts mit Verkehr zu tun, sondern befasste sich mit den verschiedensten Anwendungen der Pyrotechnik. In einem Teil demonstrierten wir den Treibsatz des Airbags: Um in einer solch rasanten Zeit den Sack mit Gas zu füllen, explodiert ein kleiner chemischer Treibsatz, der sich in der Lenksäule befindet. Die Reaktion setzt dabei so große Mengen an Kohlendioxid frei, dass der Sack sogar kontrolliert birst. Dieses ist erwünscht, denn der Sack muss die Energie schlucken und nicht wie ein Trampolin wieder abgeben.

Das Auto im Studio war präpariert, und ich erinnere mich noch genau an den heftigen Knall und den Brandgeruch hinter dem Steuerrad. Als ich damals die Ingenieure auf den Beifahrerairbag ansprach, bekam ich eine überraschende Antwort. Technisch war dieser wohl kein Problem und dennoch waren sie lange Zeit skeptisch: Ein Kind, das verbotenerweise auf dem Schoß des Beifahrers säße, könnte durch einen explodierenden Airbag nach hinten katapultiert werden. Besonders in den USA mit den zum Teil absurden Haftungsklagen befürchteten die Techniker teure Prozesse und so dauerte es lange, bis der Beifahrerairbag endlich eingeführt wurde.

Ein weiteres Sorgenkind der Ingenieure waren Funktelefone. Ihre Wellen könnten die komplizierte Auslöseelektronik des Airbags beeinträchtigen. Damit der Sack sich nur im Ernstfall aufbläst, misst daher eine Reihe von Minisensoren die auftretenden Kräfte am Wagen. Das Signal der Sensoren wird unentwegt per Chip abgefragt, und nur wenn mehrere Messfühler gleichzeitig den Grenzwert überschreiten, wird ausgelöst. Durch bessere Abschirmungen und zusätzliche Kodierungen des Signals wurde auch dieses Handyproblem gelöst.

Vor zwei Jahren demonstrierten wir im Rahmen einer Fernsehsendung, wie wirksam ein Airbag ist: Wir ließen eine Wassermelone aus etwa sieben Metern Höhe auf einen präparierten Airbag fallen. Die Melone passierte zunächst eine Lichtschranke, die dann den Luftsack rechtzeitig aufblies. Die Melone blieb heil! In einem zweiten Experiment wollten wir dann zeigen, was passiert, wenn der Airbag zu spät auslöst: Mit einem Knall zerbrach die Melone in tausend Stücke und spritzte nach allen Seiten. Das gesamte Fernsehstudio war noch Tage später von einer feinen klebrigen Fruchtschicht bedeckt.

Uns allen war damit eindrucksvoll bewusst geworden, wie wichtig auch das richtige Timing beim Auslösen ist, und ich kann Sie beruhigen: In unseren Autos stimmt es!

Wie kommt die Straße ins
Navigationsgerät?

74 Es klingt wie ein Klischee, doch ich beobachte es immer wieder im richtigen Leben:

Er sitzt am Steuer und fährt (warum eigentlich?!) und sie soll ihn lotsen. Irgendwo auf der Autobahn fragt er:

»Müssen wir an der nächsten Ausfahrt abbiegen?«

Sie greift zum Straßenatlas. »Ich weiß gar nicht, wo wir im Moment sind ...« Allein ihre Handhabung des Atlas scheint ihn zu irritieren.

»Du bist im falschen Kartenteil! Unsere Route findest du weiter hinten ...«

Sie blättert hin und her: »D-3 ...? Nein, das ist ja ... Fahren wir nach Süden?«

»Wir sind doch nicht da!!«, er tippt mit einer Hand auf die aufgeschlagene Seite.

»Bitte pass du auf die Straße auf«, erwidert sie, »und fahr vorsichtiger, sonst baust du noch einen Unfall!« Sie betrachtet ratlos das Kartenmaterial.

Er klingt verzweifelt: »Ja, aber was denn nun, müssen wir abbiegen oder nicht?« Die Ausfahrt nähert sich ... und der Ton wird lauter.

»A45 und dann müssen wir, hmmm ..., mein Gott, ist diese Karte blöd, warte ...«, sie blättert auf eine Fortsetzungsseite und sucht erneut nach Anhaltspunkten. »Wo ist denn nun die A45 ...«

»Weiß ich nicht, du hast doch die Karte. Abbiegen oder

nicht?«, fragt er und nimmt den Fuß vom Gas. Nur noch ein Kilometer bis zur Entscheidung!

Sie ist versunken in einem Selbstgespräch: »Hier ist Würzburg und Stuttgart ... fahren wir im Moment Richtung Karlsruhe?«

»Das weiß ich auch nicht, wir sind auf der A45. Abbiegen oder nicht?« Inzwischen ist das Auto so langsam, dass der Folgeverkehr aufblinkt.

Er fährt, sie sucht ... – Keine klare Antwort. Er bleibt auf der Autobahn und etwa eine Sekunde nach der letzten Abfahrtsmöglichkeit ruft sie: »Du musst doch abbiegen ...!«

Elektronische Navigationshilfen sind ein Segen: Noch nie hat ein einzelnes Gerät eine derartige Eindämmung menschlicher Konflikte herbeigeführt. Navigationsgeräte sind fürwahr »friedenstiftend«! Doch wie funktioniert diese geniale Erfindung überhaupt?

Mit dem GPS-Empfänger im Navigationsgerät wird zunächst die Position des Autos auf etwa zehn Meter Genauigkeit bestimmt. Doch jetzt braucht es jede Menge Informationen, damit wir uns auch orientieren können. Neben den üblichen Straßenverläufen beinhalten die elektronischen Karten auch eine Vielzahl von Merkmalen wie Wendeverbote, Straßensperren, Schranken, Einbahnstraßen, Zufahrtsbeschränkungen und Durchfahrtshöhen. Wenn der Anbieter die Karten nicht ständig aktualisiert, besteht die Gefahr, dass das Gerät irgendwann lakonisch feststellt: »Sie befinden sich auf nicht digitalisiertem Gebiet«.

Tag für Tag sind daher Geografen in Autos unterwegs und sammeln Daten. Ein Rechner an Bord des Wagens speichert Skizzen und Sprachnotizen von der Reise. Von einer Litfaßsäule bis zur Bar, von der Autobahnausfahrt bis zum Parkhaus. Eine pilzförmige Antenne auf dem Dach des Fahrzeugs empfängt neben den Funksignalen mehrerer GPS-Satelliten auch andere Ortungssender. Damit lässt sich der jeweilige Standort immerhin auf etwa 30 Zentimeter genau ermitteln. Gleichzeitig schießen hochauflösende Videokameras auf dem Dach Bilder der Umgebung. Über 200 Kartenattribute lassen sich so pro Straße erfassen. Wie Hightech-Spione befahren die reisenden Datensammler mit ihren Fahrzeugen immer wieder das gesamte Straßennetz – bis in den letzten Winkel. Der gesammelte Datenwust fließt in eine riesige Datenbank, die laufend erneuert und aktualisiert wird. Und daraus entstehen dann unter anderem die Straßenkarten im Navigationsgerät.

Übrigens gibt es weltweit gerade mal zwei große Firmen, die solches Kartenmaterial für »Navis« sammeln, weiterverarbeiten und verkaufen. Manchmal irren sie: Viele Navis kennen neue Viertel nicht, lotsen uns per Auto in Fußgängerzonen und navigieren über Straßen, die es noch gar nicht gibt. Dann freuen wir uns doch, wenn wir einen Beifahrer haben.

Kann die **Tragfläche** eines Passagierflugzeugs brechen?

75 Sie sitzen im Flugzeug, draußen ist schlechtes Wetter, es gibt jede Menge Turbulenzen. Beim Blick aus dem Fenster sehen Sie, dass die Tragflächen wild hin und her schwingen. Kann eine Tragfläche brechen?

Wenn das passieren würde, wäre es das jähe Ende Ihrer Reise. Denn mit gebrochener Tragfläche kann kein Flugzeug lange in der Luft bleiben.

Tragflächen müssen trotz ihrer Größe sehr leicht sein: Bei Langstreckenjets wie dem A380 beträgt die Spannweite knapp 80 Meter! Tragflächen wirken von außen eher schmal. Sie sind ein Meisterwerk der Konstruktionstechnik: Der Flügel besteht aus einer Reihe von Trägern und Querträgern aus Aluminium, die miteinander vernietet sind. Hierdurch wird der Flügel gleichermaßen fest und bleibt trotzdem elastisch. Wären die Flügel eines Flugzeugs völlig starr, so würde sich jede Turbulenz direkt auf die Kabine übertragen und wir Passagiere könnten uns kaum in den Sitzen halten. Der biegsame Flügel wirkt wie ein Stoßdämpfer und federt die Luftunruhen ab. Beim Start größerer Flugzeuge kann man übrigens schön beobachten, wie sich die Flügelspitzen bei wachsendem Tempo und steigendem Auftrieb nach oben richten: Der Höhenunterschied macht an der Flügelspitze eines Langstreckenjets mehrere Meter aus!

Dass der Flügel dennoch nicht brechen kann, demonstrierten meine Kollegen der Sendung »Kopfball« auf eindrucksvolle

Weise. Mit einem ausrangierten Flugzeugflügel eines Passagierjets machten sie einen spektakulären Belastungstest: Das Rumpfende des Flügels wurde zunächst mit Gewichten und zusätzlich noch mit einem tonnenschweren Bagger beschwert. Dann begann ein Kran, die Flügelspitze anzuheben. Der Flügel bog sich, doch trotz dieser extremen Belastung, die mit Sicherheit höher war als die Turbulenzen eines Sturms, blieb der Flügel heil und brach nicht.

Flugzeugflügel sind in der Tat extrem stabil. Sie sind so konstruiert, dass sie etwa das Zweieinhalbfache des Abfluggewichtes ertragen. Bei einem Airbus A320 mit über 70 Tonnen Abfluggewicht sind das über 170 Tonnen! Es gibt bislang nicht einen einzigen Fall, bei dem der Flügel eines modernen Passagierflugzeugs beim Flug gebrochen ist.

Wenn Sie also das nächste Mal bei Sturm in Urlaub fliegen und aus dem Fenster blicken, können Sie sich entspannt zurücklehnen: Der Flügel hält!

Wo ist die
Zeit geblieben?

76 »Verehrte Fluggäste, soeben sind wir in Frankfurt-Airport gelandet ...«. Hinter der Fensterscheibe ein neblig grauer Morgen, leichter Nieselregen – zurück in Deutschland. Nach dem Verlassen der Maschine ist mir kalt. Den Pullover hab ich im Koffer verstaut, denn beim Abflug in Los Angeles herrschte strahlender Sonnenschein, und wer denkt schon bei 30 °C an einen Pullover.

Kurze Zeit später blicke ich in die verschlafenen Gesichter meiner Mitreisenden. Wir alle teilen eine Gemeinsamkeit: Für uns ist es Mitternacht, und auch wenn der eine oder andere an Bord ein wenig schlafen konnte, die innere Uhr tickt noch nach kalifornischer Zeit. Wer seinen ersten Langstreckenflug hinter sich hat, wird schnell erleben, was mit Zeitverschiebung gemeint ist. Empfindliche Menschen klagen oft wochenlang über Schlafstörungen, verspüren zu den ungewöhnlichsten Zeiten Hunger oder nicken tagsüber plötzlich ein. Die Erklärung ist einfach: Unser Globus ist in Zeitzonen eingeteilt.

Noch im 19. Jahrhundert tickten die Uhren selbst innerhalb Deutschlands unterschiedlich. Wenn es in München 12:00 Uhr mittags war, zeigte die Turmuhr in Berlin 12:07 an. Früher hatte jeder Ort seine eigene Uhrzeit! Sie richtete sich nach dem Lauf der Sonne: Zum Zeitpunkt des höchsten Sonnenstands war es 12:00 Uhr mittags. Reiste man also von einer Stadt zur anderen, musste man erst einmal herausfinden, wie die örtliche Zeit war, und seine Uhr entsprechend umstellen. Auf alten Zugfahrplänen war noch zu lesen, dass zum Beispiel in Baden die Karlsruher Zeit, in Württemberg die Stuttgarter Zeit und in Österreich die Prager Zeit galt. Welch ein Chaos für Passagiere, die auf einer langen Reise mehrfach umsteigen mussten. Am 1. April 1893 verkündete Kaiser Wilhelm II. schließlich ein Gesetz zur Einheitszeit. Erst von da an tickten die Uhren in Deutschland gleich. Andere Nationen schlossen sich an und orientierten sich an der *Universal-Zeit* (UT).

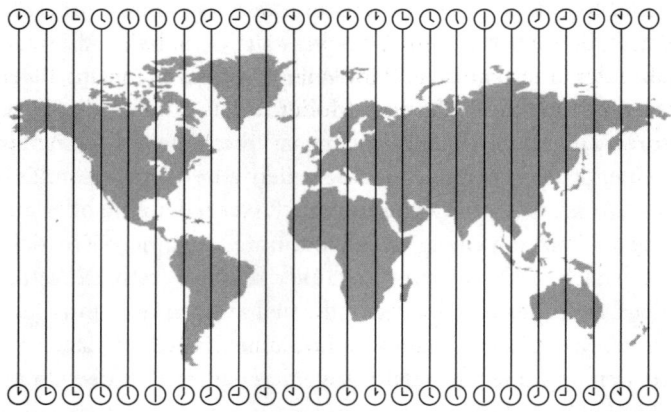

Das ist die Zeit am Nullmeridian, der durch die englische Stadt Greenwich läuft. Von dort aus wird nach Osten je 15° Länge jeweils eine Stunde dazugezählt, nach Westen wird je 15° Länge eine Stunde abgezogen.

Damit lassen sich die jeweilige Landeszeit und der Zeitunterschied leicht ablesen: Zwischen Frankfurt und New York beträgt die Differenz minus sechs Stunden. Man muss also von der Zeit in Deutschland sechs Stunden abziehen und hat dann die aktuelle Zeit in New York. Moskau hingegen hat einen Zeitunterschied von plus zwei Stunden, also: deutsche Zeit + zwei Stunden = Moskauer Zeit.

In großen Nationen wie Russland oder den USA wird das Land immer noch in unterschiedliche Zeitzonen geteilt. Die Zeitunterschiede sind also geblieben, doch unsere Welt ist größer geworden. Wenn Sie zum Beispiel diese Zeilen am frühen Abend in Deutschland lesen, geht in Kalifornien gerade die Sonne auf, in Tokio hingegen schlafen die Menschen, denn dort herrscht tiefe Nacht.

Mehr als zwei Stunden Zeitverschiebung am Tag machen unserer biologischen Uhr zu schaffen. Der erste Mensch, der die Folgen des *Jetlag* zu spüren bekam, war Anfang der Dreißigerjahre der amerikanische Pilot Wiley Post, als er in acht Tagen ostwärts um die Erde flog. Moderne Jets sind in der Lage, große Distanzen noch schneller zu überbrücken als Wileys Propellermaschine, und so macht der Jetlag heute vielen Reisenden zu schaffen. Obwohl die Wissenschaft seit Jahren den Mechanismus unserer »inneren Uhr« zu entschlüsseln versucht, weiß man bis heute erstaunlich wenig darüber. Bei Laborexperimenten mit freiwilligen Versuchspersonen, die mehrere Wochen in Räumen mit künstlichem Licht und ohne Uhr zubrachten, stellte sich der Tagesrhythmus dieser Menschen bald auf einen 25-Stunden-Tag ein. Unsere biologische Uhr läuft also langsamer und muss folglich jeden Tag aufs Neue korrigiert werden. Helles Sonnenlicht spielt hierbei offensichtlich eine Schlüsselrolle und so findet sich auch in Broschüren für den Vielflieger immer wieder der Tipp, trotz aller Müdigkeit nach einer langen Reise nicht sofort ins Bett zu gehen, sondern möglichst raus und Sonne tanken. »Lichttherapien« werden ebenfalls bei Menschen mit Schlafstörungen eingesetzt. Wer hingegen am helllichten Tag den Fehler begeht, sich schlafen zu legen, hat länger mit dem

Problem der Zeitumstellung zu kämpfen. Ein weiteres Rezept findet sich in den Merkblättern der Mitarbeiter des US-Außenministeriums: Koffein. Wer bereits beim Abflug seinen Kaffeekonsum nach der neuen Zeit ausrichtet, hat es leichter mit der Umstellung. Auch wenn das Rezept hilft, genau erklären kann man es nicht. Unsere innere Uhr ist an viele Faktoren gebunden und beeinflusst unseren Körper auf sonderbare Weise. So wird zum Beispiel auch unsere Schmerzschwelle zeitlich beeinflusst. Wer zum Zahnarzt muss, sollte diesen erst nachmittags aufsuchen, denn dann sind wir weniger schmerzempfindlich als in den frühen Morgenstunden und auch die Wirkung von Betäubungsmitteln hält dann länger an.

Welches Mittel am wirksamsten den Jetlag bekämpft, ist letztlich Sache der eigenen Erfahrung: Vielreisende Geschäftsleute haben mich mit allerlei Tipps eingedeckt: Sie reichen von sauren Gurken über kalte Füße bis hin zu zwei Flaschen Burgunderwein, die man am besten gleich nach dem Start genießen sollte. Von der Sache mit dem Wein kann ich allerdings nur abraten: Aus dem Fliegen wird ein Schweben!

Wie kommen die Perlen in den Champagner?

Guten Appetit: Interessantes aus Küche, Keller und Speisekammer

Wie kann Müsli Leben retten?

77 Die meisten Gesetze der Physik gelten überall. Bei Ihnen zu Hause oder sonstwo im Universum. Genies wie Isaac Newton brachten den fallenden Apfel mit dem Mond in Verbindung und erkannten die allgemeinen Gesetze der Schwerkraft.

Trivial ist das keinesfalls, denn man könnte sich ja auch vorstellen, dass unsere hiesigen Naturgesetze an irgendeiner Grenze im Sonnensystem enden und dahinter durch andere abgelöst werden. So ähnlich wie Tischmanieren, die sich von einer Kultur zur anderen unterscheiden. Doch offensichtlich laufen die Dinge bei gleichen Rahmenbedingungen exakt gleich ab – und zwar egal wo im Universum! Diese Erkenntnis ist für mich gleichermaßen erschreckend wie auch beruhigend und offenbart die ungeheure Bedeutung der Naturwissenschaft.

Manchmal schimmern diese unbeugsamen Regeln der Natur durch die verschiedensten Phänomene hindurch, und so verbinden sie scheinbar Verschiedenes auf magische Weise: den fallenden Apfel mit dem kreisenden Mond oder das morgendliche Müsli mit der donnernden Lawine!

Wenn Sie beim Frühstück eine Müslipackung genauer studieren, wird Ihnen ein kleines Detail auffallen: inmitten der ganzen Vielfalt aus Körnern, Flocken und Rosinen befinden sich die Haselnüsse in der Packung häufig oben. Das ist kein Zufall, denn dahinter verbirgt sich eine interessante Gesetzmäßigkeit: Müsli ist physikalisch betrachtet ein Gemisch aus unterschiedlich großen Teilchen. Schüttelt man die Packung, dann bewegt sich zunächst alles. Körner, Flocken und Nüsse werden durcheinandergewirbelt. Bei jedem Ruck entstehen dabei zwischen den einzelnen Teilchen Lücken, in die kleinere Bruchstücke hineinfallen können. Die größeren Stücke passen jedoch nicht dazwischen. Mit jedem Ruck rutschen also kleinere Stücke weiter nach unten. Ganz automatisch bewegen sich die größeren Teilchen dadurch nach oben, da sie von den kleineren, nach unten wandernden Teilchen verdrängt werden. Durch das Schütteln vollzieht sich ein Sortiervorgang: Große Stücke wandern nach oben, kleine nach unten. Nach einer Weile liegen die großen Haselnüsse immer oben. Bei Cornflakes regiert dasselbe Gesetz, Physiker sprechen auch von der *inversen Segregation*, denn auch hier liegen die großen Cornflakes oben und die zerbröselten Reste ruhen ganz unten in der Packung.

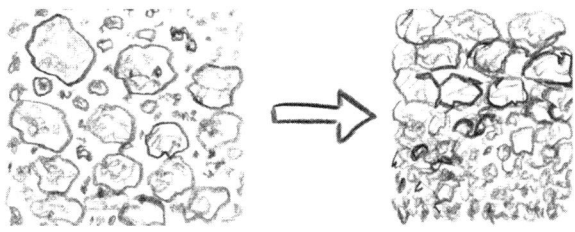

Lawinen sind auch ein Gemisch – aus Schneeteilchen. Und manchmal gerät ein Mensch da hinein. In der wissenschaftlichen Abstraktion liegt dann auch hier ein Stoffgemisch mit unterschiedlich großen Teilchen vor, die Schneeflocken und der Mensch, das ordentlich durchgeschüttelt wird. Und wie beim geschüttelten Müsli wird auch hier sortiert!

Lawinenopfer liegen trotz metertiefer Schneewalzen oft oben. Leider aber immer noch unter einer Schneedecke. Meistens sind die Opfer so dicht von Schnee bedeckt, dass es absolut unmöglich ist, sich selbst zu befreien.

Vor einigen Jahren haben Techniker die Müsli-Lektion auf ein neues Rettungssystem übertragen: den Lawinenairbag. Der Skifahrer trägt ihn auf dem Rücken und löst ihn bei Gefahr aus. Der Airbag bläst sich auf und vergrößert künstlich das Gesamtvolumen seines Trägers. Im anschließenden »Schüttelprozess« verhält man sich wie ein besonders großes Teilchen und landet mit Lawinenairbag näher an der Oberfläche. Mit etwas Glück kann man sich sogar selbst befreien.

Das Eidgenössische Institut für Schnee- und Lawinenforschung hat über einen Zeitraum von 12 Jahren verschiedene Lawinenunfälle ausgewertet. Die Überlebenswahrscheinlichkeit liegt bei den untersuchten Fällen mit ausgelöstem Airbag bei immerhin 98 %. Ohne Airbag sinkt die Überlebenschance auf 71 %.

Der Lawinenairbag rettet also Menschenleben – und die Nüsse im Müsli waren die Inspiration!

Woher stammt
das **Croissant?**

78 Es ist ein Symbol des *savoir vivre français*: das Croissant. Doch stammt das Croissant wirklich aus Frankreich? Die eindeutige Antwort lautet: *non!*

Erfunden wurde es wohl in Österreich. Hierzu kursieren diverse Geschichten. Unter den historisch belegten findet sich folgende:

Es ist das Jahr 1683. Die Türken belagern Wien, doch die Stadt wehrt sich. Durch ein Tunnelsystem unter der Stadtmauer versuchen die Belagerer, Wien einzunehmen. Eines Nachts hört ein Bäcker während seiner Arbeit die Geräusche der grabenden Türken. Er schlägt Alarm, die Belagerer müssen sich zurückziehen. Zur Erinnerung an die Rettung Wiens entsteht ein mondsichelförmiges Gebäck: das »Türkenkipferl«. Die Form erinnert an den türkischen Halbmond.

Neben dieser Legende gibt es noch weitere Entstehungsgeschichten, doch keine findet sich in Frankreich. Dorthin kommt das Gebäck erst ein knappes Jahrhundert später, als der französische König Ludwig XVI. die Tochter der österreichischen Kaiserin, Marie Antoinette, heiratet und sie ihre neue Heimat mit dem Kipferl aus Österreich beglückt. Als Croissant erobert es ganz Frankreich.

Das Wort leitet sich übrigens vom französischen *lune croissante* ab: Das bedeutet »zunehmender Mond«. Der türkische Halbmond – Vorbild des Kipferls – ist hingegen abnehmend!

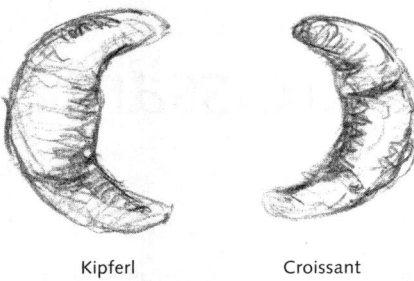

Kipferl   Croissant

Man kann es drehen und wenden, wie man will: Mal ist es ein
Croissant, mal ein Kipferl!

Warum »donnert« es im Cappuccino?

79 Es gibt überall etwas zu entdecken! Besonders aufregend finde ich übersehene Alltagsphänomene. Sie erinnern mich an spannende Kriminalgeschichten, bei denen wir erst ganz am Ende der Story erfahren, dass der Mörder unter uns weilte. Erst die Genialität des Kommissars entlarvt den Täter, oft anhand eines winzigen Indizes. Erfolgreiche Kriminalinspektoren und gute Wissenschaftler teilen übrigens diese Eigenschaft: Für sie ist absolut *nichts* offensichtlich, jedes Detail zählt!

Manchmal sind kindliche Unvoreingenommenheit und offene Neugier der Schlüssel zu einer überraschenden Erkenntnis ... Wussten Sie, dass man die Temperatur von Milch hören kann? Hören Sie bei Ihrem nächsten Cafébesuch doch einmal ganz genau hin, wenn Sie einen Cappuccino oder Ähnliches bestellen und anschließend Ihre Milch aufgeschäumt wird. Sie kennen sicher dieses unüberhörbare Heulen, denn es ist sehr laut! Eigentlich extrem laut für diesen schmalen Dampfstrahl aus der Maschine – oder? Und noch etwas ist auffällig: Am Anfang, solange die Milch noch kalt ist, ist das Geräusch besonders laut; doch es wird leiser, wenn die Milch wärmer wird. Dieses Heulen kann kein einfaches »Sprudelgeräusch« sein, denn das würde sich nicht verändern, während die Milch sich erhitzt. Dieses Cappuccino-Milchschäum-Geräusch ist etwas Besonderes!

Das Aufschäumen geschieht mithilfe von Wasserdampf. Dabei zeigt sich eine Eigenschaft: Wasserdampf (also die gasförmige Phase von Wasser) benötigt rund 1.600-mal mehr Raum als die entsprechende Menge an Wasser (aus einem Liter flüssigem Wasser entstehen 1.673 Liter Wasserdampf!).

Verantwortlich für den Lärm beim Aufschäumen sind die Wasserdampfbläschen, die beim Austritt aus der Dampfdüse 100 °C heiß sind. Beim Kontakt mit der Milch erkalten sie, und aus gasförmigem Dampf wird in unzähligen Miniimplosionen schlagartig wieder Wasser. Je wärmer die Milch wird, umso langsamer verläuft der Abkühlungsprozess des Wasserdampfs. Kocht die Milch, hören die winzigen Implosionen auf und es blubbert nur noch. Das Cappuccino-Geräusch ist also eine Art »Anti-Donner«.

Das genau umgekehrte Phänomen gibt es nämlich bei einem richtigen Gewitter: Wenn es blitzt, erhitzt sich die umgebende Luft plötzlich auf mehrere Tausend Grad. Diese extrem heiße Luft dehnt sich dann schlagartig aus und dabei wird es richtig laut: Es donnert. Donner ist also Luft, die sich plötzlich ausdehnt; der Cappuccino-Sound hingegen ist Wasserdampf, der schlagartig zusammenfällt. In beiden Fällen wird es laut.

Und noch etwas hört man genau: Je wärmer die Milch wird, desto leiser wird es.

Was ist das Geheimnis
von Speiseeis?

80 Als Kind habe ich einmal selbst versucht, Eis zu machen, und bin kläglich gescheitert. Ich habe Fruchtsaft im Gefrierschrank gefroren, doch das Ergebnis war nicht sehr lecker: ein harter Eisblock. Mit Speiseeis oder Sorbet hatte das wenig zu tun.

Hätte ich damals gewusst, dass sich beim Gefrieren von Wasser Eiskristalle bilden, die mit der Zeit wachsen und immer länger werden und dann zu einem harten spitzen Eisblock gefrieren, der alles andere als schmackhaft ist, hätte ich mein Taschengeld in eine Eismaschine investiert.

Der Trick beim Speiseeis ist nämlich das Rühren. Bei einem guten Sorbet wird die Masse, zum Beispiel gezuckerter Fruchtsaft, während des Gefrierens in der Eismaschine ständig umgerührt. Dadurch verhindert man, dass sich lange Eiskristalle bilden können, denn die winzigen Strukturen werden immer wieder zerschlagen. Das Eis wird in der Folge geschmeidig. Das Sorbet ist übrigens sehr alt: In der Antike hat man es aus Gletscherschnee mit Früchten, Honig oder Rosenwasser zubereitet. Das Wort selbst stammt aus dem Arabischen sharbat, das so viel bedeutet wie kaltes – nichtalkoholisches – Getränk.

Im Gegensatz zum Sorbet ist im Milchspeiseeis auch noch Milch oder Sahne und somit Fett enthalten. Beim Pürieren und Rühren mischt sich dann jede Menge Luft ein. Es entsteht ein gefrorener Schaum aus Luft, Fett und Eisteilchen.

Dieser Schaum wird durch ein mikroskopisches Netz aus Fettmolekülen stabilisiert. Beim Abschmelzen kann man das schön beobachten: Wenn gutes Speiseeis schmilzt, behält es sehr lange seine Struktur, das Fettnetz wirkt wie ein Gerippe und fällt daher nicht sofort in sich zusammen. *Partielle Koaleszenz* sagt der Fachmann. In der Praxis bedeutet das: Da Eis üblicherweise nicht nach Gewicht, sondern nach Volumen verkauft wird, also in Litern, ist man nach dem Abschmelzen überrascht, wie wenig tatsächlich in der Packung ist. Eis ist viel verpackte kalte Luft!

Beim Gefrieren des Eises findet überdies ein natürlicher Konzentrationseffekt statt: Der gezuckerte Fruchtsaft enthält Wasser. Bei fallenden Temperaturen gefriert zunächst das Wasser, während der gezuckerte Sirup flüssig bleibt. Dieses Phänomen begegnet uns auch im Polarmeer. Wenn es Winter wird, bildet sich im Salzwasser des Nordmeers Eis, und auch hier gefriert zunächst nur das Wasser: Die Eisschollen bestehen daher aus reinem Süßwasser und treiben im noch flüssigen Salzwasser. Im Winter steigt also die Salzkonzentration des Meerwassers leicht an. Im Speiseeis steigt hingegen die Zuckerkonzentration in der verbleibenden Flüssigkeit an. Je höher der Zuckergehalt, desto tiefer sinkt aber der Gefrierpunkt. Selbst bei $-16\,°C$ sind in unserem Speiseeis nur 72 % des Wassers gefroren, der Rest schwimmt als süße Soße dazwischen! Nur dank dieses Konzentrationseffektes kommen wir in den Genuss des typischen Eisgeschmacks, denn obwohl es kalt ist, vermittelt der flüssige Sirup uns die entscheidende Süße.

Übrigens: Es gibt noch einen etwas exotischeren Weg, ein sämiges Sorbet zu erzeugen: flüssiger Stickstoff! Bei einer Temperatur von $-195\,°C$ gefriert der gezuckerte Fruchtsaft schlagartig. Der Gefrierprozess verläuft so rasch, dass sich keine längeren Kristalle bilden können. Der Stickstoff entweicht dabei als Gas. Übrig bleibt eine Köstlichkeit, die jedoch nicht zu kalt genossen werden darf. Sonst verbrennt man sich am Eis die Zunge!

Ich muss mich verbessern: Ich hätte zum Leidwesen meiner Mutter wahrscheinlich in Stickstoff investiert, das wäre viel spannender gewesen.

Wo reifen die
Bananen?

81 Während meiner Kindheit in Indien kannte ich nur kleine Bananen, und zwar in einer überwältigenden Vielfalt. Viele wuchsen wild oder in Gärten. Es gab Kochbananen, Süßbananen oder solche, die überhaupt nicht schmeckten – und plötzlich, hier in Europa, war es aus mit der duftenden Vielfalt, es gab nur noch *die* Banane: ein Kulturschock!

Natürlich wachsen die Bananen, die wir hier essen, nicht in Europa, sondern meist auf gigantischen Plantagen in mittelamerikanischen Staaten wie Panama, Nicaragua oder Honduras, die durch große US-amerikanische Konzerne zu »Bananenrepubliken« verkamen: Die United Fruit Company, die Standard Fruit Company und die Cuyamel Fruit Company hatten sich Ende des 19. Jahrhunderts mithilfe großzügiger Konzessionen riesige Flächen im karibischen Tiefland angeeignet, um dort Bananen anbauen zu lassen. Die Konzerne bauten Straßen, Eisenbahnen und Siedlungen für die Arbeiter auf den Bananenplantagen und binnen kürzester Zeit wurden sie die größten Arbeitgeber des Landes. Obwohl ihre Gewinne viele Jahre lang den Staatshaushalt überstiegen, zahlten sie kaum Steuern, stattdessen korrumpierten sie Politiker und versorgten willfährige Diktatoren mit Geld und Waffen.

Noch heute sind Bananen in Mittelamerika die wichtigsten Exportgüter. Etwa zwei Jahre wachsen die Früchte, bevor sie

noch grün geerntet werden. Die hochgezüchteten Export-
bananen werden oft innerhalb eines Tages verpackt und dann
auf Kühlschiffe verladen. Bei exakt 13,2 °C wird der natürliche Reifungsprozess unterbrochen und dann geht es ab auf
die lange Reise zu uns.

Nach der Entladung aus den Kühlschiffen werden die Früchte in Bananenreifereien transportiert, wo sie in speziellen
Kammern bei Temperaturen von 14–17 °C etwa vier bis acht
Tage reifen. Neben der Wärme, welche die Bananen aus ihrem
Dornröschenschlaf weckt, nutzt man noch einen Trick: Bei
der Reifung geben Früchte das Gas *Ethen* (manchmal sagt
man auch *Ethylen*) ab. Dieses Gas ist ein Pflanzenhormon,
das dafür sorgt, dass der Reifungsprozess bei den übrigen
Früchten aktiviert wird. Hierbei wird innerhalb des Frucht-
fleisches Stärke in Zucker umgewandelt und dabei verfärbt
sich die Banane von dunkelgrün nach leuchtend gelb. In den
Reifekammern wird das Gas kontrolliert zugegeben, damit
am Ende möglichst alle Bananen gleich reif sind. Die Pflanzen
setzen dieses Reifegas auch selbst frei. Sie kennen das: Die
eine reife Banane in der Obstschale steckt alle anderen an.
Daher der Tipp: Überreife Bananen entfernen und die Bananen möglichst kühl, aber auch nicht zu kalt lagern. Dann
halten sie lange.

Übrigens regelt die Europäische Bananenverordnung[9] eindeutig, dass eingeführte Bananen mindestens 14 cm lang und
27 mm dick sein müssen! Ich hab's ja gesagt: ein echter Kulturschock!

Wie konservieren
Zucker und Salz?

82 Ich gehöre leider nicht zu den Vorbildmännern, die genüsslich in Sandalen durch Märkte schlendern und allerlei Gemüse und exotisches Obst einkaufen oder einen besonderen Fisch mit nach Hause bringen, um daraus eine exquisite Küchenkreation zu zaubern. Ja, ich bekenne mich schuldig, dass ich noch nicht so weit bin, aber wer weiß! Doch jedes Jahr im Spätsommer überkommt mich eine innere Unruhe. Sie ist vergleichbar mit der Anspannung, die Zugvögel empfinden dürften, wenn ihr instinktives und unerträgliches Fernweh ausbricht. Auch mich zieht es hinaus, allerdings nicht in südliche Winterquartiere, sondern in dornige Sträucher: Es ist Brombeerzeit!

Selbst gemachte Brombeermarmelade ist so ziemlich das Einzige, womit ich kulinarisch auftrumpfen kann, doch wahrscheinlich werden mir die Männer in den Sandalen zulächeln und mir ein altes bretonisches Rezept empfehlen. Egal!

Ich pflücke die Beeren selbst und koche sie ein, denn selbst gemachte Marmelade schmeckt fantastisch. Meine ganz bestimmt! Ohne Ingwerstückchen oder Pfefferkörner – reine Brombeermarmelade. Basta!

Doch wir Menschen sind nicht die Einzigen, die scharf sind auf süße Früchte: Unzählige Bakterien und Pilze machen sich daran zu schaffen und vermehren sich fleißig. Irgendwann gewinnen sie die Oberhand und die Frucht wird für uns ungenießbar. Doch gegen diese Invasion der Mikroben gibt es ein altes Hausrezept: Zucker, viel Zucker. Er scheint den natürlichen Verfall zu stoppen, denn Brombeermarmelade hält sich selbst ungekühlt weit länger als frische Brombeeren. Auch Salz verlängert die Haltbarkeit von Lebensmitteln, egal ob Fisch oder Schinken. Auf vielen Zucker- oder Salzpackungen sucht man vergebens nach einem Verfallsdatum, denn verschlossen sind sie fast unbegrenzt haltbar.

Der Trick beim Konservieren mit Zucker oder Salz liegt im Prinzip des Gleichgewichts der Konzentrationen. Das lässt sich gut beobachten, wenn man Kirschen ins Wasser legt: In ihnen befindet sich viel Zucker, der Wasser von außen anzieht. Das Wasser durchdringt die äußere Haut der Kirsche und steigert im Innern den Druck, bis die Kirsche so viel Wasser aufgenommen hat, dass sie birst.

Umgekehrt schrumpfen die Kirschen, wenn man sie über Nacht in eine konzentrierte Zuckerlösung legt, denn der umgebende Zucker entzieht dem Obst die Flüssigkeit. Dieses Phänomen nennt man Osmose. Und genau das passiert, wenn sich Bakterien an die Marmelade heranmachen. Der umgebende Zucker entzieht den Mikroorganismen das Wasser und sie gehen zugrunde. Durch den hohen Zuckeranteil haben die kleinen Invasoren also keine Überlebenschance, und die Marmelade bleibt haltbar. Dass wir Menschen dennoch überleben, hängt damit zusammen, dass wir im Vergleich zu unserer Größe wenig Marmelade essen. Ein längeres Bad in süßer Brombeermarmelade wäre für uns – wie für die Bakterien – bestimmt tödlich. Also nicht zu viel aufs Brot schmieren!

Warum brennt
Schokolade?

83 » ... du brauchst mir jetzt nicht ausrechnen, wie lange ich joggen muss, um das zu verbrennen«, wehrt meine Frau den Versuch ab, ihr den Energiegehalt der gerade verputzten Tafel Schokolade zu erläutern.

Möchten Sie es wissen?

Das Wort Kalorie stammt aus dem Lateinischen und bedeutet so viel wie »Wärme«. Und eine Kalorie entspricht der Energiemenge, die ein Gramm Wasser um einen Grad erwärmt. In den Nährwerttabellen wird zwar inzwischen die Einheit Joule angegeben (1 J = 0,2388 cal), doch Schokolade als »Joule-Bombe« zu bezeichnen klingt in den Ohren vieler Menschen ungewohnt.

Mit einer Tafel Schokolade kann man einen ganzen Eimer Wasser zum Kochen bringen. Ich konnte das anfangs nicht glauben und habe es nachgerechnet. In der Tat: In 100 g Vollmilchschokolade (ca. 560 kcal) sind also 560.000 Kalorien enthalten. Diese Energie reicht aus, um sieben Liter Wasser zum Kochen zu bringen.

Um den Kaloriengehalt von Schokolade zu illustrieren, machte ich einen verblüffenden Versuch: Schokolade brennt. Kein Wunder, wenn man sich bewusst macht, dass viel Fett und Zucker darin enthalten sind. Mit gerade mal »einem« Stück Schokolade, keiner Tafel, auch keiner Reihe, könnte ich in einer Mini-Kupferpfanne ein Spiegelei braten!

Natürlich brennt in unserem Körper keine Flamme. In unserem Organismus läuft stattdessen eine Vielzahl biochemischer Reaktionen ab, welche die in der Nahrung enthaltene Energie umwandeln und für unseren Körper nutzbar machen. Aber letztlich entstehen, wie bei der Verbrennung, auch Kohlendioxid und Wasser. Eine einzige Tafel Schokolade deckt den Ruheenergiebedarf Ihres Körpers für acht volle Stunden.

Sie können es leicht prüfen: Im Ruhezustand benötigt Ihr Körper rund 70 kcal pro Stunde. Eine Tafel enthält etwa 560 kcal, das ergibt: 560/70 = 8 Stunden. Schokolade ist konzentrierte Nahrung – kein Wunder, dass Soldaten sie als eiserne Reserve mit sich führen.

Selbst nach einer Stunde Joggen hat man gerade mal die Energie verbraucht, die in zwei Reihen einer Schokotafel steckt. Eine ganze Tafel enthält so viele Kalorien wie acht Äpfel.

Unsere Vorfahren mussten oft hungern. Fett und Zucker sind wertvolle Energiereserven für karge Zeiten und so hat die Evolution unseren Körper mit einem natürlichen Heißhunger darauf ausgestattet. Das Anlegen von Reserven war damals eine Frage des Überlebens. Die Zeiten haben sich geändert, doch unsere Liebe zu Süßem ist ungebrochen.

Was ist der Unterschied zwischen H-Milch und pasteurisierter Milch?

84 Beim Einkaufen hat man die Wahl: H-Milch oder pasteurisierte Milch. Doch was genau ist der Unterschied?

Milch ist ein besonderes Produkt: Wenn sie frisch aus dem Euter kommt, ist sie praktisch keimfrei, denn Milch ist Babynahrung für das Kalb. Doch schon beim Melken gesellen sich jede Menge Keime wie zum Beispiel Milchsäurebakterien dazu. Diese Keime vermehren sich fleißig und verändern so die Milch. Ab einer kritischen Anzahl von Mikroorganismen kippt die Milch und wird sauer. Früher wurde Milch ohne Behandlung schon nach wenigen Tagen schlecht. Der französische Chemiker Louis Pasteur erkannte Mitte des 19. Jahrhunderts als Erster, dass Bakterien der Grund für das Kippen der Milch sind. Er fand dabei heraus, dass kurzes Erhitzen die meisten Keime abtötet. Durch eine Wärmebehandlung wurde die Milch somit auch ohne Kühlschrank länger haltbar. So ist das heute gängige Konservierungsverfahren auch nach ihm benannt: Pasteurisierte Milch wird für 15–30 Sekunden auf 72–75 °C erhitzt. Hierdurch werden 100 % aller krankmachenden Keime abgetötet. Lagert man pasteurisierte Milch bei 8 °C, ist sie etwa 8–10 Tage haltbar.

Noch effektiver ist das Ultrahocherhitzen: Bei einem sehr hohen Druck von 3 Bar wird die Milch für gerade mal 1–2 Sekunden auf 135 °C erhitzt und danach wieder schlagartig abgekühlt. Auch die Verpackung wird auf diese Weise sterilisiert. Das Ergebnis: Die ungeöffnete H-Milch ist über mehrere Monate haltbar.

H-Milch schmeckt jedoch etwas anders, denn bei den hohen Temperaturen verändert sich ein Teil der Eiweißstoffe und der Milchzucker karamellisiert. Dennoch ist H-Milch besser als ihr Ruf. So werden durch moderne Verfahren selbst nach der Hochtemperatur-Behandlung viele Vitamine erhalten. In beiden Fällen wird die Milch zudem *homogenisiert*. Normalerweise setzt sich bei gemolkener Milch der Rahm oben ab. Milch enthält nämlich 3–4 % Fett, welches in Form kleiner Kügelchen in ihr schwimmt. Diese Kügelchen werden beim Homogenisieren gleichmäßig fein zerkleinert, indem die Milch mit Überdruck durch eine Düse gepresst wird. Besser oder schlechter wird die Milch dadurch nicht, doch homogener und gerechter: Denn niemand kann dann den Rahm abschöpfen!

Wie errechnet sich das Mindest-haltbarkeitsdatum?

85 Viele Lebensmittel sind mit einem genauen Mindesthaltbarkeitsdatum versehen, und es ist erstaunlich, dass zum Beispiel Milch oder Joghurt tatsächlich ziemlich bald nach Ablauf des aufgedruckten Datums schlecht werden. Wie kann man den Zeitpunkt so genau bestimmen?
Wie lange Lebensmittel haltbar sind, hängt von einem Wettlauf zwischen uns und unzähligen Mikroorganismen und Keimen ab. Um beim Beispiel der Milch zu bleiben: Das Rennen startet ab dem Moment, in dem die Milch den Euter der Kuh verlässt. Die Mikroben gelangen über die Luft oder durch die Melkmaschinen in die Milch und beginnen sich sofort zu vermehren. Doch nach dem Pasteurisieren geht ihre Anzahl dramatisch zurück.[10] Ein paar Keime bleiben jedoch übrig und vermehren sich weiter. Bakterien sind wahre Meister der Fortpflanzung: Bei 30 °C schaffen sie es, in nur 30 Minuten ihre Anzahl zu verdoppeln! Das klingt nach wenig, doch schon nach einer Stunde sind es dann viermal so viele, nach zwei Stunden sechzehnmal so viele und nach zehn Stunden bereits über eine Millionmal so viele Keime!
Im Warmen würde die Milch also im Nu schlecht. Deswegen kühlen wir sie, denn die Vermehrungsfreudigkeit der Bakterien wird durch Kälte gebremst. Milch, so steht es auch auf der Packung, sollte man bei 8 °C im Kühlschrank lagern. Doch auch in der Kälte geht das Spiel der Vermehrung weiter. Zwar verdoppeln sich die Keime jetzt nur einmal pro Tag,

doch nach nur vier Tagen hat sich die Keimzahl der ungeöffneten Milch versechzehnfacht und nach sieben Tagen sogar verhundertfacht. Am letzten Tag der Haltbarkeitsgrenze verdoppeln sich die Keime erneut, dabei wird ihre Gesamtzahl so groß, dass die Milch kippt.

Als Nicht-Mathematiker braucht es etwas Zeit, bis man die ungeheure Kraft dieses Verdopplungsprinzips begreift. Es ist eine Kettenreaktion und die allerletzte Verdopplung gibt dann den Anstoß. Das Prinzip begegnet uns überall, von Zahnentzündungen bis zur Atombombe: Die letzte Verdopplung führt bei den Zähnen zu einem schlagartigen Platzbedarf der Keime im Zahn und dieser Druck tut weh. Bei der Atombombe setzt jede einzelne Kernspaltung ein wenig Energie frei, doch durch die ablaufende Kettenreaktion werden 50 % aller Atomkerne auf einen Schlag gespalten und somit wird 50 % der gesamten Energie der Bombe während eines einzigen »Verdopplungsschritts« freigesetzt.

Dieses exponentielle Wachstum lässt sich genau berechnen: Kennt man die Zahl der Keime zu einem Zeitpunkt und ihre gegebene Verdopplungszeit, kann man exakt bestimmen, wann die Milch kippt. Das Datum der Mindesthaltbarkeit ist also berechenbar. Die Milchproduzenten sind vorsichtig, denn wenn die Milch länger im Warmen steht, verkürzt sich die Verdopplungszeit der Keime und dann kippt sie womöglich früher. Daher wird bei der Angabe des Mindesthaltbarkeitsdatums eine Sicherheit eingebaut. Die Milch hält sich meistens ein wenig länger als angegeben. Beim Öffnen der Packung können jedoch zusätzliche Keime von außen eindringen. Auch sie verkürzen die Haltbarkeit. So sollte man auch nicht alte mit neuer Milch mischen.

Wann immer die Milch abgelaufen ist, eins ist jedenfalls sicher: Im Supermarkt steht die frische Milch stets ganz hinten im Regal.

Wie kommen die Perlen in den Champagner?

86 »Wie lieb und luftig perlt die Blase
Der Witwe Klicko in dem Glase!«

Wilhelm Busch

Die einfache Antwort lautet: Kohlensäure. Die komplizierte Antwort ist aber viel interessanter: Der edle Champagner ist eigentlich Wein, der in Flaschen eine zweite Gärung erlebt. Hierbei wird er mit Hefe und Zucker versetzt, dann kommt der Stopfen drauf. Der Zucker wird dann von der Hefe in Alkohol und Kohlensäure umgesetzt. Daher hat der Champagner auch mehr Alkohol als Wein. Der Druck in der Flasche steigt dabei auf 6 Bar (fast dreimal so viel wie in einem Autoreifen!) an. Daher war es keine Seltenheit, wenn in den alten Kellereien Flaschen explodierten. Kellermeister schützten sich davor mit Eisenmasken. Heute sind die Flaschen zum Glück stabiler.

Nach einer Reifezeit von mindestens 15 Monaten – bei den guten Häusern dauert es oft noch länger – wird der edle Tropfen dann verkauft. Doch vorher gibt es noch ein Problem: Die Hefereste, die sich abgesetzt haben, müssen aus der Flasche entfernt werden. Die tüchtige Witwe Clicquot, die Wilhelm Busch zitierte, sie hieß Barbe-Nicole Clicquot-Ponsardin, erfand bereits im 18. Jahrhundert ein ausgetüfteltes Rüttelverfahren. Etwa 21 Tage lang wurde regelmäßig gerüttelt und dabei wurde die Flasche Schritt für Schritt geneigt, bis sie auf dem Kopf stand und sich der Satz im Flaschenhals gesammelt hatte. In den Kellereien gab es sogar den Beruf des »Rüttlers«. Der rüttelte – durch leichtes Drehen – bis zu 50.000 Flaschen am Tag!

Heute wird nicht mehr handgerüttelt, sondern automatisch geshaked. Danach wird *degorgiert*, das heißt, die Flasche wird vorsichtig geöffnet und der abgesetzte Hefepfropf entfernt. Das geht natürlich nicht ohne Flüssigkeitsverlust und war zur Zeit der Witwe Clicquot ein elendes Gespritze. Heute wird das Problem allerdings über ein Gefrierverfahren gelöst.

Beim Nachfüllen, der sogenannten *Dosage*, geben die Champagnerhäuser dann besondere Mixturen hinein, und je nach Zuckergehalt schmeckt der Champagner von Ultra Brut (sehr trocken) bis hin zu Demi-Sec (halbtrocken) oder Doux (lieblich).

Mineralwasser oder Trinkwasser aus der Leitung – worin liegt der Unterschied?

87 Es lebe die Vielfalt! Am Beispiel Wasser kann man das schön sehen: Blaue Flasche, grüne Flasche, weiße Flasche, mit Sprudel und ohne oder ganz einfach aus dem Wasserhahn. Deutschland steht mit etwa 500 Sorten auf Platz vier in Europa, was die Vielfalt der Mineralwässer betrifft. Doch was genau ist der Unterschied zwischen Mineralwasser und Trinkwasser, und kann man den wirklich herausschmecken?

Trinkwasser aus der Leitung ist immerhin das in Deutschland am strengsten kontrollierte Lebensmittel überhaupt. Die sogenannte Trinkwasserverordnung setzt scharfe Grenzwerte für biologische und chemische Verunreinigungen. Eigentlich könnten wir also völlig zufrieden sein, denn das Wasser aus dem Hahn ist top und auch noch günstig.

Mineralwasser hingegen kommt aus unterirdischen, vor Verunreinigungen geschützten Wasservorkommen. Es enthält Mineralstoffe wie Calcium, Natrium oder Magnesium, die das Wasser beim Fließen durch die Erd- und Gesteinsschichten aufgenommen hat – meist über 1 Gramm pro Liter. Die Abfüllung muss am Quellort erfolgen und oft sind die Wässer nach diesen Orten benannt. Die Zusammensetzung des Wassers darf dabei mit wenigen Ausnahmen nicht geändert werden, allerdings darf Kohlensäure entzogen oder zugegeben werden. Mineralwasser ist das einzige Lebensmittel in Deutschland, das amtlich anerkannt werden muss.

Ein weitverbreitetes Argument für den Konsum von Mineralwasser ist sein hoher Mineralgehalt. Doch zumindest hierzulande decken wir den Bedarf an Mineralstoffen vorwiegend über die Nahrung. Die Aufnahme von Calcium erfolgt über Milchprodukte und Gemüse, Magnesium erhält der Körper über Vollkornprodukte, Bananen und Gemüse.

Der Mineraliengehalt im Mineralwasser spielt also eine untergeordnete Rolle. Vielleicht liegt es ja am Geschmack. Doch auch da wird man enttäuscht. Wir haben mit Profiverkostern den Test gemacht: Die Unterschiede sind kaum herauszuschmecken, und es gibt keine sachlichen Argumente für die enormen Preisunterschiede zwischen den Mineralwässern. Verrückt, oder? Wasser aus der Flasche ist 300 – 1.000-mal so teuer wie Wasser aus dem Hahn! Es ist ein gutes Beispiel dafür, wie wir uns durch Werbung und Marketing beeinflussen lassen. Der Mineralwassermarkt wird international von vier bis fünf weltweit tätigen Großanbietern bestimmt. Das Wasser ist zum Statussymbol geworden und dafür geben wir viel Geld aus.

Es hat eben mit Psychologie zu tun: Meine Tante bekam jahrelang Leitungswasser, abgefüllt in einer edlen Mineralwasserflasche. Sie hat nie etwas davon gemerkt und war stets davon überzeugt: »Das schmeckt einfach besser als aus dem Hahn!« ... Prost!

Warum **flockt** die **Milch** im Kaffee aus?

88 Kennen Sie das? Sie machen Pause, gönnen sich eine wohlverdiente Tasse Kaffee, geben einen Schuss Milch hinein und prompt flockt sie aus. Warum?

Beim Blick auf die Milchpackung stellen Sie fest: Das Mindesthaltbarkeitsdatum ist noch nicht überschritten. Wenn Sie die restliche Milch in ein Glas schütten, ist sie in Ordnung und nicht sauer.

Ausflocken bedeutet chemisch gesehen, dass die gelösten Eiweiße der Milch ihre Löslichkeit verlieren. Sie klumpen zusammen. Dieser Prozess tritt bei älterer Milch auf. Hitze kann das Phänomen zwar beschleunigen, doch beim Kaffee gibt es noch eine andere Ursache: Säure! Ein einfacher Versuch kann es verdeutlichen: Man nehme normalen Kaffee mit Milch, gebe ein paar Zitronentropfen hinzu und schon kippt auch die frische Milch. Die Säure im Kaffee ist also der wahre Übeltäter.

Wie viel Säure im Kaffee vorkommt, hängt von mehreren Faktoren ab. Zunächst spielt die Kaffeesorte eine Rolle: Der Robusta-Kaffee enthält weniger Säure als die häufig getrunkene Arabica-Bohne. Hinzu kommt auch die Art der Röstung: Im schwach gerösteten Kaffee ist wenig Säure enthalten. In Deutschland wird jedoch der stärker geröstete Kaffee bevorzugt und der ist besonders sauer. Bei noch längerer Röstung, so mögen es die Italiener, werden die Säuren hingegen wieder abgebaut.

Der deutsche Kaffee ist also besonders sauer. Vielleicht ist das auch der Grund, warum nur eine von vier Personen den Kaffee schwarz trinkt. Die Mehrheit in unserem Lande bevorzugt ihn mit Milch, denn die Milch neutralisiert die Säuren etwas, und durch die Milch wird auch die Säurebildung der Magenschleimhaut verringert. Der Kaffee wird dadurch bekömmlicher.

Das Flocken der Milch hat aber vor allem mit der Warmhaltezeit des Kaffees zu tun. Je länger der Kaffee steht, umso saurer wird er. Der pH-Wert, ein Maß für die Säure, verändert sich drastisch von 5,28 bei frischem Kaffee auf 4,9 nach nur drei Stunden! Wenn die Milch also flockt, dann wissen Sie jetzt, woran es liegt: alter Kaffee!

Was ist das Geheimnis der tanzenden Wassertropfen?

Home, sweet home: Was Sie über Ihren Haushalt wissen sollten

Warum wird der **Keller** im Sommer **feucht?**

89 Vielleicht kennen Sie das Problem: Im Keller ist es oft feucht und muffig. Besonders im Sommer riecht es dort unangenehm und an einigen Stellen bildet sich sogar Schimmel. »Ordentlich durchlüften!«, denkt man. Doch wenn Sie gerade im Sommer im Keller die Fenster aufreißen, lösen Sie das Problem nicht – im Gegenteil: Es wird noch schlimmer. Warum?

Das hat damit zu tun, dass warme Luft an kühlen Stellen kondensiert. Das Phänomen ist bekannt: Wenn Sie zum Beispiel im Sommer eine Flasche Bier aus dem Kühlschrank nehmen und auf den Tisch stellen, wird die Flasche mit der Zeit außen nass. Die warme Luft »schwitzt« sich an der kalten Flasche ab, sie kondensiert. Jeder kennt auch den beschlagenen Badezimmerspiegel nach der heißen Dusche. Warme Luft kann nämlich weit mehr Wasser aufnehmen als kalte.

Neben der Temperatur ist auch die relative Luftfeuchtigkeit ausschlaggebend für den Wassergehalt in der Luft. Das klingt zunächst etwas irritierend, doch man versteht es leichter, wenn man sich Folgendes klarmacht: Stellen Sie sich die Luft wie eine Kommode mit einer Schublade vor. In der Schublade kann Wasser gespeichert werden. Die relative Luftfeuchtigkeit gibt an, zu welchem Grad die Schublade gefüllt ist: 50 % relative Luftfeuchtigkeit bedeutet also: die Schublade ist halb voll. Bei 100 % kann die Luft kein weiteres Wasser aufnehmen.

Und jetzt zum Einfluss der Temperatur: Bleiben wir hierfür im Bild der Kommode. Die Temperatur bestimmt die Größe der Schublade. Ist es heiß, ist die Schublade groß und kann viel Wasser aufnehmen, wird es kälter, dann schrumpft die Schublade.

Es ist sofort einleuchtend, dass eine Abkühlung bei 100 % relativer Luftfeuchtigkeit die Schublade zum Überlaufen bringt, denn die prallgefüllte Schublade schrumpft und kann nicht mehr alles Wasser halten.

Und jetzt zurück zum feuchten Keller: Nehmen wir als Beispiel einen warmen Sommertag: Die Außentemperatur beträgt 25 °C, die Luftfeuchtigkeit liegt bei 80 %. In jedem Kubikmeter unserer warmen Sommerluft stecken 18 Gramm Wasser in Form von unsichtbarem Wasserdampf. Im Keller jedoch ist es kühl. Kalte Luft kann aber weit weniger Wasser aufnehmen als die warme, nämlich maximal 14 Gramm. Wenn also die warme Außenluft in den Keller gelangt, kühlt sie ab (im oben genannten Sinne schrumpft die Schublade) und kann nun nicht mehr das ganze Wasser halten. Dieses kondensiert an den kühlen Wänden. Pro Kubikmeter sind es bei unserem Beispiel vier Gramm Wasser zu viel. Füllt sich beim Lüften der gesamte Raum mit der Außenluft, dann gelangt, je nach Kellergröße, die Wassermenge eines randvoll gefüllten Glases in den Keller. Und wenn beim Lüften die Kellerfenster womöglich den ganzen Tag lang aufstehen, dann wird die Luft nicht nur einmal, sondern mehrmals ausgetauscht. Das sind viele Gläser Wasser! Es kondensiert an den kühlen Kellerwänden, diese werden feucht und mit der Zeit bildet sich unweigerlich Schimmel.

Was tun? Im Sommer die Kellerfenster schließen und nur dann lüften, wenn es außen kälter ist als innen! Im Notfall sollten Sie sogar mitten im Sommer im Keller die Heizung aufdrehen!

Klobrille gegen Spültuch – Wo ist es im Haushalt am schmutzigsten?

90 Jeden Tag wird in unseren Wohnungen ein erbarmungsloser Krieg geführt. Der Feind: Bakterien, Mikroorganismen und jede Menge krankmachender Keime. Die Waffen: Seife, Wasser, Staubsauger und eine ganze Batterie von Reinigungsmitteln.

Obwohl wir uns alle Mühe geben, können wir nicht gewinnen. Die Keime verbreiten sich zum Teil an ungewöhnlichen Orten, manchmal sogar dort, wo wir sie am wenigsten vermuten. Als ich gemeinsam mit meinen Kollegen das Thema im Rahmen einer Fernsehsendung behandelte, machten wir einen Test. Wir nahmen Unmengen an Proben an benutzten Spültüchern, Klobrillen, Kehrbesen, Teppichen, Türklinken usw. und brachten sie ins Labor. Mit mikrobiologischen Verfahren wurde dann genau untersucht, wo die Bakterienbelastung am höchsten war.

Bei Keimen und Krankheiten denken viele zunächst an die Toilette, doch es ist erstaunlich: Selbst häufig genutzte Klobrillen sind nur mäßig mit Bakterien belastet. Urin ist sauer und kein guter Nährboden für Bakterien. An anderen Orten hingegen wimmelt es von ihnen. So kann sich zum Beispiel ein Spülschwamm als lebendiges Mikrobennest erweisen. Das ewig feuchtwarme Klima des Schwamms und die Essensreste, die beim Wischen immer wieder von ihm aufgenommen werden, fördern das Wachstum so, dass die Bakterienbelastung mitunter sogar 30-mal höher ist als bei einer Klobrille!

Die schmutzigsten Orte aber sind Telefonhörer und Computertastaturen! Zwischen den Tasten sammeln sich jede Menge Staub, Haarschuppen und Krümel an, denn Computertastaturen werden – wenn überhaupt – nur sehr selten gründlich gereinigt. Dort haben wir 400-mal so viele Bakterien wie auf dem Klodeckel gezählt! Tastaturen, die von Frauen benutzt werden, sind übrigens stärker befallen als die ihrer männlichen Kollegen, bei Ersteren finden sich häufiger Kekskrümel und Cremespuren – idealer Nährboden für Mikroben!

Auf Telefonhörern wiederum findet man Überreste von Spucke und einen feinen fettigen Dreckfilm. Einige Wissenschaftler vermuten sogar, dass wir uns über den Telefonhörer anstecken können. Wer krank ist und telefoniert, hinterlässt Bakterien und Viren auf dem Hörer, die dort auf den nächsten Anrufer warten.

Problematisch sind aber alle Zonen, mit denen viele Menschen direkt in Berührung kommen: zum Beispiel Türgriffe. Hierbei gibt es interessante Unterschiede: Gut sind vor allem Griffe aus Messing, denn auf dem Metall können sich die Bakterien nicht so gut einnisten. Schlecht sind Kunststoffgriffe, weil sie porös sind. Die Zahl der gemessenen Keime liegt hier deutlich höher.

Falls Sie sich jetzt mit Desinfektionsmitteln auf einen Feldzug durch Ihre Wohnung begeben möchten, seien Sie nicht zu pingelig: Ein wenig Dreck schadet nicht!

Warum trocknet **Plastikgeschirr**
nicht in der Spülmaschine?

91 Heutige Geschirrspüler sind ökologisch vertretbar. Sie verbrauchen weniger warmes Wasser als wir, wenn wir selbst von Hand spülen. Doch es gibt da eine Auffälligkeit: Man räumt den Geschirrspüler aus, das Besteck, die Gläser und die Keramikteller sind trocken, nur das Plastikgeschirr ist immer noch nass. Warum trocknet Plastik nicht in der Spülmaschine?

Bei Geschirrspülern wird zunächst das gesamte Geschirr mit warmem Wasser erhitzt. Alles, egal ob aus Stahl, Glas, Keramik oder Kunststoff, wird dabei je nach Programm bis zu etwa 85 °C heiß. In der anschließenden Trocknungsphase verdampft das Wasser auf dem heißen Geschirr, bis alles trocken ist. Alles, bis auf das Plastikgeschirr!

Nehmen wir als Beispiel eine Kunststoff- und eine Keramiktasse. Beide sind zu Beginn gleich heiß, besitzen also dieselbe Temperatur, doch es gibt einen wichtigen Unterschied: Die Keramiktasse speichert erheblich mehr Wärme als die leichtere Kunststofftasse. Diese im Geschirr gespeicherte Wärme muss in der anschließenden Trocknungsphase ausreichen, um das Restwasser auf der Oberfläche der Teller und Tassen zu verdampfen. Bei Keramik ist das kein Problem, bei Plastik schon. Denn noch eine weitere Materialeigenschaft kommt hier zum Tragen: die sogenannte Wärmeleitfähigkeit.

Jeder hat das schon einmal erlebt: Wenn man heißes Wasser in eine Porzellantasse füllt, breitet sich die Wärme über das gesamte Gefäß aus und man verbrennt sich leicht die Finger. Bei Kunststoffbechern hingegen ist das nicht der Fall, denn Kunststoff leitet die Wärme zehnmal schlechter: Obwohl der Inhalt kochend heiß ist, kann man den Becher am Rand anfassen.

Zurück zum Geschirrspüler: Dort, wo sich nach dem Spülgang noch Tröpfchen befinden, verdampft das Wasser und nimmt dabei Energie mit. Somit kühlt die ursprüngliche Stelle ab. Doch durch die gute Wärmeleitung von Keramik, Glas oder Stahl fließt sofort Wärme nach. So bleibt die noch feuchte Stelle immer noch heiß genug, damit auch weiterhin Wasser verdampft, bis die Tasse trocken ist. Der Keramiktasse steht also die gespeicherte Energie aus der gesamten Tasse zur Verfügung. Der Kunststoffbecher ist jedoch ein schlechter Wärmeleiter. Zwar verdampft auch hier zunächst etwas Wasser, doch die feuchten Stellen sind bald kalt, und bedingt durch die zehnmal schlechtere Wärmeleitfähigkeit fließt kaum Wärme aus dem restlichen Becher nach und so bleibt das Plastikgeschirr nass.

Warum wird es sauberer mit Seife?

92 Wenn Sie Kinder haben, ist das Thema Hygiene ein Dauerbrenner: »Wann hast du zuletzt geduscht? Hast du auch Zähne geputzt? Sind die Fingernägel sauber? Wasch dir die Hände vor dem Essen, aber bitte mit Seife!« Bis junge Menschen solche Rituale umsetzen, braucht es manchmal sehr viel liebevolle Überzeugungsarbeit. Wann reicht nur Wasser beim Waschen und was bewirkt eigentlich die Seife?

Wasser ist zunächst fürs Waschen wichtiger als jedes Reinigungsmittel, denn hiermit werden alle wasserlöslichen Substanzen wie Staub, Zucker oder salzhaltige Stoffe gebunden. Doch bei fetthaltigem Schmutz kommt man alleine mit Wasser nicht weiter, denn Fett und Wasser stoßen sich ab. Wenn Sie zum Beispiel Öl und Wasser gemeinsam in eine Flasche geben, vermischen sich die Flüssigkeiten nicht, sondern setzen sich voneinander ab. Ähnlich ist es beim Waschen. Die kleinen Fettklümpchen werden vom Wasser nicht gebunden und bleiben auf der Haut oder den Textilien haften. Alleine mit Wasser hat man keine Chance, sie loszuwerden.

Die Seife übernimmt hier die Rolle eines Vermittlers. Die *Tenside*, wie sie auch genannt werden, schließen eine Art Kompromiss: Sie besitzen einen wasserliebenden und einen ölliebenden Teil:

Seifenmolekül

Wasserliebender Kopf   Fettliebendes Ende

Beim Waschen dringen die Seifenmoleküle in den ölhaltigen Schmutz ein und umgeben ihn. Durch die wasserliebenden Köpfe wird das Schmutzteilchen eingepackt und anschließend mit dem Wasser fortgeschwemmt. Seife ist also ein idealer Mittler zwischen Fett und Wasser.

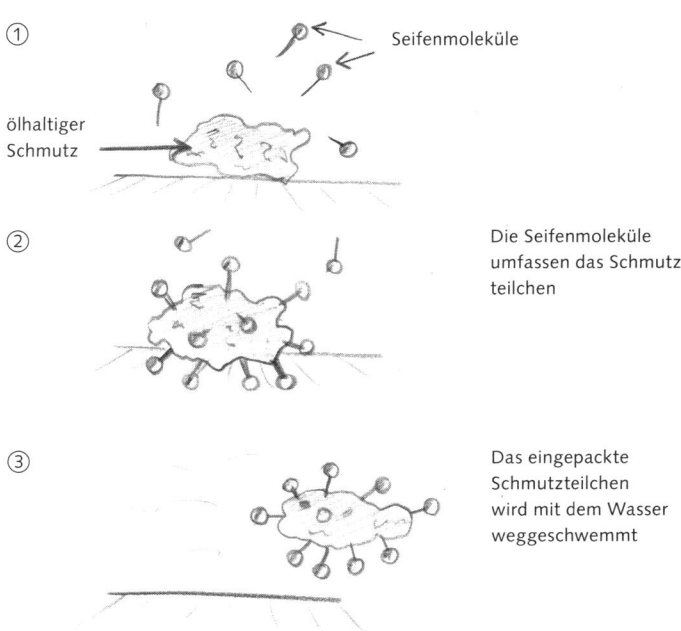

① Seifenmoleküle

ölhaltiger Schmutz

② Die Seifenmoleküle umfassen das Schmutzteilchen

③ Das eingepackte Schmutzteilchen wird mit dem Wasser weggeschwemmt

Etwas ganz Ähnliches gibt es bei der Mayonnaise: Da ist Eigelb der Vermittler zwischen Essig und Öl. Seife und Eigelb haben also dieselbe Rolle. Im Prinzip kann man sogar Seife durch Eigelb ersetzen. Es ist daher kein Zufall, dass nach alten Hausrezepten Haare mit Eigelb gewaschen wurden.

Natürlich könnten Sie auch umgekehrt eine Mayonnaise mit Seife anrühren. Die Mischung würde gelingen – doch schmecken würde sie nicht!

Nebenbei: Haben Sie sich schon einmal gefragt, warum der Seifenschaum immer weiß ist, auch wenn die Seife bunt war? Beim Schäumen reihen sich die Seifenmoleküle aneinander und verpacken einen hauchdünnen Wasserfilm. Dieser Seifenschaum wirkt wie Tausende winziger Spiegel, die das Licht reflektieren. Daher ist der Schaum immer weiß, auch wenn die Seife bunt war.

Was ist das Geheimnis der tanzenden Wassertropfen?

93 »Paulinchen war allein zu Haus,
die Eltern waren beide aus ...«

Struwwelpeter

Ich hatte in meiner Jugend die Küche als ein wunderbares Experimentierlabor entdeckt. Vor allem der Herd war für einfache Experimente gut geeignet. Ein Phänomen haben Sie vielleicht selbst schon beobachtet: Wenn Sie etwas kaltes Wasser auf der heißen Platte verschütten, schweben die Wassertropfen eine Weile über der Platte, statt sofort zu verdampfen. Wie kommt das?

Beim Auftreffen auf der Platte kommt das kalte Wasser zunächst in Kontakt mit dem heißen Untergrund. An der Unterseite der Tropfen verdampft das Wasser sofort und bildet eine Art Luftkissen aus Wasserdampf. Der Dampf treibt den Tropfen hoch und dieser beginnt wie ein Miniluftkissenfahrzeug zu schweben und verliert den direkten Kontakt zur Platte. Dabei wird er durch die Oberflächenspannung des Wassers zusammengehalten. Durch den Dampfmantel wird der Tropfen isoliert und die Heizplatte kann ihn nicht mehr so schnell erhitzen, denn Wasserdampf ist ein schlechter Wärmeleiter. Nur an der unteren Seite verdampft weiterhin etwas Wasser und sorgt dafür, dass das Luftkissen erhalten bleibt. Der schwebende Tropfen wird also nicht so stark erhitzt und damit steigt seine Lebensdauer an.

Die tanzenden Wassertropfen waren ein Faszinosum: Ich habe das Experiment mit Wasser, Salzwasser, Saft und sogar Milch gewagt. Milch ist ganz schlecht: Nachdem das Wasser verdampft ist, bleiben Fett und Eiweiß übrig und verbrennen auf der Herdplatte. Am Ende stinkt es entsetzlich! Mit sauberem Wasser klappt es am besten. Salzwasser hinterlässt eine weißliche Salzschicht auf der Herdplatte und Säfte stinken wegen des Zuckers, der auf der Herdplatte verkokelt. Schon kleine Verunreinigungen, wie zum Beispiel Reste von Spülmittel, zerstören die Oberflächenspannung. Der Tropfen hält nicht mehr zusammen und die kleine Zirkusnummer entfällt. Die Wärme der Heizplatte treibt sogar einen kleinen Motor an: Wenn man genau hinschaut, sieht man, wie das Wasser im Innern des Tropfens herumwirbelt.

Durch das Verdampfen verliert das schwebende Gebilde Wasser, hierdurch schrumpft der Tropfen mit der Zeit. In dieser Phase tanzt er auf der Wasserdampfschicht hin und her und lässt sich durch leichtes Pusten aus der Bahn bringen. Mit der Zeit erwärmt sich das Wasser im Innern des Tröpfchens immer mehr, bis es dann auf einen Schlag verkocht.

Bei meinen Versuchen merkte ich, dass die Temperatur der Herdplatte entscheidend ist. Ist sie nicht heiß genug, bildet sich weniger Wasserdampf an der Unterseite und der Abstand zwischen Tropfen und Platte verringert sich. Dadurch heizt sich der Tropfen (trotz kühlerer Platte) sehr viel schneller auf. Bei zu heißem Untergrund schrumpft die Lebensdauer ebenfalls. Nach einer ganzen Versuchsreihe fand ich heraus, dass die optimale Temperatur bei knapp über 200 °C liegt. Manche Tropfen tanzen dann über eine Minute lang!

Erfahrene Köche überprüfen mit ein paar Wassertröpfchen, ob die Pfanne heiß genug ist. Ist es nicht toll, wie viel Wissenschaft in einem Tropfen steckt? Nur ein Tipp: Herdplatte wieder ausschalten und sauber machen, sonst tanzen die Eltern!

Warum wölbt sich der Duschvorhang
beim Duschen immer nach innen?

94 In diesem Kapitel gibt es Wissenschaft für Warmduscher! Denn die kennen bestimmt das Phänomen: Der Duschvorhang wölbt sich beim Duschen nach innen und klebt dann oft unangenehm an den Beinen. Aber so bekannt das Phänomen auch ist, so unbekannt sind die Gründe dafür. Erklärungsversuche jedenfalls gibt es viele.

Theorie eins ist der »Kamineffekt«: Das warme Wasser heizt die Umgebungsluft auf, diese steigt nach oben und erzeugt einen leichten Unterdruck. Der Vorhang wölbt sich nach innen. Klingt plausibel, doch es gibt da ein Problem: Wenn das Wasser kalt ist, wölbt sich der Vorhang immer noch.

Theorie zwei lautet: Die Wassertröpfchen des Duschkopfs reißen auf ihrem raschen Weg nach unten Luft mit sich. Dieser bewegte Luftstrom erzeugt am Rande einen Unterdruck, der den Vorhang anzieht. *Bernoulli-Effekt* nennt man das in der Physik. Je näher der Duschkopf am Vorhang ist, umso intensiver müsste der Effekt dann sein. Habe ich selbst ausprobiert, stimmt auch nicht so richtig.

Die erlösende Theorie Nummer drei stammt vom Strömungsforscher David Schmidt von der University of Massachusetts. In seinem Berufsleben als Professor untersuchte er den Verlauf feinster Tröpfchen in Verbrennungsmotoren. Mithilfe von Computersimulationen kann so das Strömungsverhalten optimiert werden. Dieses Programm nutzte er auch, um die Duschvorhangfrage zu klären. Er teilte einen virtuellen Duschraum in 50.000 kleine Zellen ein und ließ den Computer arbeiten. In jeder einzelnen Zelle wurden Druck, Temperatur und auch die Strömungsgeschwindigkeit erfasst. Dieses Prinzip der kleinen Zellen ist gängig. Mit solchen Verfahren wird zum Beispiel auch die Wettervorhersage berechnet.

Nach Tagen der Rechenzeit hatte Schmidt endlich 30 Sekunden Duschen in der trockenen Zahlenwelt des Computers simuliert. Dabei zeigte sich etwas Überraschendes: Die Tröpfchen der Dusche treiben offenbar einen größeren Wirbel an. Dieser dreht sich wie ein unsichtbarer Sturm in der Duschkabine. In größeren Duschen ist dieser Wirbel so groß, dass es sogar unangenehm zieht. An den Randbezirken zirkuliert die Luft sehr schnell und saugt so den Vorhang an.

Die beste Dusche entdeckte ich bei einem Hotelaufenthalt in Berlin. Der Duschkopf war besonders breit und erzeugte einen feinen Nieselregen. Der resultierende Luftwirbel war gewaltig. Das musste ich genauer untersuchen! Es war das einzige Mal in meinem Leben, dass ich mit einer brennenden Kerze duschte. Anhand der Flamme verfolgte ich den genauen Verlauf der Luftströmung. Es handelt sich tatsächlich um einen großen Wirbel. Mit mathematischer Genauigkeit spuckte David Schmidts Computer die Verbiegung des Vorhangs aus. Die Form stimmt mit der Wirklichkeit überein und bestätigt somit Schmidts Wirbeltheorie.

Vor allem dünne Vorhänge werden angesaugt und beulen dann aus. Doch bevor Sie das Problem mathematisch angehen, beschweren Sie einfach den Vorhang.

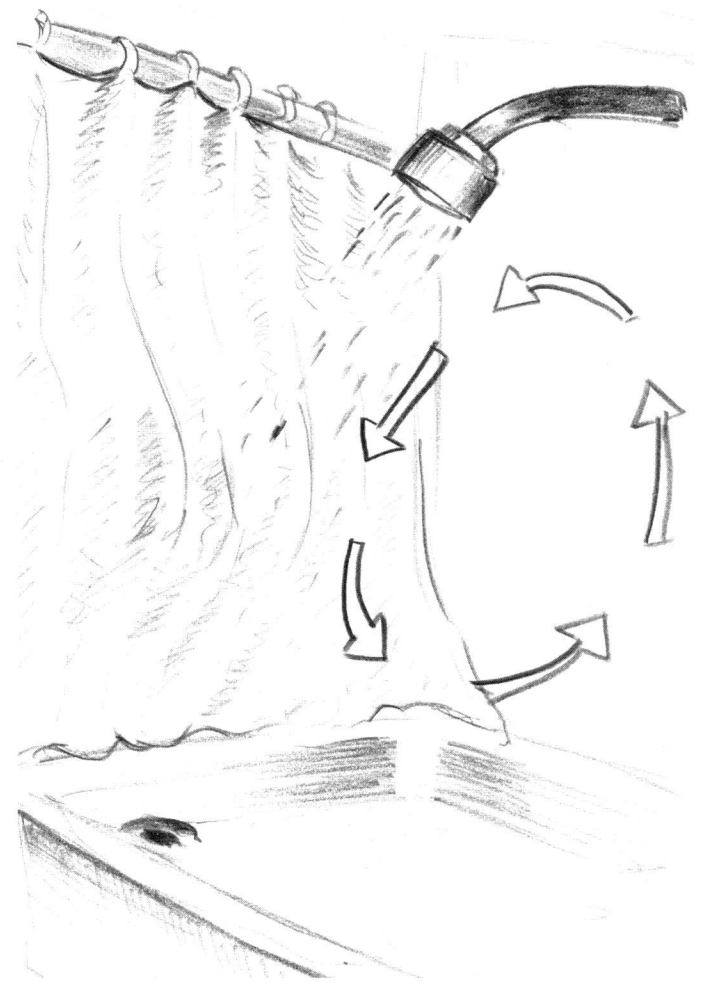

Wie dreht der Strudel
in der **Badewanne?**

95 Vor einigen Jahren hatte ich die Idee zu einer scheinbar einfachen Zuschauerfrage im Rahmen unserer Fernsehsendung »Kopfball«. Sie lautete: »Wie herum dreht sich der abfließende Wasserwirbel in der Badewanne?« Die Antwort war aus meiner Sicht sehr eindeutig, so dachte ich jedenfalls. Die Zuschauer hatten eine Woche Zeit, um uns die Lösung auf einer Postkarte zuzusenden.

Falls Sie, verehrte Leserin, verehrter Leser, sich intensiver mit Physik befasst haben, dürfte Ihnen diese Frage bekannt vorkommen, und ich gehe jede Wette ein, dass Ihnen dann in diesem Zusammenhang das Wort *Corioliskraft* einfällt.

Da die Erde ein rotierendes Bezugssystem darstellt, wirkt die Corioliskraft auch auf das abfließende Wasser der Badewanne. Auf der Nordhalbkugel – so die Theorie – dreht der Strudel entgegengesetzt zum Uhrzeigersinn, auf der Südhalbkugel strudelt die Badewanne andersherum. Schließlich sorgt eben jene Corioliskraft auch dafür, dass auf der Nordhalbkugel die Winde alle Hochdruckgebiete im Uhrzeigersinn umwehen und alle Tiefdruckgebiete gegen den Uhrzeigersinn.

Die richtige Antwort unserer »Kopfballfrage« sollte also lauten: »Der Badewannenstrudel dreht sich *entgegen* dem Uhrzeigersinn!« Die Frage war ein Erfolg, denn die Resonanz unserer Zuschauer war immens. In den folgenden Tagen erreichten uns über tausend Einsendungen, die von Mitarbeitern unserer Redaktion vorsortiert wurden. Kinder, Erwachsene, Physiker und Nichtphysiker schrieben uns ihre Antwort, doch das Ergebnis war verblüffend: Bei der Hälfte der Zuschauer drehte der Strudel im Uhrzeigersinn, bei der anderen genau entgegengesetzt. Bei einigen schien sich der Drehsinn sogar nach Belieben umzukehren. »Bist du dir bei der Antwort sicher?«, fragte mich meine Kollegin. Natürlich war ich mir sicher, der Stoff wird in jedem Physik-Vordiplom abgefragt, und in vielen Lehrbüchern und Kursen wurde der Badewannenstrudel als Illustration der Corioliskraft genannt. Ich schlug ein Physikbuch auf und zeigte ihr die entsprechende Stelle, doch sie blieb skeptisch: »Ich habe es ausprobiert – es stimmt nicht!« Kurze Zeit später standen wir in der Teeküche und ließen das Waschbecken volllaufen. Während das Becken sich füllte, erzählte ich von den Hoch- und Tiefdruckgebieten und davon, dass das Phänomen nicht am Äquator auftaucht. Nein, – es könne keinen Zweifel daran geben – die Antwort war eindeutig. Dann zog ich den Stöpsel heraus und gemeinsam beobachteten wir, wie sich der Strudel bildete. »Genau wie es die Theorie vorhersagt!« Der Strudel rotierte entgegen dem Uhrzeigersinn und in mir machte sich das Gefühl einer Sicherheit breit – auf die Physik ist schließlich Verlass!

Doch kaum war das Wasser abgeflossen, füllte meine ungläubige Kollegin – sie war bekennende Nichtphysikerin – das Becken erneut und wiederholte den Versuch. Dieses Mal drehte sich der Strudel im Uhrzeigersinn. »Siehst du – es stimmt nicht!« An diesem Nachmittag wiederholten wir das Experiment etliche Male, und nachdem sehr viel Wasser durch den Abfluss geflossen war, gab es keinen Zweifel mehr: Der Drehsinn des Strudels schien beliebig zu sein, und ich fühlte mich von Herrn Coriolis und der Erdrotation verraten. Erst nach einigen Telefonaten und Berechnungen wurde mir klar, dass die Corioliskraft beim Badewannenstrudel so gut wie keine Rolle spielt. Andere Störungsphänomene wie zum Beispiel eine kleine Unebenheit im Abfluss, ein leicht schräges Siphon oder selbst ein feiner Kalkrand besitzen einen weit größeren Einfluss auf den Drehsinn als die Corioliskraft.

In der Sendung am darauffolgenden Sonntag leistete ich Abbitte und eröffnete dem Fernsehpublikum meine überraschende Erkenntnis: »Der Strudel dreht sich, ja – aber eben nicht so, wie ich dachte!«

Unser naturwissenschaftliches Denken ist geprägt vom Prinzip der Reduktion und Abstraktion. Naturerscheinungen werden trotz ihrer Vielfalt auf elementare Grundmuster reduziert, die sich dann mit allgemeinen Naturgesetzen beschreiben lassen. Oft wird also bewusst vereinfacht, doch das »richtige Leben« begnügt sich nicht immer mit idealisierten Annahmen und einfachen Formeln.

Was tut man
gegen Kopfläuse?

96 Allein in den USA verpassen Kinder wegen des lausigen Problems zusammengerechnet etwa 12–24 Millionen Schultage im Jahr! Verzweifelte Mütter, aber lachende Kinder, weil sie ein paar Tage nicht zur Schule müssen, denn: Läuse sind hartnäckig.

Kopfläuse haben nichts mit mangelnder Hygiene oder sozialer Armut zu tun und sind auch in unseren Kindergärten und Schulen weitverbreitet. Die Insekten springen oder fliegen auch nicht von einem Opfer zum nächsten. Die Übertragung läuft meistens ganz direkt von Haar zu Haar. In Kindergärten oder Grundschulen kommt es daher häufiger zum Lausproblem, denn dort wird gerne geschmust und gekuschelt.

Die Läuse jucken, denn sie ernähren sich ausschließlich von menschlichem Blut. Alle zwei bis drei Stunden stechen sie in die Kopfhaut und diese kleinen Wunden können sich dann entzünden. Läuse vermehren sich rasend schnell, sie legen täglich vier bis zehn Eier. Die *Nissen*, wie die Laus-Eier heißen, werden am Haaransatz abgelegt. Sie sehen aus wie Schuppen, aber kleben fest an den Haaren. Alle drei Wochen entsteht eine neue Generation: Nach etwa acht Tagen schlüpfen die Larven aus den Nissen und nach weiteren zehn Tagen sind die neuen Läuse geschlechtsreif!

Es ist unglaublich, welche Radikalkuren gegen die winzigen Tierchen helfen sollen: diverse Haushaltsöle und Essenzen, Waschen in Benzin, überlange Saunagänge, doch Läuse sind hartnäckig – und die alten Rezepte sind wirkungslos! Bei Kopflausbefall gibt es nur drei effektive Gegenmaßnahmen: Chemie, den Läusekamm und Hitze.

Die chemischen Mittel, wie zum Beispiel insektizidhaltige Shampoos, wirken zwar ganz gut, müssen aber richtig angewendet werden: Das in ihnen enthaltene Gift tötet nämlich nur die lebenden Läuse, doch nicht die Nissen. Nach der ersten Behandlung sieht alles zunächst gut aus, doch nach acht Tagen sollte man die Prozedur unbedingt wiederholen, damit man auch die frisch geschlüpften Läuse der noch verbliebenen Laus-Eier erwischt.

Auch der Läusekamm funktioniert als Gegenmaßnahme, doch das genaue Auskämmen ist zeitaufwendig und auch hier gilt: die Prozedur mehrfach wiederholen. Man muss sie eben alle erwischen – und das ist nicht einfach.

Hier könnte eine besondere Erfindung Abhilfe schaffen: Forscher der Universität Utah haben einen Spezialföhn entwickelt, den Lousebuster. Der von ihm produzierte Luftstrom ist 60 °C heiß und trocknet die Läuse aus. Um ihr Produkt zu testen, infizierten sich die Forscher und auch andere Freiwillige mit Läusen und setzten dann den Lousebuster ein. Stolz präsentierten sie ihre ersten Ergebnisse: Nach nur 30 Minuten Behandlung mit dem Prototyp-Föhn waren alle Parasiten unschädlich! Nur einen kleinen Haken gab es bei der Präsentation: Die Frau eines Forschers, die nicht am Versuch teilgenommen hatte, kratzte sich plötzlich am Kopf – Diagnose: Kopfläuse!

Auch meine Kinder hatte es mal erwischt und zu Hause herrschte daraufhin große Aufregung. Nach der ersten chemischen Keule sollten alle Läuse beseitigt sein. Ich packte mein Mikroskop aus und wir begannen, die verbliebenen Nissen genauer zu studieren. Meine Frau war verzweifelt, doch unsere Kinder waren begeistert. Immer dann, wenn sie auf eine lebende Nisse stießen, gab es einen Aufschrei: »Boohh schau mal, die lebt noch! Yippie! Ich darf noch nicht in die Schule.« Die Aussicht auf schulfrei ist ein starkes Motiv und noch nie zuvor hatte ich meine Kinder mit so viel Ausdauer am Mikroskop erlebt. Nach acht Tagen und akribischer Suche, war im Mikrokosmos der Haare kein Leben mehr auszumachen. Das Läuseproblem war überstanden; zur Freude meiner Frau – zum Leidwesen unserer Kinder: Sie mussten wieder in die Schule.

Warum landen die **Strümpfe**
beim Waschen im Bettbezug?

97 Ist es Ihnen auch schon passiert, dass sämtliche Kleidung in der Waschmaschine am Schluss des Waschvorganges im offen gelassenen Bettbezug steckte?

Beim Laden der Waschmaschine wird eine bunte Vielfalt von Hemden, Hosen, Strümpfen in die Trommel gestopft und manchmal ist auch ein Bettbezug dabei. Während des anschließenden Waschvorgangs wird dieses Sammelsurium immer wieder durcheinandergemischt. Dazwischen, beim Einweichen der Wäsche, gibt es dann Pausen. Der Bettbezug ist nur an einer Seite offen. Je nach Beladung der Maschine läuft Folgendes ab: Wenn nicht zu viel Wäsche in der Trommel ist, öffnet sich der ruhende Bettbezug im Wasser. Manchmal gerät ein kleineres Kleidungsstück per Zufall hinein. Beim Wechselspiel zwischen Mischen und Stillstand rutscht das Wäschestück dann immer tiefer in den Bettbezug und die Wahrscheinlichkeit, dass es je wieder herausfindet, wird immer geringer.

Bettbezüge wirken also wie eine offene Falle. Es ist einfacher, hineinzukommen als wieder heraus. Fischreusen funktionieren nach einem ähnlichen Prinzip. Obwohl sie an einer Seite offen sind, finden viele Fische aus diesem einfachen Labyrinth nicht mehr in die Freiheit zurück. Im Gegensatz zu Fischen verfügen Socken allerdings auch nicht über einen ausgesprochenen Freiheitsdrang ...

An vielen anderen Stellen im Haushalt gibt es verwandte

Phänomene und auch hier geht es um das Verhältnis zwischen »Wahrscheinlichkeit rein« zu »Wahrscheinlichkeit raus«. Wenn das Verhältnis nicht exakt ausgeglichen ist, sammelt sich etwas an: Staub findet sich zum Beispiel bevorzugt in Ecken oder in bestimmten Zonen, in denen es wenig zieht. Die Wahrscheinlichkeit, von dieser Stelle wieder »weg« zu kommen, ist klein! Wenn der Staub also einmal dorthin gerät, kommt er nicht von alleine wieder weg und so sammelt er sich mit der Zeit. Bei sogenannten Wollmäusen wird der Effekt noch verstärkt, denn je mehr Staub und Härchen zusammenfinden, umso schwerer wird das Gebilde.

Staub und Socken teilen also das Schicksal der Gefangenschaft.

Wie groß muss ein **Spiegel** mindestens sein, damit man sich ganz darin sehen kann?

98 Wir haben Jahre oder sogar Jahrzehnte die Schulbank gedrückt. Wir haben lateinische Vokabeln pauken müssen, lernten die Akteure der Französischen Revolution kennen, lösten unzählige mathematische Gleichungen oder mixten geduldig Säuren und warteten auf einen Farbumschlag im Becherglas. Und was davon haben wir behalten? Nichts! Schon bei einfachsten Alltagsfragen versagt unser Schulwissen: Wie groß muss ein Spiegel sein, damit man sich ganz darin sieht?

Viele meinen, es habe mit dem richtigen Abstand zu tun. Sprich, kleiner Taschenspiegel und langer Arm könnten das Problem lösen. Doch wenn man es mal ausprobiert, merkt man: Das klappt nicht. Ein Spiegel wirft nämlich das einfallende Licht zurück.

Sie glauben es nicht, doch in Ihrer Schulzeit mussten Sie das Folgende lernen: »Eintrittswinkel gleich Austrittswinkel«. Das Bild, das wir im Spiegel sehen, ist lediglich der reflektierte Strahl, der unsere Augen erreicht. Es scheint daher so, als stünde unser Spiegelbild auf der anderen Seite. Wir verlängern nämlich die Lichtstrahlen und »bauen« uns im Kopf ein Spiegelbild, das scheinbar »hinter« dem Spiegel steht. Wenn wir uns also vom Spiegel entfernen, geht auch unser Spiegelbild auf Distanz. Durch das Vergrößern des Abstands sehen wir daher nicht mehr von uns.

Natürlich wird dabei links und rechts vertauscht: Während ich zum Beispiel den Stift in der linken Hand halte, hält mein gespiegeltes Gegenüber den Stift in der Rechten. Um mich im Spiegel jedoch ganz zu sehen, muss der reflektierte Lichtstrahl sowohl meinen Kopf als auch gerade noch meine Füße erfassen. Nur so kann ich mich von Kopf bis Fuß sehen.

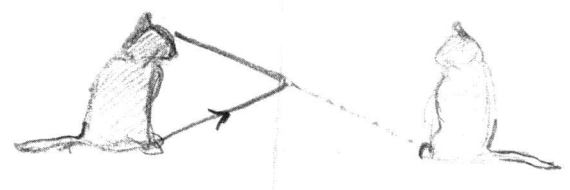

Wenn Sie es ausprobieren, werden Sie feststellen: Der Spiegel muss mindestens halb so groß sein wie man selbst, damit man sich ganz darin sieht.

Der Abstand spielt dabei, wie gesagt, keine Rolle, da das Spiegelbild die Abstandsänderung immer mitmacht.

Um sich mit einem kleinen Spiegel vollständig sehen zu können, muss seine Oberfläche nach außen gekrümmt sein. Hierdurch wird das Spiegelbild verkleinert und bei einer ausreichenden Krümmung passt man dann ganz in den Rahmen. Sie kennen das Prinzip vom Seitenspiegel des Autos. Durch die Krümmung bekommt man einen besseren Überblick. Warum haben wir das nicht in der Schule verstanden ...?

Warum sollte man im Lotto nie 1, 2, 3, 4, 5, 6 tippen?

Zahlen, bitte!

Woher kommt
die **Null?**

99 »Du bist eine Null!«, hört man manchmal: Das »Nichts« ist irgendwie negativ belegt, doch wie kann »Nichts« schlecht sein?

Wenn Kinder das Zählen üben, dann tun sie es gerne mit den Fingern, nach dem Motto: Zwei und drei gleich fünf. Nur mit der Null gibt es Probleme – da fehlt der entsprechende Finger.

Die Null ist in der Tat etwas Besonderes. Obwohl die Menschen schon lange zählten und rechneten, fehlte die Null. Auch im römischen Zahlensystem gibt es kein Zeichen für die Null. Das »Nichts« war den Menschen nicht geheuer.

I	II	III	IV	V
VI	VII	VIII	IX	X

Unsere Null wurde in Indien erfunden. Anfang des 13. Jahrhunderts kam sie dank der Handelsbeziehungen zwischen Arabien und Italien nach Europa. Hier wurde sie lange Zeit als Teufelswerk abgetan. Die Europäer wollten sich nicht von ihren alten Rechentafeln trennen. Und die Null, das Nichts, durfte es ohnehin nicht geben. Denn das Nichts war in Europa ein verbotener gottloser Raum, ein Tabu! Der *horror vacui*, die »Abscheu vor der Leere«, prägte jahrhundertelang das Denken der abendländischen Philosophen und Naturforscher.

Mathematiker wie der Rechenmeister Adam Ries etablierten im 16. Jahrhundert das moderne Rechnen mit arabischen Ziffern. Mit der Null konnte man jeder Ziffer eine Stelle zuweisen: 10er, 100er, 1.000er. Mit seiner Methode wurde das Multiplizieren und Dividieren leichter. Heute rechnen wir, wie es so schön heißt, »nach Adam Riese«. Und eben dieser Ries verhalf auch der Null zu ihrem Siegeszug.

Selbst in der Sprache kann man den langen Weg der Null[11] zurückverfolgen: Aus dem ursprünglich indischen Namen »Sunya« wurde das arabische »sifr«. In Italien verwandelte sich »sifr« zu »zefiro«, in der venezianischen Mundart entstand daraus ein »zero«, ebenso, über Umwege, auch in England. Die Franzosen machten aus dem Wort ein »Cyfre«, beziehungsweise später »Chiffre«. Und in Deutschland schließlich wurde die Null dann »Zeifer« genannt. Das Wort Ziffer erinnert also noch heute an diese Revolution.

Der Computer zerlegt unsere Welt übrigens in 0 und 1. Wir haben lange gebraucht, aber jetzt wissen wir's endgültig: Null ist eben mehr als Nichts!

Was macht **die 13** so besonders?

100 Manchmal hat man den Eindruck, wir können nicht zählen: In einigen Häusern fehlt das 13. Stockwerk, in Hotels das Zimmer 13 oder im Flugzeug die Sitzreihe 13. Inmitten einer hoch technisierten Gesellschaft gibt es wohl immer noch einen sonderbaren Aberglauben. Doch warum gilt die 13 als Unglückszahl?

Vielleicht liegt es schlicht an der Zahlennachbarin, der 12: Sie ist ungemein praktisch, wenn es um das Portionieren geht, denn sie lässt sich leicht in Faktoren unterteilen: $12 = 2 \times 6, 3 \times 4, 4 \times 3$ und 6×2. So ist es kein Zufall, dass es zum Beispiel 12 Monate, 12 Apostel und 12 Sternzeichen gibt oder eine Oktave 12 Halbtonschritte umfasst.

Die Tradition, im Dutzend zu rechnen, ist sehr alt: Im Warenverkehr der vergangenen Jahrhunderte wurde die 12 aus praktischen Gründen gerne genutzt. Das Aufteilen war einfach, das Ordnen und Verpacken simpel. Noch heute gibt es Eier im Dutzend, und das Bier trägt sich im Sixpack besonders gut. Auch die Europafahne hat – welch ein Zufall – 12 Sterne, obwohl die Zahl der Mitgliedsstaaten deutlich größer ist. Die 12 ist vollständig!

Die 13 hingegen schlägt aus der Reihe: Eins mehr als ein Dutzend. Zudem ist die 13 eine Primzahl, das heißt, sie lässt sich, ganz im Gegensatz zur 12, nicht durch eine kleinere Zahl teilen. Versuchen Sie mal, 13 Bonbons unter Kindern aufzuteilen, das gibt fast immer Streit. Die Zahl 13 widersetzt sich also der Ordnung und missachtet jede Symmetrie. Vermutlich liegt das Rätsel der Unglückszahl also in der mathematischen Besonderheit, im Überschreiten des Dutzends.

So lesen wir bei Dornröschen zum Beispiel von der bösen 13. Fee. Und in der Religion wird sie zur Zahl der Sünde: Das 13. Kapitel der Johannesoffenbarung handelt vom Antichristen und die jüdische Kabbala kennt 13 böse Geister ...

Objektiv gibt es jedoch keinen Grund, die 13 schlechtzumachen. Das Rechnen mit ihr ist zwar unpraktisch, aber – trotz allem Aberglauben – Unglück bringt sie nicht! Blickt man auf andere Kulturen, dann bringt die Zahl 13 Glück. In Mexiko galt sie sogar als heilig!

Was heißt
digital?

101 Drei Wochen vor der ersten Mondlandung bekamen wir unser erstes Fernsehgerät. Es war ein älteres Schwarz-Weiß-Modell von Freunden meiner Eltern. Das Gerät hatte leider einen Defekt: Das Bild war nicht stabil und drehte sich nach Belieben, und wenn es denn einmal stillhielt, rauschte es und war voller »Schnee«. Nach einigen Versuchen hatte meine Mutter einen Trick herausgefunden: Immer dann, wenn man ein größeres Stück Metall auf das Gerät legte, verbesserte sich die Bildqualität. Wir probierten alles aus, Bügeleisen, Töpfe, Werkzeugkasten, aber am ruhigsten verhielt sich das Fernsehbild, wenn das Luftgewehr meines Großvaters darauf lag. Egal ob John Wayne Fort Laramy verteidigte, Daktari im Busch erneut ein verlassenes Leopardenbaby rettete oder Neil Armstrong seine ersten außerirdischen Gehversuche unternahm, bei allem zielte stets der Lauf des Luftgewehrs in Richtung Zuschauer. Bereits unser nächstes Gerät kam ohne »Hilfsantenne« aus, wenig später brachten Kabelfernsehen und Satellitenempfänger Dutzende störungsfreier Kanäle ins Haus.

Heute erleben wir eine weitere Revolution: digitales Fernsehen. Bislang besaß jede Informationsform noch ihren eigenen Träger. Geschrieben wurde auf Papier, fotografiert auf Film und Musik gab es auf Tonband oder Schallplatte. Wenn man so will, bekam also jede Informationsform bislang eine Sonderbehandlung. Doch mit der neuen Digitaltechnik wird nun alles auf einen gemeinsamen Nenner gebracht. Es gibt also keinen qualitativen Unterschied mehr in der Darstellung von Text, Film und Musik, denn alles kann, vergleichbar mit dem Morsealphabet, das sich aus kurzen und langen Tönen zusammensetzt, durch eine Zahlenfolge von Nullen und Einsen verschlüsselt werden.

Kinder kennen das Prinzip, das sich dahinter verbirgt: Malen nach Zahlen. Bei diesen Bildern wird jeder Farbe eine Zahl zugeordnet: 1=Gelb, 2=Rot, 3=Violett und so weiter. Die Information des Bildes verbirgt sich also in Zahlen und erst beim Ausmalen gibt es dann die Umwandlung von Zahl in Farbe. Das Bild liegt somit zunächst in Form von Zahlen vor – digital. Das Wort bedeutet so viel wie »Zahl« und leitet sich aus dem lateinischen Wort für Finger – *digitus* – ab.

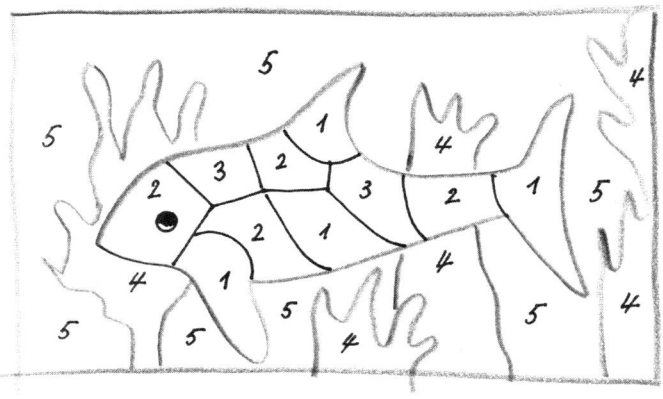

Zahlen sind die Domäne der Computer, denn diese können zunächst nichts anderes, als Zahlen zu berechnen und abzuspeichern. Liegt ein Bild digital vor, also in Form vieler Zahlen, so kann man diese durch einfache Rechenoperationen verändern. Per Computer ist es daher kein Problem, ein Bild

283

umzufärben: Aus Gelb wird Rot, aus Rot wird Violett ... Hierfür braucht man nur die jeweiligen Zahlenfarbe durch eine neue zu ersetzen.

Dieses Zuordnungsspiel klappt nicht nur bei Farben, sondern auch bei Tönen oder Buchstaben. So kann man das ABC ebenfalls in Zahlen umwandeln: 1, 2, 3 und schon hat man einen Buchstabencode. Kinder erschaffen sich auf diese Weise kleine Geheimsprachen, und nach einem ganz ähnlichen Prinzip funktionieren auch Computertastaturen. Bei jedem Tastendruck wird ein Buchstabe digitalisiert und in eine entsprechende Zahl umgeformt. Die genaue Zuordnung erfolgt zum Beispiel per ASCII-Code und sieht dann so aus:

F = 70 **I** = 73 **S** = 83 **C** = 67 **H** = 72

Dieses Digitalisierungsverfahren kann man auf fast alles anwenden: Farben, Buchstaben, Schallwellen, Temperaturen oder Helligkeiten. Alles lässt sich umwandeln in Zahlen und das hat viele Vorteile: Man kann diese Zahlendaten bearbeiten, abspeichern und sie später wieder zurückführen in Farben, Texte oder Töne, und zwar ohne Qualitätsverlust!

Wenn ich ein Farbbild kopiere, verändern sich die Farben immer leicht. Die Kopie ist immer schlechter als das Original. Beim Kopieren von Zahlentafeln geht hingegen keine Information verloren, und solange ich die Zahlen noch erkennen kann, wird das Bild nach der Umwandlung von Zahl in Farbe genauso bunt wie die Vorlage. Bei den digitalen Daten gibt es also keinen Unterschied zwischen Original und Kopie. Und auch hier ist es egal, ob es sich um Farben, Töne oder sonstige Daten handelt. Das Kopieren und Brennen von CDs ist daher so beliebt, denn zum Original gibt es keinen Unterschied. Ein digitales Farbfoto besteht aus einem riesigen Feld von Punkten und jeder Punkt besitzt seine jeweilige Farbzahl.

Und da es zum Beispiel verschiedene Blautöne gibt, wird jedem einzelnen Blauton und jeder Helligkeit eine Zahl zugeordnet. Ein einzelnes Digitalfoto besteht daher aus mehreren Millionen Zahlen. Ein Kind bräuchte Monate, um solch ein Digitalbild auszumalen; die Digitalkamera schafft das im Nu!

Warum wird es beim
Ratenkauf teuer?

102 Unsere Gesellschaft ist ungeduldig und das zeigt sich häufig beim Einkaufen. Statt zu sparen, bis man sich das gewünschte Teil leisten kann, verfallen immer mehr Menschen dem Ratenkauf: Heute bestellen, in Raten bezahlen.

Zunächst klingt das ja sehr praktisch, denn man kann sofort das Wunschobjekt mit nach Hause nehmen, doch kleinere Anzahlungen werden mit erhöhten Zinsen quittiert, und nur wer genau rechnet, merkt, wie die eigene Gutgläubigkeit anderen gnadenlos zu Reichtum verhilft.

Ein konkretes Beispiel: Ein großes Kaufhaus bietet einen Fernseher zum Schnäppchenpreis von 599,99 € an. Das verlockende Angebot: Jetzt kaufen, in 77 Tagen bezahlen und zwar bequem in kleinen Monatsbeträgen, Laufzeit 24 Monate.

Bei diesem Kauf zeigt sich, dass es einen Aufschlag für den Ratenkauf gibt und auch noch einen für die Zahlpause, also den verzögerten Beginn der Rückzahlung. Wenn Sie es ausrechnen, landen Sie am Ende bei einem Preis von 703,19 €. Sie legen also insgesamt über 100 € mehr auf den Tisch!

Ich konnte nicht glauben, dass selbst Spielkonsolen, Fitnessgeräte oder Reizwäsche auf Raten gekauft und so teuer bezahlt werden. Die Folge: Immer mehr Menschen tappen in die Ratenfalle. Die Zahl der überschuldeten Privathaushalte in Deutschland liegt derzeit bei über drei Millionen! In Ostdeutschland ist sogar mehr als jeder zehnte Haushalt überschuldet, das heißt, die Betroffenen sind auf unabsehbare Zeit nicht mehr in der Lage, aus ihrem Einkommen oder Vermögen ihre laufenden Zahlungspflichten zu erfüllen. Sie sind zahlungsunfähig.

Wir leben auf Pump, das zeigt auch unsere astronomische Staatsverschuldung: Inzwischen geben wir *jeden siebten Euro* nur zur Zinsdeckung der Gesamtverschuldung unserer öffentlichen Haushalte aus; eine Tilgung ist nicht in Sicht. Und wir haben Glück, denn derzeit sind die Zinsen niedrig. Eine Erhöhung des durchschnittlichen Zinssatzes öffentlicher Anleihen um nur 1 % zieht eine Erhöhung der jährlichen Zinslast um 15.000.000.000 (15 Milliarden) € nach sich. Aber egal wie niedrig die Zinsen sind: Am Ende ist der Preis zu hoch!

Ratenkaufpreis mit Zahlpause bei 24 Monatsbeträgen	
Grundpreis	599,99 €
Aufschlag Zahlpause	9,60 €
Aufschlag Ratenkauf	93,60 €
Gesamtsumme	703,19 €

Warum rechnet man in der Seefahrt in **Seemeilen?**

103 Wenn wir heutzutage eine Distanz angeben, rechnen wir in Kilometern. Doch es gibt da eine Ausnahme: die Seefahrt. Dort wird mit einem anderen Längenmaß gearbeitet: der Seemeile.

In der Geschichte der Seefahrt gab es lange Zeit ein großes Durcheinander, denn jede Nation und jede Zunft nutzte ihr eigenes Längenmaß. Die Meile geht zurück auf die Antike: Das Wort leitet sich vom Lateinischen *mille*, gleich »Tausend«, ab. Für die römischen Söldner entsprach eine Meile exakt 1.000 Doppelschritten. Das waren in etwa 1.480 Meter. Die Seemeile hingegen misst 1.852 Meter und hat ihren Ursprung in einer ganz praktischen Überlegung: Legt man nämlich ein Band um den Äquator, kann man eine volle Umdrehung in 360 Grad einteilen. Jedes einzelne Grad lässt sich dann noch feiner unterteilen: In jeweils 60 Bogenminuten. Die Seemeile entspricht dabei exakt der Distanz einer Bogenminute am Äquator.

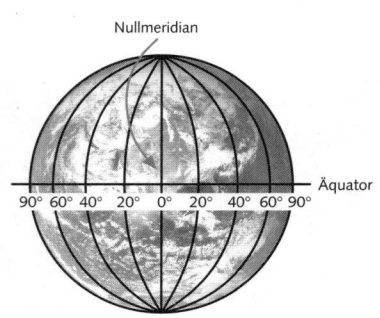

Nullmeridian

90° 60° 40° 20° 0° 20° 40° 60° 90°

Äquator

Auf diese Weise sind auch die Seekarten aufgebaut, der praktische Vorteil liegt auf der Hand: Man kann anhand des Kartennetzes sofort die Entfernung ablesen: 1 Grad sind 60 Seemeilen.

Wenn das Schiff zum Beispiel mit einer Geschwindigkeit von einer Seemeile pro Stunde am Äquator entlangfährt, hat es der Kapitän einfach: Nach 60 Stunden hat sein Schiff 60 Bogenminuten, also genau ein Grad, zurückgelegt, und das kann er, ohne groß zu rechnen, eben sofort an der Karte ablesen. Für Seeleute ist die Seemeile daher ein viel praktischeres Längenmaß als der Kilometer. Auch in der Luftfahrt bevorzugt man Meilen aufgrund des Bezugs zu den Karten.

Damit wir Landratten mithalten können, gibt es einen einfachen Rechentrick für die Umwandlung von Seemeilen in Kilometer: Beim Abschätzen nehmen Sie die Zahl der Seemeilen, verdoppeln diese und ziehen vom Ergebnis 10 % ab. Das ergibt dann den Wert in Kilometern. Ein Beispiel: 50 Seemeilen sind: $50 \times 2 = 100 - 10\,\%$, also etwa 90 Kilometer.

Warum sollte man im Lotto
nie 1, 2, 3, 4, 5, 6 tippen?

104 Bei Glücksspielen verliere ich immer, doch es gibt Menschen, die durch den richtigen Tipp reich geworden sind. Wenn auch Sie darauf spekulieren, habe ich einen wissenschaftlichen Tipp für Sie: Setzen Sie niemals auf die Zahlenkombination 1, 2, 3, 4, 5, 6. Warum?

Beim einfachen Lotto 6 aus 49 kreuzen Sie sechs »Glückszahlen« aus der Zahlenreihe 1 bis 49 auf einem Tippfeld an. Den Tippschein geben Sie ab und hoffen auf den großen Gewinn. Nach der Ziehung, samstags in der ARD oder mittwochs im ZDF, erfahren Sie dann, ob Sie Millionär geworden sind oder nicht.

Gehen wir mal davon aus, dass Sie – wie gesagt, mir passiert das nie – richtig liegen. Ihre ausgewählten Zahlen werden tatsächlich gezogen. Die Wahrscheinlichkeit dafür ist ausgesprochen klein und liegt exakt bei: *1 zu 13.983.816.* So viele Möglichkeiten gibt es nämlich, aus den Zahlen 1–49 die richtige Sechser-Zahlenkombination zu erstellen.

Egal, Sie sind der Gewinner! Doch Vorsicht, bevor Sie die ganz große Feier veranstalten: Vielleicht sind Sie ja nicht der Einzige, der so getippt hat ... Die Gewinnsummen werden nämlich geteilt. Wenn Sie der Einzige sind – Glückwunsch! Doch es kommt auch schon mal vor, dass viele ausgerechnet auf Ihre Glückskombination gesetzt haben. Das ist bei ganz offensichtlichen Kombinationen eher der Fall, so zum Beispiel auch bei der Reihung: 1, 2, 3, 4, 5, 6. Genauso schlecht ist es unter anderem, auf die Zahlen Ihres Geburtsdatums zu setzen, denn viele sind 19xx geboren, das heißt, viele werden die 19 ankreuzen. Nicht ohne Grund ist 19 die am meisten getippte Zahl, gefolgt von 2, 3, 4, 5, 6, 7, 8, 10 und 12.

Am 10. April 1999 wurden sogar folgende Zahlen ermittelt: 2, 3, 4, 5, 6, 26 (es fehlte nur noch die 1). Diese Ziehung bescherte damals 38.008 Spielern einen Fünfer und jeder bekam für immerhin fünf Richtige gerade mal 379,90 DM![12]

Wenn Sie jetzt besonders clever sind und auf andere Kombinationen setzen, wie zum Beispiel Doppelzahlen – also 11, 22, 33, 44 –, sieht es nicht besser aus, denn auch hier sind Sie nicht allein! Genauso verhält es sich bei abnehmender Zahlenfolge: 49, 48, 47, 46 usw.

Jedes System schränkt Sie ein. Die Kunst beim Tippen besteht also darin, gerade *nicht* nach einem Muster zu verfahren, denn die Wahrscheinlichkeit beim Ziehen ist ohnehin stets gleich; es ist lediglich wichtig, dass Sie dann der Einzige sind, der so getippt hat.

Irgendwie ein sonderbares Spiel: Viele Menschen spielen Lotto, doch jeder muss darauf achten, immer wieder ganz anders zu sein!

Wie zuverlässig ist der
»Publikumsjoker«?

105 Der Kandidat stockt, schaut Hilfe suchend den Moderator an. Welche Antwort ist richtig: A, B, C oder D? Der elektronische Klangteppich spiegelt seinen erhöhten Herzschlag wider. Die grellen Scheinwerfer beleuchten die Ignoranz des Unwissenden. Der Kandidat ist wie ein Unfallopfer auf dem Operationstisch. Quizshows leben vom Leid ihrer Kandidaten! Der smart gekleidete Showmaster wiederholt genüsslich die Frage, langsam und wohlartikuliert, dabei zeigt die Kamera in ungnädiger Großaufnahme den verzweifelten Kandidaten. Immerhin geht es um sehr viel Geld, die korrekte Antwort ist so viel wert wie ein Kleinwagen ...

Dann der erlösende Vorschlag: »Wählen Sie doch den Publikumsjoker!«

Minuten später wird sich unser Kandidat dann für Antwort D entscheiden, so wie die Mehrzahl der anwesenden Studiogäste. »Ob es Antwort D ist ... verrate ich Ihnen gleich nach der Werbung!«

Statistisch zeigt sich, dass der aus gut 200 Studiogästen zusammengesetzte Publikumsjoker in der US-Version von »Wer wird Millionär« in 91 % der Fälle die richtige Antwort liefert. Die Trefferquote ist höher als beim Telefonjoker, der nur in 65 % aller Fälle den Kandidaten eine Runde weiter bringt.

Viele Menschen liegen im Durchschnittswert erstaunlich richtig, vor allem dann, wenn es um Abschätzungen geht;

eine Erkenntnis, die schon vor über 100 Jahren für Schlagzeilen sorgte: 1906 besuchte Francis Galton, ein Cousin des berühmten Charles Darwin, eine englische Nutztiermesse in der Nähe von Plymouth. Unter den vielen Attraktionen fand sich dort auch ein Schätzwettbewerb: Es ging darum, das Gewicht eines Ochsen möglichst genau zu ermitteln. Die Besucher konnten eine Karte ausfüllen; der Sieger mit der besten Schätzung wurde belohnt. Laien und Experten versuchten sich. Galton wertete anschließend die 787 Einzelschätzungen aus und kam zum verblüffenden Ergebnis, dass der Durchschnittswert aller Schätzungen nur wenige Pfund vom tatsächlichen Gewicht des Ochsen abwich. Das gemittelte Votum des Volkes war also ein Volltreffer! Unter dem Titel *Vox populi* (»Stimme des Volkes«) veröffentlichte der Forscher seinen Befund in der Fachzeitschrift *Nature*.

Ein Jahrhundert nach Galtons Veröffentlichung entwarf ich gemeinsam mit meinen Kollegen der Fernsehsendung »Quarks & Co« einen ähnlichen Schätzversuch. Unsere Fernsehzuschauer sollten die Anzahl bunter Liebesperlen in einem Gefäß erraten. Im Internet hatten wir eine entsprechende Seite eingerichtet. Gespannt verfolgten wir nach der Sendung die rasant wachsenden Daten: Schon nach vier Tagen hatten knapp 16.000 Zuschauer ihr Votum[13] abgegeben! Das Glasgefäß beinhaltete exakt 5.780 Liebesperlen, der durchschnittliche Schätzwert der Zuschauer betrug 5.718! Bei der Auswertung stellten wir fest, dass nur 0,47 % genaue Einzeltreffer vorkamen. Manche Teilnehmer lagen mit ihrem Schätzwert sogar völlig daneben und dennoch führte erst die Einbeziehung *aller* Werte zu diesem erstaunlich genauen Gesamtergebnis.

Unser Schätzversuch zählt inzwischen weltweit zu den größten dieser Art und 100 Jahre nach Galton verkündete die Zeitschrift *Nature* unser Ergebnis. Für mich zählt dieses Ex-

periment zu den aufregendsten Versuchen meiner Fernseh-
karriere, denn dahinter verbirgt sich, wie ich finde, eine wunderbare Botschaft: Es scheint, als habe jeder Einzelne von uns
eine wichtige Rolle bei der gemeinsamen Suche nach der
Wahrheit ...

Wo liegt Deutschlands
Mitte?

106 Die »Mitte« ist beliebt. Auf Parteikongressen und Yogaseminaren wird danach gesucht, denn die Mitte vermittelt Sicherheit und strahlt eine magische Kraft aus. Die Macht strebt stets zum Zentrum, denn dort ruht der Schwerpunkt des Seins ... Atmen Sie tief – ohne Angst!

Doch bevor Sie das Buch zuschlagen und sich auf die eigene Suche machen, möchte ich Ihnen eine einfache Frage stellen: Wo genau liegt die geografische Mitte Deutschlands?

Unser Land ist per Satellit erfasst und wurde per Laserstrahl genau vermessen. Die Antwort sollte eindeutig sein – oder?

Wenn Sie sich jedoch im Grenzgebiet zwischen Hessen, Thüringen und Niedersachsen umsehen, gibt es gleich mehrere Orte, die für sich in Anspruch nehmen, die Mitte Deutschlands zu sein. Kurz nach der Wiedervereinigung sagte die Gemeinde Niederdorla: »Wir sind es!« Eine Linde wurde gepflanzt und eine Steinplatte hielt es fest. Man berief sich auf die Berechnungen von Dr. Karl-Heinz Finger[14]. Dieser hatte bei Verwendung der offiziellen geografischen Koordinaten für die äußersten Grenzpunkte der Länder BRD und DDR die Koordinaten: 51° 10' nördliche Breite, 10° 27' östlich Greenwich ermittelt. Genau hier lag der Schnittpunkt der Nord-Süd- und Ost-West-Linien der äußersten Grenzpunkte.

Obwohl die Methode einfach erscheint, ahnte Dr. Finger, dass man die Methode verfeinern müsste: Die bessere Lösung schien, den Schwerpunkt der Fläche Deutschlands zu ermitteln. Da es keine zuverlässigen Daten aller Grenzpunkte unseres Landes gab, wählte er einen pragmatischen Weg: Er zerschnitt die Deutschlandkarte (Maßstab 1 : 3.000.000) des Reader's Digest Weltatlas und klebte sie auf.

Dann galt es, genau den Punkt zu treffen, in dem die Fläche Deutschlands sich horizontal einstellte. Die neue Mitte lag nun ungefähr 4,5 Kilometer südwestlich des ersten Wertes.

Doch wenige Jahre später versuchte sich auch Norbert Glöckner, Lehrobermeister im Ruhestand, an einer genauen Bestimmung: Er klebte eine Landkarte der Bundesrepublik Deutschland auf eine 2 mm dicke Pappe. Dann schnitt er die Bundesrepublik in ihrem komplizierten Grenzverlauf mit genauer und zeitaufwendiger Laubsägetechnik aus und hängte sie an einen Nagel. Vom Aufhängepunkt aus markierte er eine senkrechte Linie auf der Karte. Dann wiederholte er die Prozedur bei weiteren Aufhängepunkten. Er folgte dabei dem Gesetz, dass die Lotkoordinaten unterschiedlicher Aufhängepunkte immer einen Punkt durchqueren: Den Mittelpunkt! Und der lag nun in Silberhausen im Landkreis Eichsfeld.

Dr. Burkhard Happ[15], von der Pädagogischen Hochschule in Erfurt, zerlegte die Deutschlandkarte per Computer in 90.000 Bildpunkte. Anschließend wurde ein Koordinatensystem angelegt und die Bildpunkte wurden gegengerechnet. Der so ermittelte Mittelpunkt entsprach nun plötzlich der Ortslage von Landstreit bei Eisenach!

»Deutschland ist nicht flach, sondern uneben!«, sagte sich Dr. Rainer Kelm[16] vom Geodätischen Institut in München und zerlegte unser Land in ein Mosaik von Vielecken: Neue Mitte: Krebeck im Landkreis Göttingen. Ein großer Gedenkstein ziert den Ort!

»Unmöglich!«, sagen wiederum andere: Man kann es gar nicht bestimmen. Je nach Definition und Verfahren gibt es ohnehin Unterschiede, und die Grenzen unseres Landes sind

nicht überall eindeutig festgelegt: Am Bodensee, so bestätig-
te mir der Bürgermeister von Konstanz, gibt es seit jeher Un-
klarheiten über den genauen Grenzverlauf. Und dann das
Problem der vielen Nordseeinseln. Wenn man die exakt berücksichtigt, verschiebt sich alles Richtung Norden, und je
nach Ebbe oder Flut schwankt die Antwort ebenfalls. Und
dann muss man auch noch die Erdkrümmung berücksichtigen ...

Fazit: Auf die einfache Frage, wo nun die genaue Mitte
Deutschlands liegt, gibt es keine einfache und schon gar keine
eindeutige Antwort. Jeder hat nach seiner Methode recht.

Und wenn Sie sich nun auf die Suche nach Ihrer eigenen Mitte aufmachen, sollten Sie wissen: Es gibt viele Antworten!

Können Sie
rechnen?

107 Stellen Sie sich vor, Sie bewerben sich und Ihr neuer Arbeitgeber macht Ihnen folgendes Angebot: Ein Jahresgehalt von 100.000 € und eine jährliche Steigerung auf Ihr Jahresgehalt von 10.000 €. Alternativ bietet er Ihnen dasselbe Jahresgehalt, also 100.000 €, jedoch eine halbjährliche Steigerung auf Ihr jeweiliges Halbjahresgehalt von 2.500 €. Sie haben die Wahl! (Die Auflösung finden Sie auf der nächsten Seite.)

Mathematik widerspricht, wie Sie gleich sehen werden, in frappierender Weise unserem »inneren Gefühl« und das obige Beispiel illustriert unser Unvermögen, Potenzreihen oder exponentielle Verläufe zu begreifen. Schon der Umgang mit Bankzinsen überfordert die meisten von uns, und ich staune, wie schamlos Finanzinstitute, Politiker und Verkäufer diesen blinden Fleck ihrer »Kunden« ausnutzen. Da werden Zinszeiträume gestreckt und Tilgungspunkte bewusst verschoben und auf den ersten Blick erkennt niemand das versteckte Spiel mit den Wachstumsfaktoren. Kleinere Anzahlungen werden mit erhöhten Zinsen quittiert, und nur wer genau rechnet, merkt, wie die eigene Gutgläubigkeit anderen zu Reichtum verhilft.

Offensichtlich ahnte bereits Aristoteles, dass der Zins eine ganz eigene Gefahr entfaltet. In seiner staatsphilosophischen Schrift *Politik* wettert er dagegen: »Denn das Geld ist um des Tausches willen erfunden worden, durch den Zins vermehrt es sich dagegen durch sich selbst. [...] Durch den Zins (Tokos) entsteht Geld aus Geld. Diese Art des Gelderwerbs ist also am meisten gegen die Natur.« Aristoteles hatte moralisch recht, doch das Geschäft der Shareholder und Broker boomt. Die Zinslogik erlaubt Kredite in Milliardenhöhe, und wen kümmert schon eine Rückzahlung.

Jahrelang hat man uns in der Schule mit binomischen Formeln, rechtwinkligen Dreiecken oder mit Gleichungen mit zwei Unbekannten gefüttert, doch im Alltag verhalten wir uns wie mathematische Analphabeten ...

Auflösung:

Für die Zweifler klingt eine jährliche Steigerung von 10.000 € nach mehr, doch aufgepasst! Die Kraft liegt in der halbjährlichen Steigerung. Es wird klar, wenn man es ausrechnet:
Um beide Alternativen besser zu vergleichen, sind jeweils die Halbjahresbilanzen aufgeführt.

A: Steigerung 10.000 € pro Jahr
B: Halbjährliche Steigerung um 2.500 € pro Halbjahr

Halbjahr	A Steigerung	Gesamt	B Steigerung	Gesamt
1	--	50.000	--	50.000
2	--	50.000	2.500	52.500
3	5.000	55.000	5.000	55.000
4	5.000	55.000	7.500	57.500
5	10.000	60.000	10.000	60.000
6	10.000	60.000	12.500	62.500
7.	15.000	65.000	15.000	65.000
7	15.000	65.000	17.500	67.500
8	20.000	70.000	20.000	70.000
8	20.000	70.000	22.500	72.500
9	25.000	75.000	25.000	75.000

Bei Angebot B greift die Steigerung bereits nach einem halben Jahr! Der Umstand der kurzen Steigerungsperioden führt zu einem besseren Ergebnis.

Als ich dieses Beispiel in einer Fernsehsendung vorführte, bekam ich eine Flut von E-Mails und Briefen (Bitte schreiben Sie mir dieses Mal nicht). Viele schrieben mir sogar, dass mir wohl ein Rechenfehler unterlaufen sei, und wollten das Ergebnis nicht glauben. Erst nach langen Antworten und Telefonaten konnte ich sie dann von der Richtigkeit der Rechnung überzeugen. Es gibt keine Tricks und keine bewusste Irreführung. Ich selbst hätte natürlich nach Gefühl ebenfalls das erste Angebot angenommen. Das Wissen um meine eigene Unfähigkeit, solche Reihen zu begreifen, hat für mich eine Konsequenz: In solchen Fällen misstraue ich meinem Gefühl und rechne!

Warum hat dieses Buch
108 Kapitel?

108 Vermutlich gehört das Dezimal-Denken zu unserer westlichen Kultur. Es ist praktisch und einfach. Die Logik der Geldscheine und die Praxis von Zahlentabellen haben daher eine Vorliebe für glatte Zahlen: 10, 100, 1.000 ... Es wäre daher konsequent gewesen, auch in diesem Buch exakt 100 Wissensgeschichten zu platzieren. Meinem »Vaterland« Indien verdanke ich jedoch eine besondere Sensibilität gegenüber den Zahlen. Jede Zahl ist verschieden, besitzt eine Persönlichkeit und führt ein eigenes Leben. In hiesigen Grundschulen hören unsere Kinder nur selten davon.

Im Rheinland wären 111 Kapitel zumindest auf karnevalistisches Verständnis gestoßen, doch 108 passt nicht in die Kategorien des »Kölle Alaaf«. Informatiker hätten das Buch womöglich auf 96 Kapitel gekürzt und dabei an die Summe der Binärzahlen 64+32 gedacht: $96_{10} = 1000000_2 + 100000_2$.

Warum also ausgerechnet 108? Mathematisch besitzt diese Zahl eine Reihe bemerkenswerter Eigenschaften: 108 ist zum Beispiel das Produkt der heiligen Zahlen 12 und 9 und in diesen schwingt jeweils eine ungewöhnliche Kraft. Die Vollständigkeit des Dutzends begegnet der Zahl 9, die vor allem in asiatischen Kulturen eine eigene Magie entfaltet, denn alle Produkte der Zahl 9 ergeben eine Zahl, deren Quersumme immer durch 9 teilbar ist. 1+0+8 = 9.

Die Schönheit der 108 entpuppt sich ebenfalls durch das Produkt der Potenzen:

$108 = 11 \times 22 \times 33 = 1 \times 2 \times 2 \ \times 3 \times 3 \times 3$

Blickt man in die Welt der Geometrie, so betragen die Innenwinkel eines Fünfecks exakt 108 Grad.

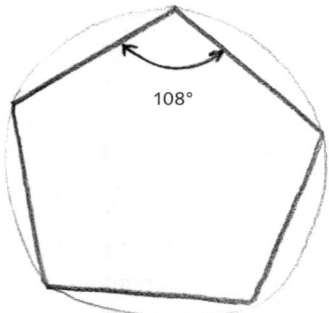

Das so aufgespannte Pentagramm wiederum beherbergt in einer erstaunlichen Wiederholung das Wunder des Goldenen Schnitts: Jede Seite des aufgespannten Fünfecks befindet sich im goldenen Verhältnis zu seiner Diagonalen. Die Diagonalen untereinander teilen sich wiederum im goldenen Verhältnis, d. h. AD verhält sich zu BD wie BD zu CD.

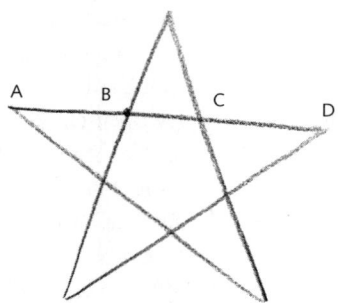

An ganz anderer Stelle taucht die 108 erneut auf: Bildet man aus einfachen Quadraten Mischformen durch direktes Aneinanderlegen der Quadrate, ergeben sich unterschiedliche Muster. Ich habe mir dieses Gedankenspiel immer wieder im Badezimmer vorgestellt, indem ich im Kopf die quadratischen Fliesen zu Mustern formte. Jede Figur muss dabei verschieden sein und darf sich nicht durch eine einfache Drehung oder Spiegelung in ein bereits bestehendes Muster überführen lassen. Jedes sogenannte *Polyomino* ist dabei also eine Figur aus identischen Quadraten, die mindestens eine Seite gemeinsam haben.

Die Anzahl dieser unterschiedlichen Muster wird natürlich durch die Grundzahl der Quadrate bestimmt. Bildet man zum Beispiel alle möglichen Formen aus 4 Quadraten, ergeben sich 5 mögliche Kombinationen.

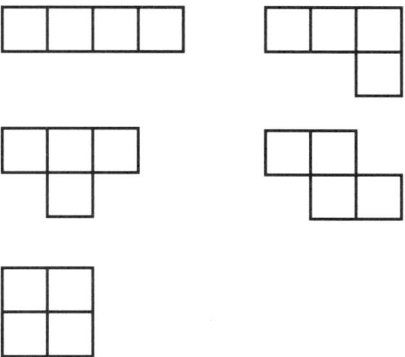

Bei 5 Quadraten sind es 12 Formen etc.

Nimmt man als Basis 7 Quadrate, dann ergeben sich 108 unterschiedliche Muster!

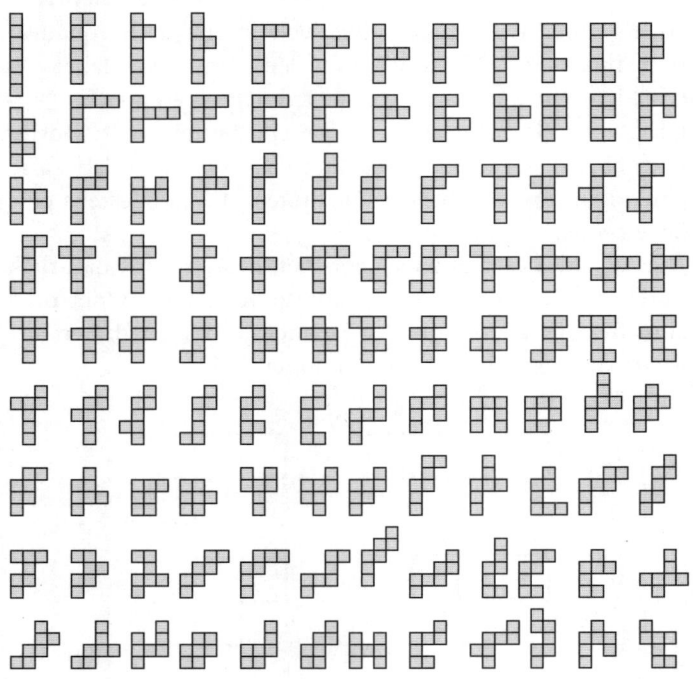

Blickt man in den Himmel, dann begegnet einem die Zahl erneut: Die Distanz zwischen Erde und Sonne entspricht etwa dem 108-fachen Sonnendurchmesser und der Abstand zwischen Erde und Mond misst ebenfalls etwa 108 Monddurchmesser. Durch dieses identische Verhältnis von Durchmesser zu Distanz erscheinen Sonne und Mond von der Erde aus betrachtet etwa gleich groß (siehe Kapitel *Warum ist eine Sonnenfinsternis so selten im Vergleich zu einer Mondfinsternis?*).

Der indische Mathematiker D. R. Kaprekar definierte sogenannte Harshad-Zahlen, welche die Eigenschaft besitzen,
durch ihre Quersumme, also die Summe ihrer Ziffern, teilbar
zu sein. Natürlich ist die 108 auch Mitglied in diesem erlese-
nen Zahlenclub. Das Wort *harshad* leitet sich übrigens aus
dem Sanskrit harsha ab; es bedeutet – Glück.

Anmerkungen

1 Sir Chandrasekhara v. Raman, The molecular scattering of light. Nobel Lecture, December 11, 1930.

2 Im Internet gibt es dazu ein hübsches Blutspendespiel: http://nobelprize.org/educational_games/medicine/landsteiner/index.html.

3 Literaturtipp: Bauer, Joachim, Warum ich fühle, was du fühlst. (2005).

4 Mehr Physik im Sport: http://www.golfbaelle.de/PhysikimGolfsport.html.

5 New York Times, 19. Oktober 1903.

6 Literaturtipp: Stanton, Richard, The forgotten Olympic art competitions – The story of the Olympic art competitions of the 20th century. (2001).

7 Im Internet finden Sie einen leicht zu bedienenden CO_2-Rechner auf der Seite: http://www.wdr.de/tv/quarks/sendungsbeitraege/2007/0130/005_klima.jsp.

8 § 36 Absatz 2 Satz 4 StVZO.

9 Commission Regulation (EC) No 2257/94, 16. September 1994.

10 Durch die Ermittlung der Keimzahl wird die bakteriologische Beschaffenheit der Milch festgestellt. Eine erhöhte Keimzahl in der Anlieferungsmilch zeigt Schwachpunkte in der Hygiene der Milchgewinnung und Milchlagerung auf. Laut Milch-Güteverordnung muss der Keimgehalt der Anlieferungsmilch mindestens zweimal im Monat untersucht werden. Liegt der geometrische Mittelwert aus dem Abrechnungsmonat und dem Vormonat über einer Keimzahl von 100.000, kommt es zu Milchpreiskürzungen. Liegen alle Einzelwerte des Bewertungsmonats unter 100.000, kann es zu einer Besserstellungsregelung kommen. Näheres regeln die aktuelle EU-Hygieneverordnung, die Milch-Güteverordnung und die Lieferordnung der Molkerei.

11 Literaturtipp: Kaplan, Robert, Die Geschichte der Null. (2000).

12 http://www.dielottozahlen.de/themen/lottologie/ungeschickt.html.

13 Nature,1. November 2006.

14 http://www.mittelpunkt-deutschlands.de/pdf/nieder.pdf.

15 http://www.mittelpunkt-deutschlands.de/pdf/lands.pdf.

16 http://www.mittelpunkt-deutschlands.de/pdf/krebe.pdf.

Ach so!

Warum der Apfel vom Baum fällt
und weitere Rätsel des Alltags

Inhalt

Warum kann Mehl explodieren?
Aufgepasst: Kleine und große Katastrophen

Warum soll man Blumen anschneiden?
Naturgeheimnisse: Pflanzen, Tiere und Menschen

Warum ist der Luftdruck in einem Fahrradreifen höher als im Autoreifen?
Ausgerechnet: Die Physik des Lebens

Warum schwimmt ein tonnenschweres Schiff?
Auf den Weg gebracht: Wie wir vorankommen

Was hat Politik mit Kuscheltieren zu tun?
Auf den Punkt gebracht: Woher die Wörter kommen

Sollte man bei kleinen Wunden ein Pflaster benutzen?
Was in uns vorgeht: Körper & Geist

Was haben Tulpen mit der Finanzkrise zu tun?
Ausgesucht: Menschliches und Allzumenschliches

Was ist der Preis für unsere Ungeduld?
Angemerkt: Ein Blick über den Tellerrand

Für Uschi, du weißt warum ...

Vorwort

Während ich dieses Buch schrieb, habe ich mir mehr als einmal gewünscht, dass es nur einem einzigen Thema gewidmet sei. Ich hatte mir aber fest vorgenommen, viele Fenster in die unterschiedlichsten Themenfelder aufzustoßen. Von der Kunst des Eierkochens, der Physik des durchsichtigen Glases, der Saugfähigkeit von Babywindeln, bis hin zu den Konsequenzen der Nutzung digitaler Medien. Jedes Thema packte mich irgendwann, und immer wieder erfüllte mich bei meinen Recherchen nach einiger Zeit ein tiefes Glücksgefühl. Das Eintauchen in einen Inhalt kann zur Sucht werden, und mit der Zeit will man immer mehr verstehen.

Jeder, der sich einmal ernsthaft mit einem Thema auseinandergesetzt hat, wird verstehen, wie schwer es mir danach fiel, etwas wegzulassen. Die Kürze der Kapitel mahnte zur Disziplin, und ich fühlte mich manchmal wie ein Verräter des Inhalts, denn das jeweilige Thema hatte doch noch so viel mehr zu bieten! Viele der Themen sind mir im Rahmen meiner Vorbereitungen zu den Fernsehsendungen »Quarks & Co«, »Die große Show der Naturwunder«, »Kopfball« und natürlich dem Kurzformat »Wissen vor 8« begegnet, und auch im Kontext dieser Produktionen hieß es für mich: »Weglassen!« Es war eine ständige Herausforderung: Wo sollte ich beim jeweiligen Thema die Prioritäten setzen, auf welchen Aspekt konnte ich verzichten, und wie ließ sich ein komplexer Inhalt dennoch so vereinfachen, dass er verständlich wurde, ohne seine Seele zu verlieren? Wie kann man sowohl dem Laien als auch dem Experten unter den Lesern gerecht werden?

Durch die intensive Zusammenarbeit mit meinen Kollegen habe ich viel gelernt. Aus unseren engagierten Diskussionen sind im Laufe der Zeit Freundschaften hervorgegangen. Ich darf mich glücklich schätzen, dass diese großartigen Redakteure und Autoren, aber auch viele aufmerksame Zuschauer und Leser mir immer wieder mit guten Ratschlägen und kritischen Einwänden bei der Kunst des »Weglassens« geholfen haben.

Ebenso danke ich den wunderbaren Mitarbeitern des Verlagshauses Kiepenheuer & Witsch für die Herzlichkeit und für ihr großes Vertrauen, mit dem sie mich durch die unterschiedlichen Phasen der Buchentstehung begleitet haben. Mein Lektor Martin Breitfeld hat mich auch dieses Mal mit großer Offenheit und wertvollen Anmerkungen unterstützt. Allen ein festes Dankeschön!

Dieses Buch entstand nicht etwa auf einer einsamen Insel oder an einem entfernten Rückzugsort, sondern inmitten meiner sehr lebendigen Familie. Die ungezügelte Lebensfreude unserer Kinder, ihr Temperament, ihre Sensibilität und ihre kompromisslose Kreativität sind mir ein permanenter Stimulus. Sie zeigen mir täglich auf liebevolle und überraschende Weise, was es bedeutet, unsere Welt mit offenen und neugierigen Augen zu betrachten. Meine Frau Uschi hat zudem jeden meiner Gedanken in diesem Buch begleitet. In Momenten eigener Unsicherheit war sie es, die mit sicherem Instinkt einen ausschlaggebenden Ausweg entdeckte, und mit bewundernswerter Klarheit half sie mir, meine Ideen zu ordnen. Sie durchlebte und teilte mit mir alle Entstehungsphasen dieses Buches, und so beschenkte sie mich mit einer weiteren Etappe der Gemeinsamkeit auf unserem aufregenden Lebensweg.

Ranga Yogeshwar, Hennef im Sommer 2010

Warum drehen sich Knödel im Topf?

Ausgekocht: Küchengeheimnisse

Warum drehen sich
Knödel im Topf?

1 Fast täglich erhalte ich Post von Menschen, die ich nicht kenne. Manchmal schicken sie mir seitenlange Abhandlungen über neuartige und unbekannte Phänomene, geheime, aber angeblich vielversprechende Patente oder aber Beweise, dass Albert Einstein mit der Relativitätstheorie offensichtlich doch unrecht hatte. Nicht selten ermahnen mich die Autoren schon auf der ersten Seite, dass ihre Erkenntnisse den Lauf unserer Welt verändern werden. Was folgt, sind komplizierte Skizzen, unkonventionelle Rechnungen und abenteuerliche Argumentationen. Bisweilen verlassen dann die leidenschaftlichen Erfinder mit einem gefährlichen Halbwissen den Boden physikalischer Gesetze.

Besonders häufig erhalte ich nicht enden wollende Anleitungen für die Konstruktion eines Perpetuum mobile, einer Maschine, welche auf wundersame Weise unendliche Energie aus dem Nichts produziert. Wie verlockend und unglaublich ist da die Vorstellung, man könne damit auf einen Schlag die Energieprobleme dieser Welt lösen? Es wundert also nicht, dass das Perpetuum mobile immer wieder die Phantasie selbsternannter Erfinder beflügelt.

Doch eines Tages schrieb mir ein älterer Herr und schilderte mir ein sonderbares Phänomen, mit der Bitte um Aufklärung. Zum Glück war das Schreiben kurz und beinhaltete dieses Mal keinen Versuch, die Energieprobleme der Welt für immer zu lösen. Vielmehr ging es um eine einfache Frage: Warum drehen sich Knödel im Topf?

Knödel und Klöße sind überall beliebt, und es gibt sie in einer unglaublichen Vielfalt: Kartoffelklöße, Thüringer Klöße, Germknödel, Hefeklöße – die kocht meine Schwiegermutter besonders gut – und last but not least Karl Valentins bekannte »Semmelnknödeln«.

Allen gemeinsam ist eine Eigenschaft: Sie sind rund, und genau hierin liegt wohl die Lösung des Rätsels.

Wenn ein runder Knödel im Wasser schwimmt, dann kennt er kein »oben« und »unten«, denn durch die runde Form bleibt der Schwerpunkt immer an derselben Stelle, egal wie man den Knödel dreht. Genauso wie einen Ball im Wasser kann man ihn leicht drehen und benötigt hierfür kaum Kraft.

Im kochenden Wasser oder siedenden Fett bilden sich jedoch im Knödel kleine Bläschen. Die perfekt symmetrische Form wird dadurch leicht gestört. Da die Unterseite völlig ins Wasser eingetaucht ist, können sich die Bläschen dort aufgrund der höheren Temperatur stärker ausdehnen. Bläschen, die vom Boden des Kochtopfs aufsteigen, haften an der Unterseite des Knödels und bewirken einen leichten Auftrieb. Die kleinen Kräfte reichen aus, um den runden Knödel zu drehen. Jetzt taucht aber eine andere Partie ein, die vorher aus dem Wasser ragte. Sie wird plötzlich stärker erhitzt, die Bläschen dehnen sich aus, und erneut dreht sich der Knödel im Topf. Wenn der Topf offen ist, wird das Drehen noch verstärkt, denn unmittelbar über dem kochenden Wasser ist es kälter. Diese Temperaturdifferenz reicht aus, um die Drehbewegung weiterzutreiben.

Etwas Ähnliches kann man übrigens auch beim Abschmelzen von Eisbergen beobachten. Auch hier kommt es durch das Abschmelzen zu einer ständigen Verschiebung des Schwerpunktes, und so dreht sich der schmelzende Eisberg wie von Geisterhand im Wasser.

Der drehende Knödel im Topf bewegt sich durch minimale Änderungen der Dichte und wird damit zu einem thermodynamischen Gebilde. Durch die Expansion von Gasen wird mechanische Arbeit geleistet, wie bei einem Motor. Es gibt übrigens Parallelen zwischen dem drehenden Knödel und so manchem Perpetuum mobile: Dieses besteht häufig aus Rädern, die sich durch minimale Temperaturunterschiede an einer Seite ausdehnen und so zu drehen beginnen. Doch bevor Sie jetzt der Idee erliegen, man könne die Welt durch selbstdrehende Knödelmaschinen retten: Auch beim Knödel gelten die klassischen Gesetze der Physik!

Warum bildet sich Haut auf der erhitzten Milch?

2 »Ihhh ... !« Der Blick in die Tasse wirkt verzweifelt, und im ersten Moment könnte man meinen, im frischen Kakao der Tochter schwimme etwas Entsetzliches. »Das ist doch nicht schlimm, das ist nur die Haut auf der Milch«, schüttelt Opa verständnislos den Kopf. In den folgenden Minuten gibt es eine ausgiebige Diskussion über den Ekel mancher Menschen vor der dünnen Hautschicht auf der Milch oder dem Pudding. Oma findet die Puddinghaut besonders lecker, und Opa erzählt irgendwann vom Krieg und dass es damals nichts zu essen gab. Die Eltern versuchen mit vorgetäuschtem Verständnis die Kleine zu beruhigen. Mit einem Sieb wird der Kakao gefiltert, doch es bleiben kleine Flocken im Getränk übrig. Am Ende wird Großvater den Kakao trinken, und Töchterchen bekommt eine neue Tasse.

Haut auf der Milch ist in vielen Familien ein Thema. Mancher ekelt sich regelrecht vor dem glitschigen Etwas. Der in den vergangenen Jahren in Mode gekommene Milchschaum hingegen gilt als köstlich und schick. Dabei ist er im Grunde nichts anderes.

Milch ist eine sehr nahrhafte Flüssigkeit. Immerhin ernähren wir uns zu Beginn des Lebens ausschließlich davon. Nicht nur für uns, sondern für alle Säugetiere ist sie das Lebenselixier der ersten Monate oder Jahre. Neben Wasser enthält frische Milch Fett, Milchzucker und zu etwa 3,5 Prozent Eiweißstoffe, sogenannte Kaseine und Molkeproteine.

Wenn wir genau hinsehen, können wir einige dieser Bestandteile sogar erkennen: Lässt man frische Milch ruhig stehen, entdeckt man auf der Oberfläche kleine Öltröpfchen, das Milchfett.

Wird die Milch nun erhitzt, dann verändert sich vor allem die Struktur der Eiweißstoffe. Die mikroskopisch kleinen fadenförmigen Moleküle sind anfangs zu kleinen Kügelchen aufgerollt, die wie Wollknäuel aussehen, und schwimmen frei in der Milch. Mit steigender Temperatur beginnen sie sich zu entfalten. Bei etwa 75 °C wird die Knäuelstruktur aufgehoben.

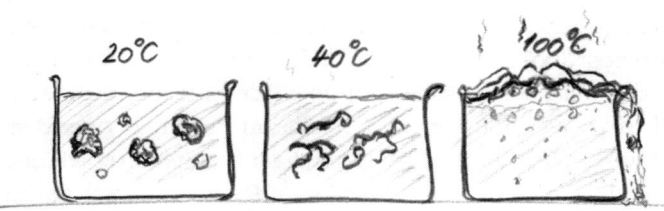

Etwas Ähnliches sieht man beim Eiweiß: Auch hier handelt es sich um ein mehrfach ineinandergefaltetes Protein, das sich beim Erhitzen verändert und fest wird. Das Eiweiß denaturiert, wie der Fachmann sagt.

Übrigens: In unserem Blut finden sich ebenfalls jede Menge Eiweißstoffe, und bei extrem hohem Fieber kann es daher gefährlich werden. Ab 42 °C verändern auch diese Eiweißmoleküle ihre Struktur, und somit sterben lebenswichtige Körperzellen, was für den Patienten tödlich enden kann.

Zurück zur Milch auf dem Herd: Sobald sich die Molekülfäden »entknäueln«, geben sie viele Stellen frei, an denen andere Fäden ansetzen können, und so bildet sich schnell ein feines und festes Netz aus Eiweißstoffen, in das sich die oben schwimmenden Fetttröpfchen einlagern. Wann und wie dieses Netz entsteht, hängt von einer ganzen Reihe von Faktoren ab: vom Fett- und Eiweißgehalt der Milch, vom Grad der Homogenisierung und auch vom Prozess des Abkühlens an der Oberfläche.

Da dieses Eiweiß- und Fettnetz leichter ist als Wasser, schwimmt es oben, wodurch auf der heißen Milch eine Haut entsteht.[1] Beginnt nun die Milch unter dieser Haut zu kochen, dann steigen unentwegt Wasserdampfbläschen von unten nach oben, die von der feinen Haut festgehalten werden. Da immer mehr Bläschen nachrücken, drücken sie die Haut nach oben, und die Milch kocht irgendwann über.

Wenn man hingegen mit dem Schneebesen kräftig rührt, wird die Haut ständig zerstört, und das gefürchtete Überkochen bleibt aus.

Bei der geschäumten Cappuccino-Milch sorgt eben jene Haut dafür, dass der Schaum stabil bleibt und nicht so schnell in sich zusammenfällt. Beim Schäumen werden jede Menge Luftbläschen in den Eiweißnetzstrukturen der Milch eingeschlossen.

Der geliebte Milchschaum ist also eigentlich nichts anderes als Haut mit eingeschlossenen Luftbläschen. Die Flocken im Kakao und der Schaum auf dem Cappuccino sind im Prinzip dasselbe.

Wir Menschen verhalten uns schon etwas seltsam, oder? Gleicher Inhalt, nur eine andere Form – und schon sagen wir anstatt »Ihhh«: »Mhhh, lecker!«

Was passiert
beim **Popcorn?**

3 Heutige Kinoparks hinterlassen in mir das entwürdigende Gefühl von Massentierhaltung. In langen Schlangen wird man als Besucher an piepsenden Kassen vorbeigeschleust, und bevor man in Kino 5 mit einem überlangen Werbeblock konfrontiert wird, zieht die Herde zunächst vorbei am Popcornstand. Allein die Portionsgrößen haben inzwischen solch drastische Ausmaße angenommen, dass ich mich immer wieder frage, wie ein Normalsterblicher einen prallgefüllten Eimer während eines einzigen Spielfilms verdrücken kann. Wie auch immer – in der darauffolgenden Stunde wird geschossen, geknistert und gekaut, und am Ende überlebt zwar der Held, aber der Eimer ist leer. Wundersame Filmwelt!

Im Gegensatz zu den Kinositzen besteht Popcorn nicht aus aufgeschäumtem Kunststoff, sondern aus geschäumter Stärke, ist also das Ergebnis von geplatzten (platzen = to pop) Körnern (= corn). Hergestellt wird es aus einem speziellen Puffmais, der einen höheren Wasseranteil hat als der normale Futtermais.

Entscheidend für die »luftige Verwandlung« sind nämlich zwei Faktoren: das sich aufheizende Wasser, das im Innern des Kornes einen hohen Druck erzeugt, und die vergleichsweise harte Schale des Maiskorns, die dem steigenden Innendruck zunächst standhält.

Im Innern der Körner befindet sich neben der eigentlichen

Maisstärke auch Wasser. Beim Erhitzen wird dieses Wasser zwar über 100 °C heiß, wird aber nicht zu Dampf, da die Schale wie ein geschlossener Dampfkochtopf wirkt und keine Möglichkeit der Ausdehnung bietet. Druck und Temperatur im Korn steigen, bis die Schale aufplatzt. In diesem Moment kommt es im Innern zu einem schlagartigen und hörbaren Druckabfall. Das zuvor noch überhitzte Wasser verwandelt sich nun explosionsartig in Wasserdampf. Bei den hohen Temperaturen sind die Stärkemoleküle fast flüssig und reißen auseinander. Aufgrund der gewaltigen Ausdehnung – der Dampf nimmt immerhin das 1600-fache Volumen der Wassertropfen ein – fällt die Temperatur rapide ab, die Stärkefäden erkalten sogleich und verbinden sich zu einem stabilen Netz. Darin hat der Wasserdampf unzählige Hohlräume gebildet. Aus dem Korn ist ein fester Schaum geworden: Popcorn.

Popcorn folgt den gleichen physikalischen Gesetzen, die auch den Ausbruch von Geysiren bestimmen. Statt der harten Schale sorgt hier eine tiefe Wassersäule dafür, dass zunächst genügend Druck aufgebaut wird und das heiße Wasser in der Tiefe nicht verdampft. Erst wenn das Wasser nach oben entweicht, fällt der Druck in der Säule ab. Das überhitzte Wasser wird zu Dampf, die Säule wird noch leichter, weiteres Wasser verdampft, und durch diese Kettenreaktion entsteht die Fontäne. Nach dem Ausbruch fließt das Wasser zurück und kühlt sich ab. Einige Zeit später ist die Wassersäule erneut gefüllt, und das Schauspiel beginnt von vorn. Der bekannteste Geysir faucht mit großer Regelmäßigkeit im Yellowstone-Nationalpark in den USA. Man hat ihn »old faithful« getauft, der alte Getreue. Seine mittlere Ausbruchszeit beträgt etwa 90 Minuten, also normale Spielfilmlänge.

Warum aber kann man nicht aus allen Körnern Popcorn machen?

Wasser und Stärke sind in vielen Körnern enthalten, außer

mit Mais klappt dieses Aufschäumverfahren auch mit Puffreis oder mit Gerste. Der Trick ist die harte Schale. Ist die Schale zu weich, kann sich kein entsprechender Druck aufbauen, und das Wasser verdampft zu langsam. Guter Popcornmais hat also eine dünne, besonders harte und geschlossene Schale. Wie beim Filmhelden lautet auch hier das Rezept: harte Schale und weicher Kern!

Warum kochen
die Profis mit Kupfer?

4 Ich staune immer wieder über exquisite Küchen in den Schaufenstern der Fachgeschäfte. Manche erinnern mich an sterile Operationssäle, andere wiederum wirken in ihrem hochglänzenden Design so edel, dass sie fürs Kochen irgendwie zu schade scheinen. Wahrscheinlich wird in solchen Protzküchen ohnehin nicht gekocht, mal abgesehen vom Einsatz der Mikrowelle ... In Profiküchen brodelt und dampft es unentwegt, und niemand schert sich um die Farbe der Wandfliesen. Es dreht sich alles um Pfannen und Töpfe, die in der Haute Cuisine erstaunlich oft aus Kupfer bestehen. Aber was ist das Besondere daran?

Viele Profis kochen immer noch auf Gasherden. Die Gasflamme ist schnell und nicht so träge wie übliche Kochplatten. Es gibt da jedoch ein Problem: Die Flamme ist sehr heiß, und in einem normalen Topf aus Edelstahl wirkt die Hitze punktuell, so dass das Essen gerne anbrennt. Auf der Flamme wird der Topf am Boden glühend heiß, doch am Rand bleibt er kühl. Vergleicht man Edelstahl- und Kupfertopf, so erkennt man, dass sich die Wärme beim Kupfertopf sehr viel gleichmäßiger über den gesamten Topf verteilt. Obwohl der Rand nicht direkt mit der Flamme in Kontakt steht, ist er beim Kupfertopf fast genauso heiß wie der Boden. Kupfer leitet die Wärme erheblich besser als Stahl. Ich habe es einmal in einem Versuch mit einer Stange aus Stahl und einer aus Kupfer probiert:

An einem Ende der Stange befindet sich eine Flamme, am anderen ein Stück Butter. Beim Kupfer erkennt man, dass die Butter sehr schnell zu schmelzen beginnt, die Stahlstange hingegen lässt die Butter im wahrsten Sinne des Wortes »kalt«. Die Wärmeleitfähigkeit von Kupfer ist rund zehnmal so groß wie die von Stahl.

Kupfer ist ideal, wenn es darum geht, Wärme möglichst gleichmäßig zu verteilen. Kein Zufall also, dass es überall in den Profiküchen zu finden ist, auch bei den polierten Kupferkesseln in den Sudhäusern von Brauereien.

Auch in zahlreichen technischen Installationen von Kühlschellen bis hin zu Wärmetauschern ist Kupfer aufgrund seiner exzellenten Wärmeleitfähigkeit das Element der Wahl. Nur Silber ist noch besser, und in der Küche meiner indischen Großmutter gab es tatsächlich Töpfe aus Silber!

Seinen Namen erhielt Kupfer übrigens von der Insel Zypern: Im Altertum versorgte die Mittelmeerinsel Griechenland, Rom und andere mediterrane Länder mit dem roten Metall. Die Römer bezeichneten es daher als »Erz aus Zypern«, auf Lateinisch »aes cyprium«, später als »cuprum«. Der lateinische Begriff steht heute noch hinter dem Kürzel Cu, mit dem Kupfer im Periodensystem der Elemente erscheint.

Und jetzt wissen Sie, warum Kupfer auch das Element der Haute **Cu**isine ist!

Was bedeutet
»rostfrei«?

5 Ist Ihnen beim Gang durch historische Museen schon einmal aufgefallen, dass es wunderbare alte Exponate aus Kupfer, Gold und Bronze gibt, jedoch kaum alte Eisenskulpturen?

Der Grund hierfür ist die unterschiedliche Schmelztemperatur der Metalle. Gold und Kupfer werden bei Temperaturen von knapp über 1000 °C flüssig (Gold 1064 °C, Kupfer 1084 °C) und Bronze schon bei unter 1000 °C, wohingegen Eisen erst bei 1538 °C zu schmelzen beginnt. Die Temperaturen, die Schmelzöfen erreichen konnten, waren lange Zeit begrenzt und bestimmten somit die Auswahl der Metalle der jeweiligen Zeit: Kupferzeit, Bronzezeit, und erst sehr viel später folgte dann die Eisenzeit.

Unsere heutige Industriegesellschaft wäre ohne Eisen und Stahl nicht denkbar: Hochhäuser, Brücken, Autos, Waschmaschinen oder Küchenbesteck bestehen zu großen Teilen aus Stahl.

Stahl wird aus Roheisen gewonnen. Der hohe Kohlenstoffanteil im Roheisen von etwa 4 Prozent bedingt seine hohe Sprödigkeit. Wenn man Roheisen erhitzt, wird es plötzlich weich und ist daher nicht schmiedbar. Man kann Roheisen jedoch zum Gießen verwenden.

In den Stahlwerken wird Sauerstoff in das geschmolzene Roheisen geblasen. Der Sauerstoff verbindet sich mit dem Kohlenstoff und entweicht als Kohlendioxyd. Durch dieses

»Frischen«, wie man es nennt, verringert sich der Kohlenstoffanteil auf 0,2 bis 1,7 Prozent. Dieser einfache Stahl lässt sich zwar bearbeiten, doch es gibt immer noch ein Problem: Der Sauerstoff aus der Luft greift das Eisen an. Das Ergebnis ist Rost.

Wie groß die Liebe zum Sauerstoff ist, können Sie leicht testen: Wenn man Eisenwolle anzündet, brennt sie ohne Probleme. Übrig bleibt Eisenoxyd, also »Rost«. Reines Eisen reagiert sogar so intensiv mit dem Sauerstoff in der Luft, dass es sich von selbst entzündet.

Durch Beimischung von Zusätzen können die Stahlkocher die Eigenschaften des Stahls verändern. Chrom ist zum Beispiel ein solcher Legierungszusatz. Er macht den Stahl rostfrei, indem er auf der Oberfläche eine feine und schützende Schicht aus Chromoxyd entstehen lässt. Das Eindringen des aggressiven Sauerstoffs wird somit verhindert. Streng genommen dauert es zumindest sehr viel länger, bis der Stahl rostet, denn hundertprozentig rostfrei bekommt man ihn nie.

Heute gibt es Hunderte von unterschiedlichen Stahlsorten, und jedes Jahr wird die Palette erweitert: von einfachen Baustählen bis hin zu komplexen Spezialstählen, die selbst hohen Temperaturen oder ätzenden Säuren widerstehen. Aus dieser Perspektive betrachtet leben wir eigentlich im Edelstahlzeitalter.

Warum verändert sich **der Ton**, wenn man **im Cappuccino** rührt?

6 Machen Sie's sich gemütlich! Genießen Sie einen frischen Cappuccino mit geschäumter Milch, oder, wenn Sie lieber Tee trinken, nehmen Sie sich einen Tee mit einem Löffel Zucker. Fällt Ihnen beim Umrühren etwas auf?

Hören Sie genau hin: Beim Umrühren verändert sich der Ton! Dieses kleine Detail taucht immer wieder auf, ob bei Cappuccino mit Milchschaum, Tee mit Zucker oder auch Kakao mit Sahne. Selbst wenn man, was wohl eher selten vorkommt, in einem Bierglas rührt und anschließend gegen das Glas klopft, kann man es deutlich vernehmen: Der Ton ändert sich. Zunächst klingt es tief, mit der Zeit jedoch immer heller.

Wenn Sie mit einem Löffel gegen ein Glas klopfen, wird das Glas in Schwingungen versetzt. Ein leeres Glas klingt dabei deutlich höher als ein gefülltes. Die Ursache dieses Unterschieds ist leicht zu verstehen: Die Schwingungen des Glases übertragen sich auch auf den Inhalt. Durch die Flüssigkeit im Glas wird jedoch mehr Masse hin und her bewegt als beim leeren Glas. Das Ergebnis: Der Ton ist tiefer, denn die Eigenfrequenz des vollen Glases ist niedriger. Mit unterschiedlich gefüllten Gläsern kann man die Töne einer Tonleiter erzeugen und Musik machen.

Doch jetzt wiederholen wir das Experiment mit Cappuccino. Obwohl die Flüssigkeitsmenge gleich bleibt, verändert sich die Tonhöhe: Beim Klopfen ist der Ton zunächst tief, doch je mehr Milchschaum sich auflöst, desto höher klingt der Ton.

Anfangs werden viele Schaumbläschen in den Cappuccino eingerührt. Die Schallwellen passieren also ein Gemisch aus Flüssigkeit und Luftbläschen. Dabei erklingt ein tiefer Ton. Mit der Zeit steigen die Bläschen nach oben, und die Schwingungen des Tassenbodens passieren auf ihrem Weg durch die Flüssigkeit immer weniger Luftbläschen. Der Ton wird dann eindeutig heller!

Das Phänomen hängt also mit der Luft-Flüssigkeits-Mischung zusammen. In der Tat ändert sich die Schallgeschwindigkeit in Abhängigkeit von der Art des Mediums: Wenn der Schall sich in einem Medium ausbreitet, dann stoßen sich die Moleküle gegenseitig an. Auf diese Weise dehnt sich die Schallwelle im Medium aus. In Gasen, wie zum Beispiel Luft, breitet sich der Schall eher langsam aus, denn Gase lassen sich gut komprimieren. Die Übertragung von Molekül zu Molekül erfolgt langsamer. Unter Wasser hingegen sind die Moleküle wesentlich dichter gepackt, und so durchlaufen Schallwellen das Wasser etwa viermal so schnell wie die Luft.[2] Es macht also einen großen Unterschied, ob Schallwellen Luft oder Flüssigkeit passieren, denn je höher die Schallgeschwindigkeit im Medium, desto höher die Frequenz der Schallwelle, also ihre Tonhöhe. Nach dem Umrühren beginnen die Schaumbläschen aufzusteigen, bis irgendwann alle oben angekommen sind. Die Zahl der Luftbläschen in der Flüssigkeit nimmt also mit der Zeit ab, und die Schallwellen passieren immer weniger Luft und immer mehr Flüssigkeit. Während des Klopfens ändert sich also im umgerührten Cappuccino die Schallgeschwindigkeit und wird immer größer! Und das kann man hören – am heller werdenden Ton.

Dasselbe Phänomen findet sich, wenn man Zucker in den Tee gibt. Während sich der Zucker auflöst, steigen ebenfalls kleine Luftbläschen nach oben, und auch hier wird der Ton beim Umrühren mit der Zeit heller.

Was mich persönlich besonders erstaunt, ist die späte Entdeckung dieses Phänomens. Es wurde jahrzehntelang von Millionen cappuccinotrinkender Menschen überhört. Als die Relativitätstheorie längst entdeckt war und Astronauten bereits ihren Fuß auf den Mond setzten, rührten die Menschen immer noch in Tassen und Gläsern, ohne dass es jemandem auffiel. Erst im Mai 1982 publizierte der Physiker Frank Crawford seinen Artikel »The hot chocolate effect«[3].

Natürlich ist die Physik der klingenden Tasse weit komplizierter als das einfache Modell, denn die Resonanzfrequenzen der Tasse und die Ausrichtung der Wellenfronten spielen auch noch eine Rolle. So klingt es anders, wenn man die Tasse statt auf dem Boden seitlich anschlägt. Inwieweit der Luftanteil in der Flüssigkeit und die Temperatur auf die Tonhöhe einwirken, beziehungsweise ob die Physik bei halbvollen Tassen noch greift, ist ebenfalls nicht endgültig geklärt. Kluge Physiker haben inzwischen ganze Abhandlungen über spektrale Klangveränderungen gefüllter Kaffeetassen verfasst und sogar die Ausbreitung der Wellen mit speziellen Messgeräten analysiert. Da soll noch einer sagen, im Alltag gebe es nichts zu entdecken!

Die Isolierkanne: Warum bleibt Heißes heiß und Kaltes kalt?

7 Thermoskannen sind praktisch. Der Kaffee bleibt lange heiß, und im Sommer bleibt die Limonade lange kühl. Doch wie genau funktioniert eine Thermoskanne?

Wenn Sie heißes Wasser in einen Krug füllen, geht die Wärme schnell verloren. Zunächst heizt der warme Kaffee die kältere Wand der Kanne auf. Hierdurch kühlt sich die Flüssigkeit ab. Diesen Verlust kann man etwas kompensieren, indem man den Kaffee in eine angewärmte Kanne gibt.

Die Moleküle der Umgebungsluft treffen nun auf die heiße Oberfläche der Kanne und entziehen dem Gefäß Energie. Die Luft heizt sich auf und steigt nach oben. Dadurch strömt neue kalte Luft nach, erhitzt sich wieder, und so beginnt die Kanne durch den unmittelbaren Kontakt mit der Außenluft schnell abzukühlen. Dieser Konvektionsverlust lässt mit der Zeit den Inhalt abkühlen, und schon bald ist der Kaffee kalt. Nach genau diesem Prinzip blasen wir zum Beispiel heiße Speisen an, um sie zu kühlen. Wickelt man die Kanne hingegen in eine schützende Decke, mindert man den Konvektionsverlust. In England werden daher traditionell Teekannen in bunte Stoffhüllen gepackt.

Durch die Beschaffenheit des Gefäßes und den Wärmeaustausch mit der Umgebungsluft geht also Energie verloren. Bei der Thermoskanne hat man diese Lecks auf clevere Weise minimiert: Der Behälter in der Thermoskanne besteht aus dünnem Glas. Schon beim Einfüllen geht daher nicht so viel

Wärme für das Aufheizen des Gefäßes verloren, denn das dünne Glas nimmt wesentlich weniger Wärme auf als zum Beispiel ein dicker Keramikkrug. Der eigentliche Trick der Thermoskanne besteht jedoch darin, dass das dünne Glasgefäß doppelwandig ist und über ein Vakuum verfügt.

In modernen wärmedämmenden Fenstern nutzt man ebenfalls Doppelglasscheiben. Zwischen den Scheiben befindet sich Luft, denn Luft ist ein wesentlich besserer Isolator als Glas. Der Luftraum zwischen den Scheiben wirkt dabei wie eine Dämmschicht. Zwei dünne Scheiben mit Luft dazwischen halten die Wärme sehr viel besser als eine einzelne dicke Glasscheibe. Doch bei näherer Betrachtung kann man die Sache noch verbessern: Die Luftmoleküle im Zwischenraum erhitzen sich an der wärmeren Innenscheibe und geben die Wärme an die Außenscheibe ab. Innerhalb der Doppelglasscheibe entsteht also auch ein Konvektionsstrom. Kluge Ingenieure haben daher einen idealen Abstand im Doppelglas berechnet, bei dem immer noch genügend Luft als Isolator vorhanden ist und trotzdem der Konvektionskreislauf möglichst klein bleibt.

Ideal wäre ein Vakuum zwischen den Scheiben, doch für derartige Fensterscheiben wären die Produktionskosten enorm. Durch das Vakuum in der Thermoskanne gibt es im Innenraum keine Luftmoleküle und somit auch keinen Wärmetransport zwischen der Innen- und der Außenwand. Ein Vakuum ist daher der beste Isolator überhaupt.[4]

Und an noch einen Punkt hat man gedacht: Auffällig bei der Isolierkanne ist die verspiegelte Oberfläche, und auch sie hat ihren Grund: Jeder heiße Körper gibt nicht nur Wärme über den direkten Kontakt mit der Umgebungsluft ab, sondern auch einen Teil seiner Energie in Form von Wärmestrahlung. Jeder kennt das Phänomen: Der heiße Ofen strahlt auch, wenn man ihn nicht direkt anfasst. Die Innenverspiegelung macht die Kanne zu einem Gefängnis für die Wärmestrahlung. Weltraumsonden sind genau aus diesem Grund oft mit einer reflektierenden Folie umgeben, denn ansonsten würde die Sonnenstrahlung die Satelliten extrem aufheizen.

Mithilfe einer Wärmebildkamera erkennt man den spektakulären Unterschied: Die Glaskanne strahlt, wohingegen die Isolierkanne außen kalt ist.

Natürlich muss man die Kanne auch fest verschließen, denn sonst entsteht ein weiteres Leck für die Wärme. Das Prinzip der Isolierkanne wurde bereits im 19. Jahrhundert vom schottischen Physiker James Dewar entwickelt. Erst mithilfe des »Dewar-Gefäßes« war es möglich, eiskalte flüssige Luft zu lagern. Heute gibt es solche Gefäße in jedem Labor und in jeder Küche: mit Doppelwand, Vakuum und verspiegelter Oberfläche. Die Physik dahinter ist aber kein kalter Kaffee!

Warum tränen die Augen
beim Zwiebelschneiden?

8 Das Internet ist eine Fundgrube an Tipps und Ideen. Auf jede Frage scheint das Netz eine Antwort zu haben. Befragt man das elektronische Orakel, was man gegen das Augenbrennen beim Zwiebelschälen tun kann, wird man mit einer Vielzahl von Lösungen belohnt: Da schälen manche mit Taucherbrille, andere unter der laufenden Dunstabzugshaube, und wiederum andere behalten während des Schälens einen Schluck Wasser im Mund. Da wird die Zwiebel gekühlt und dann unter fließendem Wasser geschält oder in warmem Wasser eingeweicht. Eine Dame beschreibt ein garantiert wirkungsvolles Rezept gegen ihr Augenbrennen: Sie lässt ihren Mann schälen!

Doch wie kommt es überhaupt zum Brennen der Augen? Ungeschnittene Zwiebeln sind harmlos, doch sobald man die Zwiebel anschneidet, scheint sie sich mit einem beißenden

Duft zu wehren. Was wir hier erleben, ist ein effektiver Schutzmechanismus der Natur. Pflanzen setzen sich mit ausgeklügelten Strategien gegen Parasiten und Pilze zur Wehr, und ihre Waffen reichen von Bitterstoffen und Düften bis hin zum Gift.

In den Zwiebelzellen befinden sich zwei Inhaltsstoffe, die normalerweise nicht miteinander in Berührung kommen: zum einen die geruchlose schwefelhaltige Aminosäure Alliin. Sie befindet sich in den äußeren Zellschichten. Im Zellinnern versteckt sich zum anderen das Enzym Alliinase. Beim Schneiden der Zwiebel kommen die beiden Substanzen in Kontakt und reagieren. Das Enzym wirkt wie eine chemische Schere und spaltet das Alliin-Molekül in das hocharomatische Allicin. Diese Substanz reagiert mit der Luft und mit dem Wasser, wodurch das reizende Gas Propanthialsulfoxid entsteht. Aus dieser Schwefelverbindung entwickelt sich im wässrigen Tränenfilm die ätzende Schwefelsäure, und prompt fangen die Augen an zu tränen.

Beim Knoblauch läuft es übrigens ähnlich ab, denn auch hier wird durch die mechanische Beschädigung der Zellen Allicin gebildet. Sie können das testen. Die Knolle selbst riecht kaum, doch wenn man sie durchpresst und die Zellen dabei zerstört werden, ändert sich das gewaltig.

Dieses Prinzip hat seinen Sinn, denn Allicin ist ein wirksames Gift gegen Bakterien und Keime. Knoblauch besitzt daher eine desinfizierende Wirkung. Gärtner wissen das: Knoblauchknollen werden nämlich kaum von Insekten oder Mäusen und Maulwürfen angebissen. Sie haben so gut wie keine natürlichen Feinde, abgesehen von uns Menschen. Man könnte rein theoretisch mit Knoblauch ein natürliches Insektenbekämpfungsmittel entwickeln. Das funktioniert auch, doch es gibt einen Haken: Danach würde alles nach Knoblauch duften.

Der Abwehrtrick der Natur besteht also in der Reaktion von zwei chemischen Komponenten. Hierdurch tränen am Ende die Augen, oder es beginnt, aufdringlich zu duften. Wichtig dabei ist eben das nach Möglichkeit vollständige Zerquetschen der Pflanzenzellen, denn nur so kommt es zur Reaktion. Also wenig Knoblauch und richtiges Zerkleinern wirken intensiver als eine unbeschädigte Knoblauchzehe mitzukochen. Und bei den Zwiebeln sollte man lange kauen, um das ganze Aroma zu genießen.

Einen kleinen Haken gibt es auch hier: Am Ende riecht man so unangenehm, dass nicht nur die Insekten, sondern leider auch gute Freunde einen großen Bogen um einen machen.

Warum brennen
Chilis und Peperoni so?

9 Es begann immer mit dem Satz: »Ich liebe scharfes Essen!« Während meiner Kindheit in Indien hatten wir häufig Besuch aus dem »Ausland«. Die Geschäftspartner meines Vaters kamen aus Europa oder den USA, und es war selbstverständlich, dass man den Weitgereisten ein typisch indisches Essen servierte. Natürlich nahm man dabei Rücksicht auf die Gäste. Die Küche hatte die strikte Order, sparsam mit Gewürzen umzugehen. Auf dem Tisch glänzten silbrige Schalen mit duftendem Reis, Schüsseln mit Biryani, kleingeschnittenem Gemüse, Sambar und anderen würzigen Linsengerichten sowie hauchfeinen Dosas mit Saucen aus weißlicher Kokosmilch. Die Vielfalt der südindischen Gerichte ist überwältigend. In kleinen Schälchen hatte der Koch zusätzlich noch einige Gewürzsaucen abgefüllt. Sie waren für die Einheimischen am Tisch bestimmt, denn sie enthielten feine eingelegte Chilischoten: garam masala – heißes Gewürz.

Den Gästen schmeckte es vorzüglich, und nachdem sie den ersten Teller geleert hatten, wurden sie leichtsinnig und griffen zum garam masala. Von allen Seiten kamen unverzüglich höfliche Warnungen: »Bitte seien Sie vorsichtig, das ist *sehr* scharf!« Die gutgemeinten Einwände wurden stets überhört. Im Gegenteil: Der Verzehr des garam masala wurde zum Symbol der Solidarität und der Völkerverbundenheit: »Ich liebe scharfes Essen!« Viele Gäste nahmen beherzt gleich einen ganzen Löffel.

»Wirklich köst...!« Der Atem stockte, und mit weit geöffneten Augen griffen sie zum Wasserglas, leerten es vollständig, doch es half nichts. Binnen Sekunden änderte sich die Gesichtsfarbe. Mit hochrotem Kopf zeigten sie zum Wasserkrug. Der Schweißausbruch auf der Stirn war gewaltig, gefolgt von einer beängstigenden Hustenattacke. Garam masala hatte seine Wirkung entfaltet, und als Kind war es mir lange Zeit ein Rätsel, wieso eine solch kleine Menge an rötlicher Paste einen erwachsenen Mann so umhauen konnte. Die Chilischoten hatten in unserer Familie daher den Beinamen »sudden death« – plötzlicher Tod.

Zum Glück überlebten alle Gäste, wenngleich sie sich in den Folgetagen meistens nur noch von reinem Reis ernährten. Selbst bei den unverdächtigsten Gerichten fragten sie mehrmals nach, ob tatsächlich kein garam masala darin enthalten sei.

Doch warum brennen diese Chilis so unangenehm? Mit unserer Zunge nehmen wir süß und sauer wahr, doch im Falle von »scharf« reagieren die Sinneszellen der Mundschleimhaut. In den Schoten befindet sich die Substanz Capsaicin. Je mehr davon in der Pflanze enthalten ist, desto schärfer schmeckt sie. Die Capsaicin-Moleküle binden sich an die Rezeptoren derjenigen Nervenzellen, die auch auf starke Hitze ansprechen. Genau das ist der Grund, warum es so unangenehm brennt, obwohl das Essen nicht einmal heiß ist. In unserer Mundschleimhaut haben wir übrigens auch andere Zellen, die bei Kälte reagieren. Die wiederum kann man mit Menthol aktivieren, daher schmecken Hustenbonbons kühl.

Capsaicin führt in der Folge zu einer stärkeren Durchblutung der entsprechenden Stelle. Der scharfe Stoff der Chilis findet sich aus diesem Grund auch in Wärmesalben und Pflastern.

Tiere reagieren ebenfalls auf scharfes Essen. Katzen oder Hunde rühren gewürztes Fleisch nicht an. Doch es gibt da eine interessante Ausnahme: Vögel.

Als Kind habe ich beobachtet, wie Raben Chilis klauten und fraßen, und zu meiner Verblüffung hat es ihnen sogar geschmeckt. Selbst die schärfsten Chilis machten den Raben absolut nichts aus!

Es gibt eine plausible Erklärung hierfür: Die meisten Tiere verdauen den Pflanzensamen, und damit wäre er nicht mehr keimfähig – nicht so die Vögel. Ihr Magen ist anders aufgebaut. Das hilft indirekt bei der Verbreitung der Samen. Nach der Verdauung ist der Pflanzensamen nicht angegriffen und bleibt keimfähig. Fazit: Der Samen wird durch den Vogel transportiert und landet unverdaut im Kot auf der Erde, und so kann sich die Pflanze verbreiten. Wissenschaftler konnten in der Tat nachweisen, dass der entsprechende Rezeptor der Nervenzellen bei Vögeln sich von demjenigen anderer Tiere unterscheidet. Vögel vertragen also Kost, die für uns und für andere Tiere viel zu scharf wäre, weil Vögel vieles nicht vollständig verdauen.

Garam masala ist bis zu tausendmal schärfer als die »scharfen« Saucen, die es hierzulande zu kaufen gibt. Bei der Bestimmung des Schärfegrades greifen einige noch heute auf die sogenannte Scoville-Skala zurück, benannt nach dem amerikanischen Pharmakologen Wilbur Lincoln Scoville. 1912 entwickelte er einen Test zur Bestimmung der Schärfe von Chilischoten. Der Gehalt von Capsaicin wurde dabei indirekt über die Verdünnung mit Wasser ermittelt. Hierbei wurde getestet, ab welcher Verdünnungsmenge an zugegebenem Wasser der Schärfeeindruck beim Abschmecken verschwindet. Braucht es zum Beispiel für einen Milliliter aufbereiteter Chilis 100 Liter Wasser, dann beträgt die Schärfe 100 000 SHU (Scoville Heat Units – Scoville Hitze-Einheiten). In dieser

Skala schaffen es die schärfsten Vertreter des garam masala auf über 500 000 SHU! Nur zum Vergleich: In deutschen Supermärkten gibt es »scharfe« Saucen, die es höchstens auf 500 SHU bringen.

Wenn Sie dennoch auf eine Chili beißen und es brennt, werden Sie eines sehr schnell feststellen: Wasser hilft gar nichts. Milch oder Joghurt lindern zu einem gewissen Grad den Schmerz. Zucker funktioniert am besten, denn er neutralisiert die Schärfe. Es ist daher kein Zufall, dass viele Desserts in Ländern mit scharfer Küche extrem süß sind.

In Kanada hat man garam masala in einem wissenschaftlichen Experiment[5] sogar zweckentfremdet: Marder, die ja gerne in Kunststoffleitungen und Schläuche beißen, wurden erfolgreich davon abgehalten, wenn man die Schläuche mit Capsaicin einschmierte! Wenn Sie morgen in der Autowerkstatt Chilis für Ihren Motor bestellen, habe ich nur eine Bitte: Erzählen Sie nicht, von wem Sie den Tipp haben!

Was macht die
Hefe im Hefeteig?

10 Als Kind hatte ich großen Spaß am Herumexperimentieren. Vor allem die Küche erwies sich dabei als ideales Labor. Zugegeben, nicht immer stand am Ende ein erfolgreiches Experiment. Oft mixte ich eher zufällig Substanzen zusammen, erhitzte sie und beobachtete, ob das Ergebnis meiner Alchemie vielleicht einen neuen Geschmack hervorzauberte oder sogar brennbar oder explosiv war.

Zu meinen Fehlversuchen zählte unter anderem das Brotbacken. Ich hatte Mehl, Wasser und Salz zu einem Teig geknetet, doch nach dem Backen war das Ergebnis enttäuschend: ein fester, brauner und ungenießbarer Klotz. Ich hatte wohl etwas Entscheidendes vergessen: Hefe. Offensichtlich gibt die Hefe dem Brot seine luftige Konsistenz, doch was genau bewirkt sie?

Hefen sind kleine einzellige Pilze. Wenn das Umfeld günstig ist, also wohlig warm und mit ausreichend Nahrung ausgestattet, kann sich die Hefe durch Zellteilung rasch vermehren. Die Hefe ernährt sich von Zucker, und dabei entstehen Alkohol und Kohlendioxyd.

Enzyme

$$C_6H_{12}O_6 \longrightarrow 2\,C_2H_5OH + 2\,CO_2$$

1 × Zucker   2 × Alkohol   2 × Kohlendioxyd

Das Kohlendioxyd ist beim Backen wichtig. Wenn man Teig, dieses Mal mit Hefe, knetet und stehen lässt, dann »geht er«, wie man sagt. Im Mehl ist jede Menge Stärke enthalten, ein »Vielfachzucker«. Wenn Stärke aufgespalten wird, was durch sogenannte Hefeenzyme geschieht, entsteht Zucker, die Nahrung der Hefe.

Beim »Gehen« kommt es zu einer chemischen Umwandlung, und dabei entsteht das gasförmige Kohlendioxyd. Das Gluten im Teig hält die kleinen Bläschen fest, und mit der Zeit vergrößert sich das Volumen des Teigs. Pro Zuckermolekül entstehen zwei Kohlendioxydmoleküle.

Am besten stellt man den Teig warm, so etwa bei 32 °C, denn dann läuft die chemische Umwandlung optimal. Die Hefepilze vermehren sich und wandeln immer mehr Zucker in Kohlendioxyd um. Bei Kälte hingegen läuft alles in Zeitlupe ab. Steht der Teig allerdings zu warm, klappt es nicht. Oberhalb von 40 °C gerinnen die Eiweißmoleküle, und die Hefe stirbt ab.

Je länger man den Teig stehen lässt, desto mehr Stärkemoleküle werden zu Zucker und Kohlendioxyd umgewandelt. Der Teig bläht sich also immer mehr auf. Doch irgendwann ist so viel Stärke aufgebraucht, dass die Masse das viele Gas nicht mehr halten kann und in sich zusammenfällt. Natürlich kann man die Hefe auch künstlich »füttern«, indem man Zucker zugibt, doch dann geht der Teig zu schnell und verliert seine homogene Struktur. Wichtig beim Backen ist das richtige Timing: Der Teig darf weder zu früh noch zu spät in den Backofen. Während des Backprozesses darf man ihn dann nicht »stören«, denn durch die Hitze stabilisiert sich das luftige Gebilde. Ist man zu neugierig, fällt das Ergebnis leicht zusammen.

Neben Kohlendioxyd entsteht aber auch Alkohol! Beim Backen verdampft er, doch wenn man einen dünneren Teig aufsetzt, mit wenig Mehl, viel Wasser und natürlich Hefe, und diesen längere Zeit stehen lässt, bildet sich mit der Zeit alkoholhaltiges, »flüssiges« Brot.

Das ist im Prinzip Bier! Doch ich warne davor – von diesem selbstgemachten Bier wird Ihnen garantiert übel. Ich hab's probiert.

Warum wird **Ketchup flüssig,**
wenn man ihn schüttelt?

11 Es gibt Fragen, mit denen man den Kellner sekundenschnell zur Verzweiflung bringt und sich den Koch im Handumdrehen zum Feind macht: Wenn das edle Menü im Restaurant serviert wird, reicht schon die Bitte: »Hätten Sie noch ein wenig Ketchup?« Von diesem Moment an sind Sie ein Geschmacksbanause und in der Küche unten durch. Alle Feinheiten der Haute Cuisine werden in dem roten Saft ertränkt, und alles Abschmecken am Kochtopf erscheint alsdann so sinnlos wie das Haarekämmen vor dem Gang zum Schafott. Der zähfließende Saft hat sich dennoch

an so mancher Tafel einen festen Platz erobert – auch meine Kinder würden am liebsten alles mit Ketchup versehen: vom Gemüse bis zum Käse, vom Soufflé bis zum Tafelspitz.

Ketchup ist ein Mix aus Tomatenmark, Essig, Salz, diversen Gewürzen und sehr viel Zucker. Dieser ist der Köder, mit dem die Geschmacksnerven unserer Kinder gefangen werden. Man findet bis zu 25,5 Gramm Zucker pro 100 Gramm Ketchup! Wer sich diese Überdosis einmal mit der entsprechenden Menge an Würfelzucker veranschaulicht, hat vielleicht noch eine letzte Chance, nicht abhängig zu werden.

Der zähflüssige Saft birgt jedoch eine weitere Besonderheit. Wer sie nicht kennt, ruiniert sich Krawatten und Blusen. Sobald man die Flasche schüttelt oder ihr von oben einen Stoß versetzt, kommt es zu einem überraschenden Wandel: Der zunächst zähe Flascheninhalt wird plötzlich dünnflüssig wie Wasser.

Die Erklärung hierfür liegt in seiner mikroskopischen Beschaffenheit.

In der Flasche bildet Ketchup in ungeschütteltem Zustand Strukturen von Molekülverbänden. Die Verbindungen zwischen diesen Molekülverbänden stabilisieren die Flüssigkeit. Beim Schütteln bricht diese Struktur jedoch auseinander. Die einzelnen Molekülknäuel werden von den anderen nicht mehr gehalten und können sich daher freier bewegen. Die Folge: Ketchup wird flüssig und leicht beweglich.

Wenn man ihn danach ruhen lässt, bildet sich die ursprüngliche Konsistenz zurück, denn nach der Irritation durch das Schütteln verbinden sich die Strukturen der Molekülverbände erneut untereinander.

Der Übergang zwischen fest und flüssig geschieht – und darin liegt das Tückische beim Ketchup – plötzlich und sorgt daher beim Klopfen auf die Flasche für die fließende Überraschung. In der Wissenschaft nennt man den Ketchupeffekt auch Thixotropie.

Die durch Schütteln und Bewegen wandelbare Konsistenz hat sogar kluge Ingenieure inspiriert: In der Farbenindustrie nutzt man diesen Effekt mithilfe spezifischer Zusätze in den Malerfarben: Beim Streichen wird die Farbe bewegt und lässt sich leicht auftragen. Danach verfestigt sie sich und verhindert so die Bildung von Nasen.

In der Natur kann man dieses Phänomen übrigens auch bei

Schlammlawinen nach starken Regenfällen oder bei Erdbeben beobachten. Durch das Wasser zwischen Erde und
Steinen gerät plötzlich alles ins Gleiten. Auch hier brechen die
mikroskopischen Verschränkungen zwischen den Sedimen-
ten auf. Gerät der Schlamm einmal in Bewegung, wird er
noch flüssiger und rast ins Tal. Ganze Berghänge verflüssigen
sich auf diese Weise und reißen Straßen und Häuser mit sich.
Sobald die Lawine wieder zum Stehen kommt, verfestigt sich
die Masse – wie beim Ketchup – und erschwert die anschließenden Aufräumarbeiten.

Vielleicht können Sie den verstimmten Kellner im feinen
Restaurant so etwas aufmuntern: Erzählen Sie ihm von gigantischen Erdrutschen und ihrer Wesensverbundenheit mit
dem Ketchup.

Warum braucht der **Eierkocher** weniger **Wasser**, wenn mehr Eier erhitzt werden?

12 Ein Wesenszug der Techniker ist manchmal die mutige Eigenschaft, trotz fehlender endgültiger Kenntnis der Dinge einen Apparat zu ersinnen, der das gestellte Problem auf pragmatische Weise löst. Während Physiker zum Beispiel noch immer nicht endgültig das Geheimnis der turbulenten Luftströmungen gelöst haben, durchfliegen Tausende Flugzeuge alltäglich den Luftraum. Obwohl Biochemiker längst nicht alle Prozesse entschlüsselt haben, die für den pochenden Kopfschmerz verantwortlich sind, bieten Apotheken allerlei Tabletten an, die offensichtlich dennoch helfen.

An anderer Stelle in diesem Buch (siehe Kapitel 13: *Warum ist es so schwer, ein perfektes Ei zu kochen?*) werde ich von der hohen Kunst, Eier weich zu kochen, erzählen und erklären, warum hinter dieser einfachen Aufgabe ein mitunter schier unlösbares wissenschaftliches Problem lauert. Obwohl das Eierkochen also nicht endgültig erforscht ist, gibt es einen Apparat zu kaufen, der das Problem löst: den Dampfeierkocher. Wie fast alle technischen Apparate degradiert uns auch dieses Gerät zu einem einfachen Nutzer. Das ist nicht ungewöhnlich, im Gegenteil. Viele fahren mit großer Freude ein Auto, ohne die geringste Ahnung davon zu haben, was unter der Motorhaube passiert. Kaum ein Nutzer eines Mobiltelefons hat sich je Gedanken darüber gemacht, wie das Tippen der Tasten zum Klingeln auf der anderen Seite führt. Als Nutzer befolgen wir eben brav unsere Bedienungsanleitungen, und der Apparat bringt uns ans Ziel. Dennoch erzeugt der Dampfeierkocher bei einigen Menschen ein tiefes Gefühl der Unsicherheit, denn es gibt da ein irritierendes Paradoxon: Der Eierkocher benötigt weniger Wasser, wenn mehr Eier erhitzt werden!

»Ist doch klar«, werden viele jetzt denken. »Wenn ich Eier in einem Topf koche, brauche ich auch weniger Wasser, weil das Volumen der Eier den Wasserspiegel steigen lässt.« Das ist beim Dampfkocher aber nicht so. Das Phänomen ist also gar nicht so einfach zu erklären, wie es zunächst aussieht.

Der Vorteil des Eierkochers besteht darin, dass man mit weit weniger Wasser auskommt als bei der konventionellen Kochmethode im Wassertopf. Die Eier sind hier nicht umgeben von kochendem Wasser, sondern von Wasserdampf.

Der Dampfeierkocher besteht aus einer elektrisch geheizten Verdampferschale, in die man eine genau dosierte Menge an Wasser einfüllt. Auf dem dazugehörigen Messbecher kann man an der Skala genau ablesen, wie viel Wasser für welche Anzahl Eier benötigt wird. Darüber stehen die Eier in einem einfachen Metallgestell. Der Deckel besitzt eine kleine Öffnung, aus welcher der Dampf bei steigendem Druck entweichen kann. Nach dem Einschalten wird das Wasser erhitzt und siedet. Der 100 °C heiße Dampf steigt vom Boden auf, und ein Teil davon trifft auf die kühlere Oberfläche des Eis. Dieser Dampf kühlt dabei ab und kondensiert. Das flüssige Wasser überzieht die Oberfläche des Eis und tropft dann wieder nach unten auf den heißen Boden des Kochers, wo aus Wasser dann erneut Dampf wird.

Nach einer genau berechneten Zeit ist das gesamte Wasser verdampft. Die elektrische Heizung wird heißer und schaltet sich dann automatisch ab. Der Apparat summt, die Eier sind perfekt!

Je mehr Eier sich also im Kocher befinden, desto größer ist die Oberfläche, an der Dampf kondensiert, und folglich tropft ein größerer Teil des Wasserdampfs wieder zurück auf den Boden. Durch dieses »Dampfrecycling« oder »Wasserrecycling« benötigt man also bei mehr Eiern in der Tat weniger Wasser! Der Trick sind die mehrfache Umwandlung von Wasser zu Dampf und die Rückverwandlung von Dampf zu Wasser auf der Oberfläche des Eis.

Es handelt sich hierbei um eine extrem effiziente Art des Energietransfers.

Der Übergang von flüssigem Wasser zu gasförmigem Dampf benötigt sehr viel Energie. Diese sogenannte Verdampfungsenergie beträgt 2260 kJ pro Liter Wasser! Das ist rund fünfmal die Energiemenge, die benötigt wird, um dieselbe Menge Wasser von 0 auf 100 °C zu erwärmen!

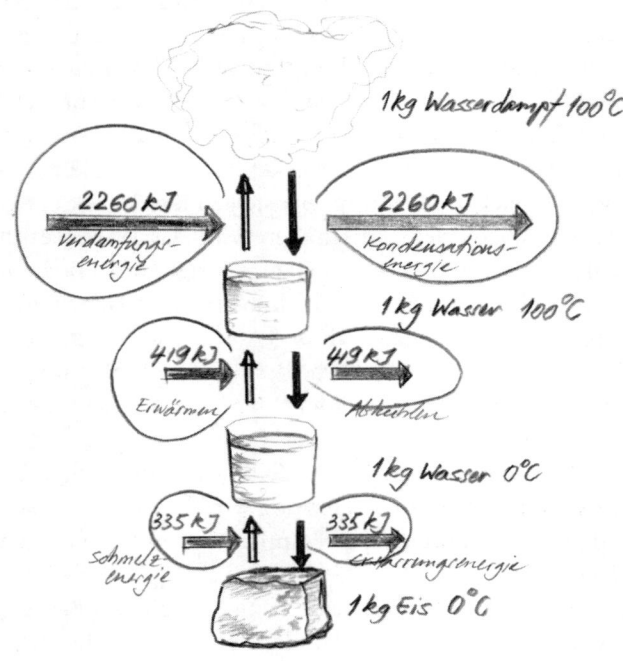

Diese Energie wird nur für den Phasenübergang benötigt. 100 °C heißer Dampf besitzt also deutlich mehr Energie als die entsprechende Menge an 100 °C heißem Wasser. Wenn sich Dampf in Wasser verwandelt, wird die gesamte zuvor gespeicherte Verdampfungsenergie wieder freigesetzt. Diese Kondensationsenergie beträgt natürlich ebenfalls 2260 kJ pro Liter Wasser. Das Ei im Dampfkocher wird also durch die Kondensationsenergie erhitzt. Das geschieht sehr effizient, denn im Vergleich zur konventionellen Methode wird die Energie sehr viel gezielter dem Ei zugeführt und verpufft nicht als ungenutzter Dampf.

Das Prinzip des »Dampfrecyclings« begegnet einem in vielen Bereichen der Technik: In modernen Brennwertheizungen wird die Kondensationswärme des Wasserdampfs im Abgas genutzt. Hierdurch steigt der Wirkungsgrad der Heizung. In allen Kraftwerken stößt man auf entsprechende Dampfkondensatoren.

Der geniale Einfall von James Watt, dem Erfinder der modernen Dampfmaschine, war die Entwicklung eines Dampfkondensators. Durch diese Verbesserung läutete er das moderne Industriezeitalter ein, und erst Jahrhunderte später sollte dann ein weiteres Gerät die Gesellschaft bereichern: der Dampfeierkocher!

Warum ist es so schwer,
ein perfektes Ei zu kochen?

13 Wenn jemand als »Weichei« bezeichnet wird, will man ihm nicht gerade schmeicheln. Wer sich aber einmal klargemacht hat, wie schwierig es ist, ein perfektes Weichei (Eiweiß hart und Eigelb weich) zu kochen, der hat zukünftig vielleicht ein bisschen mehr Respekt vor »Weicheiern«!

Wer glaubt, wir seien eine aufgeklärte Gesellschaft, die alles rational angeht, der irrt! Das Eierkochen ist der klare Beleg für das Gegenteil: Da gibt es unzählige Menschen, die völlig nach Gefühl ein Ei im Wasser kochen. Schon zu Beginn herrscht Unwissenheit: Sollte man das Ei direkt in kaltes Wasser geben und dann noch eine Minute lang kochen lassen, oder ist es besser, die Eier in das bereits kochende Wasser zu tauchen? Die Küchenuhr wird zwar pro forma gestellt, mal sind es drei Minuten, mal sind es fünf, so ganz genau weiß das niemand. Und dann wird das heiße Ei so lange abgeschreckt, dass man sich erneut fragen muss: Wofür das Ganze?

Am Ende jedenfalls landen die Eier auf dem Frühstückstisch, und das Köpfen gleicht einer morgendlichen Lotterie: Mal sind die Eier hart, mal sind sie weich! In einer Gesellschaft, die Satelliten in den Weltraum befördert und Hochhäuser in schwindelerregende Höhen treibt, scheint eine so schlichte Angelegenheit wie das Eierkochen wohl immer noch ein Rätsel zu sein.[6]

Dabei klingt alles so einfach: Die Kunst besteht darin, ein Ei mit festem Eiklar und mit flüssigem Eidotter zu produzieren. Durch das heiße Wasser verändert sich die Struktur der Moleküle. Der Dotter fängt bei 65 °C an zu stocken, daher darf das Innere des Eis nie zu heiß werden.

Das Eiklar besteht aus einer Vielzahl von Proteinen, vornehmlich dem Ovalbumin und dem Conalbumin. Durch die Wärme denaturiert das Eiweiß und wird dabei fest. Ovalbumin gerinnt bei 84,5 °C, Conalbumin hingegen bei 61,5 °C. Wenn die Eier im heißen Wasser liegen, wird Wärme von außen nach innen geführt. Physikalisch passiert dabei etwas sehr Interessantes: Der Umwandlungsprozess des Eiklars schluckt jede Menge Energie. Solange das Eiklar also flüssig ist, wird die einströmende Energie für den Umbau der Moleküle verbraucht, und somit gelangt nicht genügend Energie ins Innere, und das Eigelb bleibt flüssig. Sobald sich jedoch das Eiweiß verfestigt hat, verschwindet diese schützende Barriere, und es wird kritisch. Genau das ist der Moment, in dem man das Ei aus dem Wasser nehmen muss.

Die Temperatur des kochenden Wassers beträgt etwa 100 °C, vorausgesetzt Sie kochen nicht im Gebirge, denn je höher man steigt, desto geringer ist der Luftdruck. Wasser beginnt dann bereits bei niedrigeren Temperaturen zu kochen. Auf der knapp 3000 Meter hohen Zugspitze blubbert das Wasser bereits bei 90 °C, auf dem Mount Everest kocht Wasser bei nur 70 °C. Ich gebe aber zu, ich kenne bislang niemanden, der Frühstückseier auf dem Everest gekocht hätte! Bei herabgesetzter Siedetemperatur[7] ist der Wärmetransport vom Wasser in das Ei geringer, und somit muss man Gebirgseier länger kochen!

Doch bleiben wir am Boden. Ein weiterer und sicherlich wichtiger Faktor ist die Temperatur des Eis zu Beginn der Kochphase. Stammt das Ei direkt aus dem Kühlschrank, ist es etwa 4 °C kalt. Im kochenden Wasser braucht es mehr Zeit, um sich zu erwärmen, als ein Ei mit Zimmertemperatur.

Natürlich spielt auch die Größe des Eis eine Rolle: Je größer das Ei, desto länger muss es kochen. Betrachtet man diesen Punkt etwas genauer, zeigt sich eine weitere Stolperfalle: Es kommt nämlich auch auf das Verhältnis von Oberfläche zu Volumen an. Ein doppelt so großes Ei besitzt nicht die doppelte Oberfläche. Warum ist das so wichtig?

Intuitiv ist das jedem Koch klar: Ein großes Stück Fleisch braucht am Stück wesentlich länger zum Garen als die entsprechende Menge an zerkleinerten Fleischstücken. Die gesamte Energie beim Kochen fließt eben über die Oberfläche ins Innere des Eis. Je größer das Ei ist, desto kleiner fällt seine relative Oberfläche aus, und umso weniger Energie kann eindringen. Die Größe des Eis ist also ein empfindlicher Faktor, denn die Kochzeit hängt vom Quadrat des Ei-Durchmessers ab. Ein im Durchmesser doppelt so großes Ei bedeutet eine Vervierfachung der Kochzeit.

Damit sind alle Faktoren bekannt, so dass man eigentlich exakt ausrechnen können sollte, wie lange ein Ei kochen muss. Der Physiker Charles D. H. Williams von der University of Exeter, Professor Dr. Thomas Vilgis vom Max-Planck-Institut für Polymerforschung in Mainz und auch der experimentelle Physik-Kulinariker aus Wien, Werner Gruber, haben sich des Problems angenommen, und so findet sich in den Reihen der Wissenschaft tatsächlich eine »Weichei-Formel«, die ich Ihnen nicht vorenthalten möchte:

$$t_{koch} = \frac{c\, \rho^{1/3}}{\pi^2 \kappa \left(4\pi/3\right)^{2/3}} M^{2/3} \log_e \left[0{,}76 \cdot \frac{\left(T_{ei} - T_{wasser}\right)}{T_{gelb} - T_{wasser}} \right]$$

Unsere Eier im Kühlschrank besitzen einen Durchmesser von 45 Millimetern. Hieraus ergibt sich laut Formel eine Kochzeit von exakt 5,5 Minuten. Das alte Rezept des Drei-Minuten-Eis gilt nur für sehr kleine Eier mit einem Durchmesser von etwa 33 Millimetern, und vermutlich stammt es ohnehin aus der Vor-Kühlschrankzeit.

Trotz aller Theorie ist das Problem noch nicht endgültig gelöst: Bei unserer großen Familie landen oft viele Eier gleichzeitig im Topf. Das kochende Wasser kühlt daher zunächst ab, bis es erneut zu blubbern beginnt. Bei dieser großen Menge verlängert sich logischerweise auch die Kochzeit, doch hierfür kann ich keine allgemeine Formel anbieten. Jeder Herd und auch jeder Kochtopf verhalten sich anders. Manche sind träge, und es dauert lange, bis das Wasser erneut kocht, andere reagieren schneller auf die kurzzeitige Abkühlung. Aus diesem Grund meide ich auch die Kaltwassermethode: also Eier in das kalte Wasser geben und etwa eine Minute nach dem Kochen herausnehmen. Dieses Verfahren spart zwar theoretisch etwas Energie, jedoch ist neben der jeweiligen Trägheit des Herds auch die Zeitmessung ein Problem, da ich oft den genauen Moment des Kochens verpasse.

Leider gibt es noch weitere Faktoren, die den endgültigen Erfolg zunichte machen können. Die Füllhöhe des Kochtopfs, das Alter der Eier, welches auch ihr Inneres verändert, oder gar eine geplatzte Schale bringen alles durcheinander.

Wenn ich mir die Komplexität des Eierkochens vergegenwärtige, beginne ich zu staunen. Beim traditionellen Frühstück der Astronauten und Kosmonauten sieht man die Helden ja häufig, während sie vor ihrer Flucht in die Schwerelosigkeit ein letztes Mal an einer irdischen Tafel sitzend ein perfekt weich gekochtes Frühstücksei genießen. In solchen Momenten habe ich inzwischen zeitweilig mehr Respekt vor dem Koch als vor den Raumfahrern!

Warum kann Mehl explodieren?

Aufgepasst:
Kleine und große Katastrophen

Warum kann
Mehl explodieren?

14 In meiner Jugend durchlief ich, wie viele Jungen, die auf dem Dorf leben, eine gefährliche Experimentierphase. Gemeinsam mit meinen Freunden versuchte ich, »Bomben« zu bauen. Alles wurde getestet, und ich verzichte an dieser Stelle sehr bewusst darauf, ins Detail zu gehen, denn es ist aberwitzig, wie viele unschuldige Haushaltsmittel durch geschicktes Mischen und Kombinieren zu wirkungsvollen Sprengsätzen werden!

Im Laufe der Zeit erfreuten wir uns an zischenden Mixturen, mit denen wir selbstgebaute Raketen in den Himmel schossen oder unsere Schule in einen dichten Nebelteppich hüllten. Unsere besten Entdeckungen wurden immer mit Hausarrest und Nachsitzen belohnt, und in der Stille unserer Bestrafung dachten wir bereits über neue Kombinationen und Projekte nach. Aus chemischer Sicht entdeckten wir dabei, ohne es zu wissen, die elementaren Gesetze der Reaktionskinetik oder die verblüffende Wirkung von Katalysatoren.

Unsere armen Eltern verzweifelten fast und litten bei der einen oder anderen Gelegenheit vermutlich unter panischen Angstattacken. An dieser Stelle möchte ich mich daher in aller Öffentlichkeit für unsere jugendliche Experimentierfreude entschuldigen. Es war nie böse gemeint. Vielmehr waren wir vom Virus der Neugier befallen, von der hemmungslosen Lust am Probieren. Noch heute profitiere ich von dieser Erfahrung und, ehrlich gesagt, blicke ich mit Herzklopfen auf unsere wunderbare »Bombenphase« zurück.

Unter allen Mixturen haben wir jedoch einen Stoff übersehen, dessen Zerstörungskraft alles andere in den Schatten stellt: Mehl!

Die erste dokumentierte Mehlstaubexplosion ereignete sich am 14. Dezember 1785 in einem Mehllager im italienischen Turin.[8] Der Vorfall wurde in den Memoiren der Akademie der Wissenschaften Turins genau festgehalten. Graf Morozzo untersuchte damals den Ort und beschrieb den Vorfall in der Bäckerei Giacomelli. Es war trocken, und auch das Mehl war nach den Schilderungen der Angestellten besonders trocken. Die Explosion verletzte ein paar junge Mitarbeiter und war von solcher Heftigkeit, dass Fenster zerstört wurden und Fensterrahmen auf die Straße fielen. Morozzo befragte viele Zeugen und erfuhr, dass auch andere Bäckereien der Gefahr des Mehlstaubs schon begegnet waren. Diese Gefahr ist längst nicht gebannt: Allein 1977 kamen in den USA bei fünf Staubexplosionen in Getreidesilo-Anlagen 59 Personen ums Leben, 49 wurden verletzt.

Am 6. Februar 1979 löste durch Schweißarbeiten verursachter Funkenflug in der Bremer Rolandmühle eine Kettenreaktion an Verpuffungen aus. Die Dächer der Silos wurden durch die Druckwelle hochgerissen, Wände zum Einsturz und ganze Gebäude zum Bersten gebracht. Noch in weiter Entfernung zur Mühle gingen in Wohnhäusern Fensterscheiben zu Bruch, und über einem etwa 30 Hektar großen Areal ging ein Regen aus Mehl nieder. 14 Tote, 17 Verletzte und ein Sachschaden von umgerechnet mehr als 50 Millionen Euro waren die Folgen dieser katastrophalen Mehlstaubexplosion.

Je feiner das Mehl ist, desto größer wird seine gesamte Oberfläche, denn bei jedem Zerteilen eines Körnchens entsteht an der Bruchzone eine weitere Oberfläche. Jeder, der Kaminholz hackt, arbeitet nach demselben Prinzip: Je kleiner und feiner das Holz zerteilt wird, desto besser brennt es. Obwohl die Menge an Getreide gleich bleibt, führt das Mahlen also zu einer extremen Vergrößerung der Oberfläche, wodurch sich auch die Kontaktfläche zur Luft und zum darin enthaltenen Sauerstoff vergrößert. Die Staubpartikel können zudem Wärme hervorragend aufnehmen und weitergeben. Der kleine Brand verwirbelt den Staub in der Umgebung. Dieser zündet daraufhin und verursacht eine weitere noch größere Druckwelle. Immer mehr Staub verwirbelt und verursacht auf diese Weise eine Kettenreaktion.

Anhand von Bärlappstaub, wie er bei Theatereffekten benutzt wird, kann man das Prinzip verdeutlichen: Der winzige Staub brennt kaum, wenn er in einer Schale liegt. Verwirbelt man den Staub durch festes Pusten, bildet sich ein kritisches Gemisch, das beim Kontakt mit einer Flamme verpufft. Je nach Konzentration, Feinheit und Trockenheit des Staubs kann daraus sogar eine explosive Mischung entstehen.

Staubexplosionen kommen nicht nur bei Mehl vor, sondern grundsätzlich bei allen brennbaren Stäuben: Von Kakaopulver über Zucker, bis hin zu Holz, Kunststoff oder sogar Aluminium. Sie sind weit häufiger, als man denkt, denn fast täglich kommt es irgendwo in Europa zu einer Staubexplosion. Versicherungsgesellschaften haben Hunderte von derartigen Schadensfällen protokolliert:[9] Mal sind es eine Zuckerfabrik, mal ein Silo oder sogar ein Hafen, in dem Schiffe mit Sojamehl beladen werden: 2002 zerstörte eine Staubexplosion, die sich während der Beladung eines Schiffs mit Soja im Hafen von San Lorenzo in Argentinien ereignete, den gesamten Terminal!

Obwohl in modernen Industrieanlagen eine ganze Reihe von Vorkehrungen gegen Staubexplosionen getroffen werden, lässt sich die Gefahr nicht völlig eindämmen. Kaum eine

Substanz wird nach wie vor von Laien in ihrer Gefahr so unterschätzt wie Mehlstaub.

Zum Glück wusste ich in meiner Jugend noch nichts davon ...

Wie gefährlich ist ein **Autocrash** mit Tempo 100?

15 Das erste Auto ist immer etwas Besonderes, und unser Sohn hatte lange dafür gespart. Das Tor zur Freiheit stand nun weit offen, und meine Frau und ich hofften, dass die ersten Fahrversuche möglichst ohne Kratzer verlaufen würden. Die Vergänglichkeit der Zeit wird einem wohl nie so deutlich wie in dem Augenblick, wenn das eigene Kind alleine mit dem Wagen abfährt. Gestern, so scheint es, hat man ihm noch die Windeln gewechselt, und jetzt ruft man ihm den überflüssigen Satz hinterher, den alle besorgten Eltern ihren Sprösslingen mit auf den Weg geben: »Bitte fahr vorsichtig!«

Einige Wochen später klingelte das Telefon. Schon an der ernsthaften Stimme meines Sohnes erkannte ich, dass es passiert war. »Bitte komm ...«

Unfallautos strahlen eine unerträgliche Ruhe aus. Es war an einer Kreuzung passiert, beim Linksabbiegen. Ein klassischer Anfängerfehler. Eine gleichaltrige Freundin hatte zwar hinter dem Steuer gesessen, doch das war eher ein Zufall. Zwei Autos hatten sich an diesem Nachmittag in Sekundenbruchteilen zu wirtschaftlichen Totalschäden verwandelt. Zum Glück war keiner der Beteiligten verletzt worden.

Mein Sohn weinte seinem Auto nach, und auch ich hatte Tränen in den Augen, weil mir verdeutlicht wurde, wie schnell man seine gerade erwachsenen Kinder verlieren kann. Knautschzonen, Airbags und Sicherheitsgurte hatten ihren

Dienst getan; zum Glück waren beide Autos nicht zu schnell gewesen. Was aber, wenn sich der identische Unfall bei 100 km/h ereignet hätte? Wären dann immer noch alle unverletzt geblieben?

Moderne Autos suggerieren ihren Insassen eine trügerische Sicherheit. Antiblockiersysteme, elektronische Spurkontrolle, Airbags und verstärkte Fahrgastzellen werden gerne als Werbung für Sicherheit genannt, und schon längst haben gut gedämpfte Innenräume uns jedes Gefühl für die tatsächliche Geschwindigkeit abtrainiert. Ich erinnere mich an einen Werbespot eines französischen Autobauers, der einen Crashtest mit dem Topmodel Claudia Schiffer als »Dummy« absolvierte. Nach der gut inszenierten Kollision steigt die schöne Frau unverletzt und makellos aus. Die Botschaft lautete: Moderne Autos sind sicher. Einige Monate später las ich, dass dieser Spot angeblich bei Tempo 30 gedreht wurde ...

Die offiziellen Euro-NCAP-Crashtests finden immer bei 64 km/h statt: Das Testfahrzeug wird beschleunigt und trifft dann seitlich frontal auf eine deformierbare Barriere. Beim Seitencrash sind es nur 50 km/h, und beim »Pfahlcrash« prallt das Fahrzeug mit 30 km/h seitlich in Höhe des Fahrers auf eine Stahlsäule. Alle diese offiziellen Tests finden also bei vergleichsweise niedrigen Geschwindigkeiten statt, und interessanterweise gibt es in der gesamten Autobranche keinen verbindlichen Crashtest bei Tempo 100.

Auf deutschen Autobahnen rasen wir noch immer ohne Tempolimit, und auf jeder Autoschau präsentiert man uns neue Luxusmodelle mit atemberaubenden Motorleistungen, doch nach einem Crashtest bei hohen Geschwindigkeiten sucht man vergebens. Wir sollten das ändern.

Gemeinsam mit meinen Kollegen von »Quarks & Co« kontaktierte ich diverse Versuchsanlagen, Autofirmen und zuständige Testzentren, aber trotz der Begeisterung der Ingenieure für unser Vorhaben gab es immer »von oben« eine Absage. Offensichtlich war die Automobilindustrie gar nicht so erpicht auf das Ergebnis eines Kollisionstests bei hoher Geschwindigkeit. Wir gaben dennoch nicht auf und beschlossen nach zahlreichen Absagen, selbst einen Test durchzuführen.

Journalisten berichten normalerweise über Ereignisse, doch nun machten wir unseren eigenen Versuch. Trotz Sperre und ohne Wissen ihrer Chefs halfen uns Ingenieure und Techniker mit wertvollen Tipps und Ratschlägen: Von der Haltung des Dummys bis zur Position der Hochgeschwindigkeits-Kameras musste nämlich alles stimmen. Der Standard-Crash-test verlangt zum Beispiel, dass das Fahrzeug genau mit 40 Prozent der Vorderseite auf die Barriere treffen muss. Dazu gehört auch, dass der Wagen nicht mit dem eigenen Motor beschleunigt, sondern von Stahlseilen gezogen wird.

In unserem Fall zog ein Lastwagen unser Testfahrzeug über einen Flaschenzug und beschleunigte es in acht Sekunden von 0 auf 100 km/h. Wir setzten ein »ausgeliehenes« High-tech-Dummy in unser Unfallfahrzeug und statteten es mit zahlreichen Beschleunigungssensoren aus, denn nur so kann man sich ein präzises Bild der Beschleunigungskräfte machen, die im Moment des Aufpralls auf die Insassen wirken. Die Vorbereitungen waren akribisch, denn bei diesem außergewöhnlichen Versuch wollten wir uns nicht durch Verfahrensfehler angreifbar machen. In solchen Momenten zählt gute Teamarbeit, und die Mitarbeiter von »Quarks & Co« waren grandios!

Die Kollision dauerte gerade einmal eine Zehntelsekunde. Ein heftiger Knall gefolgt von gespannter Stille. Die surrenden Hochgeschwindigkeitskameras zeigten uns aus verschiedenen Perspektiven, was bei dieser so anderen Kollision passiert war, und es wurde schnell klar, warum die Automobilindustrie bei diesem Versuch nicht mitmachen wollte:

Die Vorderseite des Wagens, die üblicherweise den Stoß auffängt, wurde komplett eingedrückt und teilweise in den Innenraum der Fahrgastzelle geschoben. Bei unserem Dummy federte der Kopf nicht wie üblich vom Airbag zurück, sondern durchschlug ihn und prallte auf das Lenkrad. Schwere Kopfverletzungen wären die unausweichliche Folge gewesen. Die Belastung des Oberkörpers durch Gurt und Lenkrad war extrem, denn kurzzeitig wirkte auf den Körper eine Bremskraft, die dem Sechzigfachen der Erdbeschleunigung entsprach. Ein Mensch hätte sich dabei mehrere Rippen gebrochen und eine Lungenquetschung zugezogen. Auf den Zeitlupenbildern konnte man zudem sehen, wie unser Dummy unter dem Gurt nach vorne rutschte und hart mit den Knien anstieß. Die Folge wären Oberschenkelbrüche, eine beidseitige Beckenfraktur und innere Verletzungen an Leber und Darm gewesen.

Im direkten Vergleich mit dem Euro-NCAP-Test bei 64 km/h war die auf den Dummy wirkende Kraft bei unserem Versuch mit 100 km/h mehr als doppelt so groß. Es ist ein Gesetz der Physik: Die Energie des Aufpralls wächst quadratisch im Verhältnis zu der Geschwindigkeit. Doppelt so schnell fahren verdoppelt daher nicht einfach die zerstörerische Energie, sondern vervierfacht sie.

Ein menschlicher Fahrer hätte unseren Crash trotz Knautschzonen, Airbags und Sicherheitsgurt höchstwahrscheinlich nicht überlebt.

Unsere Daten belegen, dass all die sinnvollen Sicherheitsmaßnahmen in unseren Autos bei hoher Geschwindigkeit irgendwann an ihre Grenzen stoßen.

Die beste Sicherheitsmaßnahme ist daher: Fuß vom Gas!

Was tun, wenn der **Blitz ins Wasser** einschlägt?

16 In Gedanken hatte ich mir die Frage schon länger gestellt: Was ein Blitz beim Einschlag in einen Baum oder in ein Haus anrichten kann, ist bekannt. Doch was geschieht, wenn man im Meer oder in einem See von einem Gewitter überrascht wird? Was, wenn der Blitz ins Wasser einschlägt?

Da dies in der freien Natur schwer zu überprüfen ist, haben meine Kollegen von »Kopfball« das Duisburger Hochspannungslabor aufgesucht. Es war übrigens das erste Mal, dass ein solcher Versuch durchgeführt wurde. Der imposante Generator in diesem Labor erzeugt künstliche Blitze mit einer Spannung von über zwei Millionen Volt! Für den Test wurde in der großen Versuchshalle ein Schwimmbad aufgebaut.

Nach einer Aufladezeit gab es dann per Knopfdruck einen gigantischen Blitz. Allein der Knall ist Angst einflößend. Was dann in Bruchteilen einer Sekunde abläuft, erkennt man erst auf der Hochgeschwindigkeitsaufnahme:

Der Blitz trifft zunächst auf die Wasseroberfläche. Da Wasser den Strom schlecht leitet, kann die Energie nicht vollständig an einem Punkt abfließen. Daher breitet sich der Blitz über die Wasseroberfläche in alle Richtungen aus. Die Energie ist in der Nähe des Einschlagpunktes so hoch, dass das Wasser beim Kontakt mit dem Blitz sofort verdampft. Es bildet sich eine Wasserwelle. Je weiter man vom Einschlagpunkt entfernt ist, desto schwächer wird der Strom.

Als Ersatz für einen Menschen ging bei diesem Experiment eine Testpuppe ins Wasser. Sensoren im Becken erfassten die jeweiligen Spannungen.

Erneut der Blitzschlag: Dieses Mal schlug er direkt in die Puppe. Das Experiment wurde mehrfach wiederholt und die Puppe im Becken an unterschiedlichen Stellen positioniert, doch immer zeigte sich dasselbe Ergebnis: Die Puppe – oder in der Realität der Schwimmer – wurde getroffen und wirkte wie ein Blitzableiter. Der Grund: Der Blitz bevorzugt die höheren Objekte, und mitten in einem See gibt es keine Bäume oder Häuser, die den Blitzschlag ablenken könnten.

Selbst wenn man untertaucht, ist man chancenlos, denn auch unter Wasser fließt noch gefährlich viel Strom durch den Körper des Tauchers.

An diesem Tag knallte es häufig in der Halle, und am Ende gab es eine eindeutige Erkenntnis: Wenn es gewittert – raus aus dem Wasser!

Wie funktioniert ein
Feuerlöscher?

17 Er ist rot und steht meist eher unbeachtet in der Ecke, doch im Notfall ist er die Rettung: der Feuerlöscher. Aber wie funktioniert er?

Zunächst gilt bei jedem Brand: Man muss schnell reagieren. Als Laie unterschätzt man, wie schnell sich ein Feuer ausbreitet. Schon nach wenigen Minuten geht ein ganzes Zimmer in Flammen auf, und giftige Gase machen spätestens dann jeden Löschversuch zu einem lebensgefährlichen Unterfangen. Nur

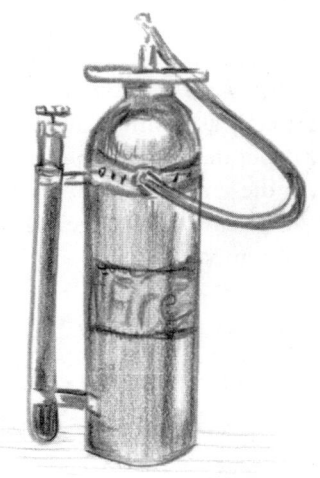

in der Anfangsphase eines Brandes hat man also überhaupt eine Chance.

Oft reichen zu Beginn Wasser oder eine Decke zum Löschen, doch schon bald braucht man den Feuerlöscher. Nur nebenbei gefragt: Wissen Sie in diesem Moment, wo Ihrer hängt?

In den meisten Haushalten nutzt man sogenannte Pulverlöscher. Beim Auslösen wird eine Druckpatrone aktiviert, woraufhin über eine Düse das Pulver verstreut wird.

In alten Feuerlöschern nutzte man sogar Backpulver![10] Dieses sogenannte Natriumhydrogencarbonat zersetzt sich oberhalb von 50 °C, wobei Wasser und Kohlendioxyd entstehen. Beim Backen lockern die kleinen CO_2-Bläschen den Teig auf. CO_2 löscht jedoch auch das Feuer.

Inzwischen werden bessere Pulvermischungen eingesetzt, und je nach Anwendung unterscheidet man zwischen den Brandklassen A, B, C und D.[11]

Moderne Löschpulver wirken wie eine mikroskopische Branddecke, denn sie trennen den Sauerstoff in der Luft vom brennbaren Stoff und ersticken so den Brand.

Im Rahmen eines Tests auf einem Spezialgelände bei der Feuerwehr hatte ich die Gelegenheit, einen präparierten Brand zu löschen. Der Ausbilder verriet mir, dass Laien häufig den Fehler begehen, zunächst selbst zu löschen, und nicht sofort die Feuerwehr alarmieren. Diese Verzögerung koste wertvolle Zeit.

Die Handhabung des Geräts ist zwar einfach, doch auch hier kann man vieles falsch machen! Bei einigen Modellen wird der Löscher direkt am Griff betätigt. Wenn man dann den Schlauch nicht festhält, schnellt er hoch und verletzt den Bediener.

Und so geht's: Schlauch lösen, Druckpatrone aktivieren, damit das Treibgas entweicht und im Feuerlöscher Druck entfaltet, und dann von vorne nach hinten bzw. von oben nach unten sprühen. Man sollte immer in Windrichtung arbeiten, denn sonst nebelt man sich ein und hat schnell Probleme mit den Rauchgasen. Bei größeren Bränden sollte man gleich mit mehreren Löschern arbeiten – und zwar gleichzeitig, nicht nacheinander.

Bei meinem Experiment klappte es ganz gut, doch schon nach wenigen Sekunden war der Feuerlöscher leer. Daher muss man von Anfang an gezielt arbeiten.

Mit etwas Geschick schafft es ein Laie, die Flammen zu bekämpfen, doch in jedem Fall sollte man mit Wasser nachlöschen, denn sonst entzünden sich die Glutnester erneut.

Es staubt übrigens extrem, und das feine Löschpulver bedeckt schnell den ganzen Raum. Das ist in der Tat ein Nachteil, denn vor allem bei kleinen Bränden sind die Folgeschäden durch das Löschmittel oftmals größer als der eigentliche Brandschaden. Der Zeitaufwand für die Reinigung ist immens. Den Feuerlöscher sollte man also nur im Extremfall benutzen.

Doch wo hängt er? Gerade in Bürogebäuden wissen die meisten trotz klarer Kennzeichnung nicht, wo sich der nächste »Lebensretter« befindet.

In manchen Ländern wird Brandschutz ohnehin kleingeschrieben, und ich traf dort auf zahlreiche öffentliche Bauten, in denen Feuerlöscher fehlten.

Auf die Frage, warum dies so sei, gab es schon einmal die zynische Antwort: »Mein Herr, immerhin sind wir versichert ...«

Warum sollte man **brennendes Öl** niemals mit Wasser löschen?

18 Ein gemütlicher Abend. Es gibt Fleischfondue, und plötzlich brennt das Öl. Was tun?

In der Hektik kommt jemand vielleicht auf die spontane Idee, das Feuer mit Wasser zu löschen. Doch ich versichere Ihnen, das ist keine gute Maßnahme.

Genau dieses Löschexperiment habe ich mit schwerer Feuerschutzkleidung durchgeführt: In einem Topf befanden sich zwei Liter heißes Öl. Bei einer Temperatur von 300 °C entzündet sich Öl von selbst: Die heißen Öldämpfe steigen auf, reagieren mit dem Sauerstoff in der Luft und brennen. Für die Flammenbildung ist also der direkte Kontakt zwischen heißen Öldämpfen und Luft entscheidend. Nach diesem Prinzip brennen übrigens Kerzen, denn auch hier kann man beobachten, dass die Flamme nie das Wachs oder den Docht direkt berührt, sondern leicht darüber leuchtet.

Der brennende Fonduetopf stand in einem Spezialcontainer der Feuerwehr. In voller Montur kippte ich ein Glas Wasser in den Topf.

Was dann geschah, übertraf meine Erwartungen: Es kam zu einer großflächigen Verpuffung, und im Bruchteil einer Sekunde stand ich inmitten eines grellen Feuerballs. Brennendes Fett spritzte in alle Richtungen. Ohne den silbrigen Ganzkörperanzug hätte ich mir schwere Verbrennungen zugezogen. Nach der »Löschaktion« brannte nicht nur der Topf, sondern auch das Umfeld. Ich hatte den Brand also noch verstärkt!

Doch wie kam es zu dieser dramatischen Reaktion? Beim Kontakt mit dem heißen Öl verdampfen die Wassertröpfchen schlagartig. Dabei dehnen sich die Wasserdampfbläschen aus und reißen das umgebende Fett mit sich. Die Fettteilchen sind immer noch extrem heiß und bekommen nun plötzlich Kontakt zur Luft und damit zum Sauerstoff. Hierdurch entzünden sie sich. Durch den Wasserdampf und das herumspritzende Fett vergrößert sich also die Kontaktfläche zur Luft um das Tausendfache. Die Flamme wird nicht erstickt, sondern von allen Seiten mit Sauerstoff gefüttert, und fast das gesamte Öl im Topf entzündet sich gleichzeitig. Dadurch bildet sich eine riesige Stichflamme.

Dieses Sprühprinzip wird bei sogenannten Aerosolbomben genutzt, deren verheerende Zerstörungskraft an die von kleineren Atombomben grenzt!

Brennendes Öl sollte man also niemals mit Wasser löschen. Doch was tun, wenn der Fonduetopf brennt? Die Lösung ist erstaunlich einfach: Man muss lediglich das brennende Öl vom Sauerstoff trennen. Setzt man einen Deckel auf den Topf, dreht man dem Brand die Luft ab, und die Flamme geht sofort aus.

Wenn Sie also demnächst mit Freunden Fondue genießen, denken Sie an den Deckel!

Warum darf man an der **Tankstelle kein Handy** benutzen?

19 Wir entwickeln uns immer mehr zu einer Verbotsgesellschaft. Egal wohin man blickt, begegnen einem Einschränkungen: Kindern wird in unseren Städten fast alles untersagt. Besucher im Schwimmbad oder Skifahrer müssen einen wachsenden Katalog an Verboten ertragen, ganz zu schweigen von Fluggästen, die schon beim Betreten des Flughafengebäudes zu potenziellen Tätern werden. Bei manchen Verboten habe ich ohnehin den Eindruck, dass es sich um Schikane handelt, um reinen Selbstzweck oder um die wirre Phantasie von schrägen Sicherheitsberatern. So kann mir niemand erklären, wieso meiner Tochter die Mitnahme einer Nagelschere im Handgepäck untersagt wird, wohingegen man den Passagieren der ersten Klasse Champagner in dicken Glasflaschen serviert. Ich frage Sie: Eine Champagnerflasche ist doch eher eine Waffe als eine zierliche Nagelschere? Wahrscheinlich geht man davon aus, dass Terroristen nur Economy fliegen!

Wenn Sie zum Tanken fahren, ist es Ihnen bestimmt schon aufgefallen: Die Benutzung des Handys ist dort verboten. Warum?

Tankstellen sind sensible Bereiche, denn die Benzindämpfe können sich durch einen kleinen Funken entzünden. Über die Antenne des Mobiltelefons wäre es ja theoretisch möglich, dass es zu einer solchen Funkenbildung kommen könnte. In mehreren Studien wurde dies genauer untersucht: Eine metallische Antenne müsste mindestens eine Leistung von sechs Watt abgeben, damit überhaupt die Möglichkeit einer Entzündung besteht. Bei den alten Mobiltelefonen war diese Gefahr in der Tat gegeben, denn sie besaßen eine Sendeleistung von bis zu 20 Watt. Heutige Mobiltelefone liegen hingegen bei unter einem Watt. Das Telefonieren ist also nicht gefährlich.

Das Handy könnte aber auch zu Boden fallen und der herausfallende Akku durch einen Kurzschluss ebenfalls Funken bilden, mit denen ein Feuer entfacht wird.

Die Fachwelt urteilt: theoretisch möglich, aber praktisch so gut wie ausgeschlossen. Dabei verweisen die Experten darauf, dass es bislang keinen eindeutigen Fall gegeben hat, bei dem ein Handy ganz direkt zu einem Brand geführt hätte. Zwar kursieren im Internet einige Geschichten, doch keine einzige davon ist haltbar oder genau dokumentiert. Obwohl es also aus Sicht der Fachleute keinen triftigen Grund für ein Verbot gibt, wird daran wohl nicht gerüttelt werden.

Weit gefährlicher als jedes Handy ist die statische Aufladung des Fahrers. Hier gibt es immerhin gleich eine Reihe gut dokumentierter Fälle: Manche wurden mit der Videoüberwachungskamera festgehalten. In einem Fall sieht man eine Frau beim Tanken. Es ist Winter, und die Außenluft ist trocken. Nachdem sie den Zapfhahn in den Tankstutzen gesteckt hat, wartet die Frau im Wagen.

Die Reibung ihrer Kleidung am Autositz führt zu einer statischen Aufladung. Ihre Schuhe mit Gummisohlen wirken wie ein Isolator, und so entlädt sich die Spannung, nachdem die Frau den Zapfhahn berührt hat. Es funkt, und die Benzindämpfe entzünden sich. Zum Glück reagiert die Frau richtig, unterbricht den Benzinzufluss und verhindert so einen größeren Brand. Statische Aufladung ist offensichtlich ein weit größeres Risiko als eingeschaltete Handys. Wenn Sie bei kaltem und trockenem Wetter auf Nummer sicher gehen wollen, dann berühren Sie nach dem Aussteigen das Metall des Wagens, bevor Sie den Zapfhahn anfassen. Mögliche Aufladungen werden so neutralisiert.

Lassen Sie uns hoffen, dass jetzt niemand vorschlägt, Wollpulliverbote an Tankstellen zu verhängen.

Ist das eingeschaltete **Handy an Bord** eines Flugzeugs gefährlich?

20 »Mobiltelefone müssen während des gesamten Fluges ausgeschaltet bleiben«, heißt es an Bord von Passagierflugzeugen.

Während an der Tankstelle die mögliche Funkenbildung durch das Mobiltelefon als Risikofaktor angesehen wird, ist es im Flugzeug die mögliche Beeinträchtigung der Bordelektronik durch den Sender des Telefons. Doch sind eingeschaltete Handys an Bord wirklich gefährlich?

Immerhin gibt es im Flugzeug gleich ein Dutzend hochsensibler Empfänger. Hierzu zählen die Empfänger des Funkfeuers, mit dem das Flugzeug navigiert, Abstandsempfänger, die den Abstand zum Beispiel zum Flughafen angeben, Gleitwinkelempfänger, die bei der Landung genutzt werden, oder GPS-Antennen. Ein eingeschaltetes Mobiltelefon könnte theoretisch diese wichtigen Instrumente beeinflussen. Die Folge wäre eine Katastrophe.

Jedes Mobiltelefon ist ein kleiner Sender, der sowohl beim Wählen als auch im Standby-Betrieb regelmäßig elektromagnetische Wellen ausstrahlt. Man kann diese Impulse sogar hören, wenn man das Handy zum Beispiel in die Nähe eines Verstärkers hält. Es gibt dann ein charakteristisches Knattern. Obwohl dieses Geräusch laut klingt, ist die Sendeleistung eines modernen Mobiltelefons dennoch sehr gering. Nur durch die Verstärkung hört man das Knacken im Lautsprecher.

Das Handy funkt bis zum nächsten Sendemast, und der liegt in Städten meist wenige hundert Meter vom eigenen Standort entfernt. Durch diese Funkzellenstruktur kommt man beim Handy mit einer sehr geringen Sendeleistung aus. Stellen Sie sich jedoch vor, Sie schalten Ihr Handy während des Fluges ein. Der Abstand zum nächsten Sendemast am Boden ist jetzt sehr viel größer, und ihr Handy schaltet automatisch auf maximale Sendeleistung. Das könnte in der Tat die Elektronik im Flieger stören, jedoch stufen Fachleute die effektive Gefahr als eher gering ein. Bei einer drei Monate laufenden Untersuchung konnte man nachweisen, dass trotz des Verbots auf jedem typischen Flug mindestens ein Handy eingeschaltet ist. Es gab zwar einige protokollierte Auffälligkeiten, wie zum Beispiel falsche Cockpitanzeigen, aber bislang ist kein Flugzeug durch ein Mobiltelefon abgestürzt.

An Bord eines kleinen Privatflugzeugs habe ich den Fall gemeinsam mit dem Piloten getestet. Unser eingeschaltetes Handy hatte keinerlei Auswirkung auf die Bordelektronik. Obwohl ich das Telefon bewusst in die Nähe der Fluginstrumente hielt, gab es keinen Effekt. Allerdings war das Telefonieren während des Fluges ebenfalls unmöglich, da das Handy aufgrund der Flughöhe keinen Netzempfang hatte.

In der Fliegerei gilt das Prinzip: »Sicherheit an erster Stelle«, und so will man kein Risiko eingehen. Das ist auch gut so, denn allein die Vorstellung, inmitten einer fliegenden Telefonzelle zu reisen, wäre für mich ein Albtraum.

Dieses Mal freue ich mich ausnahmsweise über ein Verbot: Die Welt über den Wolken bleibt eine handyfreie Zone!

Was passiert, wenn während des Fluges ein **Triebwerk ausfällt?**

21 Wir leben in einer Welt der Illusionen. Nirgendwo sonst wird mir das so bewusst wie im Flugzeug. Da rasen wir annähernd mit Schallgeschwindigkeit durch einen eiskalten, menschenfeindlichen Luftraum und sehen uns dabei langweilige Bordvideos an oder wählen bei dem immer wiederkehrenden Bordmenü zwischen Hähnchen und Pasta. Der Blick aus dem Fenster offenbart zwar die Schönheit unseres Planeten, doch in dieser Höhe schrumpfen Städte zu winzigen Nervenzellen, Küstenlinien werden zu grafischen Gebilden, und das Eis der Polarregionen erscheint wie abstrakte Kunst. Den gesamten Flug lang werden wir abgelenkt mit kostenlosen Getränken, kleinen Erdnusspackungen oder absurden Einreiseformularen, die wissen wollen, ob wir beim

Betreten der Neuen Welt vielleicht einen Anschlag verüben wollen. Hoch oben versucht man uns zu täuschen und gaukelt uns eine heile Welt vor, denn die Vorstellung, dass wir alle eingesperrt in einem dünnhäutigen Blechrohr durch den Raum rasen, wäre unerträglich. Auf einem Flug nach Atlanta kam ich mit einem älteren Herrn, der neben mir saß, ins Gespräch. Offensichtlich war es sein erster Flug. Während ihres Rundgangs fragte die Flugbegleiterin: »Gehören Sie zusammen?« Der alte Mann blickte erstaunt um sich und antwortete: »Gehören wir nicht alle zusammen?« Flugreisende sind eine Schicksalsgemeinschaft.

Doch stellen Sie sich vor, Sie sitzen im Flugzeug, und plötzlich fällt ein Triebwerk aus. Stürzt man dann unweigerlich ab? Zunächst gilt in der Verkehrsfliegerei ein wichtiges Prinzip: Redundanz. Doppelt hält besser. Deshalb gibt es keine einmotorigen Verkehrsflugzeuge. Es sind also immer mindestens zwei Propeller oder Turbinen vorhanden. Bei einem Ausfall kann das Flugzeug auch mit einem Triebwerk problemlos weiterfliegen. Allerdings führt der einseitige Schub zu erhöhtem Treibstoffverbrauch. In so einem Fall muss das Flugzeug trotzdem am nächstgelegenen Flughafen landen.

Kritisch beim Fliegen ist vor allem die Startphase, denn hier werden die Turbinen ja besonders beansprucht. Was, wenn ausgerechnet dann etwas passiert?

Wenn zum Beispiel bei einem zweistrahligen Jet wie dem Airbus A 320 oder B 737 während des Starts ein Triebwerk ausfällt, reicht der restliche Schub immer noch aus, um den Steigflug fortzusetzen. In der Zulassungsphase lassen die Luftfahrtbehörden genau dies immer testen, und in regelmäßigen Abständen trainieren Piloten im Simulator diesen Triebwerkausfall. Vor jedem Start wird das jeweilige Prozedere für diesen Fall zwischen den Piloten laut und deutlich besprochen. Wenn es dann passiert, wird routinemäßig reagiert.

Unwahrscheinlich ist der Ausfall beider Triebwerke. Die spektakuläre Wasserlandung des US-Airways-Flugzeugs im Hudson in New York im Jahr 2009 wurde in den Medien daher als Wunder gefeiert: Durch Vogelschlag kam es während der Startphase zum Ausfall beider Triebwerke. Doch dank der Erfahrung und Routine des Kapitäns kam bei der anschließenden Wasserlandung niemand zu Schaden.

Statistisch gesehen passiert ein einzelner Triebwerksausfall derzeit etwa alle 8000 bis 10000 Flugstunden. Da die Turbinen jedoch unabhängig voneinander arbeiten, ist ein Totalausfall aller Triebwerke äußerst unwahrscheinlich, aber prinzipiell immer noch möglich.

Nehmen wir diesen sehr unwahrscheinlichen Extremfall an: Sie trinken gerade Ihren Kaffee an Bord, und plötzlich fallen alle Triebwerke gleichzeitig aus. Von einem Moment auf den anderen fehlt der gesamte Schub! An Bord würden Sie zunächst kaum Notiz davon nehmen. Ein leichter Ruck, mehr nicht.

Das Flugzeug fällt nicht zu Boden wie ein Stein. Große Passagierjets besitzen nämlich Gleiteigenschaften wie ein Segelflugzeug. Selbst im Normalbetrieb drosseln die Piloten den Schub während des regulären Sinkflugs stark ab, um möglichst wenig Treibstoff zu verbrauchen. Ein moderner Passagierjet kann bei abgeschalteten Turbinen im Gleitflug aus der Reiseflughöhe von 10000 Metern etwa 200 Kilometer weit fliegen. In dieser Phase hat die Crew genügend Zeit, um die ausgefallenen Triebwerke erneut zu starten. Und selbst wenn das nicht gelingt, kann jedes Verkehrsflugzeug auch ohne laufende Triebwerke landen. Auch das wird routinemäßig geübt. Wenn es da oben also still wird, wissen Sie: Flugzeuge sind sehr sicher, und wir gehören alle zusammen!

Warum kann es
im Sommer hageln?

22 Im Winter gibt es Schnee, im Sommer Regen, doch wie kann es sein, dass es an heißen Sommertagen hagelt? Woher stammt dieses Eis vom Himmel?

Damit es hageln kann, müssen mehrere Bedingungen erfüllt sein: Zunächst muss es sehr heiß und schwül sein. Die Luft ist dann reich an Wasserdampf. Durch die Sonne heizt sich die Luft über dem Boden auf und steigt nach oben. Mit der Zeit bilden sich Gewitterwolken, die einem gigantischen Aufzug gleichen. Im Innern herrschen starke Aufwinde, und so steigen die Wassertröpfchen bis in große Höhen auf. Dabei kühlt das Wasser ab, doch es gefriert noch nicht. Es bildet sich also eine Wolke aus unterkühltem Wasser.

Dieses Phänomen kennen Sie daher, wenn Sie zum Beispiel eine Wasserflasche im Eisfach lagern. Manchmal ist das Wasser immer noch flüssig, obwohl die Temperatur im Minus-Bereich liegt. Eine kleine Störung – zum Beispiel das Öffnen der Flasche – reicht, und schlagartig gefriert das Wasser.

In der Wolke bilden sich ebenfalls durch Staub oder sonstige Störungen kleine Eiskristalle, die im Kontakt mit dem umgebenden unterkühlten Wasser schnell wachsen. Bei einer kritischen Größe würden die kleinen Eiskörner zu schwer und normalerweise zu Boden fallen. Aber durch die Umwandlung von Wasser zu Eis wird Energie freigesetzt, und es entsteht sehr viel Wärme. Durch diese zweite Aufheizung – »latente Wärme«, sagt der Fachmann – entsteht ein weiterer starker

Auftrieb, und die Körner fliegen nach oben, anstatt nach unten zu fallen.

Hagelkörner durchlaufen eine Wolke oft mehrmals – rauf und wieder runter – und wachsen dabei immer mehr. Wenn Sie ein größeres Hagelkorn durchschneiden, erkennen Sie das Auf und Ab an seiner charakteristischen Ringstruktur.

Irgendwann sind die Körner so groß, dass sie im Aufwind der Wolke nicht mehr nach oben gelangen. Ab einem Durchmesser von fünf Millimetern spricht man von Hagel; Körner, die kleiner sind, bezeichnet man als Graupel.

Durchschnittliche Hagelkörner sind etwa einen Zentimeter groß, doch es gibt auch sehr viel größere Exemplare, welche Tischtennisballgröße erreichen können.[12] Diese Geschosse fallen mit mehr als 100 km/h zu Boden und können extremen Schaden anrichten. In Deutschland ist vor allem der Süden betroffen.

Am 12. Juli 1984 gab es zum Beispiel im Münchener Raum ein Hagelunwetter. Autos und Gebäude wurden zerstört und auch ein Großteil der Ernte. Die Schadenssumme belief sich damals auf mehr als drei Milliarden DM! Dieses Hagelunwetter zählt zu den teuersten Naturkatastrophen, die es in Deutschland je gegeben hat.

Warum soll man Blumen anschneiden?

Naturgeheimnisse: Pflanzen, Tiere und Menschen

Warum soll man
Blumen anschneiden?

23 Die Tradition, Blumen zu verschenken, ist uralt. Seit jeher haben Dichter Frauen mit Blumen verglichen, und wer zeigen wollte, was einem die Angebetete wert war, überreichte etwas besonders Kostbares – zum Beispiel die lange Zeit sündhaft teuren Tulpen. (Siehe auch Kapitel 76: *Was haben Tulpen mit der Finanzkrise zu tun?*) Bevor man die Blumen in die Vase stellt, sollte man sie anschneiden. Warum?

Sobald die Blume, oder genauer gesagt die Blüte, von der Pflanze abgetrennt ist, wird sie nicht mehr mit Nährstoffen und Wasser versorgt. Im Stiel befindet sich ein dichtes Leitungsnetz, welches jetzt unterbrochen ist. Der Wasser- und Nährstofftransport läuft nämlich durch winzige Kapillargefäße. Nach dem Abschneiden schließen sich die kleinen Öffnungen relativ schnell. Diese Wunde heilt rasch, denn sonst würde die restliche Pflanze schnell austrocknen.

Über feine Poren gibt die Blume Wasser ab, das dann über den Stiel nachfließt. Wenn man die Blumen ungeschnitten ins Wasser stellt, können sie das Wasser durch die verschlossenen Öffnungen nicht aufnehmen und welken schnell dahin. Durch das Anschneiden werden die winzigen Kapillarleitungen wieder frei gelegt, wobei schräges Schneiden die Kontaktfläche noch vergrößert. Man muss die Blumen dann auch direkt ins Wasser stellen, denn sonst saugen die Stiele Luft an, und der Wassertransport kommt nicht in Gang.

Um die Wirkung des Anschneidens zu unterstützen, kann man zusätzlich spezielle Nährlösungen ins Wasser geben. Die darin enthaltenen Mineralstoffe verlängern die Lebensdauer des Straußes um das Doppelte. Manche Blumenfreunde geben zum Beispiel Zucker in das Blumenwasser, doch statt die Pflanze zu ernähren, beschleunigt dieser oft auch das Wachstum der Mikroorganismen – daher lieber nicht süßen! In jedem Fall muss man peinlich genau auf sauberes Wasser achten. Es beginnt schon bei der Vase, die gründlich gereinigt sein sollte, mit Bürste und chlorhaltigen Haushaltsreinigern oder – das klappt! – mit Gebissreinigungstabletten. Ein Schuss Essig im Wasser hilft dabei, die Vermehrung schädlicher Fäulnisbakterien zu unterdrücken. Auch Blätter sollten daher nicht im Wasser liegen.

Wenn man die Blumen anschneidet und auch sonst bei der Angebeteten alles richtig macht, hören die Blüten noch lange den Satz: »... ich dich auch!«

Was verbirgt sich hinter Tiefen-rausch und Taucherkrankheit?

24 Sie ist eines der Wahrzeichen New Yorks: die Brooklyn Bridge. Ihr Bau führte zur Entdeckung einer ungewöhnlichen Krankheit: der Taucherkrankheit – doch was genau ist das?

Feste Pfeiler verleihen der Brücke ihre Stabilität. Beim Bau müssen sie tief im Flussboden verankert werden. Um im Trockenen auf dem Flussgrund arbeiten zu können, nutzt man eine einfache Methode: In einem großen Senkkasten, einem sogenannten Caisson (frz. = Kasten), der nach unten offen ist, wird der Luftdruck so weit erhöht, dass kein Wasser in den Hohlraum eindringen kann. Die Arbeiter können dann innerhalb des Kastens im Trockenen graben, nach der Arbeit über eine Treppe aufsteigen und die Luftglocke über eine Schleuse verlassen.

Beim Bau großer Brücken im 19. Jahrhundert musste man erstmals tief hinunter, manchmal mehr als 30 Meter. Der entsprechende Luftdruck im Senkkasten war daher sehr hoch:

vier Bar, also viermal so hoch wie der normale Luftdruck. Beim Bau der Brooklyn Bridge fiel auf, dass viele Arbeiter, die in den Caissons arbeiteten, plötzlich krank wurden: Sie litten unter Übelkeit, Kopf- und Gelenkschmerzen, hatten Atemnot. Manche wurden gelähmt oder starben sogar. »Caissonkrankheit!«, hieß es bald.

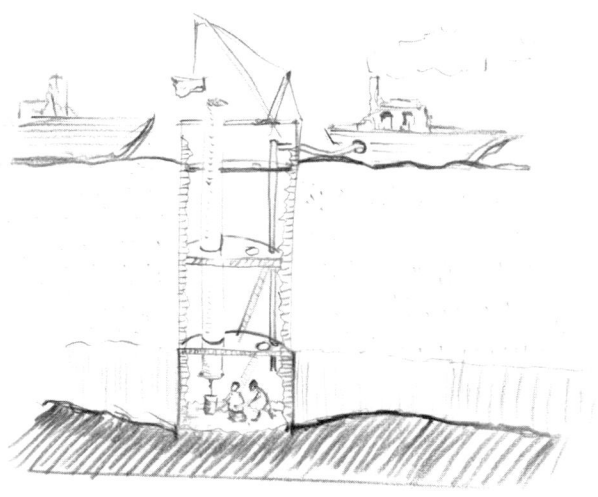

Erst einige Jahre später verstand man, dass es sich um dieselbe Krankheit handelte, die auch Taucher treffen kann: Durch den hohen Atemluftdruck beim Tauchen in großer Tiefe gelangt vermehrt Stickstoff ins Blut und ins Gewebe. Das Abtauchen ist kein Problem, aber das Auftauchen: Wenn der Druckausgleich nämlich zu rasch erfolgt, kann das Blut den eingelagerten Stickstoff nicht schnell genug wieder abbauen – er bildet Blasen.

Einen ähnlichen Vorgang können Sie beim Öffnen einer Sprudelflasche beobachten. Wenn der Druck beim Öffnen der Flasche plötzlich abfällt, bilden sich Blasen – in diesem Fall ist es das im Wasser gelöste Kohlendioxyd. Beim Tauchen sind es Stickstoffblasen, die Adern und Gewebe schädigen. Wenn man also nach einem Tauchgang aufsteigt, muss man für einen langsamen Druckausgleich sorgen. Dann wird der gelöste Stickstoff im Körper wieder abgebaut, ohne dass sich dabei gefährliche Bläschen bilden.

Daher legen Taucher beim Aufsteigen Zwangspausen ein. Je tiefer der Tauchgang, desto länger der sogenannte »Dekompressions-Stopp«.

Als man bei den Brückenarbeitern den Druck beim Verlassen der Schleuse langsam absenkte, verschwanden auch die genannten Symptome. Heute spricht man zwar von der »Taucherkrankheit«, doch eigentlich war es zunächst die Krankheit der Brückenbauer. Das Gegenmittel heißt: langsam auftauchen.

Neben der Taucherkrankheit kommt es gelegentlich auch zum sogenannten Tiefenrausch. Durch den hohen Druck in großen Tiefen muss der Taucher Pressluft einatmen, denn der Druck in seinen Lungen muss den Außendruck des umgebenden Wassers kompensieren. Durch den Lungenautomaten, ein Spezialventil, geschieht die jeweilige Anpassung von selbst. Mit jedem Lungenzug atmet der Taucher also Pressluft ein. Je tiefer er taucht, desto höher der Druck. Die durch den Druck erhöhte Konzentration des Stickstoffs wirkt sich dabei auf den Stoffwechsel der Gehirnzellen aus. Es kommt zum Tiefenrausch ...

Ich hatte einmal die Gelegenheit, am eigenen Leibe die Auswirkungen des Tiefenrauschs in einer Spezialdruckkammer zu erfahren. Im Rahmen einer Fernsehsendung machte ich den Test. In der Kammer, die üblicherweise für medizinische Zwecke genutzt wird, wurden während des Versuchs Bedingungen eingestellt, wie sie in einer Meerestiefe von mehr als 60 Metern herrschen. Nach außen stand ich mit dem Versuchsleiter in Kontakt. Während des »Abtauchens« wurde es in der Kammer sehr heiß, denn durch die Erhöhung des Innendrucks stieg die Temperatur, und nach einiger Zeit fühlte ich mich wie in einer trockenen Sauna. Mit steigendem Druck veränderte sich zudem meine Stimme und klang deutlich heller. Die Luft, die ich einatmete, war nun sechsmal dichter als normal. Sie fühlte sich schwer an, und eine mitgenommene Feder fiel wie in Zeitlupe zu Boden. Mit jedem Atemzug hatte ich das Gefühl, eine fast flüssige Substanz einzuatmen, und bekam erstmalig eine Ahnung davon, wie sich Fische beim Atmen wohl fühlen müssen. Der Test lief reibungslos, doch ich bemerkte, wie das Kamerateam außerhalb der Kammer immer mehr über mein Verhalten lachte. Erst später sollte ich begreifen warum.

Als Wissenschaftler hatte ich natürlich einige Requisiten mitgenommen, die ich testen wollte: Tennisbälle implodierten, prallgefüllte Luftballons schrumpften, und Plastikflaschen wurden durch den unsichtbaren Druck in der Kammer zusammengepresst. »Wie wäre es mit ein paar Rechenaufgaben?«, klang es aus dem Kontrollraum. »Wie viel ist 1730 minus 25?« Erst als ich mir später die Filmaufnahmen ansah, begriff ich: Ich war völlig unfähig gewesen, einfachste Rechnungen zu absolvieren und hatte mich wie ein Beschwipster benommen. Der Tiefenrausch hatte eingesetzt und meine Sinne getrübt. Offiziell gilt: Wer zehn Meter abtaucht, verhält sich so, als habe er ein Glas Martini getrunken. In meinem Fall hatte ich also etwa zehn Martini intus und war beim besten Willen nicht in der Lage, klar zu denken. Der Filmbeitrag wurde später ausgestrahlt und fand große Resonanz beim Publikum. Eine halbe Nation freute sich offensichtlich darüber, dass ich nicht mehr rechnen konnte, und meine Kinder necken mich noch heute mit meinem Rausch: »Na, Papa, wie viel ist fünf mal sieben?«

Was ist das
Kindchenschema?

25 Offen gesagt zweifle ich manchmal an der Selbstbestimmtheit von uns Menschen. Es gibt da unzählige Situationen, in denen wir wohl eher wie biologische Automaten reagieren: Wenn zum Beispiel eine hübsche Frau einen Raum voller Männer betritt, erscheinen der Ablauf und das Verhalten so vorprogrammiert, als würden alle Beteiligten vorgeschriebene Rollen in einem unsichtbaren Drehbuch spielen. Die Nervosität der Gäste bei der Eröffnung des Buffets während einer Pensionärstour erinnert mich an die Konditionierung des Pawlow'schen Hunds, der beim Ertönen des Glöckchens zu sabbern beginnt. Selbst die edelsten Bankette folgen einem immer wiederkehrenden Muster und nehmen gegen Ende stets das Ambiente eines ausklingenden Feuerwehrfests an.

Offensichtlich gibt es eine Reihe von Schlüsselreizen, die uns zu bestimmten Reaktionen zwingen. Ein Paradebeispiel hierfür ist das Kindchenschema. Egal, ob es kleine Katzen, Eisbären oder Babys sind. Irgendwie finden wir sie alle »süß«. Warum?

Die unschuldige Unbeholfenheit und Tapsigkeit des Nachwuchses sind mitunter erheiternd, und die hemmungslose Neugier kleiner Kätzchen hat auch schon einmal komische Züge, doch das allein reicht nicht aus, um unsere starke Reaktion zu erklären.

Schon 1943 erkannte der Verhaltensbiologe Konrad Lorenz, dass Erwachsene auf ganz bestimmte physische Merkmale zum Beispiel eines Kleinkindergesichts ansprechen.

Vergleicht man Bilder von Erwachsenen und Kleinkindern, so fällt auf, dass junge Wesen einen großen Kopf und eine große Stirnregion besitzen. Die ebenfalls großen Kulleraugen liegen weit unten. Nase und Kinn sind sehr klein ausgeprägt, die Haut ist noch babyweich, alles wirkt rundlich. Das Fell der Tiere ist zart, und Arme und Beine bzw. Pfoten sind eher kürzer. Lorenz prägte hierfür den Begriff »Kindchenschema«. Wissenschaftler können Babybilder nach diesen Kriterien gezielt verändern und so vorhersagen, welcher Kindskopf uns besonders anspricht.

Das gilt für Tiere und Menschen. Die Kleinen erfüllen genau dieses Kindchenschema, und das ruft bei uns Erwachsenen eine verstärkte Hilfsbereitschaft und einen besonderen Beschützerinstinkt hervor.

Im Sinne der Evolution reagieren wir also geradezu automatisch mit diesem fürsorglichen Gefühl, wenn wir ein scheinbar hilfloses Wesen ausmachen.

Die Stofftier- und Spielpuppenindustrie nutzt diesen psychologischen Mechanismus: Fast alle Kuscheltiere und Puppen erfüllen die Merkmale des Kindchenschemas, und es ist wohl kein Zufall, dass auch Topmodels häufig ins Raster des Kindchenschemas passen. In allen Kulturen scheint dieses Prinzip zu greifen, und es verhalf einigen Comicfiguren zu ihrem internationalen Erfolg.

Wir können also nichts dafür, dass wir junge Tiere und Babys süß finden. Unsere Natur zwingt uns geradezu, auf diese Muster anzusprechen.

Es gibt da übrigens einen interessanten Verhaltensunterschied zwischen Männern und Frauen. In einer wissenschaftlichen Studie hat man Testpersonen Bilder mit veränderten Kindchenschemawerten gezeigt. Dabei stellte sich heraus, dass Männer wie Frauen die Bilder mit den größeren Kindchenschemawerten niedlicher finden. Bei Frauen zeigte sich zudem, dass sie sogar weit eher bereit sind, sich um Kinder mit hohen Kindchenschemawerten zu kümmern als um Kinder mit weniger ausgeprägten Merkmalen.

Ein bekanntes Beispiel ist auch der im Berliner Zoo geborene Eisbär Knut. Als er im Frühjahr 2007 offiziell in Anwesenheit von Umweltminister und Zoodirektor der Öffentlichkeit vorgestellt wurde, waren 500 (!) Journalisten angereist. In Sondersendungen wurde live berichtet, eine Dokumentarfilmreihe zog Millionen Zuschauer an, und der Berliner Zoo erlebte einen nie dagewesenen Run. Das Eisbärbaby Knut wurde über Nacht zum internationalen Medienstar. Bereits ein Jahr später war Knut dem Kindchenschema entwachsen, weshalb sich niemand mehr sonderlich für das Raubtier zu interessieren schien.

Wenn Sie von Ihren Töchtern also nächstes Mal den Ausruf »Wie süüüß!« hören, wissen Sie, woran es liegt: Kindchenschema.

Warum summen
Mücken?

26 Nachts gibt es ein Geräusch, welches meine Frau mit einem Schlag hellwach werden lässt. Stechmückenalarm! In unserem Schlafzimmer beginnt dann eine unermüdliche Jagd, und an ein Weiterschlafen ist nicht zu denken, bis das Objekt geortet und »entschärft« ist.

Warum jedoch summen Stechmücken überhaupt? Für das Insekt ist das »Bzzzzz« nicht ungefährlich, denn durch das Geräusch wird es oft erst entdeckt.

Das Summen entsteht durch den Flügelschlag. Die winzigen Muskeln am Vorderkörper ziehen sich zusammen und entspannen wieder, und dies geschieht so schnell, dass wir ein helles Summen hören. Männchen summen mit 600 Schlägen pro Sekunde übrigens etwas schneller als Weibchen, die es im Durchschnitt auf etwa 550 Schläge pro Sekunde bringen. Am Summton könnte man also theoretisch den Unterschied zwischen Männchen und Weibchen ausmachen. Wäre meine Frau in der Lage, diesen feinen Unterschied zu hören, dann würde vielleicht so manches männliche Exemplar überleben, denn stechen tun nur die Weibchen.

Nun könnte man sich mit dieser Antwort zufriedengeben, doch das Schöne an der Wissenschaft ist, dass sie wirklich alles hinterfragt.

Forscher der University of Greenwich[13] haben die Summgeräusche der Stechmücken nämlich genauer untersucht und stellten dabei etwas Verblüffendes fest: Fliegen zwei Stechmücken in einem Raum, unterscheiden sich zunächst die Summtöne der beiden. Handelt es sich um ein Männchen und ein Weibchen, passt sich die Tonhöhe beider Summgeräusche mit der Zeit an, bis diese identisch sind und man nur noch einen Ton wahrnimmt.

Sind hingegen zwei Männchen im Raum, unterscheiden sich die Töne sehr bewusst voneinander und gleichen sich nicht an. Der schnelle Flügelschlag ist also offensichtlich auch eine Form der Kommunikation, denn die Wissenschaftler vermuten, dass die Stechmücken mithilfe der Fluggeräusche Individuen des anderen Geschlechts ausfindig machen. Durch eingespielte Lautsprechergeräusche konnten sie das Summen der Stechmücken sogar ganz direkt beeinflussen. Der Gleichklang der Töne scheint dabei besonders stimulierend zu sein, denn am Ende, so die These, geht es (wie immer) um Paarung!

Wenn Sie also demnächst nachts vom Summen geweckt werden, hören Sie genau hin: Vielleicht sind es ja zwei Töne ... ein Liebesduett!

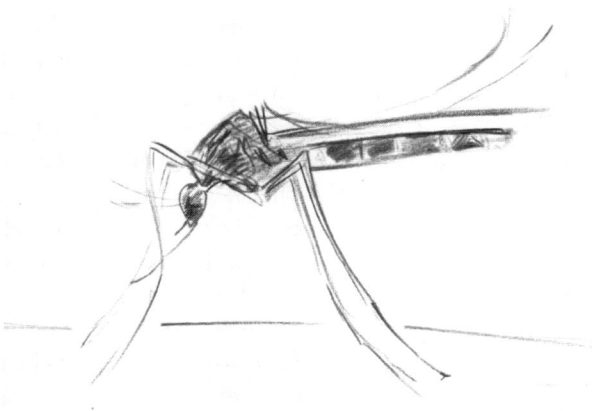

Ist es **im Weltraum** laut?

27 In den Achtzigerjahren arbeitete ich an einer Fernsehreportage und drehte im New Yorker Stadtteil Harlem. Damals waren Teile dieses Viertels fest in der Hand von Gangs. Die Häuser wirkten trostlos, und die Armut der Menschen erinnerte mich an die Slums von Bombay. Diese Schattenseite von New York stand in keinem Reiseprospekt, und es war mir unbegreiflich, dass nur wenige Kilometer von den glitzernden Läden der Fifth Avenue entfernt Menschen ums nackte Überleben kämpften. Drogen regierten die Szene, und in der Notfallstation des Harlem General Hospitals herrschte Tag und Nacht Hochbetrieb. Dreharbeiten in einem solchen Brennpunkt werden von den Gangs nicht gerne gesehen, und unser Team stand unentwegt unter einer großen Anspannung.

Bei einer Szene filmte unser Kameramann aus dem fahrenden Wagen, als es plötzlich knallte. Ein Unbekannter hatte auf uns geschossen, und das Projektil traf die Tür des Wagens. Mit Vollgas flüchteten wir und beendeten die Dreharbeiten für diesen Tag. Während des Vorfalls lief die Kamera, und gespannt betrachteten wir am Abend im sicheren Hotelzimmer die Aufnahmen. Auf den Videobildern hörte man lediglich ein dumpfes »Plopp«.

Man hatte auf uns geschossen, wir hätten sterben können, aber von all dieser Dramatik fand sich auf dem Video nur ein enttäuschendes »Plopp«! An diesem Abend begriff ich, wie inszeniert im Spielfilm geschossen und gestorben wird.

Der Ton macht das Gefühl! In immer mehr Filmen wird die Handlung neben der dramatischen Filmmusik durch ein ausgeklügeltes Sounddesign unterstrichen. Türengeräusche, Kinnhaken, fahrende Autos oder der Knall von Pistolen und selbst ein tropfender Wasserhahn werden mit speziellen Klangeffekten unterlegt. Wenn der Samurairitter zum Schwert greift, klingt es im Film daher immer nach »Schwischhhhhh« und »Dziiingggg«, und wenn geschossen wird, hören wir ein sonores »Pjungjeeeee« statt eines kläglichen »Plopp«!

Einige Jahre später nahm ich an einem Workshop in Los Angeles teil, bei dem es um die Wissenschaft in Science-Fiction-Filmen ging. Dabei diskutierten Regisseure und Special-Effect-Fachleute aus Hollywood mit Wissenschaftlern über zukünftige Laserkanonen, Raumschiffe mit Warpantrieb und über das Phänomen des Beamens. Auf dieser sehr anregenden Tagung sprachen wir auch über die »Sounds« im Weltraum. Ob Strahlenkanonen, besondere Antriebe oder vorbeirasende Raumschiffe: Hollywood begleitet sie stets mit besonderen Zischgeräuschen. Doch ist das überhaupt realistisch?

Schallwellen können sich nur in einem Medium wie Luft ausbreiten. Wenn man das Medium verändert, ändern sich auch die Ausbreitungsgeschwindigkeit und der Ton. Sie kennen vielleicht das Experiment mit dem Heliumballon: Wenn man das leichtere Edelgas einatmet, klingt die Stimme plötzlich heller.

Im Weltraum jedoch gibt es weder Luft noch andere Gase. Der Kosmos ist erfüllt vom leeren Raum, es herrscht ein Vakuum. Was aber passiert dann mit den Schallwellen?

Ein einfacher Versuch mit einem Wecker macht es deutlich.

Sein Klingeln ist an der Luft unüberhörbar. Stellt man den Wecker jedoch in eine Glasglocke, der man dann die Luft entzieht, hört man absolut nichts mehr vom Klingeln. Die Schallwellen werden nicht mehr übertragen, weil sie sich ohne Medium nicht ausbreiten können.

Im Kosmos herrscht also absolute Stille, und sogar gigantische Kratereinschläge auf dem Mond, der ja im Gegensatz zur Erde keine Atmosphäre besitzt, verlaufen völlig geräuschlos. Raketenstufen zünden lautlos, eisige Kometen ziehen in aller Stille um die Sonne. Selbst großartige Sternexplosionen schleudern ohne einen einzigen Ton Materie in den Raum. Vermutlich war die Geburt unseres Universums auch kein »Urknall« – nicht einmal ein »Plopp«!

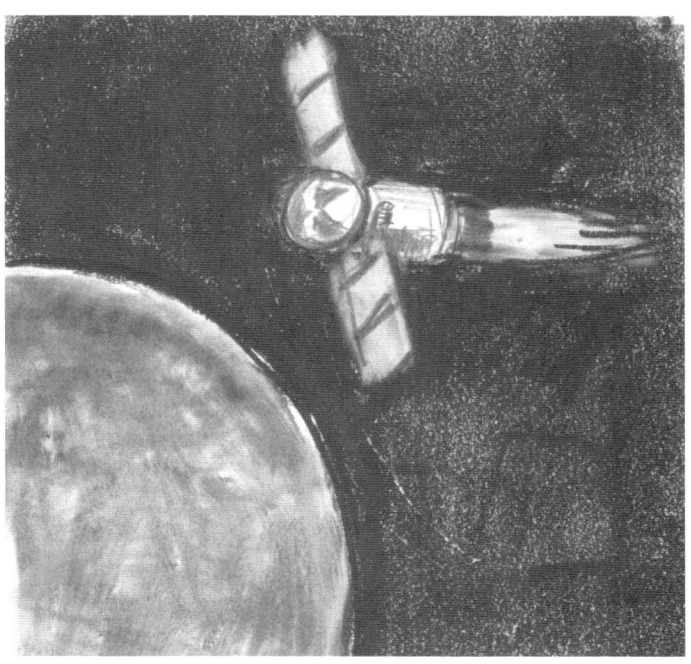

Warum stinkt **Hundekot, Pferdemist** aber nicht?

28 Jeder, der die reizende Geschichte »Vom kleinen Maulwurf, der wissen wollte, wer ihm auf den Kopf gemacht hat« kennt, wird jetzt schmunzeln, wenn es um den duftenden Unterschied der Exkremente geht. Manchmal gibt es Fragen, die man sich gar nicht zu stellen traut, obwohl man ja eigentlich gerne die Antwort wüsste. Warum eigentlich stinken Hundehaufen so entsetzlich, Pferdeäpfel hingegen nicht?

Zwischen Pferden und Hunden gibt es einen entscheidenden Unterschied: Pferde sind Vegetarier und ernähren sich von Gras und Pflanzen, wohingegen Hunde zu den klassischen Fleischfressern zählen.

Bei der Verdauung passieren daher in Pferd und Hund sehr unterschiedliche Dinge. In beiden Fällen wird die Nahrung durch Magensäure, Gallensäure, unzählige Enzyme und Bakterien zerlegt, denn der Körper entzieht damit der Nahrung die Nährstoffe, Fette und den Zucker, die er benötigt. Kühe zum Beispiel können sogar die Zellulose der Pflanzen aufspalten. Wir Menschen hingegen, die wir ja zu den Allesfressern zählen, besitzen diese Eigenschaft nicht und könnten daher auch nicht von Gras leben.

Die Verdauung unterscheidet sich sehr grundsätzlich bei Vegetariern und Fleischfressern. Alles, was nicht benötigt wird, wird später wieder ausgeschieden. Dabei werden zum Beispiel die Gallenfarbstoffe Bilirubin und Biliverdin von den Bakterien im Dickdarm zu Stercobilin und Bilifuscin umgewandelt. Daher hat der Kot seine braune Farbe.

Doch jetzt zum fulminanten Geruchsunterschied zwischen Fleischfressern und Vegetariern: Im Vegetarier-Darm von Pferden und Kühen läuft eine Art Gärungsprozess ab. Dabei werden Zellulose und Stärke in Zucker umgewandelt. Hierbei entstehen jede Menge Gase wie Kohlendioxyd und Methan. Daher pupsen Pferde und Kühe so häufig. Vegetarischer Mist gärt also, und aufgrund der vielen Nährstoffe, die er enthält, ist er auch ein idealer Dünger. Getrockneter Kuhdung ist sogar fast geruchlos und wird in einigen Ländern als Brennstoff verwendet.

Beim Allesfresser hingegen passiert Folgendes: Fleisch ist reich an Eiweißen, und diese werden unter anderem durch eine Vielzahl von Bakterien zerlegt. Allesfresserkot ist daher nicht zum Kompostieren geeignet, denn statt eines Gärprozesses läuft hier eher ein Fäulnisprozess ab. Schwefelhaltige Aminosäuren, aus denen manche Eiweiße zusammengesetzt sind, werden von einer Armada an Fäulnisbakterien in Schwefelwasserstoff verwandelt. Diese Substanz riecht nach faulen Eiern und macht die Stinkbomben so wirkungsvoll. In der komplexen Verdauungschemie entstehen noch weitere Substanzen: Indol und Skatol.

Im isolierten Zustand handelt es sich dabei jeweils um klare, durchsichtige Flüssigkeiten. Wenn Sie daran riechen, wird Ihnen sofort klar: Das ist der typische Duft der Hinterlassenschaft von Allesfressern.

Schafs-, Kuh- und Pferdemist riechen eben anders als das Geschäft von Schwein, Hund und Katze. Deshalb konnte der kleine Maulwurf den Täter auch eindeutig überführen, und Sie können jetzt Ihren Kindern oder Enkeln erklären warum!

Warum hat der
Schmetterling bunte Flügel?

29 Seine Stimme war ernst und zitterte leicht, und die lateinische Bezeichnung, die er ganz langsam aussprach, klang in unseren Ohren wie ein geheimer Zauberspruch: »Palaeochrysophanus hippothoe!« In der kleinen Holzkiste mit dem Glasdeckel erkannte ich die graue Kontur eines Schmetterlings, und dann geschah das Wunder: Sobald das Sonnenlicht auf ihn fiel, schimmerten die Flügel in einer satten Farbenvielfalt. Wenn man den Schmetterling nur leicht drehte, wechselten die Farben. Das Orange löste sich auf in ein reines Türkis, das von dunklen Violett-Tönen umsäumt wurde … Das Farbenspiel hatte mich derart beeindruckt, dass ich in den darauffolgenden Tagen ganze Schmetterlingskollektionen malte, doch allen fehlte der zauberhafte Glanz des natürlichen Vorbildes.

Das waren keine normalen Farben, doch unser Lehrer verriet uns das Geheimnis des Schmetterlingsflügels nicht. Erst Jahre später, inmitten einer Physik-Vorlesung über Optik, tauchte er erneut auf – der bunte Flügel des Schmetterlings, und dieses Mal begriff ich die Magie: Der Flügel selbst hat zwar eine schwache Pigmentfärbung, doch der unnachahmliche Glanz wird über eine feine Mikrostruktur auf der Flügeloberfläche erzeugt. Das Sonnenlicht bricht sich darauf wie in einem Regenbogen, und nur ein ganz bestimmter Teil des farbigen Lichts wird dann reflektiert. Daher schimmert es je nach Blickrichtung einmal orange, einmal blau. Hält man ein

Prachtexemplar unter künstliches Licht, zum Beispiel das gelbe Licht einer Straßenlaterne, dann verblassen die Farben zu einem unscheinbaren Grau. Die Farben des Schmetterlings sind das Ergebnis einer besonderen Lichtreflexion.

Dass man durch Reflexion besondere Farbeffekte unterstreichen kann, weiß auch die Waschmittelindustrie. Durch den geschickten Einsatz sogenannter »optischer Aufheller« wirken die frisch gewaschenen Hemdfarben noch kräftiger, und das Weiß strahlt noch weißer. Der Trick: Die für uns unsichtbaren UV-Strahlen im Sonnenlicht werden durch die Aufheller im Waschmittel in sichtbares Licht umgewandelt – aus unsichtbaren Strahlen wird also sichtbares Licht. Die Leuchtkraft der Hemden hängt somit auch von der Zusammensetzung des einfallenden Lichtes ab – je mehr UV-Strahlen, desto heller scheinen die Farben.

In den vergangenen Jahren wurde die Herstellungstechnik moderner Reflexmaterialien verfeinert, von denen einige sogar durch ihre ausgeklügelte Mikroprismenstruktur mit einem alten Gesetz der Optik zu brechen scheinen: Eintrittswinkel ist nicht gleich Austrittswinkel! Diese Reflektoren strahlen sogar dann noch intensiv, wenn das Licht unter weiten Winkeln einfällt. In wenigen Jahren, davon bin ich überzeugt, wird es sogar möglich sein, bunte Reflexionsfolien nach dem Prinzip des Schmetterlingsflügels herzustellen, und auch dann werden Kinderaugen staunen über diese besondere Etappe der bunten Reise des Lichts.

Warum halten sich **Knochen**
so lange nach dem Tod?

30 Während einer Recherchereise zu einer Sendung über moderne Verfahren der Archäologie besuchte ich ein Fachinstitut an der Universität Göttingen. Die dortigen Wissenschaftler hatten sich darauf spezialisiert, Reste von Erbgut aus alten Knochen zu isolieren. Noch nach Jahrhunderten erzählen Knochen ihre Geschichte, denn an ihrer Struktur kann man erstaunlich viel ablesen: Wie haben sich die Menschen ernährt, wie alt wurden sie und – dank moderner Gendiagnostik – welcher Familie oder welchem Stamm gehörten sie an? Während die Mitarbeiter mir ihre neuen Methoden ausführlich erläuterten, zeigte ein Forscher auf einen Stapel von Apfelsinenkisten voller Gebeine: »Schauen Sie, hier liegt der gesamte Klerus von Münster!«

Bei Exkavationen waren die Archäologen auf ein gut erhaltenes mittelalterliches Kirchengrab gestoßen, und im Dienste der Wissenschaft wurde der heilige Fund nun akribisch analysiert. Mit Mikrotomen wurden die einzelnen Knochen in feine Scheibchen geschnitten, Bruchstücke wurden in Massenspektrometern erhitzt und mit Strahlung beschossen, in brodelnden Reagenzgläsern wurden die Gebeine in ihre chemischen Bestandteile aufgelöst. Manche dieser Kirchenoberen hatten womöglich zu Lebzeiten Ketzer verfolgt und mit den grausamen Foltermethoden der Inquisition abtrünnige Aufklärer eingeschüchtert. Nun, Jahrhunderte später, machen sich neugierige Wissenschaftler an ihren verbleibenden Resten zu schaffen. Vielleicht gibt es ja doch so etwas wie eine historische Gerechtigkeit?

Das Leben ist endlich, und jeder von uns, egal ob Machthaber oder Unterdrückter, begegnet dem gleichen Schicksal: Der Körper ist vergänglich. Jahrhunderte nach dem Tod bleibt nur noch eines übrig: Knochen. Doch was macht sie so haltbar?

Ohne Knochen besäße unser Körper keine Struktur. Das Skelett eines neugeborenen Menschen besteht aus mehr als 300 Knochen bzw. Knorpeln. Ein erwachsener Mensch verfügt hingegen nur noch über 206 Knochen, die sich zur Hälfte in den Händen und Füßen befinden. Im Verlauf unserer Entwicklung wachsen unsere Knochen teilweise zusammen (daher ihre kleiner werdende Anzahl) und werden immer stabiler und belastbarer. Knochenaufbauende Zellen, sogenannte Osteoblasten, sorgen nämlich dafür, dass sich in den Knochen mit der Zeit Hydroxylapatit ansammelt. Es handelt sich dabei um ein sehr hartes anorganisches Material. Auch unser Zahnschmelz besteht daraus.

Im Laufe des Lebens werden unsere Knochen immer wieder erneuert und passen sich der jeweiligen Belastung an. Doch mit dem Tod endet diese ständige Erneuerung. Dafür beginnt ein Wettrennen unter Bakterien und Pilzen. Fleisch und Haut verschwinden schnell, denn sie enthalten begehrte Eiweißstoffe und sonstige Nahrung für unzählige Kleinstorganismen. Die anorganische Knochensubstanz wird hingegen kaum zersetzt, und schon nach wenigen Jahren bleiben von unserem Körper nur noch Knochen und Zähne übrig.

Auf Friedhöfen gibt es festgelegte Ruhezeiten: Erst nach deren Ablauf wird ein Grab für nachfolgende Bestattungen freigegeben. Hierbei spielt auch die Beschaffenheit des Bodens eine Rolle: Ist das Erdreich zum Beispiel chemisch sauer, dann werden auch die Gebeine angegriffen, denn die Säure löst das Calcium in den Knochen auf. Nach der abgelaufenen Ruhezeit (sie variiert von Friedhof zu Friedhof und beträgt etwa 25 Jahre) bleibt dann oft nichts mehr übrig. Doch bei idealer Bodenbeschaffenheit finden sich sogar noch nach Jahrtausenden Reste von Knochen, die im Laufe der Zeit versteinern. Bei der Fossilienbildung wird das Kollagen im Knochen dann vollständig durch Calciumphosphat ersetzt. Diese alten Knochenreste sind oft die einzigen Überbleibsel vergangener Kulturen und Zeiten.

Wer weiß, vielleicht landen auch Ihre Gebeine eines Tages in einem Labor ...

Warum bekommen Spechte keine Kopfschmerzen?

31 Die Evolution überrascht mich immer wieder mit ihren besonderen Einfällen. Für jeden erdenklichen Lebensraum finden sich Pflanzen und Tiere, die sich genau auf ihre Umwelt spezialisiert haben. Das fällt uns besonders beim Specht auf: Wenn man die Vögel bei der Arbeit beobachtet, muss man sich in der Tat wundern. Mit ihrem Meißelschnabel bearbeiten sie hartes Holz. Dabei schlagen sie ihren Kopf wie ein Presslufthammer bis zu 20 Mal pro Sekunde gegen den Stamm. Wissenschaftler haben durch Zeitlupenaufnahmen errechnet, dass der Schnabel dabei mit einer Geschwindigkeit von 25 km/h aufs Holz schlägt: eine echte Frontalkollision mit einer enormen Bremsbeschleunigung. Dennoch scheint der Specht dieses unbeschadet zu überstehen. Er verfügt gleich über eine Reihe von Mechanismen, die ihm sein Hämmern ermöglichen.

Sein Knochenaufbau ist eine Besonderheit: Der gerade Schnabel verläuft in der Verlängerung unter dem Gehirn. Die Energie beim Schlagen wird also nicht direkt ans Gehirn abgegeben, sondern über biegsame Knochengelenke und die kräftigen Schnabelmuskeln seitlich abgelenkt. Etwa eine Tausendstelsekunde vor dem Aufprall des Schnabels spannen sich die Muskeln. Wie Stoßdämpfer federn sie die umgeleitete Bremskraft ab.

Kurz vor dem Aufprall verschließt der Specht die Augenlider. Diese wirken wie ein Sicherheitsgurt und verhindern, dass die Augen beim Aufprall aus den Augenhöhlen treten.

Beim Hämmern führt der Specht eine geradlinige Bewegung aus, denn so kann er die gesamte Kraft auf seine Schnabelspitze übertragen. Jedes normale Werkzeug würde mit der Zeit stumpf werden, doch der Spechtschnabel ist selbstschärfend und an der Spitze besonders hart.

In der Balz hämmert Herr Specht sogar 12 000 Mal am Tag! Wenn es Abend wird, hört er eine Ausrede bestimmt nicht: »Schatz, heute nicht – ich habe Kopfschmerzen!«[14]

Warum sind **Krankenhaus- keime** so gefährlich?

32 Was glauben Sie, wo findet man mehr Bakterien: auf der Klobrille einer öffentlichen Toilette oder auf einem Krankenhaus-Stethoskop? Aufgrund meiner Frage ahnen Sie vermutlich, dass die überraschende Antwort »Stethoskop« lautet.

In der Tat hat man es wissenschaftlich nachgewiesen.[15] Keime finden sich auch auf medizinischen Apparaten, Ärztebrillen und in hoher Zahl selbst auf den Mobiltelefonen des Krankenhauspersonals. Das ist an sich noch kein Grund zur Sorge, doch in den vergangenen Jahren zeigte sich ein bedenklicher Trend: Immer mehr Bakterien entwickeln Resistenzen gegenüber Antibiotika, und in vielen Kliniken führt diese Zunahme resistenter Keime zu einem ernsten medizinischen Problem. Krankenhäuser, die eigentlich Orte der Heilung und Pflege sind, verwandeln sich in gefährliche Ansteckungsherde für Infektionen, die kaum zu bekämpfen sind. Immer häufiger landen Patienten, die eigentlich ins Krankenhaus kamen, um gesund zu werden, in der Pathologie. Sie werden Opfer von Bakterien wie Staphylokokkus aureus, Pseudomonas aeruginosa, Enterokokkus faecalis oder Clostridium difficile, die sich im Laufe der vergangenen Jahre angepasst haben. Ein Antibiotikum nach dem anderen versagt, und im schlimmsten Fall sind die Erreger multiresistent und die Ärzte hilflos.

Obwohl es in Deutschland immer noch keine Meldepflicht

gibt, schätzen Fachleute, dass jedes Jahr hierzulande mehr als 10 000 Menschen allein an solchen resistenten Bakterieninfektionen sterben! Die Keime fordern inzwischen doppelt so viele Todesopfer wie der Straßenverkehr. Europaweit erkennt man da einen interessanten Zusammenhang: Skandinavische Länder leiden weit weniger unter der Resistenzbildung als zum Beispiel Spanien oder Griechenland. Der Konsum von Antibiotika gibt den Ausschlag, denn dort, wo fleißig verschrieben wird, tritt das Problem auch massiv auf.

Antibiotika sind ein Segen: Unzählige tödliche, durch Bakterien verursachte Krankheiten wie Tuberkulose, Scharlach, die Pest oder Syphilis wurden mit der Entdeckung der Antibiotika heilbar. Keine andere Medikamentengruppe hat bislang so viele Menschenleben gerettet.

Antibiotika wirken gegen Bakterien, indem sie zum Beispiel die Zellwand zerstören oder die Mikroorganismen an ihrer gefährlichen Vermehrung hindern. Das funktioniert, weil Bakterien sich von menschlichen Körperzellen unterscheiden. So besitzen sie Eiweiße, die nicht im menschlichen Körper auftauchen. Diesen Unterschied nutzt man aus. Antibiotika greifen daher dort an, ohne die körpereigenen Zellen zu schädigen.

Sogenannte Breitbandantibiotika wirken gleich gegen eine große Vielzahl von Bakterienstämmen. Bei der Einnahme werden jedoch nicht nur die schädlichen Mikroorganismen zerstört, sondern auch nützliche Bakterien im Körper. Daher kommt es bei einigen Präparaten zu starken Nebenwirkungen. Wichtig bei Antibiotika ist immer die vollständige Einnahme. Man muss alle Pillen schlucken und zwar auch dann, wenn die Krankheitssymptome bereits abgeklungen sind. Tut man das nicht, dann passiert Folgendes: Unter den Millionen Bakterien, die bei einer Krankheit vorliegen, gibt es auch immer ein paar, die sich ein bisschen von den anderen unterscheiden und denen das Medikament nichts anhaben kann. Sie sind resistent gegen das jeweilige Antibiotikum.

Unser Immunsystem wird zwar durch die Antibiotika unterstützt und kann daher auch die schädlichen Keime besiegen. Ohne die vollständige Einnahme aber können sich die wenigen resistenten Keime im geschwächten Körper vermehren und einen neuen, resistenten Stamm bilden.

Die Wunderwaffe der Medizin wird allmählich stumpf. So erscheinen immer weniger neue Präparate auf dem Markt. Beim Wettlauf zwischen Forschung und Mikroben scheint die Medizin zu kapitulieren, denn bereits wenige Jahre nach der Einführung eines neuen Antibiotikums treten die ersten Resistenzen auf und machen das Präparat mit der Zeit unbrauchbar. Mediziner sprechen vom »use it and lose it« – benutze es, und du wirst es verlieren. Die hohen Entwicklungskosten rechnen sich am Ende nicht mehr, wenn ein Mittel nur wenige Jahre verkauft werden kann.

Wer jetzt denkt: »Da beuge ich besser vor«, und zu Hause alles gründlich mit Desinfektionsmitteln reinigt, tut genau das Falsche: Mehr und mehr Bakterien entwickeln auch Resistenzen gegen diese Desinfektionsmittel, und es gibt sogar Hinweise, dass diejenigen Bakterien, die gegen Desinfektionsmittel immun sind, auch gegenüber bestimmten Antibiotika resistent werden. Hygiene-Experten fordern daher, den Einsatz der Desinfektionsmittel auf Arztpraxen und Krankenhäuser zu beschränken. Doch auch hier muss umgedacht werden: Studien zeigen, dass nur jeder zweite bis dritte Mitarbeiter im Krankenhaus seine Hände richtig desinfiziert. Die Gründe hierfür reichen von Stress und Zeitnot über Arbeitsüberlastung bis hin zu gefährlicher Unwissenheit. Dabei ist gerade die mangelnde Händedesinfektion eine der Hauptursachen für die Ausbreitung der Krankenhauskeime. Wir brauchen daher dringend ein verschärftes Bewusstsein und konkrete verpflichtende Maßnahmen für die Eindämmung der resistenten Keime in unseren Kliniken. Wenn wir nicht bald handeln, machen wir einen gefährlichen Schritt zurück!

Was verbirgt sich hinter
dem Lotuseffekt?

33 Vor einigen Jahren lernte ich den Direktor des Botanischen Gartens der Universität Bonn, Prof. Wilhelm Barthlott, kennen. Er besitzt die Gabe einer nie enden wollenden Neugier und kann wie kein anderer zu jeder Pflanze eine Geschichte erzählen. Wenn wir durch den »Garten« gehen, leuchten seine Augen, und immer wieder begeistert er mich mit Themen aus der Pflanzenwelt. Ich verdanke ihm viele Anregungen, denen wir im Rahmen unserer Fernsehsendungen nachgingen.

Bei einer Gelegenheit sprachen wir über das Phänomen der Selbstreinigung von Blättern. In meinem »Vaterland« Indien wurde die Reinheit des Lotusblatts seit jeher gepriesen; auch in der tibetischen Religion heißt es im bekannten Mantra der Gebetsmühlen: »Om mani padme hum«*, was so viel bedeutet wie: »O du Kleinod in der Lotusblüte«. Der Lotus gilt als Inbegriff der Reinheit. Das Blatt verschmutzt nicht, und Wassertropfen perlen daran ab. Selbst flüssiger Klebstoff fließt am Blatt entlang und sucht vergeblich nach Haftung. Lotusblätter zeichnen sich durch einen Selbstreinigungseffekt aus, den man übrigens auch bei Weißkohl oder Kapuzinerkresse beobachten kann.

Wilhelm Barthlott hatte mit seinen Mitarbeitern das Geheimnis[16] entschlüsselt: Bei mikroskopischen Untersuchungen waren sie auf winzige Wachsspitzen gestoßen, die das Blatt überziehen. Deren Größe liegt bei gerade einmal 10 bis 20

tausendstel Millimetern. Wachs ist wasserabweisend, eine Kerze lässt sich daher nicht benetzen. So auch das Lotusblatt. Wenn Regentropfen auf das Blatt fallen, bilden sich kleine Wasserkügelchen, die dann auf der Wachsoberfläche abrollen und Schmutzpartikel mitnehmen. Das Blatt bleibt immer sauber.

Bei unserem Gespräch diskutierten wir mögliche Anwendungen. Mit einem solchen Autolack könnte man deutsche Männer am Samstag arbeitslos machen, denn niemand bräuchte mehr Autos zu waschen!

Wilhelm Barthlott und seinem Team gelang es tatsächlich in den Folgejahren, die mikroskopischen Spitzen des Blattes nachzubilden. Der Lotuseffekt wurde zu einem weltweiten Erfolg, und inzwischen gibt es Farben, Dachziegel und Gläser, die mit solch wasserabweisenden Oberflächen überzogen sind: Der Schmutz perlt einfach ab, wie beim Blatt.

Glaubt man der Werbung, dann bleiben Farben und Ziegel länger sauber, doch es gibt dabei ein Problem. Die feine Oberfläche ist extrem empfindlich und wird mit der Zeit beschädigt. Der praktische Selbstreinigungseffekt nimmt daher ab. In der Natur besteht dieses Problem hingegen nicht, denn die Strukturen wachsen ständig nach: So bleiben die glatte Oberfläche erhalten und das Blatt rein.

Wilhelm Barthlott hat sich trotz aller Erfolge seine Begeisterung für die Welt der Pflanzen bewahrt. Seine Neugier scheint sich ewig zu erneuern – so wie die Wachsspitzen auf dem Lotusblatt.

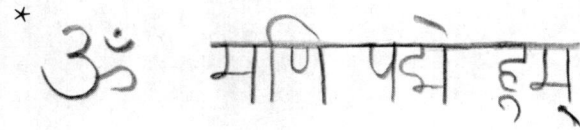

Lebt das
Kopfkissen?

34 Frühjahrsputz!
Ich kenne keine Nation, die so von Reinlichkeit besessen ist wie die deutsche. Da wird geputzt, gekehrt, gesaugt und gewischt. Die Sauberkeit ist ein internationales Markenzeichen – und dennoch: Wir alle sind umgeben von winzigen Mitbewohnern!

In Teppichen, Sofas und Kissen leben Abertausende winziger Wesen, die dem Reinheitswahn entkommen: Hausstaubmilben.

Unsichtbar für unser Auge, nur wenige Zehntelmillimeter groß, wohnen sie am liebsten im Kopfkissen. Denn da gibt es ihre Lieblingsmahlzeit: Hautschuppen. Etwa zwei Gramm verliert der Mensch pro Tag, und daran können sich theoretisch Tausende Milben satt fressen.

Bei einem extrem kurzen Reproduktionszyklus sind die kleinen Spinnentiere schon nach nur drei Wochen geschlechtsreif. Ein Weibchen legt dann bis zu 50 Eier. Hausstaubmilben erfahren ein explodierendes Bevölkerungswachstum und besitzen dabei noch eine unangenehme Nebeneigenschaft: Sie produzieren Kot, jede einzelne von ihnen etwa 20 Kügelchen pro Tag. Dieser verteilt sich als feiner Staub in unseren Betten und Matratzen.

Doch Milben haben eine Schwachstelle: Zum Überleben benötigen sie ein warmes und feuchtes Klima, mehr als 70 Prozent Luftfeuchtigkeit und Temperaturen von 22 bis 25 °C. Kälte und Trockenheit machen ihnen also zu schaffen.

Also raus in die Kälte mit dem Bettzeug und ausklopfen – das hilft. Doch egal wie gründlich Sie putzen, alle werden Sie nie erwischen. Wenn Sie also heute Nacht einschlafen, denken Sie daran: Sie sind nie ganz allein!

Warum fällt der
Apfel vom Baum?

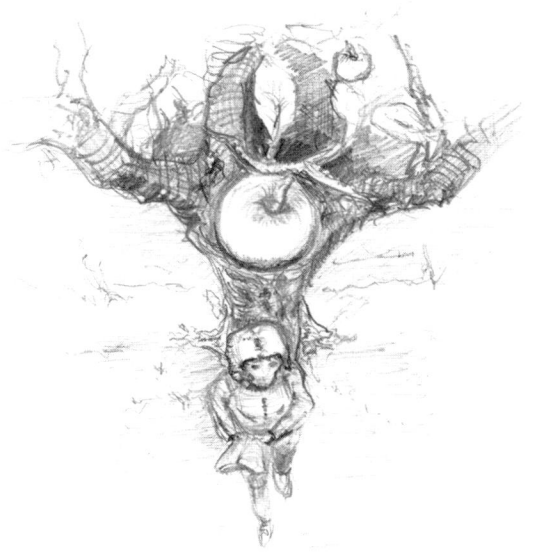

35 Manchmal begegnen mir Fragen, deren Antwort trivial erscheint, doch befasst man sich etwas genauer mit der Thematik, wird man überrascht. Reife Äpfel fallen vom Baum. Es ist ein Naturgesetz, doch warum geschieht dies?

Als Kind dachte ich, irgendwann sind die Äpfel zu schwer, und der Stiel kann sie nicht mehr halten, aber ganz so einfach ist es nicht. Auf dem Boden finden sich nicht nur dicke, reife Äpfel, sondern auch kleinere Exemplare, die häufig faul oder vom Wurm zerfressen sind. Intakte Äpfel, die noch nicht reif sind, halten fest an ihrem Stiel, so dass man sie nur schwer vom Baum pflücken kann. Reife oder beschädigte Äpfel hängen hingegen sehr lose und fallen leicht ab.

Offensichtlich scheint sich der Baum also der reifen oder ungesunden Früchte zu entledigen. Doch woher weiß der Baum das?

Pflanzen nutzen Hormone, um sich über den Zustand ihrer Früchte zu informieren. Äpfel und auch viele andere Früchte verwenden hierfür das Gas Ethylen. Ein reifer, aber auch ein angegriffener Apfel dünsten dieses Gas aus und senden damit eine chemische Botschaft an die anderen Früchte und den Baum.

Ein einfacher Versuch mit zwei Plastiktüten macht es deutlich: In der einen ein gesunder, noch unreifer Apfel, in der anderen Tüte liegt neben einem ebenfalls intakten, unreifen Apfel eine angefaulte Frucht, die nun Ethylen aussendet. Im Zeitraffer erkennt man, dass der Nachbarapfel schneller reift als der Vergleichsapfel, der allein in der Tüte ist. Ethylen beschleunigt also den Reifungsprozess und sorgt dafür, dass alle Früchte am Baum möglichst gleichzeitig reifen.

Doch im Baum passiert noch etwas: Das Gas verändert auch die Biochemie der benachbarten Blätter. Diese beginnen, eine Art Altershormon zu produzieren: die Abscisinsäure.

Sie bewirkt, dass sich zwischen Zweig und Stiel eine Trennschicht ausbildet. Diese verkorkten Zellen lassen keine Nährstoffe mehr durch. Der Apfel verhungert also am Ast. Irgendwann reißt dann die verkorkte Sollbruchstelle, und der Apfel fällt vom Baum.

Ist es nicht toll, wie viel Genialität in einem reifen Apfel steckt?

Wieso wird CO_2 freigesetzt, wenn man einen Baum fällt?

36 Als wir eines Tages einen altersschwachen Kirschbaum auf unserem Grundstück fällen mussten, umarmte mein Sohn den Stamm und weinte. Kinder haben eine reine Seele, und das Fällen war in seinen Augen ein barbarisches Töten. Es kostete uns viel Überzeugungsarbeit, bis er endlich einwilligte. Als der Baum krächzend zu Boden fiel, überkam uns alle ein Gefühl von Trauer. Bäume sterben.

Bäume ernähren sich, wie alle Pflanzen, zum größten Teil aus der Luft. Sie atmen CO_2 und Wasser ein, und mit Hilfe der Photosynthese und des Sonnenlichts entstehen daraus Sauerstoff und Wasserdampf. Der Kohlenstoff wird dabei zurückbehalten und findet sich am Ende im Holz, welches aus Kohlenwasserstoffverbindungen besteht.

Es ist beachtlich, wie viel ein Baum atmet. Ein Beispiel: Eine 35 Meter hohe Fichte mit einem Alter von etwa 100 Jahren hat in ihrem Leben der Atmosphäre etwa 2,6 Tonnen CO_2 entzogen.

Tag für Tag wandelt der Baum weiteres CO_2 in Holz um und reinigt so unsere Atmosphäre vom schädlichen Treibhausgas. Ein Hektar Wald speichert auf diese Weise pro Jahr 13 Tonnen CO_2.

Doch eines Tages taucht die Motorsäge auf – nach einem langen Leben wird der Baum gefällt. Grundsätzlich kann der tote Baum der Luft kein weiteres CO_2 entziehen, denn nach dem Tod endet die Photosynthese.

Vielleicht wird der größte Teil seines Holzes weiterverwertet, zum Beispiel im Hausbau. In diesem Fall bleibt der Kohlenstoff im Holz gebunden und gelangt zumindest nicht in die Atmosphäre.

Anders sieht es jedoch aus, wenn der Baum verbrannt wird oder nach und nach abfault. Bei der Verbrennung und auch bei der Zersetzung läuft es umgekehrt ab als beim lebenden Baum: Der Sauerstoff in der Luft verbindet sich mit dem Kohlenstoff im Baum, und so löst sich der gesamte Baum wieder in CO_2 auf. Wenn wir Holz verbrennen, verbleibt nur wenig Asche, denn fast das gesamte CO_2, das der Baum während seines Lebens der Atmosphäre entzogen hat, wird wieder freigesetzt.

Würden die Wälder in Deutschland verbrannt, dann würden etwa 9,5 Milliarden Tonnen CO_2 ausgestoßen. Bei uns passiert das nicht, doch das weltweite Roden hat inzwischen absurde Ausmaße angenommen: Derzeit verringert sich die Waldfläche weltweit um jährlich etwa 13 Millionen Hektar, also 130 000 Quadratkilometer – diese Fläche ist größer als Österreich und die Schweiz zusammen und entspricht in jeder Minute rund 36 Fußballfeldern! Die Abholzung des Regenwaldes im brasilianischen Amazonasgebiet hat sich sogar beschleunigt. Allein zwischen Juli 2007 und Juli 2008 gingen 11 968 Quadratkilometer Wald verloren.[17]

Dieses hemmungslose Roden der Urwälder ist inzwischen eine der maßgeblichen Ursachen für den steigenden CO_2-Gehalt in unserer Erdatmosphäre.

Wenn Bäume nur reden könnten ...

Warum ist der Luftdruck in einem Fahrradreifen höher als im Autoreifen?

Ausgerechnet: Die Physik des Lebens

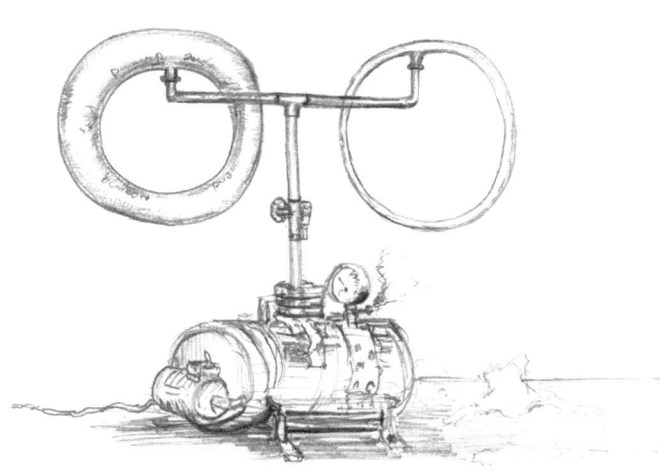

Warum ist der **Luftdruck** in einem Fahrradreifen höher als im Autoreifen?

37 Wussten Sie, dass immerhin 80 Prozent aller Reifenpannen durch den richtigen Reifendruck hätten verhindert werden können? Bei zu wenig Luft verformt sich der Reifen während der Fahrt. Er wird anfälliger und nutzt sich schneller ab.

Wenn im Autoreifen nicht genug Druck herrscht, steigt der Benzinverbrauch, und beim platten Fahrradreifen wird das Treten schwerer. Zu wenig Luft ist sogar gefährlich, denn durch die Walkarbeit, wie die ständige Verformung genannt wird, heizt sich der Reifen mit der Zeit stark auf. Während der Fahrt wird er so heiß, dass er sogar platzen kann. Entlang der Autobahnen sieht man häufig Reste von LKW-Reifen, die durch zu wenig Innendruck zerstört wurden.

Der richtige Reifendruck ist also wichtig, doch beim Vergleich zwischen Fahrrad-, Auto- und Traktorreifen gibt es einen interessanten Unterschied: Der Luftdruck im Traktorreifen liegt unter 2 Bar, beim Autoreifen beträgt er etwa 2,5 Bar, und beim schmalen Fahrradreifen ist er am höchsten. Die Reifen der Rennräder sind hart und besitzen einen Innendruck von 9 Bar! Je größer der Reifen ist, desto kleiner ist der entsprechende Luftdruck – warum?

Ein Experiment macht es deutlich: Klein gegen Groß. Zwei Schläuche – Fahrrad- gegen Autoschlauch. Beide werden aufgepumpt und sind über ein T-Stück miteinander verbunden. In beiden Schläuchen herrscht also zu jedem Zeitpunkt der exakt gleiche Druck. Und jetzt die Zerreißprobe: Wir pumpen und pumpen. Wer hält dem Druck am besten stand? Viele meinen: Der zierliche Fahrradschlauch muss zuerst platzen. Macht man den Versuch, endet er mit einem Knall und einer überraschenden Erkenntnis: Der Autoschlauch platzt, wohingegen der Fahrradschlauch heil bleibt! Die Ursache hierfür liegt in einem einfachen physikalischen Zusammenhang: Druck ergibt sich durch die Wirkung einer Kraft auf eine Oberfläche.

Der Fahrradschlauch besitzt eine kleine Oberfläche, daher wirkt also bei gleichem Druck eine kleinere Kraft auf den Schlauch als beim Autoreifen mit seiner größeren Oberfläche. Obwohl der Luftdruck also derselbe ist, wirkt auf den Autoschlauch eine weit größere Kraft, und die zerstört den Schlauch: Der Autoschlauch platzt, der Fahrradschlauch bleibt ganz!

Je größer der Reifen ist, desto geringer muss demnach der Luftdruck sein. Wenn Sie also beim nächsten Mal Ihre Reifen kontrollieren, denken Sie daran: Die Kleinen halten mehr Druck aus als die Großen.

Wie funktioniert
ein Handwärmer?

38 In unserem Alltag gibt es pfiffige Utensilien, die auf einem erstaunlich einfachen physikalischen Prinzip beruhen. Ein Beispiel hierfür sind Handwärmer.

In dem kleinen Kissen befinden sich eine durchsichtige Flüssigkeit und ein kleines Blechplättchen. Knickt man das Blech um, so setzt ein Verwandlungsprozess ein: Die Flüssigkeit beginnt zu kristallisieren, verfestigt sich und wird dabei angenehm warm. Wenn das Kissen wieder abgekühlt ist, legt man es eine Weile in heißes Wasser. Die feste Kristallmasse wird wieder klar und flüssig, und der Handwärmer lässt sich wieder verwenden.

Wie aber entsteht die Wärme?

Jede Substanz, ob Wasser oder auch das besondere Salz im Wärmekissen, tritt in fester oder in flüssiger Form auf. Durch das Erhitzen findet eine Verwandlung von fest nach flüssig statt. Physiker sprechen dann von einem Phasenübergang; interessant dabei ist die Energiebilanz:

Wenn man Eis erhitzt, schmilzt es. Dabei wird zunächst aus 0 °C kaltem Eis 0 °C kaltes Wasser. Allein dieser Phasenübergang verbraucht sehr viel Energie, denn beim Schmelzprozess müssen unzählige mikroskopische Kristallstrukturen aufgebrochen werden. Obwohl man also Wärme zugibt, verändert sich *nur* die innere Struktur, jedoch *nicht* die Temperatur. Man spricht daher auch von versteckter oder latenter Wärme. Die Energie, die nötig ist, um Eis zu schmelzen, reicht aus, um dieselbe Menge an Wasser von 0 °C auf 80 °C zu erhitzen. Die latente Wärme ist also gewaltig!

Allein aus der Energiebilanz wird somit deutlich, dass man sehr viel Energie benötigt, um Eis zu schmelzen. Ohne latente Wärme wäre das Skifahren um Ostern unmöglich. Die Sonne braucht aufgrund der latenten Wärme des Wassers eben sehr lange, um den Schnee zum Schmelzen zu bringen.

Da in der Natur Energie immer erhalten wird, wird diese versteckt gespeicherte Energie natürlich wieder frei, wenn aus Wasser Eis wird. In der Tat wird es auch warm, wenn es schneit!

Zurück zum Handwärmer: Im Kochtopf wird also die Energie in der Flüssigkeit des Handwärmers gespeichert. Wenn diese dann kristallisiert, setzt ein Phasenübergang ein: Die Flüssigkeit wird fest, die zuvor gespeicherte Energie wird wieder abgegeben, das Kissen wird warm.

Das Metallplättchen setzt dabei den eigentlichen Kristallisationsprozess in Gang. Die Flüssigkeit im Handwärmer ist nämlich »unterkühlt«. Der Phasenübergang ist überfällig; bei der geringsten Störung – zum Beispiel dem Knicken des Metallplättchens – gefriert die Flüssigkeit.

Wenn Wasserflaschen im Eisfach liegen, kann man das Phänomen der Unterkühlung ebenfalls beobachten: Das Wasser in der Flasche ist −5 °C kalt, und eine kleine Störung, wie zum Beispiel ein Schütteln, reicht aus, damit das Wasser in der Flasche schlagartig gefriert. Mit einer Wärmekamera kann man sogar zeigen, dass die Flasche wärmer wird.

Handwärmer sind also keine Zauberei, sondern nutzen auf clevere Weise die Gesetze der Physik. Als Speicher dienen die latente Wärme und das Prinzip: Energie rein = Energie raus.

Warum spritzt es bei
der Arschbombe?

39 Ich hatte Angst, doch es gab kein Zurück mehr: Von oben sah das Becken erschreckend klein aus, und ich würde nun dort hineinstürzen. Wahrscheinlich war ich zu feige, um vor den Augen meiner Mitschüler einen Rückzieher zu machen und mich zu blamieren, also schloss ich die Augen und sprang in die wassergefüllte Ungewissheit. Der Aufprall schmerzte, doch ich lebte, und nach einer Schrecksekunde überkam mich ein Gefühl von Stolz: Ich hatte es gewagt – mein erster Sprung vom Dreimeterbrett.

Zum Glück war das Fünfmeterbrett während des Schwimmunterrichts immer geschlossen, und einen Zehnmeterturm gab es nicht im Schwimmbad unseres Städtchens. Für junge Schwimmer sind Sprungbretter eine provokante Mutprobe, denn an jeder Leiter steht in großen unsichtbaren Lettern geschrieben: »Feigling – trau dich!«

Aber in jeder Klasse gibt es neben Feiglingen auch ein paar gut gebaute Schwimmer, die mit akrobatischen Sprüngen die Herzen der Mädchen erobern. Was ist ihr Geheimnis?

Perfektion duldet keinen Spritzer: Das ist die Regel beim klassischen Turmspringen.

Sofort nachdem die Hände die Wasseroberfläche durchstoßen haben, breitet der Springer die Arme aus. Außerdem winkelt er Kopf und Oberkörper ab. Dadurch rollt der Springer zur Seite, bremst ab und nimmt wenig Luft mit nach unten.

Bei der »Arschbombe« heißt es hingegen: So viele Spritzer wie möglich!

Mit einer Zeitlupenkamera haben wir den Unterschied dokumentiert: Auf den Aufnahmen erkennt man, dass es zwei verschiedene Arten von Spritzern gibt: Die sogenannten Primärspritzer entstehen beim Aufprall. Der Springer ist so schnell – immerhin rund 50 km/h –, dass das Wasser nicht um ihn herumfließen kann. Es wird weggeschleudert; je größer die Kontaktfläche beim Auftreffen auf die Wasseroberfläche ist, desto mehr spritzt es.

Beim Eintauchen entstehen dann die sogenannten Sekundärspritzer: Der Springer reißt jede Menge Luft mit nach unten. Es bildet sich ein nach oben offener Einschlagskrater. Von allen Seiten schießt dann das Wasser in diesen Luftkrater und wird nach oben herausgeschleudert. Je runder und tiefer der Krater, desto größer wird die Fontäne. Das Wasser spritzt teilweise über die Höhe des Sprungbretts hinaus!

So weit die Theorie – und jetzt heißt es: »Trau dich!«

Rechnen die
Inder anders?

40 Die »Panne« ereignete sich in einer Talkshow. Der Gastgeber hatte mich kurz vor der Sendung im Vorgespräch auf die besondere Affinität der Inder zur Mathematik angesprochen. Dahinter verbarg sich seine Vorstellung, dass jeder Inder ein IT-Spezialist sei. Solche Klischees wandeln sich übrigens im Laufe der Zeit; noch vor Jahren war der Subkontinent ein Synonym für den Kontrast zwischen grenzenloser Armut und märchenhaftem Reichtum. Indien war das Land von Mutter Teresa, heiligen Kühen, duftenden Tempeln, stolzen Maharadschas und dem Tiger von Eschnapur.

Inzwischen hat sich das Bild verändert, und neben den heiligen Kühen und der geheimnisvollen Heilkunst des Ayurveda scheint das Land vor emsigen Programmierern nur so zu wimmeln.

Keines dieser Bilder passt, doch aus der Ferne betrachtet tragen ja auch alle Deutschen Lederhosen, essen Würstchen und trinken Bier.

Ich erzählte meinem Kollegen von den Wurzeln der Mathematik und davon, dass Inder, wie keine andere Nation, das Spiel mit den Zahlen lieben.

Um ihm meine Gedanken zu verdeutlichen, absolvierte ich eine einfache Multiplikation und wählte dabei die »indische Methode«. Er war entzückt, und kurze Zeit später wiederholte ich meine Rechnung vor laufender Kamera.

Ich hätte es besser nicht tun sollen, denn nach der Sendung gab es eine Flut von Zuschauerbriefen und Mails. Jeder wollte mehr wissen über diese vedische Rechenmethode, Schulkinder, Erwachsene, Lehrpersonal, Minister und sogar Ordensschwestern schrieben. Eine simple indische Rechenart hatte die Menschen mehr berührt als das Glitzern und der Glamour!

Mit dem Beispiel wollte ich demonstrieren, dass es in der Mathematik nicht den »einen richtigen« Weg gibt, der uns Schülern so gerne eingetrichtert wird. Mathematik ist ein Spiel, bei dem es unzählige Lösungswege gibt.

Jede Zahl hat eine »Persönlichkeit«, und wer die Eigenarten der Algebra beherrscht, beherrscht auch das Spiel der Rechenarten.

Begonnen hat es vor mehr als 5000 Jahren in Indien. Die Veden zählen wohl zu den ältesten Aufzeichnungen menschlicher Erkenntnis überhaupt und wurden über Jahrhunderte hinweg von einer Generation zur nächsten mündlich überliefert. Sie umfassen Medizin, Astronomie, Architektur und zahlreiche andere Wissensgebiete – und so auch Mathematik. Immerhin entspringt unser heutiges Zahlensystem diesen Wurzeln; auch die Null stammt ursprünglich aus Indien (siehe »Sonst noch Fragen?«, Kapitel 99: *Woher kommt die Null?*).

Erst beim Studium alter Sanskrittexte wurde das vergessene System der vedischen Mathematik zwischen 1911 und 1918 von Sri Bharati Krsna Tirthaji (1884–1960) wiederentdeckt. In den Schriften gab es jedoch keine unmittelbaren Rechnungen, vielmehr enthielten sie Regeln und Rechenanweisungen, die nur auf den zweiten Blick ihren Inhalt preisgaben. Bharati Krsna studierte die Texte mit großer Gewissenhaftigkeit und kam zu der Erkenntnis, dass das Gebäude der vedischen Mathematik auf insgesamt 16 Sutras basierte. Hierbei handelt es sich um verschlüsselte Anweisungstexte. Für sich genommen ergeben die knappen Sätze kaum einen Sinn. Einige lauten:

एकाधिकेन पूर्वेन   »*Eine mehr als derjenige davor*«

निरिवलं नवतश्चरमं दशतः   »*Alle von 9 und die letzte von der 10*«

ळर्ध्वतिर्यग्भ्यामं   »*Senkrecht und kreuzweise*«

Kurz vor seinem Tod im Jahre 1960 verfasste Bharati Krsna ein mathematisches Lehrbuch, in welchem er die einzelnen Methoden mit vielen Beispielen erläuterte. Vor etwa 20 Jahren stieß ich beim Durchstöbern eines alten Buchladens in Delhi auf ein Exemplar und verschlang es in den folgenden Tagen. Im Buch zeigt eine Fotografie den Meister im Lotussitz, mit Ketten behangen auf einem Leopardenfell!

Als Anregung möchte ich jedoch nicht darauf verzichten, Ihnen zumindest ein Beispiel zu erläutern: Es handelt sich um das Sutra: »*Senkrecht und kreuzweise*«.

Stellen Sie sich vor, Sie multiplizieren die Zahlen 8 und 7.

Im vedischen System schreiben Sie zunächst beide Zahlen untereinander:

$$
\begin{array}{c}
8\ 2 \\
7\ 3 \\
\hline
5\ 6\ \ \text{(Ergebnis)}
\end{array}
$$

Anschließend komplettieren Sie bis zur 10 und schreiben die jeweilige Zahl rechts daneben: also 8 + 2 = 10 und 7 + 3 = 10. Und jetzt greift das Sutra:

Das Ergebnis lautet 56:
5 ergibt sich durch die *kreuzweise* Subtraktion
(also 7 − 2 oder 8 − 3).
6 ergibt sich aus dem *senkrechten* Produkt (2 × 3).

Probieren Sie es mit den Zahlen 998 × 889:
In vedischer Schreibweise:

> **998** 2
> **889** 111
> _____
>
> 887 **222** (Ergebnis)

(Zur Erläuterung: 998 + 2 = 1000; 889 + 111 = 1000,
dann das *kreuzweise* Subtrahieren: 889 − 2 = 887,
und im nächsten Schritt das *senkrechte* Produkt: 2 × 111 = 222.
In der Tat ist 998 × 889 = 887 222!)

Beim Multiplizieren von Zahlen über der Schwelle 100 greift
ein anderer ebenfalls einfacher Weg:

$102 \times 107 = 10\,914$

Zunächst der erste Teil: Hierbei addiert man die letzte Ziffer
der zweiten Zahl zur ersten: 102 + ...7 = 109.
Dann folgt die Multiplikation der beiden Endziffern:
2 × 7 = 14
– und somit hat man sofort das Resultat: 10 914.

Ein anderes Sutra lautet: »*Einer mehr als derjenige davor*«, und
ist der Schlüssel zum Quadrat von Zahlen, die mit 5 enden:

$75^2 = 5625$
Das Ergebnis besteht aus den Teilen 56 und 25.

Zunächst gilt: *Alle* Quadrate von Zahlen, die mit der Ziffer 5 enden, haben an den letzten beiden Stellen die Zahl 25! Der letzte Teil ist also *immer* 25.

Der erste Teil des Ergebnisses 56 ergibt sich wie folgt: 7 multipliziert *mit einem mehr als derjenige davor*, also

$$7\ 5^2 = 5\ 6 \quad 2\ 5$$
$$\underbrace{}_{7 \times 8 = 56}$$

Natürlich funktioniert die Methode auch mit anderen Zahlen, zum Beispiel $105^2 = 11\,025$ ($10 \times 11 = 110 \dots 25$)

Wer die vedischen Anleitungen beherrscht, kann problemlos große Zahlen im Kopf multiplizieren, Wurzeln ziehen oder mit großer Leichtigkeit Brüche dividieren. Inzwischen hat Computer-Indien sogar eine Vielzahl von DVD-Kursen und Websites hervorgebracht, auf denen die Sutras interaktiv erklärt werden.

»Vedische Mathematik« ist reizvoll und macht auch jungen Menschen Spaß. Wenn der Mathelehrer also eines Tages mit Ketten behangen auf einem Leopardenfell sitzt, dann wissen Sie: Er rechnet anders![18]

Warum starten **Weltraumsonden**
immer in der Nähe des Äquators?

41 Regelmäßig hören wir in den Nachrichten von Raketenstarts – aus Florida, aus Kasachstan, oder wenn die Europäer einmal wieder abheben, aus Kourou.

Doch Kourou liegt weit weg von unserem Kontinent, in Französisch-Guayana im Norden Südamerikas. Warum starten die Europäer von dort und nicht von hier?

Betrachtet man die internationalen Weltraumbahnhöfe, fällt auf, dass sie direkt an der Küste oder inmitten von fast unbewohntem Gelände liegen. Das ist plausibel, denn im Falle eines Fehlstarts sollte die Rakete nicht auf dicht besiedeltem Gebiet abstürzen. Beim Blick auf den Globus zeigt sich aber

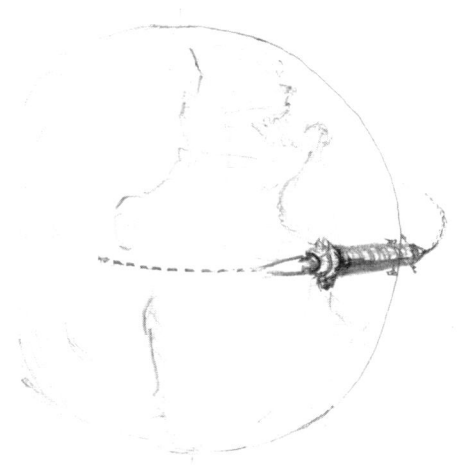

auch, dass die großen Startbasen wie Kourou, das Kennedy Space Center oder Baikonur möglichst nah am Äquator liegen. Auch das ist kein Zufall. Beim Start in den Orbit muss die Rakete möglichst schnell werden. Nur so schafft sie es, in eine stabile Umlaufbahn um unseren Planeten zu gelangen. Hierbei nutzen die Techniker die Drehenergie der Erde aus: Am Äquator dreht sich unsere Erde am schnellsten, und zwar mit etwa 1630 km/h! Am Nordpol ist die Drehgeschwindigkeit hingegen 0 km/h.

Um diese Rotationsenergie mit zu nutzen, starten die Raketen daher bevorzugt in Äquatornähe, und zwar Richtung Osten. So ist der Mitnahmeeffekt am größten. Ideal wäre es also, wenn alle Satelliten und Raumfähren die Erde immer exakt über dem Äquator umkreisen würden. Weicht man beim Abheben von dieser Ideallinie ab und startet zum Beispiel Richtung Nord-Ost, dann reduziert sich die »Gratis-Energie« der drehenden Erde. Solche Missionen benötigen demnach deutlich mehr Treibstoff und mindern die mögliche Nutzlast. Dafür umkreisen sie unsere Erde in einem größeren Band. Besonders energiefressend sind deshalb polare Satelliten, deren Umlaufbahnen sich über Nord- und Südpol ziehen. Da sich die Erde unter diesen künstlichen Trabanten hinwegdreht, überfliegen diese im Laufe der Zeit jeden Ort und können mit Spezialkameras das Geschehen am Boden überwachen.

Die meisten Shuttlemissionen nutzen den maximalen Mitnahmeeffekt und starten von Florida aus Richtung Äquator. Ihre Bahn verläuft daher im Band zwischen 28,8 Grad nördlicher bzw. südlicher Breite. Das entspricht genau der geografischen Breite des Startorts in Florida. Ein Großteil der Shuttlemissionen und auch das Weltraumteleskop Hubble sind also nicht vom nördlichen Europa aus zu sehen.

Im Falle der internationalen Weltraumstation einigte man sich nach langen Verhandlungen auf eine Bahnneigung von

51,6°, und so überfliegt das Weltraumlabor in regelmäßigen Abständen auch Deutschland[19].

Mit etwas Glück ist es am Abendhimmel als leuchtender Punkt sichtbar, und wer das Spektakel selbst erleben möchte, kann sich im Internet die genauen Überflugdaten ausdrucken.

Gemeinsam mit meinen Kindern habe ich die Station schon mehrfach gesichtet. Ein leuchtender Punkt, der sich immer in östlicher Richtung bewegt.

Was bedeutet
Meereshöhe?

42 Im Kölner Karneval gibt es ein bekanntes Lied: »Dreimol Null es Null, bliev Null« (dreimal null ist null, bleibt null), dessen scheinbar einfache Erkenntnis man auf die unterschiedlichen Nulllinien in Europa nicht anwenden kann. Leider – denn sonst wäre den Ingenieuren beim Bau einer deutsch-schweizerischen Brücke eine große Blamage erspart geblieben. Doch fangen wir bei null an:

Bei Karten gibt es immer wieder die Höhenangabe »Höhe über NN«. Da steht dann 350 Meter über Normalnull oder Normalhöhennull, wie es heute heißt. Doch was bedeutet das?

Wenn man zum Beispiel bei Bergen eine exakte Höhe angeben möchte, braucht man eine Referenz, also einen Nullpunkt, von dem aus dann die Höhe gemessen wird. Diese Referenz sollte natürlich möglichst einheitlich sein. Es ist naheliegend, dass man das Meer als Nullpunkt setzt, auf den man sich beim Vermessen von Höhen und Bergen beziehen kann.

Schon vor 300 Jahren nahm man in Amsterdam als Basis die mittlere Hochwasserlinie der Zuiderzee. Dieses Niveau wurde dann 1818 zur Grundlage für die Höhenvermessungen in den Niederlanden. Später wurde der »Amsterdamer Pegel« auch zum Bezugspunkt für die anderen angrenzenden Nationen. So auch für Deutschland.

In Österreich und der Schweiz hingegen orientierte man sich

am Mittelmeer. Der Normalpegel in diesen Ländern bezieht sich auf die Adria und wird »Triester Pegel« genannt, nach der italienischen Hafenstadt Triest. Die ehemalige DDR wiederum bezog ihre Nulllinie auf den Kronstädter Pegel bei Sankt Petersburg, der 14 Zentimeter über dem Amsterdamer Pegel liegt.

Je nachdem von wo man also zum Beispiel einen Berg betrachtet, erscheint er unterschiedlich hoch, denn entscheidend ist die Nulllinie, auf die man sich jeweils bezieht. Das kann zu Problemen führen: Beim Bau der Neuen Rheinbrücke in der deutsch-schweizerischen Grenzstadt Laufenburg[20] nahmen die deutschen Bauarbeiter den Amsterdamer Pegel als Ausgangspunkt, die Schweizer Ingenieure rechneten hingegen mit dem Triester Pegel. Man war sich der Pegelunterschiede zwar bewusst, doch statt die 27 Zentimeter auf Schweizer Seite bei der Berechnung anzuheben, wurden sie fälschlicherweise abgesenkt! Die Folge war eine Blamage.

Moderne Landvermesser orientieren sich inzwischen an präziseren Satellitendaten.

Für Deutschland wurde 1993 die Einführung eines einheitlichen Höhenbezugssystems beschlossen. Dieses Deutsche Haupthöhennetz92 (DHHN92) orientiert sich am Amsterdamer Pegel. Höhen in diesem System werden als »Höhen über Normalhöhennull« (NHN) bezeichnet. Als einheitliches Bezugssystem für europäische Geodaten wurde das European Vertical Reference System (EVRS) eingeführt.

Europa wurde dabei mit einem Höhennetz versehen, welches auch die lokalen Höhenunterschiede durch den Einfluss der Schwerkraft berücksichtigt. Als Nulllinie zählt dabei immer noch der Amsterdamer Pegel. Doch von nun an gilt: Alle Länder haben dasselbe Niveau!

Warum vertauscht der **Spiegel** rechts und links, jedoch nicht oben und unten?

43 »Woher willst du wissen, dass ich verrückt bin?«,
erkundigte sich Alice.
»Wenn du es nicht wärest«, stellte die Grinsekatze fest,
»dann wärest du nicht hier.«
Lewis Carroll: Alice im Wunderland, Kapitel 6

Spiegel besitzen eine besondere Magie. Sie zeigen uns eine Parallelwelt. In der Erzählung von Lewis Carroll begibt sich Alice in die *Welt hinter dem Spiegel* und stößt auf allerlei sonderbare Dinge.

Viele Tiere glauben zum Beispiel, dass ihr Spiegelbild ein anderes Tier sei, und es erfordert eine gewisse Reife, bis auch wir Menschen das Gegenüber als unser eigenes Spiegelbild erkennen. Doch das Gegenüber ist immer seitenverkehrt: Wenn ich den rechten Arm hebe, dann hebt mein Spiegelbild von sich aus gesehen den linken Arm.

Der Spiegel wirft das Licht direkt zurück. Mein rechter Arm ist auch im Spiegelbild tatsächlich auf der rechten Seite. Die Vertauschung kommt jedoch erst dadurch zustande, dass wir Spiegelbild und Original miteinander vergleichen. In Gedanken fordern wir dabei unbewusst, dass Spiegelbild und Original uns zugewandt sind, und blicken dann auf beide Bilder. Damit dieses klappt, müssen wir ein Bild drehen.

Das klingt etwas abstrakt, doch stellen Sie sich folgende Situation vor:

Ein Fotograf macht ein Foto von Ihrem Spiegelbild. Dabei blicken Sie in den Spiegel und wenden ihm den Rücken zu. Und jetzt will er ein Bild von Ihnen machen. Sie müssen ihn anschauen, drehen sich somit zu ihm und schauen in seine Linse.

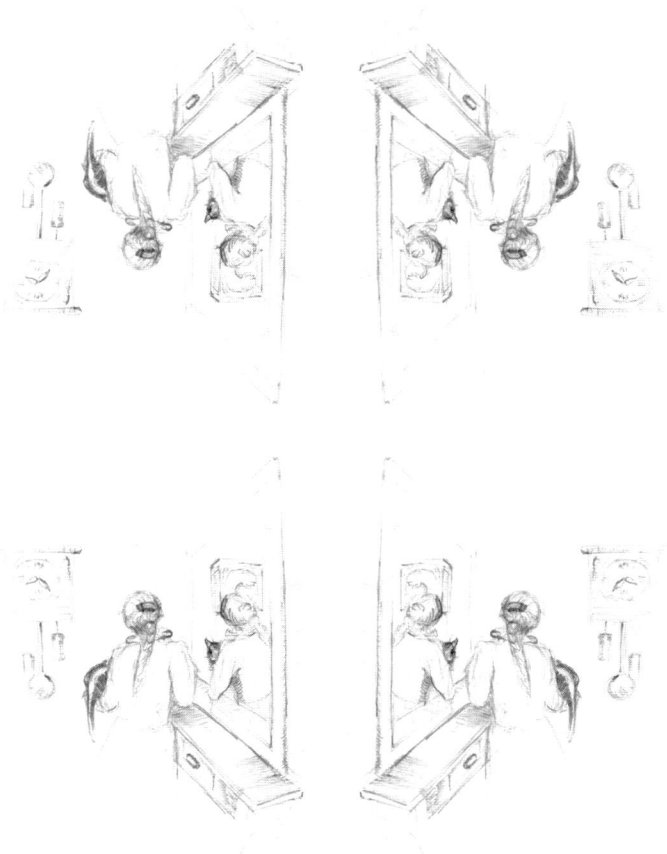

Wenn Sie sich anschließend beide Fotos ansehen, vertauscht der Spiegel in der Tat links und rechts. Doch es gibt noch eine zweite Möglichkeit:

Stellen Sie sich vor, Sie machen dasselbe Experiment mit dem Fotografen im Weltraum. In der Kapsel herrscht Schwerelosigkeit, und erneut beginnt der Fotograf mit der ersten Aufnahme: Sie drehen ihm wie zuvor den Rücken zu, er fotografiert Ihr Spiegelbild. Jetzt macht er das zweite Bild und bittet Sie dabei, direkt in die Linse zu schauen. In der Schwerelosigkeit drehen Sie sich dieses Mal kopfüber und lachen in das Objektiv. Bei der anschließenden Betrachtung stellen Sie nun fest: Der Spiegel vertauscht oben und unten!

Es liegt also nur daran, wie wir uns drehen, um dann in die Linse zu schauen. Da wir uns üblicherweise auf dem Boden bewegen und uns daher immer um die senkrechte Achse drehen, kennen wir nur die Spiegelung zwischen links und rechts. Würden wir hingegen in der Schwerelosigkeit leben, wäre auch das Drehen um die horizontale Achse kein Problem – mal wären oben und unten, und mal links und rechts vertauscht.

Streng genommen vertauscht nicht der Spiegel die Richtungen, sondern wir. Der Spiegel kehrt lediglich die Richtung senkrecht zur Spiegelfläche um.

Das Beispiel illustriert, wie wir oft unbewusst unsere Eigenarten auf andere Dinge projizieren. Als Betrachter stülpen wir unsere Welt über die Dinge, die wir wahrnehmen. Von einer Tante erbte ich eine Sammlung alter ethnologischer Zeitschriften. Die Artikel berichteten über Forscher, die damals noch unbekannte Stämme auf dem afrikanischen Kontinent erkundeten. Die Art des Vorgehens dieser Forscher war geprägt von ihrer Zeit, ihrer Kultur und ihren festgelegten Mustern, und mir wurde beim Lesen deutlich, dass ihre »objektiven« Erkenntnisse durchtränkt von subjektiven Ansichten und Annahmen waren. Sie hatten die Eingeborenen durch die Brille ihrer Zeit betrachtet.

Gute Wissenschaft sucht jedoch nach der »objektiven« Wahrheit und bemüht sich, den Mantel der jeweiligen Kultur abzulegen. Doch das ist keinesfalls so einfach.

Seit jeher haben Philosophen und Physiker über solche grundsätzlichen Fragen nachgedacht und sind dabei zu erstaunlichen Ergebnissen gekommen. Vor einem Jahrhundert begann zum Beispiel ein junger Physiker damit, genau zu analysieren, wie wir Raum und Zeit messen, wenn sich ein Bezugssystem relativ zu unserem bewegt. Mit Akribie und Gewissenhaftigkeit stellte er alles Bekannte auf den Prüfstand. Aus dieser erstaunlich einfachen Frage entsprang eine Theorie, welche unsere Welt veränderte: die Relativitätstheorie von Albert Einstein. Raum und Zeit waren von da an keine absoluten Größen mehr, sondern das unmittelbare Konstrukt des Betrachters.

Wie kann man Steuer-
betrüger entlarven?

44 Jedes Jahr entgehen unserem Staat Milliarden an Steuergeldern, weil verschwiegen und gepfuscht wird. Doch wie kann man Steuersünder entlarven?
Abrechnungen, Ausgaben oder Reisekilometer – in vielen Fällen werden keine echten, sondern willkürlich eingesetzte Zahlen angegeben, und das kann man mathematisch entlarven!
Es gibt nämlich ein interessantes Naturgesetz. Wenn man die Anfangsziffern von Zahlen in Zeitschriften, Büchern, Tabellen oder aus ungefälschten Buchhaltungen durchgeht, stellt man fest, dass nicht jede Anfangsziffer gleich oft vorkommt: Am häufigsten beginnen die Zahlen mit der »1«, dann folgt die »2« usw.

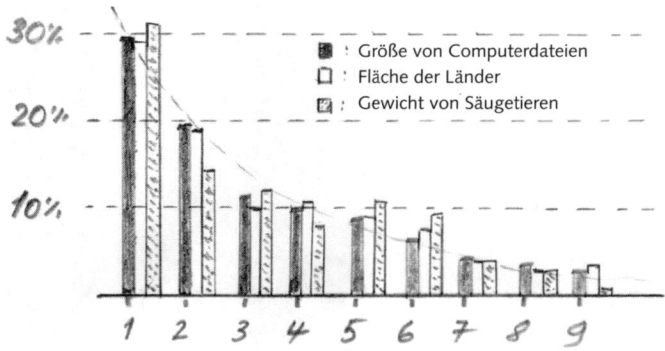

∎ : Größe von Computerdateien
◻ : Fläche der Länder
▨ : Gewicht von Säugetieren

Bei der Häufigkeitsverteilung ist es egal, ob es sich um die verschiedenen Dateigrößen eines Computers, um das Gewicht von Säugetieren oder um die Zahlen in einer Illustrierten handelt. Die Werte sind immer sehr ähnlich: Die »1« kommt am häufigsten vor, die Häufigkeit der nachfolgenden Ziffern nimmt immer mehr ab. Diese Gesetzmäßigkeit wurde schon im 19. Jahrhundert vom Mathematiker Simon Newcomb und später vom Physiker Frank Benford genauer beschrieben.

Und jetzt zu unserer Steuererklärung: Wenn sie korrekt ist, spiegelt sie ebenfalls diese charakteristische Verteilung der Anfangsziffern wider. Doch wenn man falsche Angaben macht und alle möglichen Zahlen erfindet, stimmt das Ergebnis nicht mit dem Benford-Gesetz überein.

Man kann also theoretisch schon an den Zahlen ablesen, ob jemand gepfuscht hat oder nicht. Bei einigen Skandalen in der Wissenschaft hat diese Verteilung so manchen Fälscher überführt. Inzwischen denken die Steuerbehörden tatsächlich darüber nach, ob sie die Häufigkeit einzelner Zahlen bei der Steuererklärung prüfen sollten.

Sie sollten also ehrlich bleiben, und wenn nicht, dann denken Sie zumindest an das Gesetz von Benford!

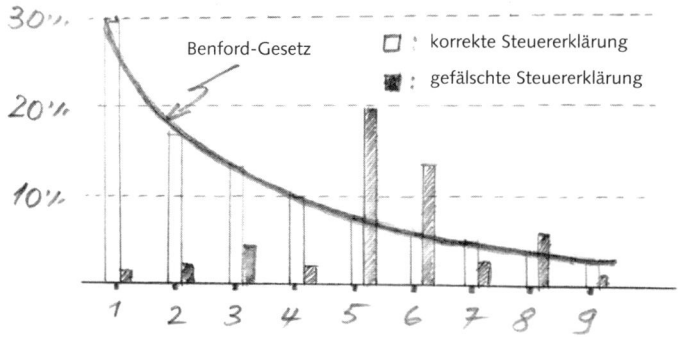

Wie viel **Flüssigkeit** passt in eine **Babywindel?**

45 Auf die Frage, in welcher Zeit man leben möchte, antworten einige vielleicht: »Am liebsten würde ich im Mittelalter oder in der Romantik auftauchen.« Das mag zwar interessant sein, doch schon bald wäre man von der Beschwerlichkeit des damaligen Alltags überrascht. Vor allem junge Eltern würden sich vermutlich schnell wieder in unsere Gegenwart zurücksehnen: keine Waschmaschine, kein Reißverschluss, keine Gummibänder an den Hosen und keine Einwegwindeln!

Wer am technischen Fortschritt zweifelt, der sollte sich eine moderne Windel einmal genauer ansehen. Erfunden wurde sie in den Fünfzigerjahren des vergangenen Jahrhunderts. In den Höschenwindeln steckt jedoch weit mehr als Zellstoff und Plastik.

Das Geheimnis der ungeheuren Saugfähigkeit verbirgt sich in einem weißlichen Pulver, das in der Lage ist, eine große Flüssigkeitsmenge zu binden. Dieser sogenannte »Superabsorber« eignet sich für eine eindrucksvolle Demonstration. Während einer Talkshow machte ich folgendes Experiment:

In ein Trinkglas gab ich einen Teelöffel des Pulvers und füllte das Glas anschließend mit Wasser auf. Nach einer kurzen Einwirkzeit blickte ich meinen Gastgeber an und sagte: »Es gibt jetzt für mich zwei interessante Möglichkeiten: Entweder klappt das Experiment, oder du wirst gleich nass. In beiden Fällen gibt es eine Überraschung!« Ich erinnere mich noch gut an seinen skeptischen Blick, als ich das Glas über seinem Kopf umdrehte.

Ein Fehlschlag wäre in der Tat nett gewesen, und am Folgetag hätte es dann womöglich folgende Schlagzeile gegeben: »Wissenschaftsjournalist macht Talkshowmoderator nass!«

Doch das Experiment klappte (leider), denn kein Tropfen fiel heraus. Das weißliche Pulver hatte die gesamte Flüssigkeit im Glas gebunden.

Chemisch gesehen besteht der Superabsorber aus langen Molekülketten aus Acrylsäure, die sich zu einem Netz ausbilden. Wenn Wasser eindringt, quillt zunächst das Netz auf. Die eindringenden Wassermoleküle werden in den mikroskopischen Hohlräumen festgehalten. Es bildet sich ein Gel.

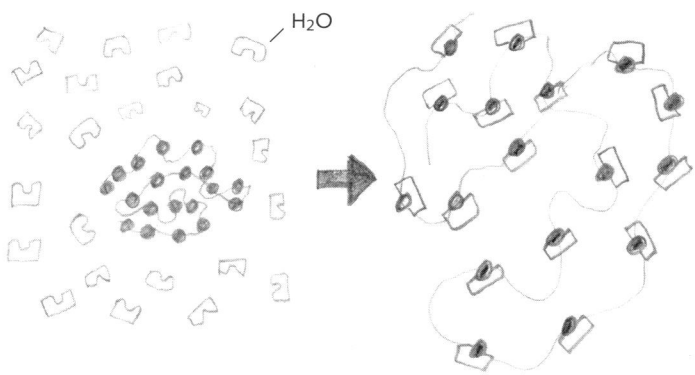

Manche Superabsorber können bis zum Dreihundertfachen ihres Eigengewichts an Flüssigkeit aufnehmen, und diese phänomenale Aufnahmefähigkeit macht die Windeln dünn und dennoch saugfähig. Im Vergleich zu den Achtzigerjahren sind moderne Windeln bei gleicher Saugfähigkeit dank dieses Pulvers gerade einmal halb so schwer.

Außer in Windeln werden solche Superabsorber übrigens

auch in der Technik eingesetzt, so zum Beispiel bei Kabelummantelungen. Der Absorber befindet sich im Mantel. Falls es einen Riss gibt, quillt die Kontaktstelle durch die eindringende Feuchtigkeit auf und versiegelt somit die schadhafte Stelle in der äußeren Ummantelung, so dass keine weitere Feuchtigkeit nachfließen kann.

Säuglinge und ihre Eltern profitieren jedenfalls von dieser Hightech-Entwicklung, doch mit manchen »Geschäften« ist selbst der beste Superabsorber überfordert ...!

Wie funktioniert eine
Hochrechnung?

46 Wahlen entwickeln sich immer mehr zu reinen Zirkusveranstaltungen. Unsere Städte hängen voller Plakate, und die bunten Wahlkampfparolen sind mitunter ein Angriff auf jeden klar denkenden Bürger (»Reichtum für alle!«). Wochenlang spekulieren die Medien und berufen sich dabei auf schwankende Umfragen und Prognosen. In inszenierten Rededuellen und Interviews buhlen die Kandidaten um die Gunst von uns Wählern und wiederholen, was sie schon immer gesagt haben. Da wird beschönigt und versprochen, und statt klarer Aussagen und Analysen serviert man uns einen Cocktail an rhetorischen Scharmützeln, deren Informationswert sich nur noch Insidern erschließt.

Und dann ist er da, der Tag der Entscheidung, und alle blicken auf den Ausgang der Wahl, als würde die Welt danach eine andere sein.

In Sondersendungen wird fleißig geschaltet und kommentiert, die Kandidaten lächeln, bedanken sich bei den Wählern, und irgendwie scheint es an diesen Abenden immer nur Gewinner zu geben.

Unmittelbar nach Schließung der Wahllokale werden am Abend dann die ersten Hochrechnungen bekannt gegeben. Diese sind, wenn man sie mit dem amtlichen Endergebnis vergleicht, bereits erstaunlich genau. Was verbirgt sich dahinter?

Die Kunst der guten Hochrechnung besteht darin, mit einer

kleinen Auswahl an Werten ein möglichst genaues Ergebnis zu erhalten, und dabei hilft ein interessantes Gesetz der Statistik.

Stellen Sie sich vor, Sie müssten genau bestimmen, wie die Farbverteilung in einem riesigen Berg an bunten Schokolinsen aussieht. Wie viel Prozent der Schokolinsen sind rot, blau, gelb oder grün? Gehen wir davon aus, dass die Farben gut durchmischt sind.

Zunächst entnehmen Sie eine kleine Stichprobe von zum Beispiel zehn Linsen und zählen sie aus. Das Ergebnis schwankt natürlich und ist noch stark durch den Zufall geprägt. Bei einer Stichprobengröße von 100 wird die Schwankung merklich kleiner. Der statistische Fehler liegt bei etwa zehn Prozent und wird umso kleiner, je größer die Stichprobe ist. Bei 1000 entnommenen Schokolinsen liegt er bereits bei etwa drei Prozent und bei einer Stichprobe von 10 000 Stück nur noch bei etwa einem Prozent.

Wenn Sie also 10 000 Linsen auszählen, können Sie das Endergebnis mit einem Fehler von gerade einmal einem Prozent benennen.

Die mathematische Eigenschaft der statistischen Fehlerberechnung besteht darin, dass sich die Präzision des Ergebnisses kaum noch verbessert, wenn man statt 10 000 zum Beispiel 20 000 Proben auswertet. Will man das Ergebnis auf wenige Prozent genau wissen, reicht es also, wenn man sogar weniger als 10 000 Proben auswertet. Bei seriösen Hochrechnungen wird diese Stichprobenzahl immer angegeben, denn so kann man direkt berechnen, wie zuverlässig das Ergebnis ist.

Politische Wahlen sind natürlich etwas Besonderes. Insgesamt werden daher 45 000 Wähler durch die Mitarbeiter des Meinungsforschungsinstituts befragt. Dabei werden aus den insgesamt 80 000 Stimmbezirken 400 repräsentative Bezirke ausgewählt. Das ist eine Kunst für sich, denn diese Bezirke sind repräsentativ, weil sie das Verhalten aller Stimmbezirke möglichst genau widerspiegeln. Der Anteil von Männern und Frauen, der »Mix« aller sozialen Schichten, Land- und Stadtbevölkerung, Nord und Süd – all das wird bei dieser stellvertretenden Gruppe genau berücksichtigt. Die Menschen, die es trifft, dürfen dann für die Meinungsforscher ein zweites Mal geheim abstimmen. Aus diesen Daten machen sich letztere schließlich ein Bild unseres Wahlverhaltens.

Unmittelbar nach Schließung der Wahllokale gibt es dann die ersten Hochrechnungen. Im Laufe des Abends wächst die Zahl der ausgezählten Proben, wobei das Ergebnis immer genauer wird. Man erkennt dies daran, dass die Schwankungen im Laufe des Wahlabends abnehmen. Das amtliche Endergebnis wird meist mitten in der Nacht verkündet. Die Kandidaten schlafen dann oft schon – aber dank der Hochrechnungen wissen sie meist, ob sie als Sieger oder als Verlierer aufwachen.

Warum ist **Glas durchsichtig?**

47 Die Frage klingt unschuldig, und die Antwort führt uns »schnurstracks« in die Welt der Atome. Zunächst fällt eines auf: Flüssigkeiten wie Wasser, Öl, Alkohol und auch Gase sind oft durchsichtig, wohingegen viele feste Stoffe wie Holz, Stein oder Eisen kein Licht durchlassen. Es gibt einen grundsätzlichen Unterschied zwischen Gasen, Flüssigkeiten und festen Stoffen.

Bei Gasen sind die Moleküle kaum miteinander vernetzt und bewegen sich frei. Auch bei Flüssigkeiten ist das der Fall, jedoch ist hier die Dichte der Moleküle höher. Bei Feststoffen hingegen sind die Moleküle geordnet und fest miteinander verbunden. Daher ist es auch sehr viel schwerer, ein festes Stück auseinanderzubrechen.

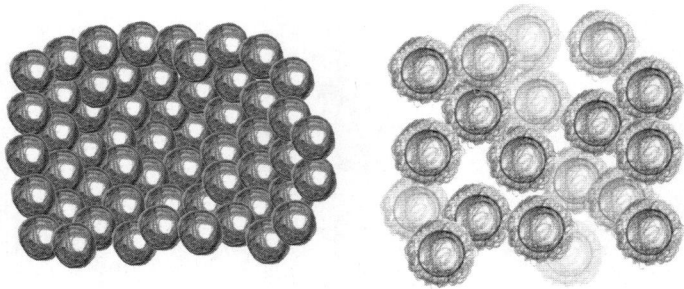

Glas bildet jedoch eine seltsame Ausnahme. Es wird aus einem Gemisch von Quarzsand, Soda und Kalk hergestellt. Jede der Ausgangssubstanzen ist undurchsichtig, doch während des Schmelzprozesses bei 1400 °C entsteht daraus durchsichtiges Glas.

Glas ist »amorph«, denn es ist nur scheinbar fest. Ein sonderbarer Materialzustand, der irgendwo zwischen dem flüssigen und festen Aggregatzustand anzusiedeln ist. Übrigens hat man bis heute die genaue Struktur des Glases nicht verstanden!

Im Gegensatz zum kristallinen Aufbau eines Metalls sind die Glasatome jedoch ungeordnet, und dieser Unterschied ist für das Licht entscheidend: Damit ein Körper durchsichtig ist, müssen die Lichtwellen den Körper ja möglichst ungehindert passieren. Bei Gasen ist das kein Problem, doch je dichter die Substanz, desto dichter die Mauer aus Atomen, die sich den Lichtquanten in den Weg stellen.

In der Welt der Quantenphysik passiert dabei Folgendes: Jedes Lichtteilchen schwingt in Abhängigkeit der jeweiligen Farbe oder Wellenlänge. Je nach Wellenlänge schwingen die Photonen innerhalb der Lichtwelle mit unterschiedlichen Frequenzen. Blaues Licht schwingt schneller, rötliches hingegen langsamer. Die Elektronen der Atome verhalten sich nun wie Räuber, die es auf die vorbeiziehenden Lichtteilchen abgesehen haben. Sie sind dabei empfänglich für ganz bestimmte Frequenzen des Lichts.

Wenn die passenden Photonen auf geeignete freie Elektronen treffen, übertragen sie ihre Energie auf die Elektronen und sterben: Das Licht wird absorbiert und als Wärme gespeichert. Finden sich hingegen keine passenden Elektronen, dann passieren die Photonen das Material ungehindert: Der Stoff ist dann durchsichtig.

Aufgrund der sehr geordneten Atomstruktur in einem Metall

gibt es viele freie Elektronen. Sie sind auch zuständig für das Leiten des elektrischen Stroms. In diesem Fall treffen die Lichtteilchen immer auf das passende Elektron, und somit sind Metalle nicht durchsichtig.

Glas hingegen ist ein Isolator und leitet den elektrischen Strom nicht, denn es besitzt aufgrund seiner amorphen Struktur kaum freie Elektronen. Es existieren also bei weitem nicht so viele Lichträuber, und die auftreffenden Photonen werden daher kaum »eingefangen«. Das sichtbare Licht kann Glas problemlos passieren. Nur die kurzwellige UV-Strahlung hat ein Problem mit dem Glas, denn diese hochfrequenten Lichtteilchen werden von den Elektronen der äußeren Atomschalen absorbiert. Glas lässt also sichtbares Licht durch, schluckt jedoch die UV-Strahlung. Das ist der Grund, warum wir hinter einer Glasscheibe nicht so schnell braun werden.

Durch verschiedene Zusätze kann man die Durchlässigkeit und somit die Farbe des Glases beeinflussen: Ein weltbekanntes Beispiel sind die blauen Kirchenfenster der Kathedrale von Chartres. Die damaligen Glasmacher nutzten, wie man heute weiß, Beimengungen von Kobalt bei der Glasschmelze, doch sie hüteten ihr Geheimnis bis ins Grab.

Noch heute werden laufend neue Gläser geschaffen. Moderne Lichtleiter aus Glas sind so raffiniert hergestellt, dass sie eine sensationelle Durchlässigkeit besitzen: Eine zehn Kilometer dicke Glasscheibe würde immer noch die Hälfte aller Lichtteilchen passieren lassen!

Ist es nicht aufregend, wie viel Physik in einer einfachen Fensterscheibe steckt?

Warum knallt
eine Peitsche?

48 Manche Fragen klingen geradezu trivial, doch bei der Suche nach der Antwort macht man eine erstaunliche Entdeckung. Zu dieser Art von Fragen gehört: »Warum knallt eine Peitsche?«

Bevor es Autos gab, waren die Straßen voller Kutschen, und das Knallen der Peitschen gehörte zum Alltag. Die Kutscher entwickelten mit der Zeit ihre eigenen Knallfolgen, so dass regelrechte Erkennungsmuster entstanden. Heute kann man die Kunst noch bei den sogenannten »Goaßlschnalzern«, den Geißel-Schnalzern, bewundern.

Genau wie früher besteht die Peitsche oder Goaßl aus einem Stock und einem langen, möglichst flexiblen Lederseil, welches sich oft zum Ende hin verjüngt.

Der Knall entsteht nicht dadurch, dass das Peitschenende auf den Boden trifft oder – noch schlimmer – das Pferd berührt. Das Endstück bleibt die gesamte Zeit in der Luft.

Zwei Mathematiker der University of Arizona haben die Physik der Peitsche genau untersucht:[21] Beim Schwingen der Peitsche entsteht, wenn man es richtig kann, am Stockende eine U-förmige Schlaufe in der Schnur. Diese Schlaufe bewegt sich dann Richtung Peitschenende. Ein kleines Schnurstück bewegt sich also quer zur Schnurrichtung hin und her.

Da die Peitschenschnur jedoch immer dünner wird, wird bei diesem Hin und Her immer weniger Masse bewegt. Dem Gesetz von Energie- und Impulserhaltung entsprechend wird die Abnahme der bewegten Masse durch eine Zunahme der Geschwindigkeit kompensiert. Je kleiner der Querschnitt der Schnur wird, desto schneller bewegt sich die Schlaufe. Die gesamte Energie des Schlags konzentriert sich also irgendwann auf das kleine, dünne Endstück.

In der Zeitlupe sieht man, wie das U in der Schnur immer schneller wird, selbst bei extremer Verlangsamung der Bilder rast die Schleife am Ende derart schnell, dass man ihr mit dem bloßen Auge nicht mehr folgen kann.

Wissenschaftler haben daher mit einer ausgefeilten Fotografier- und Belichtungstechnik, wie sie bei der Analyse von Geschossen verwendet wird, einen Peitschenschlag genau beobachtet: Durch Einzelbilder konnten sie die Endgeschwindigkeit des Seils ermitteln: Zwischen den Aufnahmen[22] lagen gerade einmal 111 Millionstelsekunden! Man mag es kaum glauben, doch das Ende bewegt sich mit doppelter Schallgeschwindigkeit! Beim Peitschenknallen hören wir also einen richtigen Überschallknall wie bei einem Düsenjet. Die Beschleunigung der Schlaufe beträgt das 50 000-Fache der Erdbeschleunigung. Nach dieser Erkenntnis müssten wir die Geschichte umschreiben: Der erste Mensch, der die Schallmauer durchbrach, war nicht etwa ein Jetpilot, sondern ein Goaßlschnalzer!

Warum wandern
Teppiche?

49 Vor einiger Zeit erhielt ich einen netten Brief einer 87 Jahre alten Dame. Ihr war zu Hause ein seltsames Phänomen aufgefallen: Der Läufer auf ihrem Teppichboden machte seinem Namen alle Ehre, da er wie von Geisterhand zu wandern schien.

Dieses Phänomen lässt sich jedoch leicht reproduzieren und erklären: Legen Sie einen kleinen Läufer auf den Teppichboden und markieren Sie mit einem Band seine ursprüngliche Position. Wenn Sie nun darauf hin- und herlaufen, werden Sie feststellen, dass sich der obere Teppich nach einiger Zeit in der Tat verschoben hat.

Dieses »Wandern« wird durch die Florrichtung des unteren Teppichs bedingt: Die Teppichfasern stehen nie ganz senkrecht, sondern zeigen häufig in eine Vorzugsrichtung. Sie kennen das vom Fell eines Hundes oder einer Katze. Gegen den Strich zu streicheln ist sperrig, mit dem Strich hingegen einfach.

Zurück zum Teppich: Wenn man auftritt, senken sich die Fasern des unteren Teppichs in ihrer Vorzugsrichtung ab, und dabei bewegt sich der obere Teppich leicht in die entsprechende Richtung. Beim anschließenden Aufrichten lastet nicht mehr so viel Druck auf dem aufliegenden Teppich, weshalb er sich nicht entsprechend zurückbewegt. Mit jeder Belastung gleitet der obere Teppich also geringfügig in die bevorzugte Florrichtung des unteren Teppichbodens.

Wenn man in der Stadt wohnt, entstehen durch den Autoverkehr, die U-Bahn oder vorbeifahrende Busse kleine Erschütterungen. Gerade in älteren Häusern mit schwingenden Holzböden sind diese Vibrationen besonders ausgeprägt. So ergibt sich immer wieder ein kleines Auf und Ab, das den Teppich scheinbar wie von selbst wandern lässt.

Es gibt jedoch ein einfaches Gegenmittel: Legen Sie eine Gummimatte zwischen die beiden Teppiche, und das Wandern hat ein Ende.

Wandernde Teppiche kann man physikalisch erklären, doch beim fliegenden Teppich muss ich passen!

Warum herrscht bei Tiefdruck-gebieten **schlechtes Wetter?**

50 Leider heißt es viel zu oft in unseren Nachrichten: »Durchzug eines Tiefdruckgebiets, das Wetter wird schlecht«. Warum ist das so?

Durch die Drehung der Erde kommt es zu großflächigen Luftbewegungen. Am bekanntesten sind dabei die sogenannten Passatwinde, die unterschiedliche Situationen entstehen lassen: Schiebt sich warme und weniger dichte Luft über die schwerere kalte Luft, nennt man das eine Warmfront; oder aber kalte und dichtere Luft schiebt sich wie ein Keil unter die warme Luft – dann sprechen Meteorologen von einer Kaltfront.

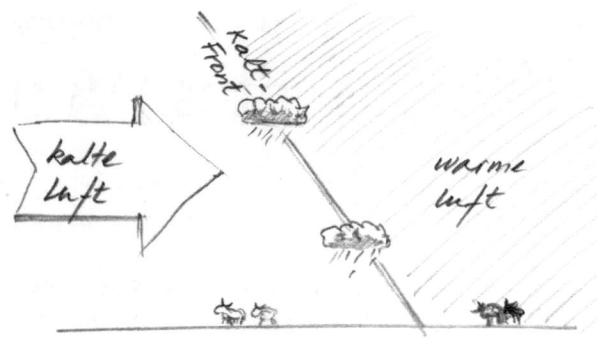

In beiden Fällen wird warme und damit auch feuchtigkeits-
beladene Luft nach oben gehievt und kühlt sich dabei ab. Da
kalte Luft weniger Feuchtigkeit speichern kann, kondensiert
ein Teil des Wasserdampfs: Dann entstehen Wolken, und es
kann regnen. Beim Durchzug einer Front ist das Wetter daher
oft schlecht.

Wenn man sich nun das Wetter an einem festen Punkt vorstellt, entspricht der Luftdruck genau der Luftmasse, die über
einem steht. In der Regel wiegt diese Luftsäule etwa ein Kilo
pro Quadratzentimeter. Der resultierende Luftdruck beträgt
in der von Meteorologen verwendeten Einheit 1013 Hekto-
pascal.

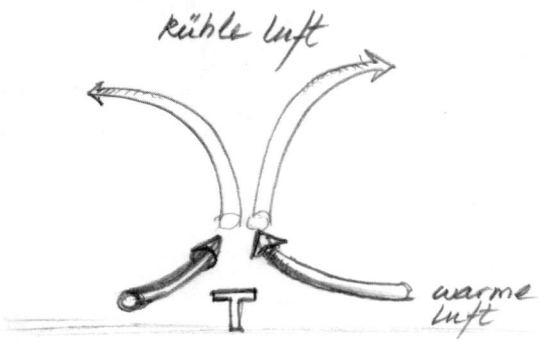

Und jetzt zum Tiefdruckgebiet: In diesem Fall fließt kühle Luft in großer Höhe ab, und warme, das heißt somit weniger dichte Luft rückt nach. Da heiße Luft weniger wiegt als kalte, nimmt das Gewicht der gesamten Luftmasse über einem ab. Ergebnis: Der Luftdruck fällt, und es entsteht eine Tiefdruckzone. Die warme und damit auch feuchte Luft strömt dabei, ähnlich wie bei der Front, nach oben und kühlt sich ab. Fazit: Bei länger anhaltendem Tiefdruck bilden sich Wolken, und es kommt zu Niederschlägen. Oft erkennt man die Ankunft eines Tiefdruckgebiets an den hohen Cirruswolken, die nach und nach den Himmel verschleiern.

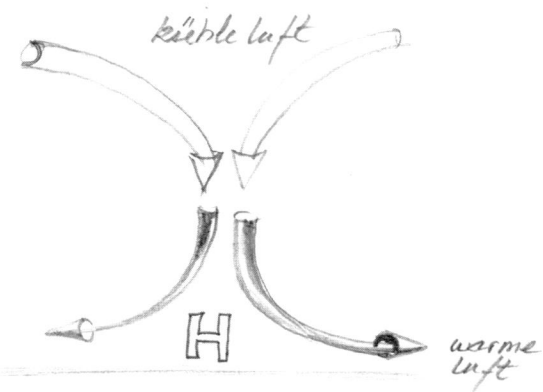

Beim Hochdruckgebiet läuft es vom Prinzip her genau umgekehrt: Kalte Luft aus großen Höhen strömt nach unten, die darunter befindliche wärmere Luft fließt seitlich nach unten ab. Die Luftsäule über uns enthält nun mehr kalte und dichte Luft, wiegt daher mehr, wodurch der Luftdruck steigt. Beim Absinken gelangen hohe Wolken in wärmere Luftschichten und lösen sich auf. Wenn das Hochdruckgebiet länger anhält, ist es daher klar und sonnig.

Über Deutschland zählt man im Jahr etwa 50 Hochdruckgebiete und immerhin etwa 150 Tiefdruckgebiete. Seit 1954 wurden vom Meteorologischen Institut der Universität Berlin Namen für die jeweiligen Tief- und Hochdruckgebiete vergeben. Zunächst wählte man männliche Vornamen für die Hochdruckgebiete und entsprechend weibliche Vornamen für die Tiefdruckgebiete. Die jeweiligen Anfangsbuchstaben entsprachen dabei der alphabetischen Reihenfolge. Da jedoch Hochdruckgebiete oft gutes Wetter mit sich bringen und Tiefdruckgebiete schlechtes, protestierten diverse Frauenverbände, und so erfolgt die Namensvergabe seit 1998 in einem wechselnden Modus: In geraden Jahren vergibt man für Hochdruckgebiete männliche und für Tiefdruckgebiete weibliche Vornamen. In ungeraden Jahren läuft es umgekehrt. Neben dem US-Wetterdienst ist die Freie Universität Berlin weltweit die einzige Institution, die Namen für Hoch- und Tiefdruckgebiete vergibt. Ende 2002 rief das Institut die »Aktion Wetterpate« aus. Seitdem können Bürger einen Namen vorschlagen und somit die Namenspatenschaft für ein Hoch- oder Tiefdruckgebiet erwerben. Patenschaften für Tiefdruckgebiete sind übrigens im Vergleich zu denen für Hochdruckgebiete günstiger zu haben. Der Erlös kommt Studenten zugute. Ab und zu werden Patenschaften auch beim Internetauktionshaus eBay versteigert. Zum Glück handelt es sich dabei nur um die Namen und nicht um das Wetter!

Warum schwimmt ein tonnenschweres Schiff?

Auf den Weg gebracht: Wie wir vorankommen

Warum **schwimmt** ein **tonnenschweres** Schiff?

51 Die größten Containerschiffe sind mehr als 300 Meter lang und transportieren an die 10 000 Container. Obwohl sie mehr als 100 000 Tonnen wiegen, schwimmen sie und gehen nicht unter.

Ob das Schiff groß ist oder klein – entscheidend ist der Auftrieb.

Ein einfaches Experiment mit einem Topf aus Stahl und einem Holzlöffel macht es deutlich. Holz besitzt eine geringere Dichte als Wasser, daher schwimmt der Holzlöffel oben, wenn man ihn aufs Wasser legt. Stahl hingegen wiegt bei gleichem Volumen mehr als Wasser, und mit Wasser gefüllt geht der Topf unter. Doch wenn man den Topf wie ein Schiff aufs

Wasser stellt, ist er mit Luft gefüllt und schwimmt. Durch die Form des Topfs bildet sich ein Hohlraum aus Luft. Der schwimmende Topf verdrängt dabei genau die Menge an Wasser, die seinem Gewicht entspricht.

Der griechische Gelehrte Archimedes erkannte dieses als Erster: Alle Gegenstände, die in eine Flüssigkeit eintauchen, erfahren durch diese einen Auftrieb. Das heißt, die Flüssigkeit drückt den Körper nach oben und wirkt der Schwerkraft entgegen. Daher spricht man auch von »Auftrieb«. Der Auftrieb, den ein Körper erfährt, ist genau so groß wie das Gewicht der verdrängten Flüssigkeit. Je mehr man den schwimmenden Kochtopf belädt, desto tiefer schwimmt er. Erst wenn das Gesamtgewicht größer ist als die durch den Topf verdrängte Wassermenge, geht er unter.

Bei Schiffen verhält es sich genauso. An der Unterseite des Bugs verrät eine Tiefgangsmarke, wie stark das Schiff beladen ist. Obwohl die Schiffe aus Stahl gebaut sind, müssen sie dennoch extrem elastisch sein. Daher verwendet man speziellen Schiffsstahl, denn durch die Wellenbewegung wirken gewaltige Kräfte auf den Rumpf und biegen das Schiff durch. Bei großen Containerschiffen oder Tankern beträgt die Durchbiegung zwischen dem Bug und dem Heck bei starkem Seegang bis zu drei Meter! Aufgrund ihrer Größe werden die Schiffe deshalb auch nach einem genauen Plan be- und entladen, da sie sonst in der Mitte durchbrechen würden. Wie empfindlich sie sind, wird deutlich, wenn man sich ein Containerschiff einmal im genauen Maßstab verkleinert vorstellt. Bei einem Meter Länge wäre die Wand des Schiffs gerade einmal 0,1 Millimeter dick. Schwimmende Containerschiffe sind jedoch riesig und können dank des Auftriebs im Wasser mehr als 10 000 Container befördern.

Auf dem offenen Meer kann an manchen Stellen Methangas vom Meeresgrund aufsteigen. Manchmal kommt es zu regelrechten Gasausbrüchen. Passiert ein Schiff ein solches Areal, wird es gefährlich, denn statt im Wasser schwimmt das Schiff plötzlich in einem Wasser-Gas-Gemisch. Die Dichte des umgebenden Mediums verringert sich dramatisch, und somit reduziert sich der Auftrieb, so dass selbst ein großes Schiff sinken könnte.

Robert Prescott und Mark Lawrence von der schottischen St. Andrews Universität[23] entdeckten bei Erkundungen des Meeresbodens 150 Kilometer nordöstlich von Aberdeen ein intaktes Schiff auf dem Meeresgrund. Normalerweise versinken Schiffe, indem sie mit dem Bug oder dem Heck in die Tiefe eintauchen und in dieser geneigten Stellung auf dem Grund aufschlagen, doch bei diesem Fund waren weder Bug noch Heck beschädigt! Einiges deutete darauf hin, dass dieses Boot horizontal gesunken war. Die Wissenschaftler vermuteten, dass ein Ausbruch von Methanblasen am Meeresgrund für das Verschwinden des Schiffs verantwortlich war. Auch für schwimmende Ölbohrinseln stellt aufsteigendes Gas, das durch die Bohrung freigesetzt wird, eine Gefahr dar.

Ein Schiff schwimmt auf dem Wasser, doch auf Gas geht es unter!

Wie entstehen Querrillen
auf unbefestigten Straßen?

52 In manchen Ländern ist das Reisen noch immer ein wahres Abenteuer. Ich erinnere mich gut an die schmerzlichen Strapazen in kleinen überfüllten Bussen auf den Schotterpisten des Himalaya. Die Bergbevölkerung reiste in Begleitung von Ziegen, Schafen und Hühnern, die sie auf den Märkten der Umgebung verkaufte, und nicht selten war das Gedränge in den überalterten Gefährten so groß, dass mehrere Gäste sich einen Platz teilen mussten. Durch die Beengtheit und das Hin und Her auf den Serpentinenstraßen wurde mir regelmäßig übel; durch das offene Fenster beglückte ich die Gebirgsstraßen öfter mit meinem Mageninhalt. Besonders heftig wurden wir an Stellen durchgeschüttelt, an denen es Wellen auf der Straße gab, die sich quer zur Fahrtrichtung gebildet hatten.

Ihre Entstehung hat mit den Stoßdämpfern der Autos zu tun. Bei älteren Autos und Lkws sind es einfache Blattfedern, die die Erschütterung durch die Straße abfangen. Bei jedem Schlag kommt es zu einem typischen Nachfedern. Dieses Hin und Her, die sogenannte Eigenschwingung der Federung, lässt die Wellen entstehen:

Stellen Sie sich vor, das Auto fährt über eine zufällige Delle auf der Straße. Es kommt zu diesem Rauf und Runter, bis die Schwingung abgeklungen ist. Da das Auto fährt, wird der Boden an einigen Stellen einmal mehr, einmal weniger belastet und drückt sich etwas ein. Die Frequenz entspricht dabei exakt der Eigenschwingung der Autofederung. Bei einer befestigten Straße ist der Belag so hart, dass er sich nicht verformt, doch bei einem unbefestigten Weg hat das Schunkeln des Autos eine direkte Auswirkung auf den Belag. Dieser wird nämlich durch das Auf und Ab des Fahrzeugs an bestimmten Stellen eingedrückt. Die so entstandene Delle bildet mit der Zeit eine Folgedelle, und die wiederum regt die Federung des Autos zu einer weiteren Schwingung an.

Da die Eigenschwingung der Autofederung bei vielen Pkws sehr ähnlich ist und die Autos auch mit ähnlicher Geschwindigkeit fahren, überlagern sich die Schwingungen, wodurch sich mit der Zeit auf der Straße ein typisches Profil ausbildet. Die »Berge und Täler« der Querrillen werden dabei immer größer, folglich schaukeln sich die nachfolgenden Autos immer höher, und die resultierenden Bodenwellen werden dabei immer tiefer. Es handelt sich also um ein Resonanzphänomen.

Was in Indien eher zufällig entsteht, wird hierzulande sogar bewusst in die Fahrbahn eingebaut, um die passierenden Autos zu langsamem Fahren zu zwingen. Aber davon lassen sich die Busfahrer im Himalaya nicht beeindrucken.

Warum machen **Autoreifen** auf manchen Fahrbahnen so einen **Lärm?**

53 Manche Wohnungen liegen direkt an einer Straße oder an der Autobahn, und auf Dauer ist der Straßenlärm für die Anwohner ein echtes Problem. Verschiedene Untersuchungen zum Beispiel des Umweltbundesamtes weisen darauf hin, dass Lärm die Gesundheit gefährden kann. Das Risiko etwa, einen Herzinfarkt zu erleiden, steigt bei Männern um etwa 30 Prozent, falls sie längere Zeit in Gebieten mit mittleren Schallpegeln über 65 dB(A) am Tage wohnen.

Doch bestimmte Fahrbahnen scheinen leiser zu sein als andere. Mitunter ist sogar von »Flüsterasphalt« die Rede. Was verbirgt sich dahinter?

Bei diesen Belägen handelt es sich um offenporige Asphalte, die zu einem Viertel aus Hohlräumen bestehen. Erst darunter befindet sich dann die wasserdichte Schicht, denn wie bei jeder Straße soll das Wasser nicht eindringen, sondern seitlich abfließen.

Die Hohlräume schlucken den Schall wie eine Schaumstoffdämmung. Die Wellen werden in den Hohlräumen absorbiert, wodurch ein wesentlich geringerer Anteil des Schalls reflektiert wird. Jeder kennt diesen Effekt vom Hausboden: Steinböden sind laut, Teppichböden hingegen leise.

Üblicherweise wird die Luft zwischen Reifen und Fahrbahn bei geschlossenen Straßenoberflächen für kurze Zeit eingeschlossen, verdichtet und danach wieder entspannt. Dieses

»air pumping«, wie es genannt wird, trägt zur Lautstärke des Verkehrs bei. Beim Flüsterasphalt kommt es nicht zu diesem »air pumping«. Der Autoreifen rollt leiser.

Die Beschaffenheit der Oberfläche spielt ebenfalls eine Rolle: Je rauer und unregelmäßiger sie ist, desto stärker schwingt der gesamte Reifen. Einige Fahrbahnen weisen regelmäßige Riffelungen auf, wodurch die Reifen unangenehm laut heulen. Durch die feinraue Oberfläche des Flüsterasphalts werden die Schwingungen minimiert und der Lärm noch stärker abgeschwächt.

Der Asphaltbelag heißt offiziell »lärmoptimierte Asphaltdeckschicht« und wurde seit 2006 bereits in mehr als 60 Städten und Kommunen verbaut.[24] Durch die Oberflächentextur des Belages mit »Tälern und Schluchten« wird das Reifen-Fahrbahn-Geräusch um bis zu 5 dB(A) reduziert. Bereits eine Reduzierung von 3 dB(A) entspricht einer Halbierung der Schallintensität.

Mit der Zeit verschließen sich jedoch die Poren des Asphalts durch Schmutz und den Abrieb der Autoreifen, die Straße wird im Laufe der Zeit wieder lauter. Man arbeitet jedoch an Schmutz abhaltenden bzw. abweisenden Schichten, so dass der Schalldämpfungseffekt länger anhält.

Es gäbe natürlich noch eine ganz andere Lösung: Verzicht auf Verkehr, denn ohne Autos flüstert jeder Asphalt!

Was hat das **Fahrrad** mit einem **Vulkanausbruch** zu tun?

54 »Not macht erfinderisch«, sagt ein altes Sprichwort, so auch bei der folgenden Geschichte:

Im April 1815 brach der Vulkan Tambora auf der Insel Sumbawa im heutigen Indonesien aus. Es war ein extremer Ausbruch, bei dem etwa 150 Kubikkilometer (!) Staub, Asche und Schwefelverbindungen in die Atmosphäre gelangten. In den Folgemonaten und -jahren breitete sich diese Wolke aus, legte sich wie ein Schleier um unseren Erdball. Bedingt durch den Staub gab es weltweit spektakuläre rote Sonnenuntergänge. Manche Künstler, wie der englische Maler William Turner, wurden hierdurch inspiriert.

Der verdunkelte Himmel hatte jedoch gravierende Konsequenzen für das Weltklima. Im Nordosten der USA gab es

1816 Frost im August. In Kanada und auch in den Tälern der Schweiz fiel sogar mitten im Sommer Schnee. In vielen Teilen Europas spielte das Wetter verrückt. Die Folge der niedrigen Temperaturen und der mitunter sintflutartigen Niederschläge waren katastrophale Missernten. Menschen hungerten, und Pferde wurden aufgrund des Futtermangels geschlachtet. Doch damit fehlte ein wichtiges Transportmittel. Inmitten dieser Krise entwickelte der badische Erfinder Karl Drais ein sonderbares Gefährt, bestehend aus zwei Laufrädern und einer Lenkstange. Im Sommer 1817 unternahm er damit einige Fahrten und sorgte für Aufsehen. In Artikeln beschrieb er seine Erfindung und erhielt im Folgejahr ein großherzogliches Privileg – in der damaligen Zeit eine Art Patent. Der Vorgänger des Fahrrads, die Draisine, setzte sich durch, denn ohne Pferde waren die Menschen froh über dieses alternative Fortbewegungsmittel. Ein Vulkanausbruch hat also die Erfindung des Fahrrads beschleunigt. Not macht eben erfinderisch!

Hält das
Fliegen jung?

55 Einstein hatte es in seiner Relativitätstheorie vorausgesagt, und wir wollten es im Rahmen unserer Fernsehsendung »Quarks & Co« überprüfen: Die Zeit ist nicht absolut. Eine reisende Uhr tickt langsamer als die an einem Ort verbliebene.[25] Sowohl der Leiter des Zeitlabors der Physikalisch-Technischen Bundesanstalt als auch eine große Fluggesellschaft hatten uns für das Experiment ihre Unterstützung zugesagt.

Für den Versuch benötigten wir zwei Atomuhren. Ihre Genauigkeit ist überwältigend: In 100 000 Jahren beträgt ihre Abweichung gerade einmal eine Sekunde. Die Uhren wurden im Zeitlabor synchronisiert. Dann ging eine der beiden auf eine längere Reise, während die Zwillingsuhr im Labor verblieb. Beim anschließenden Uhrenvergleich sollte es dann, laut Einsteins Überlegungen, einen messbaren Zeitunterschied geben.

So viel zur Theorie, doch die Durchführung war für uns eine besondere Herausforderung. Die empfindliche Atomuhr befand sich in einem grauen unscheinbaren Gehäuse und musste während der gesamten Reise mit Strom versorgt werden. Als mein Kollege mit dem außergewöhnlichen Handgepäck den Zoll passiert hatte und an Bord des Flugzeugs ging, wurde er vom Kapitän persönlich erwartet. Über einen Spezialanschluss im Cockpit konnte die Uhr während des gesamten Fluges mit Strom versorgt werden. Pünktlich am Abend startete die Maschine dann Richtung Boston, USA.

Die Atomuhr lief während des gesamten Fluges weiter; nach der Landung in Boston und einer kurzen Pause ging es sofort wieder zurück Richtung Deutschland. Von Frankfurt führte dann die Reise erneut nach Braunschweig ins Zeitlabor. Bedingt durch viele Staus auf der Autobahn dauerte die Autofahrt sogar länger als der Flug über den Atlantik! Und dann kam der entscheidende Moment: Beide Atomuhren wurden verglichen. Nach Abzug aller Störeffekte lief die fliegende Uhr exakt 0,000 000 028 Sekunden langsamer als die daheimgebliebene.[26]

Einstein hatte recht: Fliegen hält jung!

Wie funktioniert die
Bordtoilette eines Flugzeugs?

56 Als die Wissenschaftler der Raumfahrtbehörde NASA einmal die Oberfläche eines Satelliten untersuchten, den sie auf die Erde zurückgeholt hatten, entdeckten sie eine Sensation: Überreste organischer Moleküle![27] War das der Beweis für anderes Leben im Kosmos? Doch dann lieferten die spektroskopischen Analysen ein ernüchterndes Ergebnis: Urinspuren! Es handelte sich um die schwerelose Hinterlassenschaft einer vorausgegangenen bemannten Mission. Glaubt man den Weltraumforschern, so ist unser Globus sogar mit einem feinen Urinfilm überzogen! Doch keine Sorge, aus Sicht der globalen Klimaforschung scheint dieser Urin-Effekt vernachlässigbar zu sein!

Vor einigen Jahren klagten einige Erdbewohner über große Eisbrocken, die selbst in der warmen Jahreszeit vom Himmel fielen. Beim Auftauen entlarvte sich die himmlische Fracht durch ihren charakteristischen Duft! Sie stammte dieses Mal nicht von Astronauten, sondern von Flugpassagieren. Die stinkenden Eisklumpen waren das Ergebnis undichter Ventile an den Sammelbehältern der Flugzeugtoiletten. In großen Höhen hatten sich aufgrund der extremen Kälte an diesen Lecks Eisklumpen gebildet, die sich dann beim Flug durch wärmere Luftschichten ablösten und zu Boden fielen. Das Urin-Eis, in der Fachwelt auch vornehm »blue ice problem«[28] genannt, beschäftigte hochkarätige Systemtechniker, Vakuumspezialisten und Verfahrensingenieure, und erst nach Monaten fanden die Experten eine Lösung![29] Inzwischen ist in modernen Passagierflugzeugen alles dicht, denn die Bordtoilette ist eine technische Wunderleistung: Das etwa 20 000 Dollar teure »stille Örtchen« einer Linienmaschine kommt dank einer Teflonbeschichtung an der Innenseite mit nur 0,2 Litern Spülwasser aus – das ist 45-mal weniger als die irdischen Vorbilder benötigen. In den Titan-Abflussrohren wird per Unterdruck der menschliche Ballast mit den Beschleunigungswerten eines Sportwagens[30] in die Sammelbehälter im Heck des Flugzeugs befördert. Oberhalb einer Flughöhe von 16 000 Fuß reicht die Druckdifferenz zwischen Außenluft und Kabine aus, doch in geringeren Flughöhen erzeugen spezielle Vakuumpumpen den nötigen Sog. Keine Angst: Am Toilettensitz festgesaugte Passagiere gab und gibt es nicht!

Nur in einem Punkt ist mir die Sache immer noch zu einseitig. Jede Weltkultur verrichtet ihre Geschäfte bekanntlich auf ihre ganz eigene Art: im Stehen, im Sitzen, im Hocken, mit Papier oder mit Wasser ... Bei zukünftigen Großraumjets soll diese »Vielfalt« angeblich berücksichtigt werden. Dort plant man sogar Urinale und Bidets, doch bis dahin heißt es immer noch – Hinsetzen!

Kann man ein Ei auf der Motorhaube braten?

57 Im Sommer drehen die Medien völlig durch. Politiker sind im Urlaub, große Unternehmen haben Betriebsferien, und die Stars sind an unbekannten Orten untergetaucht. Die daheimgebliebenen Journalisten stehen plötzlich vor der Herausforderung, ihre Blätter und Sendeplätze mit irgendetwas zu füllen, doch es fehlt an allen Ecken und Enden an »Stoff«. Manchmal stoßen die hungrigen Blattmacher dann doch auf eine kleine Ungereimtheit, die mit großer Dankbarkeit unter allen Gesichtspunkten ausgeschlachtet wird. »Dienstwagenaffären«, »Urlaubsbekanntschaften« von hochrangigen Persönlichkeiten oder Dorfschlägereien kochen zum Skandal hoch, und man mag sich fragen, ob dasselbe Thema in der kalten Jahreszeit überhaupt journalistische Aufmerksamkeit genießen würde.

In solchen Sommerlöchern bekomme ich zahlreiche Anrufe mit der Bitte um ein Statement oder um ein kurzes Interview. Einmal will man wissen, was man gegen Hitze tun kann, ein anderes Mal wird gefragt, ob die Wärme ein Vorbote des Klimawandels sei, oder eine ernste Radiostimme erkundigt sich, ob mit der Sonne noch alles in Ordnung sei, denn sie habe von Sonnenflecken gehört ...

Wenn es draußen so richtig warm ist, dann kommt garantiert auch die Standardfrage: »Kann man ein Ei auf der Motorhaube braten?«

Inzwischen fühle ich mich als Motorhaubeneierbratenfachmann, denn ich habe meine Kenntnisse auf dutzenden Sendern erläutert und irgendwie habe ich den Eindruck, dass jedes Jahr mehr Sender hinzukommen. Ich könnte natürlich abwiegeln, doch die Frage hat den besonderen Charme, dass man die Erklärung des feinen Unterschieds zwischen Temperatur und Wärme gleich mitliefern kann.

Des Weiteren muss ich gestehen, dass ich es auch schon einmal selbst ausprobiert habe: In der ägyptischen Gluthitze musste die Haube eines Leihwagens daran glauben. Das dunkle Gefährt stand in der prallen Mittagssonne, und die Temperatur des Blechs lag ohne Zweifel über 100 °C. Ei aufschlagen und abwarten ...

Ich versichere Ihnen, das Ergebnis ist enttäuschend: Kein Brutzeln und Zischen, und selbst nach einer längeren Wartezeit war das Eiweiß immer noch durchsichtig. Nach einer Stunde begann das schwabbelige Gebilde auszutrocknen, doch mit einem gebratenen Spiegelei hatte es nichts gemeinsam. Der Grund für den Misserfolg ist leicht erklärt: Das Ei benötigt eine Menge Energie, um fest zu werden. An anderer Stelle in diesem Buch habe ich die dafür nötige Energie angegeben (siehe Kapitel 13: *Warum ist es so schwer, ein perfektes Ei zu kochen?*).

Das Autoblech ist zwar sehr heiß, doch sobald das Ei darauf landet, kühlt sich das Blech an der bedeckten Stelle schnell ab. Der dünne Stahl vermag nur sehr wenig Wärme zu speichern, daher reicht die im Blech vorhandene Energie nicht aus, um das Ei auf Temperatur zu halten. Diese geringe Speicherkapazität ist auch der Grund, warum Autos, die tagsüber in der Sonne standen, in der Nacht schnell wieder abkühlen.

Jeder Koch weiß, dass ein Ei selbst in einer heißen Pfanne nicht gar wird, wenn man die Pfanne vom Herd nimmt. Es braucht nämlich wesentlich mehr Wärme, um das Eiweiß zu verfestigen, als in der heißen Pfanne gespeichert ist, denn beim Braten muss ständig Energie nachfließen. Theoretisch könnte der Rest der Motorhaube diese fehlende Wärme bereitstellen, doch Stahl ist ein schlechter Wärmeleiter: Wenn man zum Beispiel eine Grillzange aus Stahl an einem Ende erhitzt, kann man das andere Ende immer noch anfassen, ohne sich die Finger zu verbrennen. Das Material Stahl ist also keinesfalls dafür geeignet, ausreichend Energie von der restlichen Motorhaube zur Bratstelle zu leiten. Auch Steine speichern nur wenig Wärme und sind schlechte Wärmeleiter. Wenn Sie das Bratexperiment auf einem heißen Stein oder auf Asphalt wiederholen, erleben Sie also ebenfalls eine Enttäuschung.

Dennoch sehe ich eine Lösung: eine Motorhaube aus schwarz eloxiertem Kupfer. Dieses Material wäre ideal, und theoretisch müsste es damit auch klappen. Immerhin verwenden moderne Solarkollektoren Kupferlamellen zur Wärmeübertragung. Wenn mir an einem Sonnentag ein solches Gefährt begegnen sollte, werde ich es ausprobieren. Wenn das funktioniert, wäre dies eine »Sensation« für das kommende Sommerloch, und ich könnte endlich verkünden: Und es brät doch!

Wie funktioniert
eine Fata Morgana?

58 Sonderbare Luftspiegelungen auf der Straße von Messina wurden, so die Überlieferung, von den Italienern der Fee (fata) Morgana zugeschrieben. Das Phänomen, das Wüstenwanderer in die Irre leitet, wird in der Seefahrt auch »Fliegender Holländer« genannt. Hinter jedem dieser Klärungsversuche verbirgt sich eine Welt der Magie und Mythen, doch der Effekt hat nichts mit Hexen und Geistern zu tun, sondern beruht auf einem physikalischen Phänomen:

Es handelt sich um eine Luftspiegelung, die man besonders an heißen Tagen beobachten kann. Wenn wir ein Objekt sehen, treffen die Lichtstrahlen von diesem Objekt auf unsere Augen. Da Lichtstrahlen in unserer Vorstellung immer geradlinig verlaufen, wähnen wir das entsprechende Objekt auch genau dort, wo wir es sehen, doch das muss nicht so sein. Lichtstrahlen verändern durchaus ihre Richtung, zum Beispiel wenn sie gebrochen werden. Sie kennen das Phänomen vom Wasser:

Wenn Sie einen geraden Stock in ein Aquarium tauchen, scheint er plötzlich einen Knick zu haben. Das liegt daran, dass das Licht beim Übergang von der Luft zum Wasser gebrochen wird und somit seine Richtung ändert. Wichtig ist dabei: Der Stock befindet sich tatsächlich an einer anderen Stelle als der, an der Sie ihn mit Ihren Augen vermuten. Durch die Brechung des Lichts sehen wir also Dinge an Stellen, wo sie eigentlich nicht sind.

Diese Lichtbrechung kann auch dann erfolgen, wenn Luftmassen unterschiedlich dicht sind. Die Lichtstrahlen werden dann innerhalb der Luft gebrochen, und zwar kontinuierlich. Der resultierende Strahlenverlauf ist gebogen!

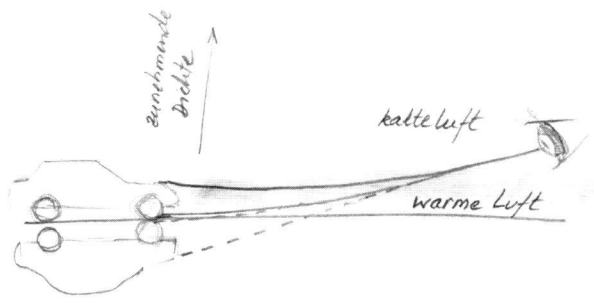

An heißen Sommertagen passiert genau das: Die Luft über der Straße heizt sich auf, die darüberliegenden Luftschichten sind kühler. Durch die starke Schwankung in der Luftdichte verlaufen die Lichtstrahlen gekrümmt und treffen auf unsere Augen. Da wir jedoch immer annehmen, dass Lichtstrahlen gerade sind, sehen wir plötzlich ein Geisterauto, das scheinbar gespiegelt ist, sich aber an einem anderen Ort befindet. Manchmal ist die Straße sogar so heiß, dass die Lichtstrahlen derart gekrümmt werden, dass die Straße zum Spiegel wird: Wir sehen den Himmel, und es scheint, als wäre die Straße nass. Sobald man sich nähert, ändert sich der Blickwinkel, und das Phänomen der Luftspiegelung löst sich auf. Durch die Krümmung der Lichtstrahlen, die bei unterschiedlich heißen Luftschichtungen entstehen kann, können wir sogar Objekte sehen, die sich hinter dem Horizont befinden. Auf dem Meer erscheinen plötzlich ferne Geisterschiffe, und in Wüsten wähnt man in der Weite eine wasserreiche Oase. Und woran liegt es? An der krummen Tour des Lichts!

Was hat Politik mit Kuscheltieren zu tun?

Auf den Punkt gebracht: Woher die Wörter kommen

Was hat **Politik mit Kuscheltieren** zu tun?

> »I don't think my name is likely to be
> worth much in the toy bear business,
> but you are welcome to use it.«
> *Theodore (Teddy) Roosevelt, 1903*

59 Im Wahlkampf wird ja kein Thema von der Politik verschont. Können Sie sich vorstellen, dass selbst Kuscheltiere davon betroffen sind?

Mein Teddy war als Kind mein Ein und Alles; Vertrauter, Tröster, Spielkamerad und Beschützer. Der Name »Teddy« hat übrigens einen ungewöhnlichen Ursprung:

Die Geschichte beginnt Anfang des 20. Jahrhunderts in den USA: 1902, so heißt es, reiste der damalige US-Präsident Theodore Roosevelt in den Bundesstaat Mississippi, um einen Grenzstreit mit dem Nachbarstaat Louisiana zu schlichten. Die Gastgeber wollten dem Präsidenten, der ein passionierter Jäger war, einen Gefallen tun und organisierten eine Bärenjagd. Offensichtlich war die Ausbeute spärlich, und so fing man einen kleinen Bären und band ihn fest. Dem Präsidenten wurde die Ehre zuteil, das verschreckte Tier zu erlegen, doch Mr President lehnte ab.

In der Washington Post vom 16. November 1902 erschien daraufhin eine Karikatur. Sie zeigte, wie der Jäger Roosevelt den kleinen Bären verschonte.

Inspiriert durch diese Zeichnung produzierte der New Yorker

Süßwarenhändler Morris Michtom einen kleinen Stoffbären, den er ins Schaufenster seines Geschäfts in Brooklyn stellte. Bären galten damals als gefährliche Raubtiere, doch dieser kleine Bär eroberte die Herzen. Man nannte ihn »Teddy-Bär« nach Teddy Roosevelt, und der Präsident höchstpersönlich stimmte dieser Namensgebung zu.

Der Bärenboom erfasste zeitgleich auch Europa: Richard Steiff, der Neffe der bekannten Firmeninhaberin Margarete Steiff, entwarf einen kleinen beweglichen Stoffbären mit der Bezeichnung 55 PB – 55 Zentimeter lang, aus Plüsch und beweglich. Auf der Leipziger Spielwarenmesse 1903 orderte ein amerikanischer Unternehmer 3000 Stoffbären aus Deutschland, und ein Jahr später auf der Weltausstellung in St. Louis bestellte man beim Unternehmen Steiff 12 000 Stück. Überall wurden sie »Teddy« genannt, das ist bis heute so. Roosevelt nutzte den Teddybären sogar bei seinen späteren Wahlkämpfen als Maskottchen.

Der Name ist geblieben: »Teddy« – weil ein Präsident nicht schießen wollte! Statt »Yes we can!« hieß es wohl damals: »No I can't!«

Woher stammt der Begriff
»Vogel-Strauß-Politik«?

60 Immer wieder hört man den Ausdruck »Vogel-Strauß-Politik«. Oft wird er auch mit der Formulierung »den Kopf in den Sand stecken« umschrieben. Gemeint ist Ignoranz: Wer seinen Kopf in den Sand steckt, erkennt nicht die drohende Gefahr oder *will* sie nicht sehen. Doch ist der Strauß wirklich so dumm?

Das Bild wurde geprägt von Plinius dem Älteren, einem der bedeutendsten römischen Gelehrten der Antike. Plinius wurde bekannt durch sein naturwissenschaftliches Werk. In 37 Bänden fasste er das naturkundliche Wissen seiner Zeit zusammen. Sein zehnter Band handelt von Vögeln, und gleich im ersten Kapitel ist von den Straußen die Rede:

»[...] Das dümmste Tier unter allen sind sie. So groß sie doch sind, wenn sie ihren Kopf und Hals in einem Busch oder Strauch verstecken, glauben sie, sie seien sicher, und dass kein Mann sie sehen kann.«[31]

Der Straußenvogel – ein dummer Feigling! Die Legende war geboren.

Doch niemand hat je dieses Verhalten beim größten aller Vögel wirklich beobachtet – im Gegenteil: Bei Gefahr flüchtet der Strauß und erreicht dabei für längere Zeit Tempo 50. Er traktiert Angreifer zur Not auch mit seinen kräftigen Beinen und dem Schnabel. Zwar gräbt er Erdsenken, um darin seine

Eier abzulegen, und beim Picken sieht es aus der Ferne vielleicht so aus, doch der Strauß steckt niemals seinen Kopf in den Sand.

Plinius irrte, doch das Vorurteil blieb bestehen. Ignoranz und Feigheit gibt es immer noch – mit dem Strauß hat das jedoch nichts zu tun!

Woher stammt der
Begriff »SPAM«?

61 Heute schon Ihre E-Mails gelesen? Wahrscheinlich war da wieder jede Menge unerwünschte Post dabei: Werbesendungen, Verkaufsangebote oder gefährliche Liebesbriefe aus fremden Ländern. SPAM werden diese E-Mails auch genannt. Doch woher stammt der sonderbare Begriff?

SPAM war ursprünglich der Markenname für ein amerikanisches Dosenfleisch. Der Produktname leitet sich aus »spiced ham« ab, was wörtlich »gewürzter Schinken« bedeutet. Der große Vorteil des Dosenfleischs: Es ist ungekühlt sehr lange haltbar.

Weltweit bekannt wurde SPAM im Zweiten Weltkrieg. Seit 1941 trug jeder US-Soldat eine Dose in seiner Ein-Mann-Ration mit sich, und zeitweise war SPAM nach dem Krieg sogar das einzige Fleisch, das man kaufen konnte.

Auf die Spitze trieb es die britische Comedy-Serie »Monty Python's Flying Circus«: In einer Restaurantszene gibt es auf der Speisekarte alles mit SPAM: Rührei mit SPAM, SPAM mit Spiegelei und SPAM mit SPAM ...

SPAM wurde gleichbedeutend mit »massenhaft vorhanden«, und so übernahm man es im Internetzeitalter. Seit August 1998 steht das Wort im New Oxford Dictionary als eigenständiger Begriff für Werbemüll per E-Mail. SPAM-E-Mails sind ein wachsendes Problem. Das Aussortieren, Löschen und auch der Schutz mit SPAM-Filtern kosten unnötig Zeit und

Geld. Schon heute schätzt man den weltweiten Schaden auf über 25 Milliarden Dollar!

Übrigens: Unter www.spam.com gelangen Sie auf die Internetseite des Dosenfleischherstellers, und dort kann man lesen, dass die Firma eines sehr klar verspricht: Sie würde niemals SPAM versenden!

Was bedeutet
» Google «?

62 Zeiten des Fortschritts sind auch stets Zeiten besonderer Wortschöpfungen. Manchmal versteckt sich hinter dem neuen Wort eine Abkürzung. So ist der Begriff »Laser« ein Akronym für *light amplification by stimulated emission of radiation* (dt. = Lichtverstärkung durch stimulierte Emission von Strahlung), und AIDS beschreibt das *acquired immune deficiency syndrome* (dt. = erworbenes Immunschwächesyndrom).

Doch manchmal gibt es auch buchstäbliche Wortschöpfungen: Das »Handy« ist nicht, wie man meinen könnte, der englische Begriff für ein Mobiltelefon, sondern ein modernes Wortkonstrukt aus Deutschland. Selbst Markenprodukte wie Coca-Cola oder Tempo bereichern unseren Wortschatz, und auch bei Aspirin vergisst man leicht, dass es sich um den Markennamen einer Schmerztablette auf der Basis von Acetylsalicylsäure handelt. Über Nacht bilden sich im Eifer des Fortschritts neue Begriffe. Sie schleichen sich durch die Hintertüren des Alltagsgebrauchs in unsere Sprache, bis sie eines Tages von seriösen Kommissionen in den offiziellen Sprachschatz aufgenommen werden. Besonders an einem Begriff der Neuzeit kann man die ganze Tragweite einer Wortschöpfung erkennen: Google.[32]

In Windeseile hat die Suchmaschine »Google« das Internet erobert, und inzwischen suchen die Kids nicht mehr, sie »googeln«. Die Erfolgsstory begann Mitte der Neunzigerjahre[33] an der kalifornischen Stanford Universität. Damals experimentierten die Studenten Larry Page, Sergey Brin und möglicherweise noch weitere Unbekannte an einem Algorithmus, mit dem sie die Links der Internetadressen »von hinten« auslesen konnten. Der ursprüngliche Name des Suchprogramms lautete »BackRub«. 1997 suchte Larry nach möglichen Namen für die rasant wachsende Suchmaschinentechnologie. Sein Mitarbeiter Sean Anderson schlug das Wort »googolplex« vor, da es irgendwie nach der komplexen Indexierung gigantischer Datenbestände klang, und spontan erwiderte Larry die Kurzversion »Googol« (Googol ist die Bezeichnung für die Zahl 10^{100}, also ausgeschrieben eine 1 mit hundert Nullen!). Sean saß vor einem Computer und prüfte, ob der entsprechende Name im Internet schon vergeben war. Dabei, so die Geschichte, hat er sich wohl verschrieben und tippte »Google« statt »Googol« ein. Die Domain war noch zu haben, und niemand stieß sich an der abweichenden Rechtschreibung. Am 15. September 1997 wurde die Domain »google.com« dann offiziell registriert.

Der Rest ist Geschichte: Google wurde zu einem Weltkonzern und zeitweise zur teuersten Marke der Welt! Zumindest bislang (vielleicht liest jemand dieses Buch ja in zwanzig Jahren, wenn alles anders sein könnte) ist Google der unbestrittene Marktführer aller Internet-Suchmaschinen. »Googeln« ist inzwischen gleichbedeutend mit »im Internet suchen« – in der 2004 veröffentlichten 23. Auflage des Duden wurde das Wort erstmals aufgenommen. Zur Bedeutung hieß es: »Im Internet, besonders in Google suchen«. Doch dann wachten die Juristen des Internetriesen auf. Sollte sich das Wort durchsetzen und womöglich zum Gattungsbegriff für jede Recherche auch mit anderen Suchmaschinen werden, wäre der Markenschutz in Gefahr. Den Mächtigen gehört das Recht, und vor einer drohenden Klage hatten die Nestoren der Sprache wohl

Angst. Offiziell »bat« Google die Journalisten und Wörterbuchredaktionen, den Begriff »genauer« zu definieren, um somit dem drohenden Verlust des Markenschutzes vorzubeugen. In der folgenden 24. Auflage des Duden heißt es daher unter »googeln«: »Mit Google im Internet suchen«. Und so prägt eben auch das große Geld unsere Sprache.

Was bedeutet
Schuhgröße 42?

63 Wie individuell unsere Füße sind, wussten schon die Gebrüder Grimm, sonst hätte der Prinz sein Aschenputtel nicht wiedergefunden.

Auch Schuhekaufen ist eine komplizierte Angelegenheit. Es beginnt schon bei diesen seltsamen Größenangaben: Wenn Sie zum Beispiel Schuhgröße 42 haben und nachmessen, werden Sie feststellen: Ihr Fuß ist nicht 42 Zentimeter lang. Was also bedeutet Schuhgröße 42?

Früher ging man zum Schuster, wenn man ein Paar neue Schuhe brauchte, und die wurden dann auf Maß gefertigt. Der Schuster stellte dafür eine Passform des Fußes her, den Leisten; mit diesem Modell konnte er dann einen gut sitzenden Schuh nähen. Doch die handgefertigten Schuhe waren teuer. Mit der Industrialisierung gab es neue Nähmaschinen, und damit begann die Massenfertigung günstiger Schuhe.

Von Beginn an gab es ein wildes Durcheinander der Maßeinheiten. Manche vertrauten dabei auf die Nahtstichlänge. Daraus entwickelte sich dann der sogenannte Pariser oder französische Stich: Ein Pariser Stich entspricht 2/3 Zentimetern, und daraus ergibt sich dann die Leistenlänge. Konkret: Größe $42 \times (2/3) = 28$ Zentimeter Leistenlänge. Die Leistenlänge ist immer etwa ein bis zwei Zentimeter länger als der eigentliche Fuß. Größe 42 entspricht also einer Fußlänge von etwa 27 Zentimetern.

Engländer und Amerikaner nutzen – wie könnte es auch anders sein? – eigene Maße, die man per Tabelle umwandeln kann.

Wenn die Fußlänge bekannt ist, könnte man also die entsprechende Schuhgröße ermitteln, doch es gibt da noch ein Problem: Jeder Fuß ist anders. Er kann lang oder kurz, schmal oder breit sein. Jeder Schuhhersteller nutzt dabei sein eigenes System, und so fallen die Schuhe von Marke zu Marke mal breiter und mal schmaler aus.

Als Erwachsener spürt man das, weil es zwickt, doch mit kleinen Kindern ist der Schuhkauf schwieriger.[34] In Österreich hat man dies in einer Studie überprüft: Kleine Kinder können die Passform von Schuhen nicht klar definieren, selbst viel zu kurze Schuhe werden von den Kids als »passend« bezeichnet. Oft besteht sogar das Problem, dass die Innenmaße des Schuhs nicht genau mit der angegebenen Größe übereinstimmen. Bei einer Untersuchung mit 800 Kindern stellte man fest, dass nur rund drei Prozent (!) der Schuhe die korrekte Innenlänge hatten. Die meisten Kinderschuhe sind zu kurz.[35] Da es in Europa keine verpflichtende Norm gibt, änderte sich daran bislang wenig. Gerade Kinderfüße wachsen jedoch besonders schnell; bei Drei- bis Sechsjährigen immerhin etwa einen Millimeter im Monat. Daher sollte man bewusst den neuen Kinderschuh sogar etwa zwölf Millimeter länger auswählen, um Platz zum Wachsen zu lassen.

Selbst im Laufe eines Tages vergrößern sich unsere Füße. Bei uns Erwachsenen um einige Millimeter in der Länge und etwa einen Zentimeter in der Breite. Schuhe sollte man also am besten nachmittags kaufen – ob die Gebrüder Grimm das auch schon wussten?

Was ist der Unterschied zwischen einem **See** und einem **Meer?**

64 Die Ostsee ist ein Meer, und das Tote Meer ist eigentlich ein See!

Unsere Sprache ist manchmal verwirrend: Kennen Sie den genauen Unterschied zwischen See und Meer?

In beiden Fällen handelt es sich um große Gewässer. Wasser bedeckt immerhin 71 Prozent unseres Planeten, und aus bestimmten Perspektiven, zum Beispiel beim direkten Blick auf den Pazifik, erscheint unsere Erde als blauer Wasserball.

Zum Unterschied zwischen Meer und See mag der eine oder andere die These aufstellen: Ein See ist klein, und Meere sind groß. Doch es gibt Beispiele, welche diese These widerlegen: Das Marmarameer in der Türkei zum Beispiel besitzt eine Fläche von knapp 12 000 Quadratkilometern. Der Viktoriasee, der Baikalsee oder der Lake Michigan sind jedoch erheblich größer. Die Größe ist also nicht ausschlaggebend.

These Nummer zwei: Meere sind tiefer als Seen. Auch hier gibt es Gegenbeispiele, denn Seen wie zum Beispiel der Baikalsee sind an manchen Stellen 1600 Meter tief. Die Ostsee hingegen ist maximal 460 Meter tief und gilt trotz ihres Namens als Meer.

These Nummer drei: Meere sind salzig, und Seen sind süß. In der Tat ist der Salzgehalt der großen Meere beachtlich: Würde das Wasser verdampfen, wären die Ozeanböden mit einer 50 Meter hohen Salzkruste bedeckt, doch es gibt auch Salzseen. Der Salzgehalt des Großen Salzsees in den USA übersteigt den der Meere bei weitem. Mit 27 Prozent ist das Wasser dort so salzig, dass kaum Fische darin schwimmen. Der Salzgehalt macht also auch nicht den entscheidenden Unterschied zwischen See und Meer aus. Dieser geht vielmehr auf ein »Austauschphänomen« zurück. Alle Meere stehen nämlich miteinander in Verbindung. Mit einem Schiff könnte man also von jedem Meer zum anderen reisen. Seen hingegen sind abgeschlossene Binnengewässer, die nur über Wolken und Regen mit den Weltmeeren in Verbindung stehen. Von einem echten See kann man also nicht per Schiff auf das offene Meer fahren.

Streng betrachtet ist daher zum Beispiel das Kaspische Meer ein See, denn es gibt keine Verbindung zu den Ozeanen. Es handelt sich um den verbleibenden Rest eines einst großen Meeres, Tethys genannt, welches vor mehr als 100 Millionen Jahren unseren Planeten bedeckte. Durch die Wanderung der Kontinente wurde das Kaspische Meer abgenabelt und streng genommen zu einem Kaspischen See. Auch das Tote Meer ist per definitionem ein See, Nord- und Ostsee sind hingegen Meere. Die Namensgebung ist verwirrend, doch man kann es sich leicht merken: Meere stehen in Kontakt miteinander, Seen hingegen sind Einzelgänger.

Wann verlieren Worte ihren Sinn?

65 Der Orkan Kyrill fegte über unser Land. Mit 180 »Stundenkilometern« verwüstete er Vorgärten, entwurzelte Bäume und legte den Zugverkehr lahm. Am folgenden Tag begannen die Aufräumarbeiten.

Als sich das Wetter beruhigt hatte, entlud sich in manchen Zeitungsredaktionen ein weiterer Sturm: Dieses Mal verlief die Wetterfront zwischen Alltagssprache und wissenschaftlicher Korrektheit: Das viel zitierte Wort »Stundenkilometer« irritierte aufmerksame Leser. Sie beschwerten sich beim Chefredakteur: Falsch sei dieses Wort, ein Ausdruck der Ignoranz, denn in der Wissenschaft gebe es keine solche Maßeinheit. »Stundenkilometer« bedeute: Stunden mal Kilometer! Ein Leser meinte sogar verärgert: »... 180 *Stundenkilometer,* das ist kein Sturm, sondern allenfalls ein Altweiberfurz!« Das Feilschen um die korrekte Wortwahl erinnerte an die jahrelange nationale Diskussion um die Reform der deutschen Rechtschreibung.

Mitunter leidet die Physikerseele: Alle Mühen von Galilei, Newton und Einstein, die endlosen Diskurse über Trägheit und Schwerkraft, die unzähligen Abhandlungen und Experimente erscheinen sinnlos – die meisten von uns wissen nicht um den fundamentalen Unterschied zwischen Gewicht und Masse!

Wenn wir zum Beispiel auf einer Waage stehen, messen wir die Gewichtskraft, welche durch die Erdanziehung entsteht.

Da die Anziehungskraft zum Beispiel auf dem Mond schwächer ist, würde sich auch unser Gewicht dort verringern. (Meine Frau kommentierte diese Überlegung mit den Worten: »Wenn das so ist, dann wandere ich auf den Mond aus ...!«) Korrekt wäre daher, unser Gewicht in der Krafteinheit Newton anzugeben. Unsere Masse bleibt hingegen gleich und wird in Kilogramm angegeben. Doch wehe, ich spreche bei meiner Frau von »Masse«!

In unserer Alltagssprache verbirgt sich ein Sammelsurium falscher Wissenschaftsbegriffe: Da ist von der »Atomkraft« die Rede, wenn doch korrekterweise die »Kernkraft« gemeint ist. Und wenn Politiker von einem »Quantensprung« sprechen, weiß der Spezialist, dass Quantensprünge eigentlich winzig klein sind. Da werden von Autobauern einfache Wahrheiten mit Wortschöpfungen wie »Schadstofffreiheit« vernebelt. Autos produzieren immer Schadstoffe, daher ist auch keines von ihnen wirklich freundlich zur Umwelt.

Immer häufiger verändern Wörter ihre Bedeutung, werden Sachverhalte umbenannt: Was noch vor Jahren zu Recht »Kriegsministerium« hieß, wird nun »Verteidigungsministerium« genannt, und die Armeen der Welt engagieren sich in »Friedensmissionen«. Sonderangebote locken mit »Gratisverträgen«, wobei nur das Kleingedruckte verrät, wie teuer der »Nulltarif« tatsächlich ist. Fastfoodketten werben mit kalorienarmer Nahrung – doch wo bleibt der Protest?

Selbst den strengen wissenschaftlichen Maßeinheiten kann man nicht mehr trauen:

Im Jahr 1986 stellte man die offizielle Einheit der radioaktiven Äquivalentdosis von Rem auf Sievert um. Eine Röntgenaufnahme führte zuvor zu einer Strahlenbelastung von zehn Millirem, heute sind es 0,1 Millisievert! Die Dosis bleibt zwar gleich, doch die Gefahr der Radioaktivität wirkt gleich viel geringer.

Aber wenigstens gibt es einige Pedanten, die aufschreien, wenn von »Stundenkilometern« die Rede ist!

Als Orkan Kyrill die Titelseiten verlassen hatte, beantwortete der Chefredakteur die Leserbriefe und verwies auf den Duden, der das Wort »Stundenkilometer« zulasse. Er endete sein Schreiben mit einem Zitat von Friedrich Nietzsche:

»Die stillsten Worte sind es, welche den Sturm bringen ...«[36]

Sollte man bei kleinen Wunden ein Pflaster benutzen?

Was in uns vorgeht: Körper & Geist

Sollte man bei kleinen Wunden ein Pflaster benutzen?

66 »Auaaaaaah … Mamaaaaa …!« Selbst kleinste Verletzungen führen bei manchen Kindern zu dramatischen Heulattacken. Als unser Opa eines Tages seinen schreienden Enkel trösten wollte, meinte er liebevoll: »Indianer weinen nicht, denn Indianer kennen doch keinen Schmerz!« Das Kind schluchzte zurück: »Kleine Indianer schon!«

Bei unseren Kindern half oft ein einfaches Rezept: Pflaster drauf. Das Weinen legte sich, und ein paar Stunden später wurde das Pflaster voller Stolz präsentiert.

Doch was meinen Sie, wie heilt es schneller? Wenn man die Wunde an der Luft trocknen lässt oder wenn man ein Pflaster draufklebt? Jede Wunde ist eine offene Stelle in unserem Körper. Keime und Mikroben können leicht eindringen. Zunächst sollte man die Wunde also gründlich reinigen.

Unser Körper beginnt sofort mit einer Schutzmaßnahme: Als Erstes wird die Blutung gestoppt. Wundsekret, die darin enthaltenen Blutplättchen und weißen Blutkörperchen wandern in den aufgerissenen Hautspalt und verklumpen zu einer Art Pfropf. Der Körper sorgt damit für einen natürlichen Verschluss.

Ein Heftpflaster unterstützt die Heilung, denn es verhindert, dass die dünne Kruste zum Beispiel an der Kleidung reibt und wieder aufreißt. Von außen können daher keine Keime mehr eindringen.

Ohne Pflaster würde die Wunde schneller austrocknen und

damit auch das heilende Wundsekret. Spezielle Pflaster sorgen daher dafür, dass die Wunde länger feucht bleibt und sich so besser neue Haut bilden kann.

Die weißen Blutkörperchen und sogenannte Fresszellen räumen zunächst gründlich auf. Sie sammeln geschädigte und tote Zellen ein und zersetzen sie.

Granulat füllt die Wunde vom Rand und von unten her auf. Bindegewebe verschließt den Spalt. Neue Hautzellen lagern sich an der Oberfläche darüber. Wenn die Wundränder sauber zusammenwachsen und nur die obersten Hautschichten verletzt wurden, bleibt im besten Fall nicht einmal eine Narbe zurück.

Die Selbstheilung unseres Körpers ist hervorragend, denn sonst wären wir von all den kleinen Verletzungen aus der Vergangenheit mit unzähligen Narben übersät. Doch selbst bei kleinen Wunden sollte man ein Pflaster benutzen, sowohl bei großen als auch bei kleinen Indianern ...

Wie kommt es zur
Schlaftrunkenheit?

67 Die beginnende Urlaubszeit bedeutet für viele von uns Stress. Nach einem Arbeitstag noch schnell packen – und dann ab mit dem Auto in den fernen Urlaubsort. Oft genug wird nachts durchgefahren – ein Risiko, das extrem unterschätzt wird. Ich habe selbst getestet, wie mein Körper auf Schlafentzug reagiert.

Unter ärztlicher Aufsicht und mit tatkräftiger Unterstützung von Kollegen, die einander damit abwechselten, mich wachzuhalten, mühte ich mich 48 Stunden ohne Schlaf auszukommen. Der Versuch wurde gefilmt: Um nicht einzuschlafen, besuchte ich mitten in der Nacht eine Bäckerei, melkte in den frühen Morgenstunden Kühe und blickte mit einem befreundeten Astronomen in die Sterne. Schon nach der ersten Nacht meldete sich mein natürliches Bedürfnis nach Schlaf. Während der gesamten Zeit absolvierte ich immer wieder verschiedene Tests, die meine Reaktionsfähigkeit und meine Aufnahmebereitschaft prüften. Besonders anstrengend war für mich ein Wachsamkeitstest: Hierbei musste ich einen Apparat beobachten, der einer Uhr ähnelte.[37] Der Zeiger des Gerätes sprang jede Sekunde um ein paar Millimeter im Uhrzeigersinn weiter, doch sobald der Zeiger einen Doppelsprung machte, musste ich eine Taste drücken. Der monotone Test dauerte fast eine halbe Stunde (!) und prüfte, wie man auf ein unerwartetes Ereignis reagiert.

Je länger die Phase ohne Schlaf andauerte, desto schlechter

wurden meine Werte. Für mich wurde es am zweiten Tag immer anstrengender, wach zu bleiben, denn sobald sich Monotonie einschlich, wurden meine Augen schwer. Zum Glück war der Schlafforscher Professor Jürgen Zulley aus Regensburg angereist, und unsere anregenden Gespräche mobilisierten meine letzten Reserven. Am Ende des Versuchs, nach mehr als 48 Stunden ohne Schlaf, absolvierte ich dann auf einem Trainingsgelände einen Fahrtest unter kontrollierten Bedingungen. Zur Sicherheit wurde ich während meiner Testfahrt von einem erfahrenen Fahrtrainer begleitet.

Auf der Strecke gab es eine Reihe von Überraschungen, doch mein fulminantes Schlafdefizit hatte gefährliche Konsequenzen: Ich reagierte nicht nur langsamer, auch Geschwindigkeiten, zurückgelegte Strecken und Entfernungen zu Hindernissen wurden von mir falsch eingeschätzt.

Übermüdung wirkt sich ähnlich auf die Fahrtüchtigkeit aus wie der Konsum von Alkohol. Bereits nach 17 Stunden ohne Schlaf reagiert man genauso verlangsamt wie mit einem Blutalkoholspiegel von 0,5 Promille; nach 24 Stunden ohne Schlaf entsprechen die Reaktionen denen eines Fahrers mit 1 Promille Alkohol im Blut. Nach meinen zwei Tagen ohne Schlaf verhielt ich mich also so, als hätte ich zehn Gläser Rotwein getrunken!

Das Ergebnis meines Experiments war überzeugend – ich kann nicht begreifen, warum zum Beispiel Ärzte in Krankenhäusern zu überlangen Schichten eingeteilt werden. Allein ein Viertel aller Autobahnunfälle gehen auf übermüdete Fahrer zurück.

Ich habe jedenfalls eines in aller Deutlichkeit gelernt: Wer müde ist, lässt besser das Fahren!

Warum bekommen wir alle dieselbe Medizin?

68 Das Menschenbild unserer Medizin ist schon seltsam. Ich meine damit nicht die offensichtliche Ungerechtigkeit bei der Behandlung von armen und reichen Patienten, und auch nicht die fragwürdige Eigendynamik unseres Gesundheitssystems. Blicken Sie auf den Beipackzettel eines Medikaments, und Sie werden verstehen, worum es mir geht: Ob Kopfschmerztablette, Abführmittel oder Tropfen gegen den Bluthochdruck: Der Beipackzettel unterscheidet in der Regel lediglich zwischen Kindern und Erwachsenen, mehr nicht. Für die Pillendreher sind wir Menschen anscheinend alle gleich: Ich kenne nur wenige Präparate, die zumindest den Unterschied zwischen Mann und Frau berücksichtigen. Doch jeder von uns ist einzigartig – oder? Sie unterscheiden sich von jedem anderen, und das nicht nur äußerlich. Ihre Gene sind einzigartig, auch Ihr Stoffwechsel besitzt viele Eigenarten: Daher vertragen Sie bestimmte Lebensmittel, die Ihrem Nachbarn womöglich aufstoßen. Ihr Blut hat eine sehr individuelle Zusammensetzung, und jedes Ihrer Organe gibt es so nur einmal auf diesem Planeten.

Wären alle Menschen gleich, würden wir uns alle für dasselbe Lieblingsgericht entscheiden, würden zum selben Zeitpunkt unseres Lebens an denselben Erkrankungen leiden und hätten gemeinsam Rückenschmerzen oder kollektive Hustenanfälle. Wir wären identische biologische Automaten, die sich unentwegt gleich verhalten und auf die gleiche Weise auf externe Reize reagieren würden. Sportliche Wettbewerbe wären überflüssig, da jeder von uns doch körperlich gleich schnell laufen, gleich hoch und gleich weit springen würde. Sie werden mir zustimmen, dass unsere Wirklichkeit glücklicherweise anders aussieht. Jeder von uns ist ein Individuum, besitzt seine einzigartigen Gene, unterscheidet sich im Stoffwechsel und in den Reaktionen seines Immunsystems von den anderen. Die Unterschiede zeigen sich bis hin zu den feinen chemischen Reaktionsprozessen in der einzelnen Zelle.

Doch inmitten dieses Konzerts biologischer Individualität klingt die Melodie unserer Medikamente erschreckend monoton. Wie kann es sein, dass die gleiche Pille ganz unterschiedlichen Patienten verschrieben wird? Es ist leicht nachvollziehbar, dass Medikamente bei jedem einzelnen von uns unterschiedlich wirken müssen. Unsere Gene beeinflussen unter anderem die Produktion bestimmter körpereigener Enzyme. Diese spielen manchmal eine wichtige Rolle im Wirkungsablauf von Medikamenten. Aufgrund der genetischen Variationen von Mensch zu Mensch kann daher ein und dasselbe Präparat bei einem Patienten wirken, beim nächsten nicht ansprechen und bei einem dritten Patienten sogar zur tödlichen Überreaktion führen: Allein hierzulande sterben nach Schätzungen jedes Jahr etwa 17 000 Menschen an den Nebenwirkungen von Medikamenten.

Die individualisierte Arzneimitteltherapie findet daher immer mehr Anhänger: Der Patient erhält ein auf seine Gen-Zusammensetzung abgestimmtes Medikament in einer genau festgelegten Dosis. Bei der Behandlung von Brustkrebs verzeichnet dieses Prinzip bereits erste Erfolge. Das Medikament Herceptin wird zum Beispiel erst nach einem Bluttest verabreicht. Dadurch stellt man sicher, dass einige Patientinnen nicht unnötige Nebenwirkungen ertragen müssen, denn das Krebsmittel wirkt eben nicht bei allen Frauen gleich.

Der Aufwand solcher Therapien ist natürlich ungleich größer, denn statt eines simplen »Patentrezepts« wird jeder Einzelne von uns gezielt behandelt. In klinischen Studien müssten neue Wege beschritten werden, um die jeweiligen Zielgruppen eines neuen Medikaments ausfindig zu machen.

In Ansätzen beschreitet man diesen Weg auch bei der Ernährungsberatung, denn abgestimmte Lebensmittel und maßgeschneiderte Diäten können Menschen helfen, die zum Beispiel unter Fettsucht leiden oder auf bestimmte Lebensmittel allergisch reagieren. Schon beim Geschmacksempfinden unterscheidet die Wissenschaft zwischen »Nicht-Schmeckern«, »Medium-Schmeckern« und »Super-Schmeckern«: Bei Bitterstoffen reagieren die »Super-Schmecker« extrem, wohingegen die anderen Gruppen diese Geschmackskomponente weit weniger intensiv erleben. Die bekannte Abneigung einiger Menschen gegenüber Kohl, grünem Tee, Spinat oder Oliven hängt damit zusammen und scheint unter anderem auf die unterschiedliche Dichte an Geschmacksrezeptoren bei diesen Gruppen zurückzugehen.

In der modernen Ernährungswissenschaft und der Pharmakologie setzt sich daher eine Erkenntnis immer stärker durch: Alle Menschen sind *nicht* gleich!

Warum wirken Medikamente ohne Wirkstoff?

69 Ich weiß, Sie werden es abstreiten und mich womöglich für unverschämt halten, dennoch sage ich Ihnen ganz offen: Sie sind manipulierbar!

Zugegeben, Sie zählen nicht zu den Leichtgläubigen, die auf billige Tricks hereinfallen. Sie trauen nicht jedem, aber trotzdem bleibe ich bei meiner Aussage, denn bei all unserem Bemühen um Objektivität, Skepsis und Sachlichkeit werden wir immer wieder Opfer unserer Selbsttäuschung.

Vor einigen Jahren nahm ich mir vor, diese gewagte These mit einem Experiment zu beweisen. Im Rahmen der Sendung »Quarks & Co« führte ich an der Technischen Hochschule Aachen ein »Geruchsexperiment« durch. Ich erklärte den etwa zweihundert Physikstudenten im Hörsaal, dass wir im Fernsehen demonstrieren wollten, wie Düfte sich ausbreiten. Da es noch kein Geruchsfernsehen gebe, bräuchten wir ihre Hilfe: Jeder im Saal erhielt eine gelbe Karte und wurde aufgefordert, diese erst dann hochzuhalten, wenn sie oder er etwas riechen würde. Dann öffnete ich ein kleines Fläschchen mit einer gelblichen Flüssigkeit und stellte es auf den Tisch. Nach etwa einer Minute gingen die ersten Karten hoch. Zuerst waren es die vorderen Reihen, und nach einiger Zeit hatte sich der angebliche Duft über den gesamten Saal ausgebreitet. Überall gingen die Karten hoch. Viele wollten den Duft wahrgenommen haben und waren verblüfft, als ich am Ende das Geheimnis lüftete: In der Flasche befand sich keine übelriechende Flüssigkeit, sondern geruchloses Wasser, das wir gelb eingefärbt hatten. Einige Studenten waren so überrascht, dass sie nach vorne eilten und an der Flasche rochen, um sich persönlich davon zu überzeugen.

Das Manipulationsexperiment war geglückt. Die Erklärung war simpel: Die Studenten hatten sich selbst getäuscht. Sie erwarteten einen Geruch und glaubten so fest daran, dass sie während des Versuchs tatsächlich etwas zu riechen schienen. Genau diese Erwartungshaltung ist der Schlüssel zur Manipulation.

Wenn Ihr Horoskop Ihnen vorhersagt, dass Sie morgen einem »besonders wichtigen Menschen« begegnen werden, und Sie fest daran glauben, dann wird dieses auch zutreffen. An der Wirklichkeit wird sich nichts ändern, doch ihre Deutung wird auf Ihr Horoskop abgestimmt sein. Wenn Ihnen dann zum Beispiel Ihr Chef wie an allen anderen Tagen über den Weg läuft, werden Sie sich vielleicht sagen: »Das Horoskop hatte doch recht!«

Ständige Wiederholungen wecken ebenfalls eine falsche Erwartung in uns. Sie können dieses sofort selbst überprüfen: In der folgenden Tabelle sehen Sie Zahlen. Addieren Sie die Zahlen von oben nach unten und sagen Sie laut das Zwischenergebnis. Am besten decken Sie die Zahlen ab und schieben das Deckblatt Zeile für Zeile nach unten:

20
1000
1030
1000
1030
20
————

*(Erklärung siehe unten)

Einige Tage nach dem Experiment in Aachen testete ich einen »Voodoo-Trick« im Rahmen einer Hörfunksendung. Ich behauptete, mit magischen Kräften (die ich natürlich nicht besitze) den Kaffee in der Tasse der Zuhörer zum Vibrieren bringen zu können. Wenige Minuten später klingelten in der Redaktion die Telefone heiß. »Es klappt, bei mir hat sich der Kaffee bewegt ...« Im Gegensatz zu den »Magiern« erklärten wir anschließend den Trick hinter dem faulen Zauber.

In der Medizin kennt man den Selbsttäuschungseffekt seit Längerem als sogenannten Placeboeffekt. Patienten erhalten statt des richtigen Präparats eine Scheinarznei. Da sie nichts davon wissen, sind sie überzeugt, ein wirksames Präparat einzunehmen; in vielen Fällen kommt es sogar zu heilenden Effekten. Bei einigen Versuchen war die Selbsttäuschung der Placebopatienten sogar so stark, dass diese unter den Nebenwirkungen des eigentlichen Präparats zu leiden glaubten!

Auch bei der Einnahme von Schmerzmitteln kann man es beobachten. Schon nach 15 Minuten spüren die Patienten eine Wirkung, und das, obwohl der Wirkstoff im Körper weit länger braucht, bis er den Schmerz bekämpft. In Studien konnte man nachweisen, dass der Placeboeffekt sogar vom Preis des Scheinpräparats abhängt. Im Rahmen einer Fernsehsendung testeten wir den Effekt mit einem »Konzentrationspräparat«: Die Arznei (es handelte sich um ein Placebo, doch das wussten die Teilnehmer nicht) sollte anregen und die Konzentrationsfähigkeit verbessern. Wir testeten zwei unterschiedliche Präparate. Eines war günstig, das andere angeblich sehr teuer. Nach der Einnahme machten unsere Versuchspersonen einen standardisierten Aufmerksamkeitstest, und – kaum zu glauben – das »teure« Placebo führte zu einer deutlichen Leistungssteigerung!

Bei der Zulassung neuer pharmazeutischer Präparate ist der Placeboeffekt so groß, dass die Industrie mitunter Probleme hat, die darüber hinausgehende Steigerung durch den eigentlichen Wirkstoff nachzuweisen.

Der Placeboeffekt erklärt vermutlich auch den Erfolg und die angebliche Wirksamkeit vieler umstrittener Heilungspraktiken, die auf dem blühenden Esoterikmarkt angeboten werden. Dort findet sich ein buntes Angebot an wirkungslosen Mitteln und Mittelchen, doch viele Patienten sind überzeugt, dass die Therapien greifen. Manche Zeitschriften und Fernsehsendungen berichten inzwischen so häufig davon, dass man sich kaum mehr dagegen auszusprechen wagt. Für mich bleiben solche Scheintherapien ein fauler Zauber, doch vielleicht sagt allein die Bedeutung des Wortes »Placebo« alles: »Ich werde gefallen« ...

....

* Wahrscheinlich haben Sie wie etwa 70 Prozent aller Testpersonen 5000 zusammengezählt, doch das richtige Ergebnis lautet 4100! Das wiederholte Aufzählen der Tausender führt zu einer tückischen Routine.

Schläft man bei
Vollmond schlechter?

70 Es herrscht Vollmond, und erstaunlich viele Menschen sind davon überzeugt, dass sie in solchen Nächten schlechter schlafen. Doch beeinflusst der Vollmond tatsächlich unseren Schlaf?

Es könnte ja an der Helligkeit des Erdtrabanten liegen, doch wenn man nachmisst, stellt man fest, dass der Mond gar nicht so hell strahlt. Gerade einmal 0,2 Lux beträgt seine Beleuchtungsstärke in einer Vollmondnacht. Eine Straßenlaterne ist mit 10 Lux hingegen deutlich heller.

Doch auch bei geschlossenen Gardinen glauben viele Menschen an einen Einfluss des Erdtrabanten.

Während einer Sendung haben wir in einem Schlaflabor überprüft, ob eine Testkandidatin tatsächlich bei Vollmond schlechter schläft. Ihre Gehirnströme, ihre Atmungsaktivität und ihr Herzschlag wurden über die ganze Nacht hinweg gemessen. Sie verbrachte zwei Nächte im Schlaflabor: eine Nacht mit und eine Nacht ohne Vollmond. Per Kamera wurde dabei genau festgehalten, wie ruhig unsere Probandin schlief. Die Auswertung der Daten mit und ohne Vollmond ließ keine nennenswerten Unterschiede erkennen. Die erste Nachthälfte war geprägt von Tiefschlafphasen, danach zeigten sich gehäuft Traumphasen.

Aus den Daten einer einzigen Person lässt sich natürlich noch kein wissenschaftlicher Beweis ableiten. Schlafforscher vom Deutschen Zentrum für Luft- und Raumfahrt in Köln haben daher eine ganze Serie von Schlafstudien durchgeführt. Die gesammelten Daten von insgesamt 112 Versuchspersonen in 957 Nächten, davon 76 mit Vollmond, wurden analysiert. Dabei zeigte sich, dass der Vollmond nachweislich keinen Einfluss auf unseren Schlaf hat.

Dennoch sind laut Umfrage etwa 40 Prozent aller Menschen vom Gegenteil überzeugt. Wie kommt es zu diesem scheinbaren Widerspruch?

Wenn wir schlecht schlafen – das kann öfter vorkommen – und zufällig Vollmond ist, bringen wir unbewusst den Mond damit in Verbindung. Obwohl dieses zwar wissenschaftlich falsch ist, bilden wir uns dennoch einen Zusammenhang ein und glauben am Ende sogar daran.

Doch jetzt wissen Sie: Es stimmt nicht. Der Vollmond ist unschuldig.

Warum werden die **Haare grau?**

71 Der Zahn der Zeit nagt an uns, und so beginnen unsere Haare allmählich grau zu werden. Warum?

Von der französischen Königin Marie Antoinette wird sogar berichtet, ihre Haare seien in der Nacht vor ihrer Hinrichtung schlagartig ergraut. Die Story hält sich zwar hartnäckig, doch sie ist falsch. Auch beim größten Stress verlieren Haare nicht über Nacht ihre Farbe – vermutlich lag es bei Marie Antoinette ganz einfach daran, dass es ihr nicht gestattet war, ihre Haare im Gefängnis zu färben.

Selbst ohne Gang zum Schafott werden unsere Haare mit der Zeit grau. Doch auch das stimmt nicht ganz, wenn man genau hinsieht. Die einzelnen Haare sind nämlich nicht grau, sondern weiß. Durch die Mischung zwischen weiß und der jeweiligen Haarfarbe entsteht erst der Eindruck einer grauen Färbung.

Unsere Haarfarbe wird durch den Farbstoff Melanin bestimmt. Spezielle Pigmentzellen geben diesen Farbstoff an die Haarwurzelzellen weiter. Mit der Zeit stellt der Körper die Produktion des Farbstoffs ein, und dann wird Luft eingelagert. Hierdurch glänzen die Haare älterer Menschen besonders intensiv.

Das Ergrauen ist Veranlagungssache, aber bis heute ist nicht genau geklärt, wodurch der Prozess ausgelöst wird.[38] Die Anzahl der weißen Haare und auch das Tempo des Ergrauens scheinen genetische Ursachen zu haben. Manche trifft es früher, andere später. Europäer beginnen im Durchschnitt bereits mit etwa 35 Jahren zu ergrauen. Asiaten hingegen mit 40 und Afrikaner sogar erst mit 44.

Eine Ausnahme bilden Stars und Prominente. Sie scheinen niemals zu ergrauen ...

Wie kommt es zur elektro-statischen Aufladung?

72 Kennen Sie das Phänomen? Sie laufen über Teppich-boden, fassen die Türklinke an, und prompt spüren Sie einen elektrischen Stoß. Wie kommt es dazu?

Alle Körper besitzen eine große Anzahl elektrischer Ladungen. Normalerweise merken wir nichts davon, da sich die Wirkungen der positiven und negativen Ladungen gegenseitig aufheben. Ein Körper, der von beiden Ladungsarten die gleiche Menge besitzt, ist nach außen hin »elektrisch neutral«. Um einen Körper aufzuladen, muss man entweder Ladungen auf ihn übertragen oder von ihm wegnehmen.

Dieser Ladungstransfer passiert schon beim Reiben. Bereits im antiken Griechenland hat man beobachtet, dass geriebener Bernstein kleine Objekte anzieht. Damals kannte man noch nicht die Ursache. Das griechische Wort für Bernstein lautet: »Elektron«, und so findet man diesen Begriff noch heute im Wort »Elektrizität«.

Wenn Sie zum Beispiel einen Luftballon an einem Wollpullover reiben, ist der Kunststoff des Ballons für die Elektronen attraktiver als die Wolle. Wissenschaftler sprechen in diesem Zusammenhang von der »Elektronenaffinität«. Mit jedem Reiben nimmt der Ballon Elektronen und somit negative Ladung auf, der Pullover verliert hingegen Ladungsträger. Mit der Zeit lädt sich der Ballon also negativ auf, der Pullover hingegen positiv.

Kommt es dann zum Kontakt zwischen dem geladenen Luftballon und einer geerdeten Leitung (das kann zum Beispiel ein Türrahmen oder ein Heizkörper sein), dann gibt der Ballon seine überschüssigen Elektronen schlagartig ab. Es knistert leicht, und nach dieser Entladung ist dann wieder alles im elektrischen Gleichgewicht.

Wenn Sie also mit Gummisohlen über einen Teppichboden gehen, passiert etwas Ähnliches wie beim Ballon: Ihre Sohlen nehmen Elektronen vom Teppichboden auf, und mit der Zeit lädt sich Ihr Körper negativ auf. Normalerweise fließt die überschüssige Ladung über die Luft ab, doch im Winter, wenn die Luft besonders trocken ist, leitet sie schlechter. Die Folge: Mit jedem Schritt laden Sie sich weiter auf und wenn Sie dann an die Türklinke fassen, springt der Funke über. Das ist zwar unangenehm, aber nicht gefährlich.

Manche Teppichhersteller weben kleine Metallfäden in ihre Teppiche ein. Hierdurch fließt der Strom ab, und die Aufladung ist schwächer. Im Alltag ist die statische Aufladung unproblematisch, doch wer zum Beispiel an seinem Computer Bauteile ersetzt, muss aufpassen, denn selbst kleine elektrische Entladungen können die empfindlichen Bauteile zerstören.

In solchen Fällen heißt es also: Gut geerdet bleiben!

Warum gibt es mehr
Rechtshänder?

73 Was haben Charlie Chaplin, Marilyn Monroe, Mahatma Gandhi, Napoleon Bonaparte, Julia Roberts, Johann Wolfgang von Goethe und Wolfgang Amadeus Mozart gemeinsam? Sie sind oder waren Linkshänder! Im Internet findet man viele Listen zu diesem Thema, und es ist erstaunlich, wie viele berühmte Persönlichkeiten für ihre Tätigkeiten die linke Hand bevorzugen.

Obwohl unsere Hände symmetrisch aufgebaut sind, bevorzugen etwa neun von zehn Menschen die rechte Hand, wenn es um komplizierte Dinge geht. Dieses Phänomen zeigt sich weltweit, und zwar in allen Kulturen. Die Bevorzugung von rechts beschränkt sich nicht nur auf die Hände.

Machen Sie doch einmal folgenden Test: Sie stehen barfuß und wollen ein Taschentuch mit den Zehen greifen: Welchen Fuß setzen Sie ein? Die große Mehrzahl macht es mit rechts. So kicken wir auch Bälle mit rechts oder springen mit dem rechten Bein ab.

Auch bei unseren Augen findet sich diese Ungleichheit wieder: Strecken Sie Ihre Hand aus und decken Sie mit dem Daumen ein entferntes Objekt ab. Und jetzt schließen Sie abwechselnd das linke und das rechte Auge. Bei einem Auge springt der Gegenstand aus dem Bild. Das Auge, bei dem er nicht springt, ist das dominante Auge. Beim Zielen verlassen sich die meisten ebenfalls auf das rechte Auge.

Selbst beim Küssen neigen wir den Kopf meistens zur rechten

Seite. Wissenschaftler haben Paare zwei Jahre lang beim Küssen beobachtet – an den verschiedensten Orten. Tolle Forschung! Sie stellten fest, dass 64 Prozent der Paare dabei den Kopf nach rechts neigten.

Unsere Vorliebe für rechts erstreckt sich wohl über den gesamten Körper, und Wissenschaftler vermuten, dass diese Vorliebe schon früh angelegt wurde. Manche spekulieren, dass Rechtshänder in der Evolution einen Vorteil gehabt haben mussten.

Die Erklärung der Hirnforschung lautet wie folgt: Die linke Hirnhälfte steuert nicht nur die rechte Hand, sondern ist auch vornehmlich für Sprechen, Lesen und Schreiben zuständig. Durch die Nähe der Hirnareale zueinander ergibt sich eine verbesserte Zusammenarbeit. Sprache entstand ursprünglich aus Gesten, daher die Nähe beider Bereiche – so können wir nach dieser Theorie mit der rechten Hand auch komplexere motorische Aktivitäten absolvieren. Diese These hat jedoch einen Haken: Bei Linkshändern müssten die entsprechenden Gehirnaktivitäten vertauscht sein, doch das ist bei der Mehrzahl der Linkshänder nicht der Fall, denn sie denken wie ein Rechtshänder: mit der linken Gehirnhälfte.

Andere Wissenschaftler vermuten, dass unsere Vorliebe für rechts genetisch gesteuert wird. Im Sommer 2007 entdeckten Wissenschaftler an der Oxford University sogar ein Gen, welches in einer bestimmten Ausprägung wesentlich häufiger bei Linkshändern vorkommt.[39] Doch sie warnen davor, von einem »Links-Gen« zu sprechen.

Wen immer man fragt – Mediziner, Biologen, Verhaltensforscher oder Genetiker: Niemand vermag so richtig zu erklären, warum die meisten Menschen Rechtshänder sind. Ist doch spannend, oder?

Warum klingt die **Stimme** auf einer Aufnahme so anders?

74 Als es mir das erste Mal passierte, bekam ich einen Schreck. Ich hörte meine aufgenommene Stimme, und die klang völlig anders. Warum?

Natürlich liegt es zunächst am Aufnahmegerät selbst. Wer zum Beispiel einen Anrufbeantworter oder eine Mailbox bespricht, hört sich danach in lausiger Qualität. Telefone beschneiden das Frequenzspektrum derart, dass tiefe und hohe Töne nicht getreu wiedergegeben werden. Doch auch wenn man professionelle Aufnahmegeräte benutzt, meint man, die eigene Stimme klinge immer noch anders. Erstaunlich dabei ist: Andere Menschen können keinen Unterschied zwischen Original und Aufnahme unserer Stimme ausmachen.

Der Grund liegt also in uns selbst. Wenn wir sprechen, senden wir Schallwellen aus, die sich über die Luft ausbreiten. Über die Ohren nehmen wir diese Wellen wahr und hören uns selbst. Doch machen Sie folgenden Test: Halten Sie sich die Ohren fest zu. Wenn Sie reden, hören Sie immer noch sich selbst, denn der Schall wird auch innerhalb des Körpers weitergeleitet. Die Wellen wandern über das Jochbein, den Unterkiefer und die Schläfe und werden dabei vom Knochen an das Innenohr geleitet. Pfiffige Erfinder haben sich den Effekt der Schallübertragung durch den Körper übrigens zunutze gemacht: Für besonders laute Umgebungen haben sie ein Knochentelefon entwickelt. Neben dem Lautsprecher vibriert eine Membran und überträgt den Schall direkt auf die Knochen. So kann man selbst bei lauter Geräuschkulisse etwas hören. Noch raffinierter ist ein vibrierendes Handy am Handgelenk. Der Schall wird über Handknochen und Finger übertragen. Steckt man den Finger ins Ohr, hört man den anderen!

Dieser innere Schall klingt dumpfer, denn Muskeln und Gewebe dämpfen die Schwingungen und verändern so die Klangfarbe. Beim normalen Reden – mit offenen Ohren – hören wir also die Summe aus innerer und äußerer Stimme. Unser Gegenüber hört hingegen nur das, was über die Luft übertragen wird, und das klingt anders.

Wenn wir unsere Stimme aufnehmen, zeichnet das Mikrofon nur die äußere Stimme auf. Beim Abspielen hören daher alle anderen das, was sie auch sonst hören. Nur bei uns selbst fehlt die innere Stimme, und das klingt ungewohnt.

Es gibt auch vereinzelt Menschen, die Stimmen hören, wenn andere nichts wahrnehmen, doch das ist eine andere Geschichte!

Sollte man sich jedes Jahr gegen die **Grippe** impfen lassen?

75 Jedes Jahr wird dazu aufgerufen, sich gegen die Grippe impfen zu lassen. Ist das nötig, und wenn ja, warum jedes Jahr aufs Neue?

Die Grippe sollte man nicht mit einer einfachen Erkältung gleichsetzen. Die Grippe oder Influenza ist eine schwere Atemwegsinfektion, ausgelöst durch hoch ansteckende Influenza-Viren. Grippewellen kosten fast jedes Jahr in Deutschland Tausende von Menschen das Leben, bei größeren Epidemien liegt die Zahl der Opfer sogar weit höher.

Es erwischt uns vor allem in der nasskalten Jahreszeit. Die Grippesaison liegt zwischen Dezember und Februar. Wenn es draußen kalt ist, sind unsere Schleimhäute aufgrund der geringen Luftfeuchtigkeit in den geheizten Räumen ohnehin gereizt. Diese körpereigene Barriere ist also geschwächt, wodurch Viren leichter in den Körper eindringen und sich vermehren können. Beim Husten oder Niesen gelangen sie über winzige Tröpfchen in die Luft und finden dann schnell weitere Opfer.

Ein Infizierter kann schon ein bis zwei Tage vor den ersten Krankheitsanzeichen bis etwa eine Woche nach der Krankheit andere Menschen anstecken. Gerade dort, wo sich viele Menschen aufhalten, zum Beispiel in Schulen, Büros, Kaufhäusern oder Bahnhöfen, werden die Viren weitergegeben, so dass in kurzer Zeit viele Menschen an der Grippe erkranken.

Ein wirksamer Schutz ist die Impfung: Im Oktober und November, also vor der eigentlichen Grippesaison, bekommt man beim Arzt eine Injektion. Darin sind Virusbestandteile enthalten, die unser Immunsystem dazu anregen, Antikörper gegen die entsprechenden Virusstämme zu produzieren. Unsere Abwehr reagiert genauso wie bei einer echten Infektion, doch bei der Impfung handelt es sich um einen »Totimpfstoff«, der selbst keine Grippe auslöst.

Grippeviren verändern sich jedoch ständig, daher muss der Impfstoff immer wieder den neuen Grippestämmen angepasst werden. Die Wandlungsfähigkeit der Viren ist auch der Grund, warum wir uns jedes Jahr erneut impfen lassen sollten. Gerade bei älteren Menschen ist dies ratsam. Kommt es dann zu einer Infektion, greifen die bereits vom Körper gebildeten Antikörper den Grippe-Erreger unverzüglich an, und die Krankheit kann sich nicht im Körper ausbreiten. Leider lassen sich immer noch zu wenige Menschen impfen. Nur jeder vierte nutzt die Chance zu diesem wirksamen Schutz. Bei der Grippe ist es wie bei den Pfadfindern. Das Motto lautet: »Be prepared – sei geimpft!«

Was haben Tulpen mit der Finanzkrise zu tun?

Ausgesucht: Menschliches und Allzumenschliches

Was haben **Tulpen** mit der **Finanzkrise** zu tun?

76 Immer wieder hören wir in den Nachrichten von Finanzkrisen, Rettungspaketen, Stützkäufen, und irgendwie scheint sich die Geschichte zu wiederholen. Hätten Sie gedacht, dass es einen Zusammenhang zwischen Tulpen und der ersten Finanzkrise gibt? Die erste Blase der Spekulation an den Finanzmärkten platzte, nachdem die Krise im 17. Jahrhundert jahrzehntelang den Tulpenmarkt in Holland bestimmt hatte.

Um 1630 herrschte in der niederländischen Republik Hochstimmung. Der Textilhandel florierte, die Geschäfte mit den Kolonien blühten, und die Niederländer erfreuten sich des höchsten Pro-Kopf-Einkommens im damaligen Europa.

Mitte des 16. Jahrhunderts hatte der Botschafter von Suleiman dem Prächtigen die ersten Tulpenzwiebeln aus der Türkei nach Europa gebracht. Ihr Name stammt übrigens vom türkischen Wort »tulipan« ab, das Turban bedeutet. Diese neuartige Blume blühte nur in reichen und adeligen Gärten. Tulpen wurden zum Statussymbol, und bald stiegen die Preise für die ungewöhnlichsten Züchtungen ins Unermessliche. Sammler verliehen den verschiedenen Arten prächtige Namen wie »Vizekönige«, »Admiräle« und »Generäle«. An der Spitze der Zwiebeltruppe stand die purpur-weiß-gestreifte »Semper Augustus« – eine schier unbezahlbare Rarität.

Die schönsten Flammenmuster entstanden scheinbar zufällig. Eine einfache Züchterzwiebel konnte so zu einem wertvollen Schatz erblühen. Was man damals nicht wusste: Die Streifen wurden durch eine Virusinfektion der Pflanze hervorgerufen.

Damit gab es alle Zutaten für wilde Spekulationen. Zunächst handelte man mit Zwiebeln, später dann tauschte man nur noch die Papiere, die Zwiebeln blieben im Boden. Man kaufte und verkaufte, nahm in Erwartung schneller Gewinne Kredite auf. Die meisten Transaktionen betrafen Tulpenzwiebeln, die nie geliefert werden konnten, da sie nicht existierten. Sie wurden mit Gutschriftsanzeigen bezahlt, die nie eingelöst werden konnten, da es das Geld gar nicht gab.

Am 3. Februar 1637 platzte dann die Blase der Tulpenmanie[40]: Tausende verloren ihre Häuser und ihr Vermögen. Ein Regierungsausschuss befasste sich mit der Krise, neue Gesetze regelten zum Beispiel die Annullierung der Tulpenkontrakte.

Was blieb, ist die Zwiebel. 80 Prozent der Welt-Tulpenproduktion stammen aus den Niederlanden. Jedes Frühjahr blühen rund zwei Milliarden Tulpen auf den flachen Feldern zwischen Alkmaar und Leiden.

Eigentlich hätten wir von den Blumen lernen können ...

Wieso sollte man keiner
Statistik trauen?

77 Unsere Welt scheint total berechenbar. Nicht nur Manager planen ihre zukünftigen Entscheidungen mit Hilfe von Excel-Tabellen und Wahrscheinlichkeitsberechnungen. Computer, Maschinen und Automaten begleiten uns durch unseren Alltag. Die Beipackzettel von Arzneien klären uns über die Wahrscheinlichkeit bestimmter Nebenwirkungen auf, Kraftwerksbetreiber beruhigen die Anwohner mit Risikoberechnungen für mögliche Zwischenfälle, und im Radio spricht der Moderator von einer Regenwahrscheinlichkeit von 20 Prozent.

Zahlen und Wahrscheinlichkeiten zieren Bankkredite, politische Umfragewerte und tauchen in der Lotteriewerbung auf: »Die Gewinnchance beträgt 1 zu 60 Millionen!« Mit solch schäbigen Aussichten würde ich jedenfalls kein Los kaufen, doch offensichtlich wittern viele dennoch ihre »Chance«. Liegt das vielleicht daran, dass man die Angaben schlichtweg nicht richtig einordnen kann? Bei so vielen Zahlen und Statistiken sollten wir doch eigentlich Meister des Fachs sein, oder? Erlauben Sie mir eine einfache Frage:

Ein Schläger und ein Ball kosten zusammen 1,10 €. Der Schläger ist dabei 1 € teurer als der Ball. Wie viel kostet der Ball?

Unsere Intuition liefert uns schnell eine Antwort: Der Ball kostet 0,10 €. Das Ergebnis fühlt sich sofort gut an und scheint

logisch, doch beim Nachrechnen bemerken wir unseren Fehler. Es ergeben sich zwei Gleichungen:

a) Ball + Schläger = 1,10 €
b) Ball + 1 € = Schläger

Setze Gleichung b) in a) ein:

Ball + (Ball + 1 €) = 1,10 €
2 × Ball = 0,10 €

<u>*ein Ball kostet 0,05 €!*</u>

Intuition und Instinkt verstehen nichts von Mathematik und
Zahlen. Immer wieder stolpern wir über unser falsches Gefühl. Schon einfache statistische Aussagen können große Irri-
tationen hervorrufen:
Als die britische Gesundheitsbehörde 1995 verkündete, dass
die dritte Generation der Anti-Baby-Pillen das Risiko von
Blutgerinnseln um 100 Prozent steigere, kam es zu einer tragi-
schen Überreaktion der Bevölkerung: Im Folgejahr verbuchte
man zusätzliche 13000 Abtreibungen! Betroffen waren davon
auch viele Teenager, die aus Angst vor Blutgerinnseln auf die
Pille verzichtet hatten.
Dabei entsprach das Risiko einer zusätzlichen Gefahrensteige-
rung von 1 in 7000 und war somit eher vernachlässigbar.
Blutgerinnsel sind eine von vielen eher unwahrscheinlichen
Nebenwirkungen, und wenn sich ein vernachlässigbares Risiko verdoppelt, wird es dadurch nicht gleich bedrohlich. Die
Verdopplung eines Bruchteils bleibt ein Bruchteil, aber die
verkündeten 100 Prozent Risikosteigerung waren unmittelbar
mit einer dramatischen Gesamtgefahr gleichgesetzt worden.
Die Medien hatten mal wieder versagt, und statt die reale

Gefahr einzuordnen, betrieben sie, wie so oft, Panikmache. Übertriebene Risikowahrnehmung führt zu einer falschen Einschätzung von Lebenssituationen, die dann sonderbare Blüten treibt. Das britische Beispiel ist kein Einzelfall. Wir übernehmen absurde Verhaltensweisen und verkennen mitunter diejenigen Faktoren, die tatsächlich riskant sind. Oft trübt das diffuse Angstgefühl unsere Lebensqualität auf nachhaltige Weise.

Der Psychologe Gerd Gigerenzer, Direktor am Max-Planck-Institut für Bildungsforschung, setzt sich seit Jahren für einen besonnenen Umgang mit der Risikowahrnehmung ein.[41] Der engagierte Wissenschaftler fordert, völlig zu Recht, dass wir bereits in jungen Jahren die Mathematik der Ungewissheit erlernen sollten. Das Fach gehört in den Schulunterricht, denn zu viele Einschätzungen und Entscheidungen unserer modernen Industriegesellschaft werden durch unsere verzerrte Risikowahrnehmung geprägt. Ob es sich um die Angst vor Terrorismus handelt oder um die Einschätzung eines Medikaments – in jedem Einzelfall gilt es, sich ein möglichst objektives Bild der tatsächlichen Gefahren und Risiken zu machen. Unsere Gefühle und Intuitionen leiten uns oft in die Irre; dafür gibt es zahlreiche Belege.

Zu Risiken und Nebenwirkungen fragen Sie daher besser Ihren Psychologen oder Mathematiker!

Was bewirken
Vorurteile?

78 Lehrer sind faul, Politiker korrupt und Frauen technisch unbegabt! Unser Alltag strotzt vor Vorurteilen. Verstärkt werden sie durch ein Füllhorn voller Witze nach dem Motto: Haarfarbe = *blont*!

Vorurteile prägen unser Miteinander, und es ist erstaunlich, wie subtil sie unser Handeln beeinflussen.

Schon der Vorname reicht, um dem Gegenüber zu einem ersten Urteil über die jeweilige Person zu verhelfen: Überraschend viele Lehrerinnen und Lehrer zum Beispiel assoziieren Persönlichkeitsmerkmale mit Vornamen. An der Universität Oldenburg befragte die Mitarbeiterin Julia Kube von der »Arbeitsstelle für Kinderforschung« knapp 2000 Grundschullehrer.[42] Das Ergebnis: Namen wie Chantal, Mandy, Angelina, Kevin, Justin oder Maurice werden eher mit Leistungsschwäche und Verhaltensauffälligkeit in Verbindung gebracht. Glückliche Charlotte und Sophie! Vornamen führen zu ungleichen Bildungschancen, denn nur aufgrund seines Namens wird der Schüler bereits in eine Schublade gesteckt. Besonders »Kevin« hat sich als stereotyper Vorname für einen »verhaltensauffälligen« Schüler herausgestellt. In einem Fragebogen fand sich der Kommentar: »Kevin ist kein Name, sondern eine Diagnose!«

Wie ein Virus befallen Vorurteile auch den Betroffenen selbst: Junge Mädchen sind zum Beispiel oft davon überzeugt, dass sie keine guten Mathematikerinnen oder Physikerinnen sind, und begründen dieses nicht etwa mit ihrer Leistung, sondern mit dem Vorurteil an sich: »Das kann ich nicht, weil ich eine Frau bin!«

Der Spruch »Frauen und Technik!« verursacht einen immensen Schaden im Bewusstsein kluger Schülerinnen, denn auf stille Weise lösen sich vielversprechende Berufsoptionen auf, obwohl unzählige vergleichende Studien klipp und klar belegen, dass junge Mädchen eine ebenso hohe naturwissenschaftliche Begabung besitzen wie gleichaltrige Jungen. Das Vorurteil siegt: In Physikvorlesungen sind junge Frauen die Ausnahme.

Ist es nicht absurd? Unsere Nation klagt über ein Nachwuchsproblem in den naturwissenschaftlichen Disziplinen, doch würden genauso viele Frauen hierzulande Physik oder Informatik studieren wie Männer, wäre das Problem des Fachkräftemangels im Nu gelöst.

Vorurteile beeinflussen das Verhalten weit stärker, als wir annehmen. Untersuchungen in den USA belegen, dass schon die Anspielung auf die Hautfarbe ausreicht, damit junge Afroamerikaner in den Leistungstests schlechter abschneiden! Ohne den Appell an das Vorurteil verschwindet prompt der Leistungsunterschied.

Das konnten wir mit einem ähnlichen Experiment in der »Großen Show der Naturwunder« selbst testen.

Etwa 100 junge Frauen sollten einen vereinfachten Intelligenztest absolvieren. Vor dem Test wurden sie aufgefordert, einen Fragebogen auszufüllen. Ohne dass die Frauen es bemerkten, hatten wir die Kandidatinnen in zwei Gruppen unterteilt. Bei der ersten Gruppe war der Fragebogen neutral gehalten. Bei der zweiten Gruppe aktivierten einige der aufgeführten Fragen bewusst die typischen Vorurteile. So wurde zum Beispiel abgefragt: »Glauben Sie, dass es einen Zusammenhang zwischen Haarfarbe und Intelligenz gibt?« Nach dem Ausfüllen des Fragebogens folgten dann für beide Gruppen identische Intelligenztests.

Das Ergebnis war aufschlussreich: Die Gruppe, die kurz zuvor im Fragebogen mit dem »blonden« Vorurteil konfrontiert worden war, schnitt deutlich schlechter ab und löste nur halb so viele Testaufgaben erfolgreich wie die Vergleichsgruppe. Das kurze Erinnern an die Haarfarbe reichte schon aus, um die Leistung der betroffenen blonden Teilnehmerinnen dramatisch zu mindern.

Psychologen erklären das Phänomen mit der sogenannten »selbsterfüllenden Prophezeiung«. Wenn man es nur oft genug wiederholt, glaubt der Betroffene am Ende selbst an das Vorurteil und beginnt diesem dann unbewusst zu entsprechen!

Ich erinnere mich an eine junge Kollegin, die auf bemerkenswerte Weise Probleme strukturieren und lösen konnte und mit großer Leichtigkeit die Dinge im Zusammenhang erfasste. Dennoch war sie nie mit ihrer eigenen Leistung zufrieden und hatte Angst vor einer Ausweitung ihres Verantwortungsbereichs.

Nach vielen Gesprächen stieß ich auf die Ursache ihres Mangels an Zuversicht: Ihre Grundschullehrerin hatte sie als »nicht sonderlich intelligent« bezeichnet, und diese absurde Aussage nahm jahrzehntelang Besitz von ihrem Opfer.

In jedem von uns schlummern womöglich solche Vorurteilsdämonen. Eine unbedachte Ermahnung der Mutter, eine spöttische Bemerkung eines Schulfreunds oder ein Nebensatz eines Lehrers.

Auch ich bin nicht frei davon: Obwohl mein Terminkalender überquillt und manche meiner Arbeitstage ermüdend lang sind, obwohl ich unzählige Sendungen produziere und auch an Wochenenden arbeite, höre ich immer wieder diesen schmerzlichen Satz aus meiner Schulzeit: »Du bist faul!«

Sind **Tiere** wirklich so **anders?**

79 Die Proben zur Fernsehsendung »Die große Show der Naturwunder« bereiten mir einen besonderen Spaß. Unser Studio ist nicht nur Schauplatz ausgefeilter Experimente und aufwändiger Demonstrationen, sondern verwandelt sich während der Produktion auch in einen Zoo voller exotischer Tiere: Seehunde, Faultiere, Waschbären, Erdmännchen, Krokodile oder ausgewachsene Elefanten ziehen die Aufmerksamkeit auf sich, und alle Mitarbeiter der Produktion geben sich stets die größte Mühe, damit es den Tieren, die bei uns zu Gast sind, gut geht.

Studiokulissen und Kameras sind alles andere als ein »natürlicher Lebensraum« für Tiere. Unsere Regeln sind daher streng und eindeutig: Das Tier genießt immer die Priorität, auch wenn es nicht so »funktioniert«, wie man das vielleicht gerne hätte.

Für mich sind die Begegnungen mit oft exotischen Tieren stets etwas ganz Besonderes, denn man wird immer wieder wunderbar überrascht.

Eine Sendung befasste sich mit der Intelligenz von Affen. Immerhin ist zum Beispiel das Erbgut der Schimpansen zu 98,77 Prozent mit unserem Erbgut identisch. Menschenaffen benutzen selbst Werkzeuge und führen ein sehr komplexes Sozialleben.

In Experimenten an der Universität Kyoto (Japan) konnten Wissenschaftler sogar nachweisen, dass Schimpansen über ein phänomenales Kurzzeitgedächtnis verfügen. In einem pfiffigen Versuch spielen die Affen »Memory« und benötigen gerade einmal 0,67 Sekunden, um sich zehn Symbole zu merken. Ihr Kurzzeitgedächtnis übertrifft das von uns Menschen bei weitem. Unsere »Cousins der Evolution« verblüffen mich, und es beschämt mich, wie unsensibel in einigen Fällen noch heute mit diesen intelligenten Primaten umgegangen wird.

Nach anfänglichen Zweifeln und gründlichen Recherchen stießen unsere Mitarbeiter auf eine Schimpansendame, die offensichtlich »showerfahren« war. Sina, so hieß die Affendame, war an Menschen gewöhnt und hatte sogar das Zählen erlernt. Sie schaffte es, zufällig angeordnete Zahlen auf einem Computerbildschirm in der richtigen Reihenfolge anzutippen. Ich war gespannt, ob sie ihre Zählkünste auch in der Hektik des Fernsehstudios demonstrieren könnte.

Gemeinsam mit dem Pfleger betrat sie während der Probe die Bühne und setzte sich auf ein Podest. Ausgewachsene Schimpansen sind erstaunlich groß, und mit gebührendem Respekt näherte ich mich. Sina blickte mich kurz an und nahm plötzlich meine Hand, wie ein Kind. Dann begann die Rechenstunde: Der Bildschirm zeigte die Zahlen, und Sina dachte nach. Sie kratzte sich am Kopf, und ich spürte förmlich, wie ihr Gehirn arbeitete. Dann tippte sie. Zunächst die »1«, dann die »2«. »Toll, prima.« Bei jeder richtigen Zahl gab es viel Lob, wie bei einem Vorschulkind. Nachdem sie die »4« ebenfalls richtig angetippt hatte, zögerte sie. Ihr Zeigefinger bewegte sich zur »6«. Instinktiv drückte ich ihr leicht die Hand. Sina reagierte sofort und entschied sich dann für die »5«. Der Ablauf wurde mehrfach wiederholt, und mit der Zeit wurde mein gelegentlicher Händedruck für sie zu einer nützlichen Hilfe. Es war das erste Mal in meinem Leben, dass ich mit einem Schimpansen pfuschte! Niemand im Saal bemerkte unser kleines Geheimnis.

Als sie die Aufgabe zur Begeisterung aller gelöst hatte und dafür mit Applaus belohnt wurde, ließ sie meine Hand los und legte den Arm um mich. Es war ein offensichtliches »Dankeschön« und für mich ein außergewöhnliches Erlebnis: Es fühlte sich genauso an, als würde ein Mensch mich umarmen – aber es war doch »nur« eine Schimpansendame!

Bei aller Theorie über Intelligenz und scheinbare Überlegenheit: Manchmal stehen uns Affen doch sehr nahe!

Wie sahen die
Dinosaurier wirklich aus?

80 Stellen Sie sich vor, in einigen Millionen Jahren finden Paläontologen das Skelett eines heutigen Elefanten. Die Wissenschaftler würden sich daran machen, aus dem Puzzle der Knochen den Elefanten zu rekonstruieren. Im Erdgeschoss des Museums würde man dann den Fund ausstellen, und vorbeischlendernde Besucher könnten auf einer montierten Tafel einen lateinischen Namen lesen wie etwa »Jumbo majestatis africanae«, neben dem sich ein Bild des ausgestorbenen Lebewesens befände: Ein stattliches Tier mit großen Zähnen wäre da abgebildet. Aber etwas Wichtiges würde fehlen: der Rüssel und die großen Ohren! Jumbo majestatis hätte eine Stupsnase und kleine Öhrchen wie ein heutiges Nashorn, denn für beide kennzeichnenden Merkmale gibt es keine entsprechenden Knochen!

Was dem Elefanten blühen könnte, geschieht heute bereits mit den Dinosauriern. Das Bild, das wir uns zurechtgelegt haben, ist garantiert falsch. Dinos sahen mit Sicherheit anders aus als in unseren Lehrbuchabbildungen.

Obwohl wir nur wenig von unseren imposanten Vorfahren wissen, verpassen wir ihnen wohlklingende Namen wie »Triceratops«, »Brachiosaurus« oder gar »Tyrannosaurus Rex«. Doch schon bei einfachen Fragen gerät die Fachwelt ins Grübeln:

Welche Farbe hatte zum Beispiel der Tyrannosaurus Rex? In den reich bestückten Kaufhausregalen findet man die begehrten Plastikmonster in fast allen Schattierungen: braun, grün, blau-metallic, manchmal sogar mit gelben Streifen, die das weit aufgerissene Gebiss noch gefährlicher aussehen lassen. Die Grenze zwischen gesicherten Fakten und unserer ausgeschmückten Phantasie verläuft fließend. Und auch in Kinofilmen wie »Jurassic Park« wird nicht gezaudert. Dank aufwendiger Computeranimationen und mithilfe ausgesuchter Laute fauchen, grölen und quietschen die neu erwachten Schreckensechsen den Kinobesucher an: Dinosound – made in Hollywood! Ein wildes Durcheinander tut sich da auf, denn in einigen Dinofilmen und Ausstellungen tummeln sich Exemplare, die zum Teil in völlig verschiedenen Zeitaltern lebten. So konnte zum Beispiel der raubgierige Tyrannosaurus dem riesigen pflanzenfressenden Brachiosaurus nichts antun, denn zwischen dem Aussterben des Brachiosaurus und dem ersten Schrei eines Tyrannosaurus lagen nicht weniger als 80 Millionen Jahre.

Unser Wissen über Dinosaurier verdanken wir im Wesentlichen der Untersuchung von versteinerten Knochen und Skeletten. Sie verraten uns viel über Alter, Größe oder Ernährungsweise dieser Lebewesen. Mithilfe von Computermodellen entpuppten sich bisher angenommene Bewegungsarten einiger Saurier als falsch: Schwere Saurier, wie sie selbst in seriösen Fachbüchern dargestellt wurden, wären unter der enormen Last ihres Körpers garantiert zusammengebrochen. Erst durch eine Korrektur der bisher angenommenen Beinstellung wurden die Reptilien standfest. Auch wenn wir in den vergangenen Jahrzehnten viel über Dinosaurier gelernt haben, reichen Skelette und Knochen für eine befriedigende Rekonstruktion nicht aus.

Der kalifornische Chemie-Nobelpreisträger Kary Mullis hat ein weiteres Tor in die Vergangenheit aufgestoßen: Durch seine PCR-Methode gelingt die Genanalyse fossiler Überreste.

Hierbei versucht man, das Erbgut direkt zu entschlüsseln. Jedes Lebewesen, ob Ameise, Mensch oder Dinosaurier, trägt in jeder einzelnen Körperzelle seinen ganzen Bauplan. Die sogenannten Gene entsprechen hierbei Detailplänen für Farbe und Form der Augen, Struktur des Haares, Größe der Füße, Geschlecht – einfach alles ist in diesen Genen gespeichert. Um sie zu entschlüsseln, brauchen die Wissenschaftler jedoch eine ausreichende Menge an Erbgut, und genau daran fehlte es besonders bei alten Funden.

Wer weiß – in Zukunft werden sich die Farben einiger Dinosaurier wohl ändern, und vielleicht verpasst man dem einen oder anderen Exemplar sogar einen Rüssel!

Warum übertreiben wir ständig?

81 »Oh, was für eine großartige Entscheidung!« Die Kellnerin zwinkert verschworen und notiert begeistert meine Bestellung: ein Spiegelei mit Speck.

Amerikanische Restaurants sparen nicht mit Lob für den Kunden, doch manchmal ist mir das Feuerwerk an Superlativen ein Tick zu viel. Wer zum Frühstück ein Ei bestellt, tut nichts Außergewöhnliches, oder?

Der Hang zur Übertreibung hat längst auch unseren Kulturkreis erreicht. Auf langen Autobahnfahrten muss ich mir immer wieder die »aktuellsten« Verkehrsmeldungen anhören, doch ich frage Sie: Gibt es aktueller als aktuell?

Längst haben wir uns an die Suche nach »Superstars« und »Supertalenten« gewöhnt. Bei Lichte betrachtet, handelt es sich eher um mediale Eintagsfliegen, die schon nach wenigen Schlagzeilen in eine wohltuende Vergessenheit zurückfallen. »Ultimative Chartshows« präsentieren doch nichts anderes als gewöhnliche Musik. Früher hieß das Hitparade, aber so viel Ehrlichkeit will man uns lieber nicht zumuten und benimmt sich lieber »genial daneben«.

Der Trend zur Übertreibung hat sich inzwischen so weit ausgebreitet, dass es kein Zurück mehr zu geben scheint. Als der Winter 2010 uns (endlich!) etwas Schnee bescherte, titelten große Zeitungen mit: »Sturmtief ›Daisy‹ droht Deutschland lahmzulegen – Angst vor dem Blizzard!« oder »Schneewalze wütet über Deutschland!« Unzählige Sondersendungen wurden ins Programm gehievt, und in hektischen Live-Schalten berichteten »Schnee-Reporter« und zeigten das, was einen Winter eben ausmacht: Schnee! Das viel zitierte »Schnee-Chaos« blieb weitgehend aus, und so teilten sich die eifrigen Journalisten einen rutschigen Autobahnabschnitt und eine Nordseeinsel, welche für einige Tage auf den Fährverkehr verzichten musste.

Als ich einige Wochen danach mit einem Meteorologen aus dem Wetterstudio über diesen Hang zum Dramatisieren sprach, konnte dieser nur zustimmen, wie chancenlos eine objektive Berichterstattung inzwischen sei: »Wenn 20 Zentimeter Schnee fallen, dann gibt es auch Schneeverwehungen, die 40 Zentimeter hoch sind. Der nächste Journalist macht dann aus 20 Zentimetern bis zu 40 Zentimeter Schnee, und so wächst die Verwehung schnell auf einen Meter! Das schaukelt sich hoch, bis am Ende alle eine Katastrophe melden, obwohl es nur ganz normal schneit.«

Medien orientieren sich zunehmend weniger am eigentlichen Geschehen, sondern richten sich nach dem, was andere Medien verbreiten. Jeder Sender versucht, den anderen zu überbieten; und wenn alle von einer Katastrophe sprechen, findet die normale Meldung kein Gehör mehr. Aus wissenschaftlicher Sicht kommt es so zu einer Selbstverstärkung. Sie kennen dieses Phänomen: Wenn ein Mikrofon zu nahe an einem Lautsprecher steht, bildet sich mit der Zeit ein unerträglicher Pfeifton.

Immer öfter werden wir Zeugen solcher Verstärkungseffekte. Als der Fußballtorwart Robert Enke sich das Leben nahm, entwickelte sich daraufhin ein absurdes Spektakel. Sein Freitod glich einem Funken, der ein mediales Pulverfass entzündete: Pressekonferenzen, Interviews, Schweigeminuten, Trauermärsche und Gottesdienste. Am Ende sprach der Ministerpräsident auf einer Gedenkfeier. 40 000 Fans waren angereist, die Trauerfeier wurde auf fünf Fernsehsendern in Deutschland live übertragen. Mehr als 130 000 Menschen trugen sich in die Kondolenzliste ein!

Zweifelsohne ist es tragisch, wenn ein junger Familienvater sich das Leben nimmt, doch bei den ausufernden Reaktionen mag man sich schon fragen, ob die Verhältnismäßigkeit noch stimmt, oder ob die Medien vielleicht Opfer ihrer eigenen Selbstverstärkung werden.

Auch die Politik ist dieser Verführung längst erlegen und prahlt mit allerlei »Gipfeln«, »Skandalen« und »Krisensitzungen«. Supermarktketten locken ihre Kundschaft mit »Mega-Angeboten«, und in Fastfoodrestaurants sucht man vergeblich Speisen in Normalgröße, denn hier ist alles nur ab Größe XL zu haben.

Alles ist groß und nimmt für sich in Anspruch, relevant und wichtig zu sein. Spätestens dann, wenn Sie mit Ihrer Frühstücksbestellung beim Kellner eine »gigantische« Euphorie auslösen, werden Sie mir zustimmen, dass wir doch etwas bescheidener werden sollten ...

In der Schule **lernen** wir **fürs Leben** – oder?

82 Können Sie die folgenden Fragen beantworten?

A) Wie groß muss ein Spiegel sein, damit man sich ganz darin sehen kann?

B) Warum ist es im Sommer warm und im Winter kalt?

C) Woher stammt das Holz der Bäume?

In Vorträgen bitte ich das Publikum, die Antworten auf einem Zettel zu notieren, der anschließend eingesammelt wird. Die Stimmung im Saal ist in solchen Situationen gespannt und erinnert viele an die eigene Schulzeit: die Angst vor dem Versagen, die Benotung, das Offenbaren von Schwäche, die Demütigung vor den Klassenkameraden. Wenn ich dann demonstrativ die Zettel entsorge, macht sich im Saal Erleichterung breit. Nein, niemand muss heute Abend nachsitzen!

Vermutlich haben auch Sie jahrelang die Schulbank gedrückt, vielleicht sogar studiert. Doch was ist davon »hängen geblieben«? Könnten Sie die genannten Fragen beantworten? Wissen Sie noch, wann der Dreißigjährige Krieg endete, und wer da eigentlich gegen wen gekämpft hat? Erinnern Sie sich noch an die binomischen Formeln oder an die unregelmäßigen Verben im Französischen?

Wer in aller Ehrlichkeit die Bilanz der eigenen Schulzeit zieht, merkt, dass vieles in Vergessenheit geraten ist. Trotz unzähliger Unterrichtsstunden in Physik, Biologie oder Geschichte verbleiben gerade einmal eine Handvoll Erinnerungen, und selbst mit elementaren Sachverhalten sind wir überfordert. Dabei ist unsere Schulzeit eine gewaltige Zeitinvestition. Doch sie erweist sich oft als unnütz, wenn es darum geht, Gelerntes mit der eigenen Lebenswirklichkeit zu verknüpfen. So büffeln Generationen von Schülern für die nächste Klausur und vergessen danach, worum es ging. Meines Erachtens liegt die Ursache dafür in einem falschen Selbstverständnis.

Noch immer ist unser Schulsystem zu sehr auf Leistung getrimmt: Die gute Note ist entscheidend, der gute Abschluss steht im Vordergrund, nicht jedoch die Beziehung zum Gelernten, etwa die Erfahrung, wie praktisch Mathematik im Alltag sein kann. Obwohl unzählige internationale Vergleichsuntersuchungen wie regelmäßige OECD-Studien oder TIMSS-Erhebungen diese Schwäche im deutschen Schulsystem aufdecken, ändert sich hierzulande nur wenig. Bildungsexperten fordern seit langem ein Umdenken. Statt einer übertriebenen Leistungsorientierung sollte die Lernorientierung im Mittelpunkt stehen. Wer mit diesem Ansatz in eine Schulklasse geht, erlebt wahre Wunder. Junge Menschen besitzen nämlich eine bemerkenswerte Neugier und teilen eine intensive Freude am Lernen. Man muss sie nur dafür öffnen. Wer diese verborgene Kraft nutzt, wird mit einer ungewohnten Aufmerksamkeit belohnt. Aus dem oft stumpfsinnigen Büffeln wird ein ehrlicher Lernprozess, getrieben vom eigenen Interesse der Schüler.

Inzwischen setzen sich viele engagierte Lehrer für ein solches Umdenken ein, denn die veränderte Lernhaltung wirkt sich auch spürbar auf das Miteinander aus. Schüler beteiligen sich rege, überhören schon einmal den Pausengong, es gibt weniger Autoritätsprobleme.

Wer so lernt, vergisst weniger und weiß auch noch nach Jahren die Antwort auf meine drei Publikumsfragen. Worauf also warten wir?

··

Antwort A)
Viele meinen, es habe mit dem Abstand zu tun, doch dieser ist unwichtig: Der Spiegel muss exakt halb so groß sein wie man selbst. (Siehe: »Sonst noch Fragen?«, Kapitel 98: *Wie groß muss ein Spiegel mindestens sein, damit man sich ganz darin sehen kann?*)

Antwort B)
Etwa die Hälfte der Befragten tippt auf den schwankenden Abstand zwischen Erde und Sonne. Die Jahreszeiten werden jedoch durch die Neigung der Erdachse hervorgerufen: Im Sommer zeigt die Nordhalbkugel zur Sonne und wird daher intensiver beschienen, wohingegen sie im Winter von der Sonne abgewandt ist. (Siehe: »Sonst noch Fragen?«, Kapitel 31: *Wann beginnt der Frühling?*)

Antwort C)
Vielen Befragten ist trotz korrekter Stichworte wie zum Beispiel »Photosynthese« nicht klar, dass der Baum sich tatsächlich von der Luft »ernährt«. Das Holz entsteht durch Kohlendioxyd, das aus der Atmosphäre aufgenommen wird. (Siehe Kapitel 36: *Wieso wird CO_2 freigesetzt, wenn man einen Baum fällt?*)

Dürfen wir unserer
Erinnerung trauen?

83 In jedem von uns schlummert ein reiches Reservoir an Erinnerungen: der erste Kuss, ein freudiges Urlaubserlebnis, die Rüge des Chemielehrers. Jeder von uns trägt sein persönliches Lebensarchiv mit sich herum, und diese Erinnerungen prägen unsere Persönlichkeit. An diesem episodischen Gedächtnis, wie die Wissenschaft es nennt, sind gleich mehrere Hirnareale beteiligt: Neben Stirn- und Schläfenlappen der rechten Hirnhälfte, die für den Faktenanteil des Erlebten zuständig sind, ist auch das limbische System aktiv, welches das emotional Erlebte bewertet und festhält. Offensichtlich setzt dieses Zusammenspiel der verschiedenen Hirnregionen erst ab dem vierten oder fünften Lebensjahr ein. Daher erinnert man sich als Erwachsener kaum an Ereignisse aus der allerfrühesten Kindheit.

Doch im Gegensatz zur Festplatte eines Computers speichert unser Gehirn das Erlebte nicht einfach ab, sondern verarbeitet auch im Nachhinein das Gespeicherte. Mit der Zeit verblassen manche Einträge, so dass wir nach Jahren zum Beispiel den Namen unseres Klassenkameraden oder den Ausgang eines wichtigen Fußballspiels vergessen haben. Je öfter wir bestimmte Situationen abrufen, desto fester graben sie sich in unser Gedächtnis ein.

Manchmal können auch externe Faktoren zu einer Stütze werden: So können Sie sich vermutlich ganz genau an den 11. September 2001 erinnern, als die Welt erschrocken den

Anschlag auf das World Trade Center verfolgte. Wo waren Sie an diesem Tag? Wer war bei Ihnen? Was haben Sie an diesem Nachmittag unternommen?

Alle, denen ich diese Frage stellte, konnten sich selbst an kleine Details erinnern und erzählten mir zum Beispiel, dass sie ihre Frau anriefen und den Abend mit Freunden verbrachten. Was sie jedoch am Tag zuvor erlebt hatten, schien wie ausgelöscht, denn keiner der Befragten konnte mir darauf eine Antwort geben. Dieses besondere Weltereignis sorgt für einen bleibenden und intensiven Eintrag in unserem Gedächtnis.

Nach demselben Muster erinnern sich die meisten Menschen an die erste Mondlandung, den Fall der Mauer oder an die eigene Hochzeit, denn diese Ereignisse waren geprägt von starken Emotionen. Solche Gefühle können auch durch unscheinbare Details geweckt werden: Der typische Geruch im Treppenhaus der Eltern, der Hall in den Gängen der alten Schule oder der Desinfektionsduft im Krankenhaus können zum unbewussten Auslöser einer lebendigen Erinnerung werden. Das in Tee getauchte Gebäck zauberte beim französischen Autor Marcel Proust Reminiszenzen an seine Kindheit hervor, die er in seinem Lebenswerk »Auf der Suche nach der verlorenen Zeit« beschrieb.

Eine besondere Stütze auf der Reise in die eigene Vergangenheit sind Familienalben mit alten Fotos. Doch wie wahr sind die alten Geschichten, die uns dann einfallen? Oft schönen wir unbewusst das Vergangene, und mit der Zeit werden die vergangenen Erlebnisse durch immer mehr Phantasie ergänzt. »Früher war alles besser ...« – war es vermutlich nicht, doch in unseren Erinnerungen filtert das Gehirn Unangenehmes und Profanes schon einmal gerne heraus.

Wie weit diese Selbsttäuschung geht, haben neuseeländische Wissenschaftler in einem bemerkenswerten Versuch dargelegt:[43] Sie zeigten Probanden Fotos aus deren Kindheit, welche sie von den jeweiligen Familien zur Verfügung gestellt bekommen hatten. Anhand der Bilder sollten sich die Versuchspersonen an die vergangenen Ereignisse erinnern. Eine Aufnahme wurde jedoch beim Experiment ohne Wissen der Beteiligten manipuliert. Auf einem Bild wurde die Testperson in den Korb eines Heißluftballons montiert. Zuvor hatten die Wissenschaftler sichergestellt, dass keiner der Kandidaten in seiner Kindheit eine solche Ballonfahrt unternommen hatte. Überraschenderweise erinnerte sich die Hälfte der Versuchspersonen an eine solche Fahrt! Einige hatten sogar lebendige Vorstellungen von diesem »falschen« Ereignis! Die manipulierten Fotos erzeugten also falsche Erinnerungen. Für die Wissenschaftler ist dieser Test eine wertvolle Hilfe bei der Erforschung der Funktion unseres Gedächtnisses: Offensichtlich ergänzen wir laufend unbewusst unser inneres Archiv, und nach einigen Jahren sind aus den alten Geschichten neue geworden. »Früher war alles besser ...«

Welche Rolle spielt der
Zufall in der Wissenschaft?

84 Zufall ist ein bestimmendes Element des Fortschritts. Es gibt unzählige Beispiele von Wissenschaftlern, die per Zufall auf eine neue Spur geraten sind oder in einer Routine von einem Detail überrascht wurden.

Die Entdeckung des Penizillins geschah eher zufällig, als die neugierigen Augen des schottischen Bakteriologen Alexander Fleming auf eine verschimmelte Bakterienkultur stießen. In einer kalten Novembernacht 1895 fiel dem Physiker Wilhelm Conrad Röntgen das schwache Leuchten eines Schirms auf; das machte ihn zum Entdecker der Röntgenstrahlung. Ein geschmolzener Schokoriegel in der Hosentasche des Ingenieurs Percy Spencer gab den Anstoß zur Entwicklung der Mikrowelle, und selbst Kolumbus setzte seine Segel und erreichte per Zufall die Neue Welt. Vermutlich übersehen Sie und ich eine Vielzahl von Phänomenen, die eines Tages von offenen Augen erkannt und erforscht werden. Der Zufall allein reicht eben nicht aus, denn es braucht den glücklichen homo inquisitoris, der im richtigen Moment die richtige Frage stellt und beharrlich nach einer Antwort sucht.

Selbst hinter alltäglichen Dingen wie den Haftzetteln, auch Post-its genannt, verbirgt sich eine Geschichte von Zufällen und Pannen. Sie beginnt Ende der Sechzigerjahre des vergangenen Jahrhunderts im amerikanischen Bundesstaat Minnesota. Der Entwicklungsingenieur Spencer Silver ist Angestellter eines großen Chemieunternehmens und forscht an der

Entwicklung eines besonders starken Klebstoffs. Er versucht es in seinem Labor mit den verschiedensten Mischungen. Eines Tages probiert er eher zufällig aus, was wohl bei einem völlig falschen Mischungsverhältnis herauskommen würde. Der neue Zufallsklebstoff ist zunächst ein Flop: Er haftet nur schwach und lässt sich problemlos wieder lösen. Silver sucht zwar nach möglichen Anwendungen, doch niemand scheint sich so richtig dafür zu interessieren. Fünf Jahre vergehen, bis ein zweiter Mann ins Spiel kommt.

Er heißt Arthur Fry, ist Chemiker im selben Unternehmen wie Silver und singt in seiner Freizeit in einem Kirchenchor. Bei den Proben müssen die Musiker häufig verschiedene Seiten im Notenbuch aufschlagen. Lesezeichen helfen, doch oft genug fallen sie heraus. An einem Sonntag im Jahre 1974 hat Fry die zündende Idee. Mit Spencers Klebstoff würden die Lesezeichen halten! Die Chormitglieder sind begeistert, die Nachfrage nach den haftenden Lesezeichen steigt. Fry verteilt daraufhin Muster an alle Verantwortlichen im Unternehmen, doch die Mitarbeiter nutzen sie nicht nur als Lesezeichen, sondern auch als klebende Notizzettel.

Doch zunächst muss Fry noch ein Problem lösen: Der Klebstoff kann sich nicht entscheiden – mal klebt er an Buch oder Tisch, mal am Zettel. Erst nach zahlreichen Versuchen findet er eine Lösung.

Bei der mikroskopischen Betrachtung erkennt man, dass die neue Mixtur im Gegensatz zu anderen Klebern keinen gleichmäßigen Film bildet, sondern das Papier mit kleinen klebrigen Kügelchen überzieht. Beim Zusammenfügen wirkt also nur ein kleiner Teil des Klebers, die Haftoberfläche ist minimal, und somit bleibt die Haftwirkung schwach.

1978 kommen die ersten Haftzettel auf den Markt und erobern im Nu die Büros in der ganzen Welt. Heute schützen sie uns in allen Farben und Formen vor unserer Vergesslichkeit.

Sie zählen inzwischen zu den am häufigsten verkauften Büroartikeln. Begonnen hat alles per Zufall – mit einem klebrigen Fehlversuch!

Warum reden alle
von heißer Luft?

85 In unseren Geschichtsbüchern haben sie sich verewigt: der erste Mensch, der den Nordpol erreichte, der erste Bergsteiger, der den Mount Everest bezwang, und der erste Astronaut, der seinen Fuß auf den Mond setzte. Aber haben sie den Ruhm immer verdient?

Die Geschichte lehrt uns, dass das erste bemannte Luftfahrzeug eine »Montgolfiere« war. Dieser Heißluftballon, hergestellt von den südfranzösischen Papierfabrikantenbrüdern Joseph Michel und Jacques Etienne Montgolfier, stieg am 21. November 1783 in den Himmel historischer Unsterblichkeit auf.

Die Praxis gab den Brüdern wohl recht, aber ihre theoretische Erklärung des Flugprinzips war falsch: Sie hielten Rauch für das entscheidende Traggas und waren sogar der Überzeugung, dass dieser möglichst übel riechen müsse. So warf Etienne beim Jungfernflug im königlichen Park von Versailles neben nassem Stroh auch verwesendes Fleisch und alte Schuhe (!) in das Feuer. Dieser »wirksame« Qualm verscheuchte die adeligen Beobachter aus den ersten Reihen. Nicht ohne Grund waren die ersten Passagiere zunächst ein Hammel, ein Hahn und eine Ente.

Erst später begriff man, dass die Funktionsweise des Aerostaten nichts mit Rauch an sich zu tun hatte, sondern lediglich mit dessen Temperatur, nämlich der geringeren Dichte heißer Luft.

Erhitzt man Luft von 0 auf 80 °C, dehnt sie sich aus. Hierdurch verringert sich die Masse eines Kubikmeters um etwa 300 Gramm. Der resultierende Auftrieb ist immer noch gering, weshalb der Aerostat der Gebrüder Montgolfier sehr groß ausfiel.

Im Geschichtsunterricht hört man hingegen selten den Namen von Jacques Alexandre César Charles. Dem damals 37-jährigen Physikprofessor gelang genau zehn Tage (!) nach dem historischen Aufstieg der Montgolfiere ein spektakulärer Flug über Paris. Sein Ballon war mit Wasserstoff gefüllt. Das Gas wurde in großen Fässern durch die Einwirkung verdünnter Schwefelsäure auf Eisenspäne gewonnen. Da Wasserstoff 14-mal leichter als Luft ist, kam Charles mit einem wesentlich kleineren Ballon aus.

Im Gegensatz zu seinen Heißluftkonkurrenten absolvierte der begeisterte Wissenschaftler den ersten Alleinflug. Am Abend des 1. Dezember 1783 stieg er in die Abenddämmerung hinein und erreichte mit seinem Gefährt eine Höhe von 2750 Metern. »Nichts kann dem Vergnügen gleichen«, notierte er später, »das in dem Augenblick, da ich die Erde verließ, sich meines ganzen Daseins bemächtigte; es war nicht bloß Vergnügen, es war Glückseligkeit.« Charles hatte die Ausdehnung von Gasen bei ihrer Erwärmung studiert und sogar ein entsprechendes physikalisches Gesetz formuliert. Doch er hatte diese Erkenntnisse nicht »offiziell« publiziert, und so gilt Joseph Louis Gay-Lussac als Entdecker des Gasgesetzes. Ist es nicht unfair? Die wunderbaren Experimente des Professors Charles gerieten in Vergessenheit. In den meisten Geschichtsbüchern ist nur von heißer Luft die Rede!

Was ist der Preis für unsere Ungeduld?

Angemerkt: Ein Blick über den Tellerrand

Was ist der Preis
für unsere Ungeduld?

86 Können Sie sich noch an Schallplatten erinnern? Wenn man sie auflegen wollte, glich es einem Ritual: das vorsichtige Auspacken, die sanfte Reinigung, das präzise Aufsetzen der Nadel. Während die Platte lief, durfte man nicht heftig auftreten, da die Nadel sonst aus der Rille sprang. Wenn man einen Titel auflegte, hörte man das Stück auch zu Ende, bevor die kostbare Scheibe anschließend wieder in die Hülle geschoben wurde. Schallplatten waren anfällig, und schon kleinste Kratzer führten zu einem unangenehmen Knacken. Sie waren zwar unpraktisch, doch die außergewöhnliche Fürsorge führte zu einer besonderen Beziehung zur eigenen Sammlung.

Meine Kinder kennen keine Schallplatten mehr. Sie gehören zur digitalen MP3-Generation. Vieles ist scheinbar einfacher geworden: Musik gibt es auf Knopfdruck, und wenn einem der laufende Titel nicht passt, springt man einfach einen weiter. Schneller Wechsel hat das Verweilen ersetzt, bereits beim kleinsten Indiz möglicher Langeweile wird umgeschaltet. Titel werden nach wenigen Takten abgewürgt. Junge Hörer und Fernsehzuschauer sind Meister der Fernbedienung. Seit Jahren sinkt die durchschnittliche Verweildauer der Zuschauer pro Fernsehsendung und lässt deren Macher verzweifeln. Die Medien stellen sich inzwischen darauf ein: Kurzweiligkeit ist angesagt, die klassischen Gesetzmäßigkeiten werden überholt, es gibt keinen »Anfang« und kein »Ende« mehr. Der

Quereinsteiger ist ungeduldig; wenn man ihm nicht sofort einen »Kick« serviert, ist er im nächsten Moment schon auf einem anderen Kanal.

Es scheint, als würde sich die Tradition des Wartens auflösen: Alte Liebesbriefe benötigten noch lange Reisezeiten, Urlaubsfilme wurden zum Entwickeln ins Geschäft gebracht, und es vergingen manchmal Wochen, bis man die Abzüge endlich zu Gesicht bekam. Das Warten war eine besondere Zwischenphase, eine sehnsüchtige Erwartung an die Zukunft, eine Verlängerung der Vergangenheit. Heute hingegen wird im Hier und Jetzt geknipst, gemailt und per SMS geflirtet. Wer Hunger hat, den beglückt die Mikrowelle mit einem Instantmenü. Warten gilt als verlorene Zeit, und so werden wir auf Autobahnen von rasenden Lkws überholt, die ihre Waren an eine ungeduldige Kundschaft ausliefern. Die Geschäfte kennen keinen Ladenschluss mehr. Sofort muss es sein, sonst kauft man woanders! Selbst Babys werden planbar: Immer häufiger werden sie per Kaiserschnitt entbunden.[44] Das Wunder des Lebens wird terminiert.

Der Preis für unsere Ungeduld ist hoch: Das Ereignis an sich wird reduziert, sowohl zeitlich als auch in der Intensität des Erlebens. Mit den sofort verfügbaren Urlaubsfotos ist der Urlaub schnell abgehakt, das Tiefkühlmenü betrügt uns um den Genuss des frischen Gemüses und der fein abgestimmten Gewürze. Instant ist die Abkürzung durch den Garten der Sinnlichkeit. Selbstgemachte Marmelade lebt vom Pflücken, vom Auswaschen und Säubern der Früchte, vom beschwerlichen Einkochen und Einfüllen. Wer all diese Stufen aktiv erlebt, hat später eine intensivere Beziehung zum Endprodukt. Jeder Löffel erinnert an den Entstehungsprozess. Das eigene Handeln und Erleben versüßt offenbar die Beziehung und macht das Endprodukt umso wertvoller. Selbstgemacht schmeckt eben besser!

Was tun wir gegen
den Klimawandel?

87 Immer wieder wird auf großen Tagungen und Gipfeln über das Schicksal unseres Planeten gesprochen. Unzählige Gesandte, Unterhändler, Medienvertreter, Lobbyisten und Aktivisten treffen sich in großen Konferenzzentren. Gesandte exotischer Inselstaaten warnen regelmäßig in die hungrigen Fernsehkameras: »Wir steuern auf eine Katastrophe zu, die Klimamaschine gerät aus dem Takt, apokalyptische Szenarien bahnen sich an ...«

Inzwischen wurden unzählige Protokolle, Prognosen, Berichte und Gutachten erstellt, und allein für das hierfür verbrauchte Druckpapier dürften unzählige Bäume gefällt worden sein. Auf den großen Pressekonferenzen, die vom medialen Blitzlichtgewitter erfasst werden, treten unbekannte Experten ans Mikrofon und warnen, dass die CO_2-Konzentration seit der industriellen Revolution von 280 ppm auf inzwischen mehr als 380 ppm angestiegen sei. Auf den heimischen Fernsehschirmen flimmern rauchende Kraftwerke und schmelzende Gletscher, und in Live-Schalten buhlen übernächtigte Journalisten um die Gunst der bekannteren Teilnehmer des Gipfels ...

Trotz aller Vorbereitung schachern am Ende die Großen der Welt in verschlossenen Hotelzimmern um symbolische Statements, und man beginnt sich zu fragen, ob solche Gipfel überhaupt das probate Mittel sind, um die Welt vor ihrem Untergang zu retten.

Apropos Gipfel: Vor einigen Monaten wanderte ich über die Gletscher des Pitztals. Bei sommerlichen Temperaturen erklärte mir ein kundiger Bergführer, wie dramatisch der Rückgang des Taschach-Gletschers sei. In seiner Kindheit reichte die Gletscherzunge noch bis tief ins Tal hinab. Wo einst meterdickes Eis alles überdeckte, stößt man heute auf riesige Geröllfelder. Das Abschmelzen erfolge immer schneller, meinte er, bald sei das Eis wohl ganz verschwunden. Gerade in den Alpen ließen sich die Folgen des Klimawandels sehr direkt beobachten.

Bei unserer Wanderung kamen wir an eingepackten Schneehängen vorbei, die an die Kunstwerke des Verpackungskünstlers Christo erinnerten: Ganze Berghänge werden im Sommer vorsorglich mit weißen Decken aus Polyester und Polypropylen überzogen, um so die Schneeschmelze einzudämmen. Die weiße Frischhaltefolie reflektiert das Sonnenlicht, doch trotz des Aufwands gibt es Zweifel am Nutzen.

Am Pitztaler Gletscher wurden bereits im Jahre 2005 Teilflächen von insgesamt sieben Hektar abgedeckt. In wissenschaftlichen Vergleichen mit allen Temperatur- und Niederschlagsparametern sowie der Sonnenintensität stellte sich heraus, dass unter dem Vliesmaterial pro Sommer gerade einmal etwa 1,5 Meter Schnee erhalten werden können.

Vor den einsetzenden Schneefällen im Herbst werden die Folien dann aufgerollt und gelagert.

Die Gletscherfrischhaltefolie ist jedoch kein Dienst an der gebeutelten Natur, sondern der verzweifelte Versuch, den drohenden Niedergang des Skitourismus in den Tiroler Alpen zu verhindern: Denn ohne Schnee würde die Wirtschaft der Region zusammenbrechen.

Wie sehr man sich um diesen Punkt sorgt, sollte ich wenig später auf unserer Wanderung erfahren: »Im Pitztal wird in diesem Jahr die modernste Kunstschneeanlage der Welt in

Betrieb genommen.« Der Bergführer zeigte auf ein dunkles Gebäude, und in seiner Stimme hörte ich eine seltsame Mischung aus Stolz und Unbehagen.

Natürlich sah ich mir die neue Schneefabrik an. Die Mitarbeiter schwärmten: »Die Technik stammt aus Israel,[45] und das Kühlprinzip wird in den heißen Stollen von Diamant- und Goldminen eingesetzt. Unser ›All Weather Snowmaker‹ schafft in 24 Stunden immerhin 950 Kubikmeter Kunstschnee.« Zum Beweis zeigte der Mitarbeiter auf einen gigantischen Schneeberg vor der Halle; der Probelauf habe einwandfrei funktioniert.

Im Innern des dunklen Baus standen riesige Behälter aus Edelstahl, das verzweigte Rohrsystem erinnerte mich an eine überdimensionale Milchfabrik. Das Prinzip funktioniere unabhängig von Temperatur, Luftfeuchtigkeit und Wind, selbst bei Plus-Temperaturen könne man hier reichlich Schnee entstehen lassen. Natürlich wolle man nicht im Sommer produzieren, denn es gehe darum, »die Philosophie der nachhaltigen ökologischen und ökonomischen Nutzung dieses einmaligen Skigebietes fortzuführen«.

Für mich stellte sich an diesem Tag die ganze Absurdität unserer Klimadiskussion dar: Einerseits sehen wir die schmelzenden Gletscher, andererseits bauen wir inmitten der sterbenden Naturkulisse Skilifte mit geheizten Kabinen und eine Schneefabrik, die mit ihrem Stromverbrauch von 500 000 Watt fleißig zur Klimaerwärmung und damit zur weiteren Gletscherschmelze beiträgt.

Auf großen Gipfeln wird bald erneut über den Klimawandel diskutiert werden, und abends an der Hotelbar schwärmt vielleicht so mancher vom tollen Schnee im Pitztal ...

Wie viel **Energie** verbrauchen unsere **Computer?**

88 Täglich lesen wir davon, dass wir Energie einsparen sollten, und oft denken wir dabei zunächst an die Heizung, das Licht oder an das Auto. Doch Computer werden zunehmend zu beträchtlichen Energieschluckern.

Immerhin zehn Prozent des Stromverbrauchs in Deutschland gehen auf die Informations- und Kommunikationstechnik zurück. Sie verursacht rund 33 Millionen Tonnen des Klimagases CO_2 pro Jahr.[46] Global betrachtet, produziert die Informationstechnik inzwischen etwa zwei Prozent des Ausstoßes von CO_2, so viel wie der Flugverkehr weltweit.[47] Und da wir immer mehr Computer nutzen und im Internet surfen, nimmt der Energieverbrauch stetig zu.

Allein die Herstellung eines PCs mit Monitor kostet knapp drei Megawattstunden an Energie. Dabei werden rund 850 Kilogramm Treibhausgase freigesetzt, 1500 Liter Wasser verbraucht, und etwa 23 Kilogramm verschiedener Chemikalien fallen an! In manchen Computerbauteilen findet man Gold, Silber, Platin oder das sehr seltene Metall Tantal, das so begehrt ist, dass es deswegen im Kongo, wo es abgebaut wird, zu blutigen Konflikten kommt.

Das Arbeiten am PC schluckt ebenfalls jede Menge Strom, doch schon hier können Sie selbst entscheiden: Hochgezüchtete Spielecomputer mit schnellem Prozessor und leistungsfähiger Grafikkarte kommen bei häufiger Nutzung auf einen Stromverbrauch von mehr als 500 Kilowattstunden pro Jahr.

Das ist vergleichbar mit dem Stromverbrauch von fünf modernen Kühlschränken (100 Kilowattstunden)!

Oft laufen unsere Computer, WLANs und Drucker Tag und Nacht, obwohl sie nicht ständig benötigt werden. Allein das gezielte Ausschalten spart etwa 40 Euro Stromkosten im Jahr. Auch das Internet ist inzwischen zu einem gigantischen Stromschlucker geworden.

So verbraucht eine Google-Suche mit wenigen Mausklicks etwa vier Watt – so viel wie eine LED-Energiesparlampe in einer Stunde. Für eine Online-Auktion wird etwa so viel CO_2 freigesetzt (18 Gramm) wie beim Kochen einer Tasse Tee.

Nach seriösen Schätzungen lag der Stromverbrauch von Servern und Rechenzentren in Deutschland im Jahr 2008 bei 10,1 Terawattstunden. Um diesen Strom zu erzeugen, benötigt man vier (!) mittelgroße Kohlekraftwerke.

Beim Energiesparen blicken viele immer noch auf die klassischen Verbraucher wie Heizung oder Autoverkehr, doch in Sachen Energieverbrauch kann man beim Internet nur sagen: WWW = Weh, Weh, Weh ...

Warum sind
Feler manchmal gut?

89 Die Luft zischte, und es roch nach Öl. Das geschäftige Treiben in der kleinen Werkzeugmaschinenfabrik im indischen Chennai erinnerte mich an den Maschinenraum eines alten Schiffes. Beim Gang durch die Fertigungshalle begleitete mich der technische Leiter. Er schwärmte von neuen Geschäftsfeldern und großen Zukunftsplänen, doch das fast Mitleid erregende Keuchen einer großen Stanzmaschine übertönte unser Gespräch. Für jeden technisch mitfühlenden Menschen war die hohe Belastung der Maschine unüberhörbar. »Ja, sie ist in der Tat überfordert«, lächelte mich mein Begleiter an, »eigentlich bräuchten wir ein größeres Modell, doch das ist zu teuer. In regelmäßigen Abständen versagt sie, denn ...« – er griff in eine Schublade und zeigte mir ein kleines Zahnrad – »... die brechen unter der Belastung. Wir haben sie aber im Nu ausgetauscht, und dann läuft die Produktion wieder.« Was auf den ersten Blick fast wie technische Ignoranz wirkte, erwies sich als kluge Strategie: Das regelmäßige Austauschen der defekten Zahnräder war erheblich günstiger als der Kauf einer größeren Maschine. Statt auf eine teure, technisch perfekte Lösung setzte man hier auf kalkulierbare Fehler und lebte gut damit!
Ich habe seitdem oft an diese »indische Lektion« gedacht: Lerne, mit Fehlern zu leben, statt sie auszumerzen!
In vielen Hightech-Branchen blockiert unser Perfektionsdrang den Fortschritt. Das Problem wird immer akuter, denn

je komplexer die Systeme werden, desto größer ist die Zahl ihrer Komponenten und damit der möglichen Fehlerquellen. Weltraumfähren, Teilchenbeschleuniger, Hochgeschwindigkeitszüge oder größere Computersysteme sind mahnende Beispiele. Ständig fallen sie aus, denn irgendwo im Labyrinth der technischen Apparate zeigt immer ein Modul eine Störung an und stoppt so den gesamten Ablauf. Manchmal blockieren Kleinteile, die nur wenige Euro kosten, den Betrieb milliardenteurer Investitionen. Natürlich versucht man mit Redundanz und Sicherungssystemen vorzubeugen, doch die absolute Fehlerfreiheit ist und bleibt eine Illusion.

Ein Ausweg ist der Schritt zurück zu einfachen Systemen: Die russischen Sojus-Trägerraketen wirken geradezu antiquiert im Vergleich zum amerikanischen Space Shuttle, doch sie funktionieren zuverlässig, und das seit Jahren. In vielen Branchen bemerke ich einen auffälligen Trend zurück zur Einfachheit. Viele Verbraucher sind überfordert mit den unzähligen Funktionen von Videorecordern, Handys oder Mikrowellen. Auch die überzüchtete Elektronik mancher Autos erweist sich als Irrweg. Ohne läuft es manchmal besser – weniger ist mehr! Ausgerechnet in der fortschrittlichsten Branche, der Software-Industrie, macht sich ein neues Denken breit:

Viele Software-Häuser geben ihre Programme frei, obwohl sie von »Bugs« (Programm- oder Softwarefehler) nur so wimmeln. Wären unsere Autos so fehlerhaft wie die frisch gelieferte Software, würden wir sie umtauschen und noch am Kauftag unser Geld zurückverlangen. Doch in der Computerwelt herrschen offensichtlich andere Spielregeln: Wir akzeptieren das unfertige Produkt und dulden die nachträgliche Flickerei in Form von »Updates« und »Patches«. Die dutzenden Downloads sind der Beleg: Der Fehler gehört zum Programm!

Warum ist **Perfektion**
manchmal hinderlich?

90 Es gab einen Knall, bläulicher Rauch stieg auf, und das wohlige Knattern des alten Motors setzte endlich ein. Stolz, mit verschmierten Händen, blickten wir auf das keuchende Gerät, das wir in den Tagen zuvor in seine Bestandteile zerlegt und wieder zusammengesetzt hatten. Der »Patient« lebte!

Das »Herumschrauben« war unsere Lieblingsbeschäftigung. Nichts war sicher vor meinem Bruder und mir, egal ob Motoren, Radios, Stereoanlagen oder Waschmaschinen. Alles wurde auseinandergenommen, bestaunt, begutachtet und dann mit dem Mut der Ahnungslosen »geheilt«. Diese Kultur des aktiven Bastelns und Bauens war typisch für unsere Generation. Laborkästen und Experimentiersets fanden sich auf vielen weihnachtlichen Wunschzetteln.

Ich erinnere mich noch, wie ich mit meinem Bruder nachsitzen musste, weil wir es gewagt hatten, am Schwarzen Brett in unserer Schule ein Gesuch für alte Radios anzubringen. Die Bestrafung wurde im Lehrerkollegium kontrovers diskutiert. Obwohl das Nachsitzen nicht zurückgezogen wurde, trösteten uns in den darauf folgenden Wochen wohlmeinende Lehrer mit unzähligen alten Röhrenempfängern. Einer meinte es besonders gut mit uns und überließ uns ein schweres Flippergerät der ersten Generation.

Dieser Apparat war für uns ein wahres Füllhorn: voll gespickt mit Relais, Spulen und blinkenden Lämpchen! Tagelang löteten wir die kostbaren Bauteile heraus und erweckten sie in anderen Geräten zu neuem Leben. Schließlich wuchs mit dem ständigen Auseinandernehmen und Zusammenbauen auch das konkrete Verständnis für Technik.

Diese Kultur des Reparierens hat sich inzwischen völlig gewandelt. Heute käme kaum ein Jugendlicher darauf, selbst Hand anzulegen an die heimische Stereoanlage, den Computer oder Papas Auto. Wenn überhaupt repariert und nicht gleich entsorgt und neu gekauft wird, bieten die modernen Aggregate kaum mehr Angriffsflächen. Unter den Motorhauben sind die verkapselten Innereien nur noch für Profis mit Spezialwerkzeug zugänglich, und selbst dort wird per Diagnosegerät inspiziert und ausgelesen, um anschließend auszutauschen.

Für die empfindlichen Motoren mag dieser Schutz vor selbsternannten Automechanikern ein Segen sein, doch für die experimentierfreudige Jugend kommt diese Sterilität unter der Motorhaube einer Kapitulationserklärung ihrer Neugier gleich. Die sinnliche, unmittelbare Erfahrung des »Begreifens« fehlt, und das engagierte Reparieren weicht zunehmend einem Austauschen und Wegwerfen: Verständnis wird durch Konsum ersetzt.

Dieser Trend zeigt sich überall: Wer näht noch selbst seine Kleider, wo dampfen die selbstgemachten Konfitüren, und wer züchtet noch seine eigenen Tomaten?

Die Perfektion unserer Produktionsprozesse hat die alten Manufakturen verdrängt, doch die zunehmende Spezialisierung hat ihren Preis: Gerade in der heutigen Zeit beklagen viele den mangelnden Nachwuchs in den technischen Disziplinen. Doch wo und wie soll sich das Feuer der Begeisterung entfachen? Technische Kreativität nährt sich auch aus dem mutigen Bewusstsein, selbst eine Lösung erschaffen zu können. Der Geruch von Motorenöl und der Dunst des Lötfetts sind die Einstiegsdrogen für Techniker und Ingenieure. Doch die zunehmende Komplexität führt zu einer Entfremdung. Die Einstiegsschwellen sind zu hoch für die jugendliche Neugier!

Leiden wir unter zunehmendem
Realitätsverlust?

91 »Du hast den Flieger verpasst, während du am Gate gewartet hast? Wie geht denn sowas?«, fragte mein Sohn fassungslos, als ich zu Hause anrief, um meine Verspätung anzukündigen. Doch, man hatte mich ausgerufen, sogar mehrmals, der Flugbegleiter vor Ort hatte mich sogar erkannt, aber ich schien so vertieft in ein Telefonat, dass er glaubte, es müsse von hoher Dringlichkeit sein und ich zöge es vor, am Boden zu bleiben. Schließlich müsse man doch merken, wenn alle um einen herum aufstehen und zum Einsteigen gehen.

Nicht nur die Wartehallen in Flughäfen gleichen inzwischen einem skurrilen Kabinett. Fast alle Passagiere sind geistig abwesend, vertieft in Gespräche mit der Außenwelt, oder dabei, die Rädchen ihrer BlackBerrys zu drehen und E-Mails zu beantworten. Manche sehen aus, als ob sie wilde Selbstgespräche führten. Sie laufen dabei auf und ab und gestikulieren wie Geisteskranke. Erst beim näheren Hinschauen entdeckt man dann den Knopf im Ohr.

Unsere Gesellschaft taucht zunehmend ab in ein Universum der Illusionen: Handys, Internet, Fernsehen. Die künstliche Wirklichkeit gewinnt immer mehr an Raum, und die virtuelle Abwesenheit hat sich in unseren Alltag geschlichen. Wo ist die Realität? Wo ist das Hier und Jetzt geblieben in einer Welt, in der jedes Individuum von einer digitalen Wolke umgeben scheint?

Unzählige Studien belegen, dass Handys und Laptops mehr und mehr an Bedeutung gewinnen. Das Ergebnis ist ein nie dagewesener Realitätsverlust. Jugendliche investieren inzwischen einen großen Teil ihrer Zeit in die Arbeit an Online-Profilen, legen Alben an, um damit im Netz zu glänzen. Der Auftritt im Netz wird immer wichtiger, denn häufig findet eine Begegnung in der Realität gar nicht oder erst sehr spät statt. Und natürlich stammen auch die Vorbilder aus dieser virtuellen Welt.

Die ständige Konfrontation mit solch künstlichen Bildern treibt sonderbare Blüten. Innerhalb weniger Jahre haben sich die Schönheitsideale unserer Gesellschaft gewandelt: Die Titelbilder der Magazine werden konsequent retuschiert und digital geglättet, und die strahlenden Schönheiten werden zu solch einem Grad nachbearbeitet, dass sie nur noch wenig Ähnlichkeit mit der lebenden Vorlage haben. Alles ist machbar!

Aber nicht nur auf dem Papier wird aufgehübscht und geradegebogen. Die ästhetische Medizin erhält immer mehr Zulauf: Anti-Aging, Fettabsaugen, Färben, Straffen und Richten. In den USA spricht man vom »bodyshaping«. Am Ende sollen wir dann so aussehen wie die Vertreter der Scheinwelt. Kinderzähne werden mit Zahnspangen gerichtet, obwohl es keine medizinische Notwendigkeit dafür gibt, pubertierende Mädchen tragen Push-ups, weil sie so aussehen wollen wie ihre Fernsehidole, und ihre Freunde schlucken zweifelhafte Pillen, damit der Muskelaufbau auch ohne hartes Training beeindruckt. Manager joggen bis zur Erschöpfung, und betuchte Damen zahlen viel Geld für fragwürdige Vitalisierungskuren, denn Werbespots suggerieren, dass nur der Fitte erfolgreich sein kann, und ignorieren Gebrechlichkeit und Schwäche.

Selbst seriöse Nachrichtensendungen erliegen der künstlichen Versuchung und verkennen, dass artifizielle Studiokulissen am Gefühl für Echtheit nagen. Der Fortschritt beglückt uns laufend mit neuen Möglichkeiten, und das technische Spiel ist voller Reize. Doch auf Dauer müssen wir in unsere Wirklichkeit zurückfinden. Fehler und Schwächen sind kein Makel, sondern ein Indiz für Menschlichkeit und ein untrüglicher Beleg unserer Einzigartigkeit.

Warum lieben wir
exotische Kulturen?

92   Nomen est omen. Namen sind Vorboten, und ob wir es wollen oder nicht, allein unser Name erzeugt beim Gegenüber unwillkürliche Assoziationen. Manchen haftet gar ein Hauch von Magie an. Nicht ohne Grund verpassen Sekten ihren irrenden Seelen sogar neue Namen, so dass aus einer Babette Müller plötzlich eine erleuchtete Swami Devi wird.

In den Ohren mancher Esoteriker ist mein indischer Nachname hierzulande eine strahlende Hoffnung, auf dass das Mystische und Geheimnisvolle siegen mag in unserer desillusionierten Welt der Aufklärung. Natürlich unterstellt man mir gerne, dass ich in asketischer Konzentration wahre Yoga-Wunder vollbringen kann und mit den geheimnisvollen Heilmethoden eines vergessenen alten Indiens vertraut bin. Der Name verpflichtet, doch ich bitte um Nachsicht. Ein Herr Müller ist wohl auch nicht zwingend Experte in Sachen Mehlproduktion!

Vor kurzem begegnete ich meinem Namen auf der Seite eines deutschen Internetportals für Ayurvedaprodukte, und zwar in Form eines Gelenköls.[48] Ein »Yogeshwar-Öl« für die kalte Jahreszeit! Die Versprechungen des Herstellers sind vollmundig: »Für Menschen im reiferen Alter ist YOGESHWAR geradezu unabdingbar, um deren Gesundheit zu erhalten [...] Schließlich verleiht YOGESHWAR dem Körper jugendliche Frische und Energie.«

Ehrgeizige Jungmanager bleiben zwar bei ihrem Namen, doch in abendlichen Exerzitien üben sie sich in der Kunst von Kung-Fu, Wushu oder der Kampfkunst des Taijiquan, die, so betonen sie gerne, eine erfüllende Brücke zwischen Körper und Geist sei. Einsame Frauen wirken plötzlich interessanter, wenn sie sich nach Feierabend dem Qigong hingeben, nachdem sie auf dem Bürocomputer die Überweisungen des Vortags geprüft haben. Durch die Konzentration ihrer Gedanken und Regulierung ihres Atems hoffen sie Krankheiten zu heilen und physiologische Funktionen zu stärken.

Scheinbar alte Traditionen werden gerne als Ausgleich für die hektische westliche Welt missbraucht. Immer wieder stoße ich auf Geschäfte, die alte indische Weisheiten anpreisen und wenn ich eintrete, erfahre ich im Klang heller Glöckchen von magischen Kristallen und heilenden Düften – alles angeblich Bräuche des Orients. Obwohl ich einige Jahre in Indien lebte, sind mir derartige Wunderrequisiten nie begegnet, doch wer weiß, vielleicht habe ich sie auf dem schillernden Subkontinent übersehen ...

Vor einigen Jahren stieß ich auf etwas ausgesprochen Skurriles: Hopi-Ohrkerzen[49]. Diese gehen angeblich auf die uralte Tradition der Hopi-Indianer zurück, so jedenfalls wird damit geworben. Diese Gruppe der Pueblo-Indianer bewohnte einst die rötlichen Plateaus im Gebiet des Grand Canyon. Als friedliche Bauern führten sie ein unbeschwertes Leben im Einklang mit Geistern und Göttern, bis sie im 16. Jahrhundert von den Spaniern missioniert und massakriert wurden. Erst Jahrhunderte nach diesem Massenmord begannen sich die Urenkel der einstigen Täter für die Kultur der Ausgelöschten zu interessieren.

Die Hopi-Kultur, so wird behauptet, sei ein Füllhorn heilender Rituale und zeitloser Weisheiten. Bei den Hopi-Kerzen hatte ich jedoch meine Probleme: Es handelt sich um etwa 30

Zentimeter lange Kerzen aus Bienenwachs, Johanniskraut, Kamille und weiteren Ingredienzien, die man seitlich liegend ins Ohr steckt und anzündet! Durch die brennende Kerze entsteht angeblich ein Kamineffekt, der das Ohr entlastet und gegen Kopfschmerzen und Durchblutungsstörungen helfen soll.

Die heilenden Hopi-Kerzen grenzen offenbar an ein Wunder, denn meine Recherchen ergaben, dass zumindest die medizinische Wirkung nachweislich umstritten ist. Sich brennende Kerzen in die Ohren zu stecken erschien mir so absurd, dass ich dem Stamm der Hopi-Indianer einen längeren Brief schrieb und mich nach diesem sonderbaren Brauch erkundigte. Ein paar Tage später erhielt ich eine ausführliche Antwort vom »Vice-President« der Hopi-Indianer. Dieser stellvertretende Häuptling klärte mich darüber auf, dass es in keiner Phase der Stammesgeschichte eine Ohrkerzen-Tradition in seiner Kultur gegeben habe. Die Wunderkerze sei bloß ein Konstrukt westlicher Geschäftemacher, da habe man sich etwas zusammengesponnen, das in aller Klarheit nicht das Geringste mit der Tradition seines Stammes zu tun habe. Er bedankte sich in seinem Schreiben mit der Bitte, man möge sein ohnehin so geschundenes Volk von derartigem Hokuspokus fernhalten. Fest steht also: Hopi-Kerzen sind Humbug, doch warum geistern solche Konstruktionen durch unseren aufgeklärten Alltag?

Die Namen alter Kulturen haben sich offensichtlich zu Projektionsflächen unserer Hoffnungen entwickelt. Hopi, Ayurveda, Zen ... Ein ganzes Arsenal wirkungsloser Diäten, Körperübungen und Entspannungstherapien wird schamlos mit dem Verweis auf uralte Traditionen an den Mann und an die Frau gebracht. Essenzen, Salben, Öle und allerlei Duftstäbchen werden mit wohlklingenden exotischen Namen für exorbitante Preise angeboten und mit frei erfundenen Gebrauchsanweisungen versehen. Ein »Yogeshwar-Öl« fördert genauso wenig die Ausgeglichenheit der Seele wie »Hopi-Kerzen« es tun. Würde jemand Ihnen 200 Gramm ausgelassene Butter im Glas für 24 Euro verkaufen, würden Sie nicht lange zögern und ihn als Wucherer und Abzocker verschmähen, doch beim Wohlklang von »Ashwagandha Ghee«, was in der Tat nichts anderes als ausgelassene Butter ist, sind unsere kritischen Sinne wie gelähmt.

Vielleicht verbirgt sich ja dahinter ein kollektives Schuldgefühl. Wir wollen anders sein als unsere ignoranten Urgroßväter, die vor Jahrhunderten andere Kulturen ausbeuteten und versklavten. Statt die Tempel zu achten und den Gesängen der Eingeborenen zu lauschen, pflanzten sie hemmungslos Bananen und Tee an und durchpflügten die heiligen Böden nach verwertbaren Rohstoffen. Der Boom exotischer Heilslehren ist womöglich eine unbewusste Wiedergutmachung historischer Fehler. Vielleicht tauchen so allmählich die verschreckten Geister vergangener Kolonien wieder auf im Duft von Rosenwasser, Sandelholz und heilenden Ölen. Atmen Sie tief ein – ohne Angst.

Wohin führt die **digitale Durchsichtigkeit?**

93 »Big Brother is watching you!« Als George Orwell im vergangenen Jahrhundert seine Vision eines Überwachungsstaates zeichnete, war der Verlust der Privatsphäre gleichbedeutend mit dem Ende von Freiheit und Demokratie. Die totale Kontrolle des Bürgers, die lückenlose Protokollierung seiner Aktivitäten oder das Aufzeichnen seiner Gespräche gelten heute als Instrumente von Diktaturen und Überwachungsstaaten. Im Gegensatz zu totalitären Regimes gestehen Demokratien den Menschen Freiräume zu und vertrauen bewusst auf blinde Flecken.

Als angehender Journalist erlebte ich, wie sich 1987 viele Menschen gegen die damalige Volkszählung wehrten. Auch das Vernetzen von Computerdaten in Betrieben löste anfänglich noch heftige Diskussionen aus. »Datenschutz« und »informationelle Selbstbestimmung« beschäftigten unzählige Beamte, und die Weiterleitung persönlicher Daten wurde fast als krimineller Akt empfunden: »Meine Daten gehören mir – Volkszählung – Nein danke!«

Inzwischen hat sich vieles verändert: Wir haben uns längst daran gewöhnt, dass Kameras unseren Weg zum Bahnhof säumen oder Sensoren regelmäßig unsere Autokennzeichen erfassen. Wie selbstverständlich zücken wir neben Kreditkarten auch Payback- und Bonuskarten und erlauben, dass man für ein paar Prozent Rabatt unsere Kaufgewohnheiten erfasst. Wir übersehen kleingedruckte Geschäftsbedingungen und willigen per Mausklick ein, dass unsere elektronische Post nach Schlüsselwörtern durchsucht wird. Für den kostenlosen Account opfern wir das Briefgeheimnis. Das Internet durchlöchert die Privatsphäre, denn ahnungslose Nutzer offenbaren ihre intimsten Geheimnisse in Foren und Chatrooms, ohne die geringste Kenntnis darüber, wer da noch alles mitliest. Der praktische Nutzen und die Faszination elektronischer Landkarten machen uns zu Voyeuren, die mit Zoomperspektive in versteckte Hinterhöfe blicken. Neue Bekanntschaften werden »gegoogelt«, binnen Sekunden durchforsten wir eine Vielzahl elektronischer Akten und lesen gierig in der Vergangenheit des anderen. Jugendsünden, Fotos in Ausnahmesituationen oder saftige Dialoge aus Foren wie SchülerVZ oder Facebook enttarnen das wahre »Ich« des Fremden.

Eine befreundete Kollegin zeigte einer verblüfften Schulklasse Bilder und Texte der Schüler, welche sie zuvor im Internet recherchiert hatte. Bei dieser Lektion begriffen die Kids endlich, dass das Netz keine Geheimnisse für sich behält.

Die moderne Technik ist zwar praktisch, doch wir bemerken nicht, welchen Preis wir dafür zahlen. Schleichend etabliert sich eine Kultur der Kontrolle und Transparenz. Jeder von uns wird dabei gleichermaßen zum Täter und zum Opfer: Wir bespitzeln und werden bespitzelt. Mal ist das Motiv ein kommerzielles, mal ist es Neugier. In vielen Staaten beflügeln die neuen Hilfsmittel die Verantwortlichen zu einer nie dagewesenen Kontrollsucht, die die Basis unserer Demokratie angreift und langfristig zum Nährboden für Diktaturen werden könnte. Vielleicht kehrt sich dann der alte Spruch eines Tages um zu: »Kontrolle ist gut – Vertrauen ist besser ...«

Wie **wild** ist
die **Natur?**

94 Es verspricht ein aufregender Tag zu werden – auf Safari, mit dem Jeep durch den Urwald. Eine sehr bequeme Art, die Wildnis zu erkunden. Der Wildhüter hat uns von Elefanten und Tigern vorgeschwärmt. Noch gestern habe man eine Elefantenkuh mit ihrem Baby gesichtet. Der Nationalpark von Nagarhole zählt zu Indiens letzten Urwäldern, eine phänomenale Kulisse am Kabinifluss, ein letzter Rest unberührter Natur, wie aus der Welt des Dschungelbuchs.

Bereits um fünf Uhr morgens soll es losgehen. Gerade die ersten Morgenstunden sind günstig, denn in der Trockenzeit kommen dann viele Wildtiere zum nahen Fluss ...

Meine Kinder sind aufgeregt, doch wir sind nicht allein. Etwa ein Dutzend weiterer Touristen haben dieselbe Tour gebucht, und ihr Anblick verunsichert uns: Männer und Frauen in modischer Bekleidung, mit unpassendem Schuhwerk, Chipstüten und Limonadenflaschen. Andere wiederum tragen schwere Kameraausrüstungen mit sich und prahlen mit immensen Teleobjektiven. Kleine Kinder quengeln und werden mit rasselndem Spielzeug beruhigt. Die bunte Gruppe besteigt einen offenen Geländebus, und nach einer kurzen Ansprache des Guides fahren wir in Richtung Urwald.

Die Straße wird schlechter, am Rand glänzen Mülltüten und Abfall. Nach einer halben Schüttelstunde erreichen wir die Einfahrt in den Park, wenige Minuten später bleibt der Bus stehen: »Oh ...!«

Im Gebüsch entdecken wir eine Herde Rotwild. Kameras summen, die Stille der Natur wird mit allerlei Kommentaren zerstört. Die Herde äst weiter und nimmt kaum Notiz davon. Weiter geht's. Erneut Rotwild, doch der Bus setzt seine Fahrt fort. Tüten knistern, Frauen plappern, ein Jugendlicher spielt mit seinem Handy. Vom feinen Zirpen der Insekten und den fernen Lockrufen exotischer Tiere bekommen wir nichts mit. Andere Safaribusse überholen uns, die Insassen winken – und auch dort Chipstüten und Kameras.

An diesem Morgen fahren wir an Affenherden und indischen Bisons vorbei, während wir aus den Baumkronen von bunten exotischen Vögeln beobachtet werden. Kurzes Anhalten, Knipsen und weiter. Am Flussufer dann eine Elefantenkuh mit ihrem Nachwuchs. Davor parken ein halbes Dutzend Busse. Von »Wildnis« zu sprechen scheint beim Anblick der kichernden Zuschauerschaft absurd. Nach fünf Minuten schwindet das Interesse der Touristen. Die Fotos sind gemacht. »Hat noch jemand Durst?«

Wir fahren weiter, passieren einen balzenden Pfau und etliche Rotwildherden, die kaum jemanden zu interessieren scheinen. Der Guide blickt auf die Uhr. Der Bus fährt an Termitenhaufen und blühenden Sträuchern vorbei. Den Tiger bekommen wir an diesem Vormittag nicht zu sehen. Manche Touristen sind enttäuscht: »Wir haben doch mit Tiger gebucht!« Der Urwald ist übersät mit tiefen Fahrspuren, und an manchen Stellen riecht es nach Autoabgasen. Es dürfte nicht mehr allzu lange dauern, bis man eine Straße hindurch baut. Vielleicht gibt es dann sogar kleine Restaurants mit Souvenirshops, Eisdielen und bunten Luftballons. Für ein paar Euro könnte man bunt bedruckte T-Shirts kaufen mit der Aufschrift: »Rettet die Natur!«

Warum sind **Computerspiele**
so gefährlich anziehend?

95 In vielen Kinderzimmern ist es verdächtig ruhig geworden. Kein Geschrei, kein Poltern und Toben, keine laute Musik oder lachende Freunde. Doch die Ruhe täuscht: Unsere Kinder führen Kriege gegen künstliche Wesen, chatten mit »Freunden« oder laden Videos aus dem Netz, die für Kinderaugen nicht unbedingt geeignet sind. Computer und Internet sind neu im Spektrum der Erziehung, und immer öfter suchen verzweifelte Eltern nach einem vernünftigen Umgang damit. Ein Internetverbot wird von jungen Leuten als besonders harte Strafe empfunden, denn der Computerentzug löst Wutanfälle und Trotzreaktionen aus. Immer mehr Eltern sind ratlos und kapitulieren vor dem ewigen Problem »Computer«.

Noch vor zehn Jahren besaßen die wenigsten Jugendlichen Handy, MP3-Player, Spielkonsolen, Computer oder Internetanschluss, doch über Nacht wurde das Familienleben von einem neuartigen elektronischen Arsenal unterwandert. Ein Haushalt mit Jugendlichen zwischen 12 und 19 Jahren zeichnet sich durch eine beachtliche Medienausstattung aus: Praktisch alle Haushalte verfügen über Fernseher, Mobiltelefone, Computer und Laptops. Mit 95 Prozent sind fast alle Haushalte online.

In virtuellen Gemeinschaften wie Facebook oder SchülerVZ platzieren kleine Mädchen gewagte Selbstportraits und sammeln mit einem Mausklick »Freunde«, die sie nie wirklich zu

Gesicht bekommen. Sie tauschen sich mit anderen aus, doch ihren Eltern bleibt der virtuelle Freundeskreis verborgen. Natürlich machen das »alle« – doch muss man selbst im digitalen Strudel enden?

Längst haben sich Altersbeschränkungen in Luft aufgelöst, denn unsere Kinder tauschen munter Silberscheiben und besuchen mit großer Neugier die hässlichsten Internetseiten. Natürlich, so die Betreiber, sollten Eltern einen Blick darauf werfen, doch seien wir ehrlich: Die Medienkompetenz der meisten Eltern endet auf dem Niveau elfjähriger Kids. Für gewiefte Jugendliche sind Filter und Zugangssperren eine leicht zu nehmende Hürde.

Junge Menschen sind ein besonders attraktives Klientel, und schon längst haben pfiffige Spielbetreiber ihre junge Kundschaft eingeschworen: Das Online-Spiel »World of Warcraft« bescherte in den vergangenen Jahren dem US-Unternehmen Blizzard einen Rekordumsatz von mehr als einer Milliarde US-Dollar. »World of Warcraft« nutzt ein wirkungsvolles Bindungsmodell: Für etwa zehn Euro pro Monat, ein zu bewältigendes »Taschengeld«, können die Spieler in ein virtuelles Reich eintreten. In »Gilden« verbünden sie sich mit anderen Spielern, erobern dann neue virtuelle Tempel und Täler, stärken sich durch das »innere Feuer des Priesters« oder den »Kampfrausch des Schamanen« und verbessern ihren Status. Wer ungeduldig ist, kann sich sogar via eBay Charaktere kaufen, um so gestärkt in die Spielewelt zu entfliehen! Für Accounts und Charaktere werden mehrere Hundert Euro bezahlt!

»World of Warcraft« kennt kein Ende, denn auf jede Herausforderung folgt eine neue. Ein fünfzehnjähriger Belgier fiel sogar ins Koma, weil er nicht mit dem Spielen aufhören konnte.[50] Natürlich gibt es inzwischen »elterliche Freigaben«, aber natürlich wissen die Kids auch, wie man jene umgeht!

Eine Studie der Universität Koblenz-Landau[51] attestiert, dass 11,3 Prozent der Befragten ein »pathologisches Computerspielverhalten« aufweisen. Die Betroffenen zeigen eine Präferenz für das Online-Spiel »World of Warcraft«. Dieses Spiel, so die Studie, sei bekannt für seine Zeitintensität. Monatlich anfallende Gebühren, die leichte Verfügbarkeit, »Verpflichtungen« innerhalb der Gilde sowie das Fortlaufen des Spielgeschehens bei Abwesenheit des Spielers erzeugten eine starke Spielbindung, weshalb diesem Spiel oftmals ein Suchtpotenzial zugesprochen wird. Stolz verkündet indes der Hersteller auf seiner Internetseite, dass dem Spiel bereits über zehn Millionen Abonnenten verfallen sind.

Wahrscheinlich ist die Entwicklung zu rasch, und keiner der Verantwortlichen traut sich zu handeln. Mit medial aufgebauschten Selbstbeschränkungen und verständnisvollen Worten versuchen die Betreiber Verbote und Einschränkungen zu umgehen, eine Taktik, die im Spiel »Kiting« genannt würde: Hierbei bleibt ein Spieler durch kontinuierliches Weglaufen außer Reichweite eines Feindes, während er diesem gleichzeitig Schaden zufügt.

Bei aller Faszination für Technik sollte der Fortschritt uns stets mit einem Mehr an Freiheit beschenken, statt uns in eine trostlose Abhängigkeit zu locken. Wenn das Produkt von klugen Köpfen und kreativen Designern zur abstumpfenden Sucht meiner Kinder führt, hört für mich das Spiel auf.

Warum sind **Funklöcher** so **wohltuend?**

96 Inmitten des persönlichen Gesprächs geht er dennoch ans Telefon: »Verzeihung!«, und erneut habe ich im Wettstreit mit dem entfernten Anrufer verloren. Obwohl ich meinem Gegenüber physisch näher stehe, ihm in die Augen sehen kann und wir soeben einen interessanten Gedanken austauschten, siegt das Telefon! Von diesem Zeitpunkt an höre ich Antworten auf unbekannte Fragen und mühe mich, aus Höflichkeit wegzuhören. Ich staune über die Offenheit, mit der Personalprobleme diskutiert oder Geschäftsinterna erörtert werden. Wenn ich Glück habe, geht es schnell, ansonsten vergehen zähe Minuten einer neuen Form von Einsamkeit: Ich befinde mich in einer Warteschleife, bei der ich nicht auflegen kann. Das stumme Danebenstehen ist mir unangenehm, und wenn mein abwesendes Gegenüber dann noch anfängt, über belanglose Dinge zu quasseln, bin ich endgültig sauer. In Träumen stelle ich mir dann vor, einfach wegzugehen, doch täte ich es, bin ich mir nicht einmal sicher, ob er dieses überhaupt bemerken würde. Ich ertappe mich sogar, wie ich in meiner Vorstellung wütend den Vieltelefonierer anschreie: »Hallo – hier ist die Wirklichkeit!«, und ihm sein glänzendes Kästchen entreiße: »Du hörst jetzt hier zu. Basta!« Nein, so mutig war ich bislang nicht, und so warte ich geduldig, bis es nach dem Auflegen mal wieder heißt »Verzeihung; ... wo waren wir gerade stehen geblieben?«
Das direkte Gespräch, in der modernen Sprache »face to face«

genannt, wird zunehmend bedroht, denn das sofortige Reagieren auf klingelnde Telefone gleicht einer Absage an die Kraft des Realen. In solchen Momenten lautet die versteckte Botschaft: Mein Telefon ist wichtiger als du.

Einige meiner Bekannten sind so süchtig nach ihren elektronischen Verbindungen, dass sie sogar hemmungslos in Restaurants, auf Skipisten oder beim abendlichen Zusammensein auf ihre winzigen Bildschirme starren. Ihr andauerndes Reagieren auf vibrierende Kistchen macht sie zu Notfallärzten einer kranken Geschäftswelt, die anscheinend sofort Hilfe benötigt. Doch die Patienten sind meist gelangweilte Kollegen, die bei Autofahrten oder Flugverspätungen die »tote« Zeit mit ebenso belanglosen Gesprächen auffüllen.

Die Stille der Unerreichbarkeit scheint ihnen so unerträglich zu sein, dass sie ihre Autos mit Freisprecheinrichtungen in fahrende Telefonzellen verwandeln und das Gegenüber hemmungslos fünf Mal hintereinander anrufen: »Verzeihung – die Funklöcher!«

Vielleicht wendet sich das Blatt, denn in Restaurants, Konferenzen und Flughäfen höre ich mittlerweile immer häufiger den Satz: »Ich kann jetzt nicht!«

Anruf unerwünscht in Zeiten der Dauererreichbarkeit. Bei aller Kritik gestehe ich ehrlicherweise, dass auch ich mich öfter in der Welt der Mobiltelefone verliere. (Siehe Kapitel 91: *Leiden wir unter zunehmendem Realitätsverlust?*) Doch ich beginne zu lernen und übe mich darin, dem kleinen Apparat nicht immer den Vorzug zu geben.

Vielleicht eine erste Einsicht? Der konsequente zweite Schritt wäre ein Kappen der elektronischen Nabelschnur, also das Einschalten der Mailbox mit der Nachricht: »Der Teilnehmer ist nicht erreichbar.« Und wer weiß, vielleicht heißt es irgendwann: »Der Teilnehmer hat sich derzeit für die Wirklichkeit entschieden!«

Lässt sich unser
Geschmackssinn täuschen?

97 Es wird püriert, geschnitten und gerieben, dann leicht angebraten und am Ende noch mit einer Prise Himalaya-Salz veredelt. Großaufnahme, Applaus. Kochen ist in! Auf allen Fernsehkanälen präsentieren angebliche Meisterköche ihre Kunst, staunende Studiogäste schmecken anschließend die kleinen Probeportionen ab und sind entzückt von dem so anderen Geschmack. »Einzigartig, toll, fein, exquisit, und dann noch diese leicht säuerliche Note ...!« Küchenschlachten und Kochduelle haben den Bildschirm inzwischen erobert, und Heerscharen von Zuschauern suchen Entspannung bei den Darbietungen der Chefs. Kolumnen und Internet-Blogs behandeln auch die kleinsten Feinheiten der Casserole. Wer sich auf den Weg macht, hat noch viel zu lernen: von ein- und mehrfach ungesättigten Fettsäuren oder von den so wichtigen Polyphenolen, die als Antioxydantien sehr gesund sind, halten sie doch unsere Blutgefäße elastisch. Die Zahl der Gourmetrestaurants ist mittlerweile explodiert, und in groß inszenierten Events beglücken die Götter in Weiß ihre gut zahlende Kundschaft. Wem der Genuss im edlen Restaurant nicht reicht, kann auch ein abenteuerliches Drei-Sterne-Picknick buchen, Helikopterflug inklusive. Hoch lebe der gute Geschmack!

Neben den medialen Gaumenfreuden zeigt sich jedoch ein ganz anderer Trend: Fastfood, Imitate und Mikrowellenpampe. Billig muss es sein, und schnell muss es gehen, denn in der

Geschäftigkeit des Alltags spielt das Essen – im Gegensatz zu den TV-Shows – oft eine Nebenrolle. Mit einem stattlichen Arsenal an Zusatz- und Geschmacksstoffen wird uns ein fertiges Menü verkauft, das im Nu zubereitet ist: Heißes Wasser drauf, umrühren und guten Appetit. Analogkäse ziert die Pizza, der flockige Milchreis ist in Wahrheit eine matschige Brühe, und die krossen Fleischstücke auf der Verpackung, die unseren Appetit so anregen, sind in der geöffneten Schale nicht mehr auffindbar. Erst nach genauem Studium der aufgedruckten Zutatenliste zeigt sich, womit da gerne nachgeholfen wird.

Allein um die Verarbeitung zu erleichtern oder die Konsistenz und Haltbarkeit zu verbessern, benutzt man 319 (!) zugelassene Lebensmittelzusatzstoffe. Die Hersteller greifen im Kampf mit den Verbraucherorganisationen auf absurde Formulierungstricks zurück: So musste ich lernen, dass in einem Pudding mit dem Aufdruck »Vanilla« nach den geltenden Buchstaben des Gesetzes kein Gramm Vanille enthalten sein muss. Dieses Dessert gibt ja nicht vor, ein Vanille-Pudding zu sein! Alles klar?

Bunte Riesengarnelen erweisen sich plötzlich als reines Kunstprodukt aus gepresstem Fischmehl, und auch die oft beschworene »Piemontkirsche« gibt es in Wahrheit gar nicht, sie ist eine Blüte pfiffiger Marketingexperten.

Die Palette an künstlichen Lebensmitteln, die inzwischen auf unseren Tellern landen, zeigt Wirkung: In einem Test baten wir Passanten darum, zwischen einem echten Fruchtjoghurt und einem Kunstjoghurt zu wählen. Auch Schinken und Schafskäse gab es bei unserem Experiment in beiden Versionen: Original und Imitat. Das Ergebnis war ernüchternd, denn der einen Hälfte der Tester schmeckte der künstliche Joghurt besser als das Original, und beim Schafskäse entschieden sich sogar zwei Drittel für das Imitat. Unser Gaumen hat sich inzwischen an die Vielzahl der Geschmackstäuschungen gewöhnt, und häufig können wir noch nicht einmal mehr zwischen natürlich und künstlich unterscheiden. Ist diese Geschmacksverirrung womöglich in unserer Kultur verankert?

Wir wiederholten das Experiment in Frankreich, der Heimat der Haute Cuisine, doch auch dort lässt sich der Geschmack gerne täuschen. Vielleicht liegt es ja an uns Laien – Experten schmecken anders, oder? Auch das haben wir überprüft: Ein begnadeter Chemiker mixte uns einen »Wein«, der eines garantiert nicht enthielt: Trauben. Mit diesem chemischen Aromacocktail stellten wir ausgewiesene Weinkenner auf die Probe, die prompt auf den Kunstdrink hereinfielen und sogar sein Bouquet und den reichen Abgang lobten.

Ich könnte noch einiges über die »Nouvelle Cuisine« verraten, doch ich muss Schluss machen, denn gleich kommt Schwiegermutter vorbei und macht uns Hefeküchlein. Selbstgemacht, und der Fernseher bleibt aus!

Warum brauchen wir
immer Ausreden?

98 Der Zug ist wieder einmal verspätet. Es ist 6:24 Uhr. Auf dem Bahnhof schweigen die Reisenden – Geschäftsleute, Pendler und Frühaufsteher. Manche frösteln in der Morgenkälte, andere wirken abwesend oder blicken verloren auf ihr Handy. Dann die Durchsage: »Verehrte Fahrgäste: Auf Gleis 3 ...« Was folgt, ist der routinierte Versuch einer Erklärung für die Verspätung. Einmal heißt es »wegen Verzögerung im Betriebsablauf«, einmal »Betriebsstörung«, beliebt sind auch »Bahnübergangsstörung« oder »hohes Streckenaufkommen«. Kopfschütteln bei den Wartenden. Die schweigenden Einzelgänger beginnen plötzlich miteinander zu sprechen. Immerhin: Die Ausrede aus dem Lautsprecher fördert die Kommunikationsbereitschaft.

Einige Kilometer weiter warten andere Passagiere im beengten Flugzeug auf den Start, und auch hier serviert man ihnen offizielle Gründe für die Verzögerung. Schuld sind »der überfüllte Luftraum über Frankfurt«, eine »technische Überprüfung der Triebwerke« oder »die verspätete Ankunft des Flugzeugs aufgrund des schlechten Wetters in Sankt Petersburg«. Bemerkenswert – oder? Sie verpassen Ihren Termin in München wegen des schlechten Wetters in Sankt Petersburg!

Seit dem Frühjahr 2010 wurde die Palette der Erklärungen um ein neues Element ergänzt: Vulkanasche aus Island! Internationale Konferenzen wurden abgesagt, Produktionen gerieten ins Stocken, und wichtige Entscheidungen wurden vertagt, weil sich, weit weg von allem, ein Vulkan Luft verschaffte.

Der Eyjafjallajökull erwies sich als die übersehene Achillesferse unserer modernen Industrienationen. Wer hätte bis dahin geglaubt, dass die Getriebeproduktion der deutschen Automobilindustrie, der Umsatz der Floristen in Münster oder die Popularität bayerischer Verkehrsminister in solch direkter Abhängigkeit zur Aschekonzentration über Island stünden? Bei sonnigem Frühjahrswetter über Deutschland ruhte der gesamte Flugverkehr, und ironischerweise verstand niemand so recht, wieso der strahlend blaue Himmel plötzlich so bedrohlich geworden war. Es gab keine dunklen Wolken, die den Himmel verfinsterten, oder gar panische Menschen, die vor ätzenden Schwefelgasen flüchteten – und doch erfüllte Angst den Luftraum.

Ratlose Politiker verwiesen auf einberufene Kommissionen, und diese wiederum stützten sich auf die Meinung achselzuckender Experten, die in Sondersendungen erklärten, dass noch viele Messungen nötig seien, bis man abschließend Entwarnung geben könne. Die Bedrohung sei gegeben, auch wenn sie für uns Laien unsichtbar sei. Man präsentierte den Wartenden bunte Computermodelle, welche die Ausbreitung der Asche in unterschiedlichen Höhen zeigten, und versprach uns baldige Messungen und verbindliche Grenzwerte.

Als EU-Kommissionen Umsatzausfälle in Milliardenhöhe meldeten, wurde es den Unternehmern dann doch zu bunt, und kurzerhand hob man das Flugverbot wieder auf, ohne wirklich mehr zu wissen. Da in den folgenden Wochen die Flugzeuge noch immer nicht vom Himmel fielen, akzeptierten selbst die Experten die Rückkehr zur Normalität: Geowissenschaftler rehabilitierten ihre Zunft und bestätigten, dass es sie dennoch gab, die Asche aus Island. Bei einer Korngröße von weniger als 0,01 Millimetern enthielt ein Kubikmeter

Luft etwa 60 Mikrogramm Asche. Die Staubmenge entsprach einer Kinderschaufel voll Staub verteilt über die ganze Göttinger Innenstadt!

Der isländische Vulkan reiht sich somit in die endlose Liste an Erklärungen und Ausreden ein, die man uns Laien allzu gerne präsentiert. Es spielt dabei keine Rolle, ob es sich um Zugverspätungen, steigende Benzinpreise, fallende Aktienkurse oder die überbordende Staatsverschuldung handelt. Es gibt immer Erklärungen: Einmal sind es die ausbleibenden Regenfälle im Westen der USA, einmal die stockenden Arbeitsmarktzahlen in Südostasien oder die zögerlichen Wachstumsprognosen aus Japan. In unserer komplizierten und undurchsichtigen Industriegesellschaft scheint sich das einfache Gesetz von Ursache und Wirkung ohnehin allmählich aufzulösen. Das Ergebnis ist eine entmündigende Ohnmacht. Trotz aller Aufklärung und scheinbarer Rationalität macht sich eine gefährliche Gutgläubigkeit breit.

Wenn es so weitergeht, bringt irgendwann noch ein umgefallener Sack Reis in China die Weltwirtschaft ins Wanken!

Fragen
ohne Antwort

> We shall not cease from exploration.
> And the end of all our exploring
> Will be to arrive where we started
> And know the place for the first time
> *T. S. Eliot: Four Quartets, Little Gidding*

99 Kleinen Kindern sagt man nach, dass sie erfüllt sind von der Lust am Fragen, und überall auf der Welt mühen sich Eltern ihrem Nachwuchs die Antwort auf das »Warum?« zu geben, doch statt der Stille der Einsicht folgt ein weiteres »Warum?«.

Offensichtlich sind all unsere Antworten unbefriedigend, denn sie stillen niemals den Hunger unserer Neugier. Ärzte beantworten die Fragen ihrer Patienten mit einem lateinischen Fachbegriff, Physiker schreiben eine Formel auf die Tafel, Psychologen antworten mit einer weiteren Frage, nur Liebende schweigen und küssen sich.

Viele Antworten sind allenfalls Scheinantworten, die uns für den Moment beruhigen und auf den ersten Blick schlüssig erscheinen. Im 7. Kapitel von »Alice im Wunderland« nimmt Alice an einer verrückten Teegesellschaft teil. In der Runde stellt ihr der Märzhase die Frage: »Why is a raven like a writing desk?« (»Warum ist ein Rabe wie ein Schreibtisch?«), doch die Frage wird im Buch nicht beantwortet. »Des Hutmachers Rätsel«, wie die Frage häufig genannt wird, beschäftigte einige kluge Köpfe. In seinem Buch »Annotated Alice« gibt Martin

Gardner eine bemerkenswerte Antwort auf das Rätsel. Sie lautet:

»Because there is a ›b‹ in ›both‹.« (»Weil ein ›b‹ in ›beiden‹ ist.«)

Vielleicht brauchen Sie, wie ich, einen Augenblick, um den versteckten Humor der Antwort zu begreifen! Im gesamten englischen Satz »Why is a raven like a writing desk?« gibt es offensichtlich keinen einzigen Buchstaben »b«, doch buchstabieren Sie einmal das Wort »both« (»beiden«) ...

In vielen Bereichen des Lebens höre ich ähnliche Antworten, die zwar in sich schlüssig erscheinen, jedoch nicht auf die Sache *an sich* eingehen. Mit gigantischen Teilchenbeschleunigern suchen Physiker nach der Antwort auf die Frage, woraus unsere Materie aufgebaut ist. Genetiker sammeln mit riesigen Sequenzierapparaten das Buchstabenpuzzle unseres Erbguts zusammen, in der Hoffnung eines Tages das Geheimnis des Lebens zu entschlüsseln. Gehirnforscher durchleuchten die Nervenzellen unseres Gehirns mit hochauflösenden Kernspintomographen und wollen so unser Denken erklären, und Kosmologen blicken mit weltraumgestützten Teleskopen in die Tiefen des Universums und wollen auf diese Weise verstehen, wie alles begann.

Diese fleißige Neugier hat uns nebenbei unzählige Früchte beschert: elektrisches Licht, Zentralheizungen, Flugzeuge, Kopfschmerztabletten, Gummibänder, Plastiktüten, das Internet und Parkuhren. Die Anzahl der Innovationen ist so überwältigend, dass es für viele von uns nur eine Frage der Zeit ist, bis die Menschheit auf alles eine praktische Antwort gefunden hat.

Doch blickt man genauer hin, dann sind wir noch sehr weit von diesem Ziel entfernt. In jeder Disziplin eröffnen sich mit jedem Fortschritt neue, noch weitere Horizonte. Die scheinbare Beantwortung einer einzigen biologischen Frage überschüttet uns mit einem Regen neuer Rätsel. Hirnforscher beginnen allmählich zu erahnen, wie unerreichbar ihr selbst gesetztes Ziel ist, und Physiker und Kosmologen begreifen, dass der Aufbau des Universums wohl gänzlich anders ist als angenommen. Die Welt, die wir zu verstehen meinen, entpuppt sich als ein Bruchteil des grandiosen Schauspiels, das uns umgibt. Und schon ein einzelnes Sandkorn vereint in sich mehr Rätsel, als die gesamte Menschheit bislang gelöst hat.

Dennoch geben wir nicht auf. Wir fahren fort und befragen unser Umfeld mit unserer unstillbaren Neugier. Wie Kinder scheuen wir uns nicht, das »Warum?« immer und immer wieder auszusprechen, und machen uns auf die Suche nach einer Antwort – wie Bergsteiger, die einen in Nebel gehüllten, unsichtbaren Gipfel erreichen wollen. Generation für Generation geben wir die Staffel unserer Erkenntnis weiter. Wir überwinden Klippen und Spalten und bezwingen hohe Steilwände. Manchmal blicken wir nach unten und freuen uns über den Weg, den wir zurückgelegt haben, doch der Gipfel selbst entzieht sich stets unserem Blick. Wir schreiten weiter, weil wir es müssen, denn jede Antwort offenbart uns, trotz aller Demut, ein Stück Glückseligkeit.

Anmerkungen

1 Die beim längeren Kochen von Milch zu beobachtende Entwicklung einer Haut an der Oberfläche wird durch die hitzeinduzierte Denaturierung von Albumin verursacht. Andere Proteine, wie zum Beispiel Kasein, werden durch Säure ausgefällt, siehe Wikipedia-Eintrag »Milch«.

2 In der Luft breitet sich der Schall mit rund 340 m/s aus; das entspricht 1224 km/h. Unter Wasser schafft der Schall 1464 m/s (= 5270,4 km/h). Die Wellenlänge ist hingegen vom Medium unabhängig. Dies hat zur Folge, dass sich die Tonhöhe »automatisch« ändern muss, wenn sich die Geschwindigkeit des Schalls ändert.

3 Frank S. Crawford: »The hot chocolate effect«, American Journal of Physics, May 1982, Volume 50, issue 5, S. 398–404.

4 Siehe The Physics Teacher, Vol. 45, No. 5, May 2007, S. 270–273.

5 S. A. Shumake, R. T. Sterner, S. E. Gaddis: »Repellents to reduce cable gnawing by northern pocket gophers«, Wildlife Damage Management, Internet Center for USDA National Wildlife Research Center – Staff Publications, 1999.

6 Zur genauen mathematischen Ableitung des Wärmetransports in einem Ei siehe http://newton.ex.ac.uk/teaching/cdhw/egg/CW061201-1.pdf, Zugriff 8.9.2010. Zur Chemie der Eiweiße und ihrer Denaturierung siehe Food Technology, Vol. 38, No. 5. May 1984, S. 67–96, im Internet unter http://albumen.conservation-us.org/library/c20/gossett1984.html, Zugriff 8.9.2010.

7 Siehe http://www.leifiphysik.de/web_ph09/umwelt_technik/07dampfdruck/dampfdruck.htm, Zugriff 8.9.2010.

8 Siehe Rolf K. Eckhoff: Dust Explosions in the Process Industries. Boston: Gulf Professional Publishing/Elsevier, 32003, S. 157 ff.

9 Siehe Münchener Rück Schadenspiegel 1/2008, Themenheft Risikofaktor Luft.

10 Natriumhydrogencarbonat wird seit langer Zeit in der Lebensmitteltechnik als Backtriebmittel (im Backpulver zusammen mit Natriumhydrogenphosphat) und als Feuerlöschpulver genutzt.

$$2\,\text{NaHCO}_3 \xrightarrow{\text{Wärme}} \text{Na}_2\text{CO}_3 + \text{CO}_2 + \text{H}_2\text{O}$$

Durch Hitze und Feuchtigkeit reagiert das Natron mit der Säure und setzt Kohlenstoffdioxyd (CO_2) frei, wodurch kleine Gasbläschen entstehen und der Teig aufgelockert wird.

11 Brandklasse A: Brände von festen Stoffen, hauptsächlich organischer Natur, zum Beispiel Holz, Papier, Stroh, Textilien, Kunststoffe, Autoreifen. Brandklasse B: Brände von flüssigen oder flüssig werdenden Stoffen, zum Beispiel Benzin, Öle, Fette, Harze, Lacke, Wachse, Teer, Alkohole. Brandklasse C: Brände von Gasen, zum Beispiel Methan, Propan, Wasserstoff, Acetylen, Stadtgas, Erdgas. Brandklasse D: Brände von Metallen, zum Beispiel Aluminium, Magnesium, Lithium, Natrium, Kalium und deren Legierungen.

12 Eine Tabelle mit Korngrößen und Fallgeschwindigkeiten findet man unter http://www.hagelforschung.de/berichte/hagel_skala/hric_his_01.pdf, Zugriff 8.9.2010.

13 G. Gibson, I. Russell: »Flying in Tune: Sexual Recognition in Mosquitoes«, Current Biology Vol. 16, issue 13, S. 1311–1316, July 11, 2006, ª2006 Elsevier Ltd. All rights reserved DOI 10.1016/j.cub.2006.05.053.

14 I. R. Schwab (University of California, Davis, Department of Ophthalmology): »Cure for a headache«, British Journal of Ophthalmology 2002; 86 (8): 843.

15 Quellen: Ingo Keiper: Qualitative und quantitative bakteriologische und virologische Untersuchungen zur Erhebung des Hygienestatus verschiedener öffentlicher Toilettenanlagen einer südwestdeutschen Großstadt (Dissertation der FU Berlin, 2002); M. A. Marinella et al.: »The Stethoscope: A Potential Source of Nosocomial Infection?«, Arch Intern Med. Vol. 157, No. 7, 1997, S. 786–790 (Archives of Internal Medicine).

16 W. Barthlott: »Scanning electron microscopy of the epidermal surface in plants«, in Claugher, D. (Hg.): Application of the scanning EM in taxonomy and functional morphology. Systematics Association's Special Volume 41, Oxford: Clarendon Press, 1990, S. 69–94.

17 Vergleiche Wikipedia-Eintrag »Entwaldung« sowie http://nachrichten.t-online.de/wwf-jede-minute-werden-36-fussballfelder-waldflaeche-vernichtet/id_20332732/index, Zugriff 13.9.2010.

18 Weiterführende Literatur zum Thema: Armin Schonard/Cordula Kokot: Der Matheknüller. Schnellere und leichtere Rechenmethoden neu entdeckt. Genial einfach – einfach genial. Göppingen 2011.

19 Diese Überflüge lassen sich präzise vorhersagen, siehe http://www.heavens-above.com, Zugriff 8.9.2010.

20 Quelle: Weser Kurier Bremen 15.1.2004.

21 Siehe A. Goriely, T. McMillen (Department of Mathematics, University of Arizona, Tucson, Arizona): »Shape of a Cracking Whip«, Physical Review Letters, Vol. 88, issue 24, 244301 (Juni 2002), 4 Seiten.

22 Aufnahmen von Dr. Peter Krehl (Ernst-Mach-Institut für Kurzzeitdynamik der Fraunhofer-Gesellschaft in Freiburg im Breisgau) aus dem o. g. Paper der University of Arizona.

23 Siehe http://www.newscientist.com/article/dn227-swallowing-ships.html, Zugriff 8.9.2010.

24 Diese Information stammt aus einer E-Mail an den Autor von Prof. Dr.-Ing. Martin Radenberg, Ruhr-Universität Bochum, Lehrstuhl für Verkehrswegebau.

25 Im Oktober 1971 führten die beiden Physiker Joseph Hafele und Richard Keating von der Time Service Division des US Naval Observatory diesen Versuch durch.

26 Bei diesem Experiment haben wir sowohl die Erdrotation als auch die Flughöhe mit berücksichtigt. Laut allgemeiner Relativitätstheorie wird die Zeit auch über das Gravitationsfeld beeinflusst: Je höher die Uhr – desto schneller läuft die Zeit!

27 Vortrag Public Understanding of Science, Tim Bradford (»The Guardian«), Bonn 1997.

28 Der Begriff »blue ice« hat mit der bläulichen Färbung des Eises zu tun. Sie stammt von Desinfektionsmitteln (zum Beispiel Urbaktol), die in älteren Systemen in weit höheren Konzentrationen verwendet wurden. Dank eines Recyclingprinzips wurde ein Gemisch aus Desinfektionsmitteln und Fäkalien als Spülung benutzt. Zu Beginn des Fluges war die Spülung noch dunkelblau, und nach mehrmaligem Gebrauch wurde die Farbe auffällig heller!

29 Interessanterweise wird das Abwasser der Waschbecken noch immer nach außen geleitet – dies soll jedoch in Zukunft ebenfalls geändert werden.

30 Nach eigener Berechnung beträgt die Druckdifferenz etwa 0,33 Bar, also 0,3 kg/cm²; das entspricht einer Beschleunigung von 0,3 Gramm, also 3,23 m/s². Dieser Wert bedeutet eine Beschleunigung von 0 auf 100 km/h in 8,3 s. Die hohe Beschleunigung wurde mir auch von Herrn Bollmann (Deutsche Lufthansa) bestätigt: Bei Tests der LH wurden Tücher durch die Abflussrohre gesendet. Die Erschütterungen waren so heftig, dass in den Abwasserrohren zusätzliche Stabilisatoren eingebaut wurden!

31 Übersetzung: Ranga Yogeshwar.

32 Siehe http://www.focus.de/digital/internet/markenschutz_aid_113750.html, Zugriff 8.9.2010.

33 Quelle: David Koller, siehe Internet-Eintrag »Origin of the name ›Google‹« unter http://www.graphics.stanford.edu/~dk/google_name_origin.html, Zugriff 8.9.2010.

34 Siehe http://www.kinderfuesse.com/pdf/oekotest.pdf, Zugriff 8.9.2010.

35 Siehe http://www.kinderfuesse.com/2faq.asp?lev=wort2&a=b6, Zugriff 8.9.2010.

36 F. W. Nietzsche: Also sprach Zarathustra (»Die stillste Stunde«).

37 Den sogenannten »Vigilanztest« gibt es auch als Online-Version bei »Quarks & Co«: http://www.wdr.de/tv/quarks/sendungsbeitraege/2007/0109/007_schlaf.jsp, Zugriff 8.9.2010.

38 Laut einer These ist die Produktion von Stammzellen ein Kriterium, siehe E. K. Nishimura et al.: »Mechanisms of Hair Greying: Incomplete Stem Cell Maintenance in the Niche«, Science 4, Feb. 2005, Vol. 307, No. 5710, S. 720–724, DOI: 10.1126/science.1099593.

39 Siehe http://www.anythingleft-handed.co.uk/lefty_research_current.html, Zugriff 17.9.2010.

40 Siehe http://www.businessweek.com/2000/00_17/b3678084.htm, Zugriff 8.9.2010, vergleiche auch Edward Chancellor: Devil Take the Hindmost. A History of Financial Speculation. New York: Plume Books, 2000.

41 Siehe NATURE, Vol. 461, 29. Okt. 2009, S. 1189–1192.

42 Fragebogenuntersuchung bei Lehrerinnen und Lehrern zur Frage, ob Vorurteile bezüglich spezifischer Vornamen von Grundschülern und davon abgeleitete erwartete spezifische Persönlichkeitsmerkmale vorliegen (Masterarbeit). Kontakt: Prof. Dr. Astrid Kaiser, Institut für Pädagogik, Universität Oldenburg.

43 Siehe http://web.uvic.ca/psyc/lindsay/publications/2003LindHagPS.pdf, Zugriff 8.9.2010.

44 2006 lag der Anteil der Kaiserschnitte bei 277 pro 1000 Lebendgeburten! Siehe OECD Health Data unter http://www.gbe-bund.de/gbe10/ergebnisse.prc_tab?fid=9142&suchstring=kaiserschnitt&query_id=&sprache=D&fund_typ=TAB&methode=2&vt=1&verwandte=1&page_ret=0&seite=1&p_lfd_nr=2&p_news=&p_sprachkz=D&p_uid=gast&p_aid=1013688&hlp_nr=3&p_janein=J, Zugriff 8.9.2010.

45 Siehe http://www.pitztaler-gletscher.at, Zugriff 17.9.2010.

46 Siehe Broschüre des Umweltbundesamtes: »Computer, Internet & Co: Geld sparen und Klima schützen«, Feb. 2009.

47 Siehe US-Studie unter http://technology.timesonline.co.uk/tol/news/tech_and_web/article5489134.ece, Zugriff 8.9.2010.

48 Siehe http://www.ayurveda-journal.de/produkte-buecher/weitere-produkte/yogeshwar-gelenkoel.html, Zugriff 8.9.2010.

49 Siehe http://www.absolute-entspannung.de/ohrenkerzen-therapie-mit-hopi-kerzen/, Zugriff 8.9.2010.

50 Siehe http://www.heise.de/newsticker/World-of-Warcraft-bis-ins-Koma-178008.html, Zugriff 8.9.2010.

51 Vergleiche die Studie von Prof. Dr. Reinhold S. Jäger und Nina Moormann, cand.-psych., unter Mitarbeit von Lisa Fluck, zu Merkmalen pathologischer Computerspielnutzung im Kindes- und Jugendalter, im Internet unter http://www.zepf.uni-landau.de/fileadmin/user_upload/Bericht_Computerspielnutzung.pdf, Zugriff 17.9.2010.

Register

Ach so! Polnisch

Ach so! Taiwanesisch

Sonst noch Fragen? Niederländisch

Sonst noch Fragen? Polnisch

Sonst noch Fragen? Portugiesisch

Sonst noch Fragen? Taiwanesisch

Sonst noch Fragen? Türkisch

RANGA
YOGESHWAR
IN ALLER WELT

Weitere Übersetzungen
sind in Planung

»Rangas Welt« – jetzt auch als App!

Ranga Yogeshwar. Rangas Welt. Wie kann Müsli Leben retten und weitere Rätsel des Alltags. App für iPad/Tablets

Neben Texten und aufwändigen Videos aus dem bekannten WDR-Format »Wissen vor 8« bietet die App Animationen, welche die Rätsel des Alltags spielerisch, als interaktive Experimente und mobiles Physiklabor erlebbar machen. Darunter ein praktischer Blutgruppentest, ein interaktiver Kalorien- und CO_2-Rechner, ein Taupunkt-Test, ein Regenradar sowie ein Bremsweg-Spiel.

www.kiwi-verlag.de